中 国 国 家 标 准 汇 编

613

GB 30645～30684

（2014 年制定）

中国标准出版社　编

中国标准出版社

北　京

图书在版编目(CIP)数据

中国国家标准汇编:2014 年制定.613:
GB 30645～30684/中国标准出版社编.—北京:
中国标准出版社,2015.12
ISBN 978-7-5066-7982-4

Ⅰ.①中… Ⅱ.①中… Ⅲ.①国家标准-
汇编-中国-2014 Ⅳ.①T-652.1

中国版本图书馆 CIP 数据核字(2015)第 184025 号

中国标准出版社出版发行
北京市朝阳区和平里西街甲 2 号(100029)
北京市西城区三里河北街 16 号(100045)

网址 www.spc.net.cn
总编室:(010)68533533 发行中心:(010)51780238
读者服务部:(010)68523946

中国标准出版社秦皇岛印刷厂印刷
各地新华书店经销

*

开本 880×1230 1/16 印张 30.5 字数 945 千字
2015 年 12 月第一版 2015 年 12 月第一次印刷

*

定价 220.00 元

出 版 说 明

1.《中国国家标准汇编》是一部大型综合性国家标准全集。自1983年起,按国家标准顺序号以精装本、平装本两种装帧形式陆续分册汇编出版。它在一定程度上反映了我国建国以来标准化事业发展的基本情况和主要成就,是各级标准化管理机构,工矿企事业单位,农林牧副渔系统,科研、设计、教学等部门必不可少的工具书。

2.《中国国家标准汇编》收入我国每年正式发布的全部国家标准,分为"制定"卷和"修订"卷两种编辑版本。

"制定"卷收入上一年度我国发布的、新制定的国家标准,顺延前年度标准编号分成若干分册,封面和书脊上注明"20××年制定"字样及分册号,分册号一直连续。各分册中的标准是按照标准编号顺序连续排列的,如有标准顺序号缺号的,除特殊情况注明外,暂为空号。

"修订"卷收入上一年度我国发布的、被修订的国家标准,视篇幅分设若干分册,但与"制定"卷分册号无关联,仅在封面和书脊上注明"20××年修订-1,-2,-3,……"字样。"修订"卷各分册中的标准,仍按标准编号顺序排列(但不连续);如有遗漏的,均在当年最后一分册中补齐。需提请读者注意的是,个别非顺延前年度标准编号的新制定的国家标准没有收入在"制定"卷中,而是收入在"修订"卷中。

读者配套购买《中国国家标准汇编》"制定"卷和"修订"卷则可收齐由我社出版的上一年度我国制定和修订的全部国家标准。

3. 由于读者需求的变化,自1996年起,《中国国家标准汇编》仅出版精装本。

4. 2014年我国制修订国家标准共1 611项。本分册为"2014年制定"卷第613分册,收入国家标准GB 30645~30684的最新版本。

中国标准出版社

2015年8月

目　　录

ICS 67.180.10
X 28

GB

中华人民共和国国家标准

GB/T 30645—2014

糕点分类

Pastries classification

2014-12-31 发布　　2015-04-30 实施

中华人民共和国国家质量监督检验检疫总局
中国国家标准化管理委员会　发布

前言

本标准按照 GB/T 1.1—2009 给出的规则起草。

本标准由中国商业联合会提出。

本标准由全国焙烤制品标准化技术委员会糕点分技术委员会(SAC/TC 488/SC 1)归口。

本标准起草单位:中国商业联合会商业标准中心、深圳安琪食品有限公司、中山市咀香园食品有限公司、北京稻香村食品有限责任公司、北京顺峰餐饮及酒店管理有限公司、广州酒家利口福食品有限公司、中山日威食品有限公司、广东荣诚食品有限公司、东莞徐记食品有限公司、东莞市华美食品有限公司、广东广益科技实业有限公司、深圳市福萌食品集团有限公司、广东真美食品集团有限公司、福建福马食品集团有限公司、太原双合成食品有限公司、西安米旗食品有限公司、重庆华生园食品有限公司、浙江五味和食品有限公司、盐城顶益食品有限公司、上海海融食品工业有限公司、沈阳康福食品有限公司、哈尔滨老鼎丰食品有限公司、如东县兵房镇凯缘食品厂、国家食品质量监督检验中心、中国食品工业协会面包糕饼专业委员会、中国焙烤食品糖制品工业协会、全国工商联烘焙业公会、广州市质量监督检测研究院、国家食品质量监督检验中心(上海)、上海市质量监督检验技术研究院、北京焙烤食品糖制品协会、上海市糖制食品协会、天津市糕点行业协会、山西省糕点行业协会、海南省烘焙行业协会、福建省烘焙行业协会、昆明焙烤行业协会、陕西省烘焙行业协会、宁波市焙烤食品流通协会、厦门市烘焙与咖啡协会。

本标准主要起草人:张丽君、钱志先、梁球胜、张延杰、郭亚萍、岑耀辉、徐伟兵、翁坤昌、刘维雄、马浩、袁旭培、梁嘉臻、徐康、陈楚锐、柯遵剧、赵光晋、冯岩、刘崇华、汪洪、陈军、黄海瑚、丁伟、曹卫平、陆凯冬、宋全厚、张辉、周广军、康黎娜、蔡玮红、段文锋、彭亚锋、张漪、宋瑞芳、高树山、孙寅生、胡玲、黄永安、赵云毅、张鉴、陈德华、刘翱、孙金生、薛秀媛。

糕 点 分 类

1 范围

本标准规定了糕点的分类。

本标准适用于糕点的生产、销售、科研、教学及其他相关领域。

2 产品分类

2.1 按生产工艺分类

2.1.1 热加工糕点

以烘烤、油炸、蒸煮、炒制等为最终熟制工艺的糕点。

2.1.1.1 烘烤糕点

以烘烤为最终熟制工艺的糕点(示例参见附录B中表B.1)。

2.1.1.1.1 酥类

用较多的食用油脂和糖等调制成可塑性面团,经成形、烘烤而成的组织不分层次、口感酥松的糕点。

2.1.1.1.2 松酥类

用较少的食用油脂、较多的糖,辅以蛋品、乳品等并加入膨松剂,调制成具有一定韧性、良好可塑性的面团,经成形、烘烤而成的糕点。

2.1.1.1.3 松脆类

用较少的食用油脂、较多的糖浆或糖调制成糖浆面团,经成形、烘烤而成的口感松脆的糕点。

2.1.1.1.4 酥层类

用水油面团包入油酥面团或食用油脂、经反复压片、折叠、成形后,烘烤而成的具有多层次的糕点。

2.1.1.1.5 酥皮类

用水油面团包油酥面团或食用油脂制成酥皮,经包馅、成形后,烘烤而成的饼皮分层次的糕点。

2.1.1.1.6 松酥皮类

用较少的食用油脂、较多的糖,辅以蛋品、乳品等并加入膨松剂,调制成具有一定韧性、良好可塑性的面团,经制皮、包馅、成形、烘烤而成的口感松酥的糕点。

2.1.1.1.7 糖浆皮类

用糖浆面团制皮,然后包馅,经成形、烘烤而成的柔软或韧酥的糕点。

2.1.1.1.8　**硬皮类**

用较少的糖和饴糖、较多的食用油脂和其他辅料制皮，经包馅、成形、烘烤而成的外皮硬酥的糕点。

2.1.1.1.9　**水油皮类**

用水油面团制皮，然后包馅、成形、烘烤而成的糕点。

2.1.1.1.10　**发酵类**

用发酵面团，经成形或包馅成形后，烘烤而成的口感柔软或松脆的糕点。

2.1.1.1.11　**烤蛋糕类**

以谷物粉、蛋品、糖等为主要原料，经打蛋、注模或包馅、烘烤而成的组织松软的糕点。

2.1.1.1.12　**烘糕类**

以谷物粉等为主要原料，经拌粉、装模、炖糕、成形、烘烤而成的口感松脆的糕点。

2.1.1.1.13　**烫面类**

以水或牛奶加食用油脂煮沸后烫制小麦粉，搅入蛋品，通过挤糊、烘烤、填馅料等工艺而制成的糕点。

2.1.1.1.14　**其他类**

除上述类别以外的烘烤糕点。

2.1.1.2　**油炸糕点**

以油炸为最终熟制工艺的糕点(示例参见附录 B 中表 B.2)。

2.1.1.2.1　**酥皮类**

用水油面团包油酥面团或食用油脂制成酥皮，经包馅、成形后，油炸而成的饼皮分层次的糕点。

2.1.1.2.2　**水油皮类**

用水油面团制皮，然后包馅、成形、油炸而成的糕点。

2.1.1.2.3　**松酥类**

用较少的食用油脂、较多的糖，辅以蛋品、乳品等并加入膨松剂，调制成具有一定韧性、良好可塑性的面团，经成形、油炸而成的糕点。

2.1.1.2.4　**酥层类**

用水油面团包入油酥面团或食用油脂，经反复压片、折叠、成形后，油炸而成的具有多层次的糕点。

2.1.1.2.5　**水调类**

以小麦粉和水等为主要原料制成韧性面团，经成形、油炸而成的口感松脆的糕点。

2.1.1.2.6　**发酵类**

用发酵面团，经成形或包馅成形后，油炸而成的口感柔软或松脆的糕点。

2.1.1.2.7　**其他类**

除上述类别以外的油炸糕点。

2.1.1.3　**蒸煮糕点**

以水蒸、水煮为最终熟制工艺的糕点(示例参见附录B中表B.3)。

2.1.1.3.1　**蒸蛋糕类**

以蛋品、谷物粉等为主要原料,经打蛋、调糊、入模、蒸制而成的组织松软的糕点。

2.1.1.3.2　**印模糕类**

以熟或生的原辅料,经拌合、印模成形、蒸制而成的口感松软的糕点。

2.1.1.3.3　**韧糕类**

以糯米粉、糖等为主要原料,经蒸制、成形而成的韧性糕点。

2.1.1.3.4　**发糕类**

以小麦粉或米粉等为主要原料调制成面团,经发酵、蒸制、成形而成的带有蜂窝状组织的松软糕点。

2.1.1.3.5　**松糕类**

以粳米粉、糯米粉等为主要原料调制成面团,经包馅(或不包馅)、成形、蒸制而成的口感松软的糕点。

2.1.1.3.6　**粽子类**

以糯米和其他谷类等为主要原料,裹入或不裹馅料,用粽叶包扎成形,煮(或蒸)至熟而成的糕点。

2.1.1.3.7　**水油皮类**

用水油面团制皮,然后包馅、成形、熟制而成的糕点。

2.1.1.3.8　**片糕类**

以米粉等为主要原料,经拌粉、装模、蒸制或炖糕,切片成形而制成的口感绵软的糕点。

2.1.1.3.9　**其他类**

除上述类别以外的水蒸、水煮糕点。

2.1.1.4　**炒制类糕点**

以炒制为最终熟制工艺的糕点。

2.1.1.5　**其他类**

以除烘烤、油炸、蒸煮、炒制以外的热加工方式为最终熟制工艺的糕点。

2.1.2　**冷加工糕点**

在各种加热熟制工艺后,在常温或低温条件下再进行二次加工的糕点(示例参见附录B中表B.4)。

2.1.2.1 **熟粉糕点**

将米粉、豆粉或小麦粉等预先熟制，然后与其他原辅料混合而成的糕点。

2.1.2.1.1 **热调软糕类**

用糕粉、糖和沸水等调制成有较强韧性的软质糕团，经成形制成的糕点。

2.1.2.1.2 **冷调韧糕类**

用糕粉、糖浆等调制成有较强韧性的软质糕团，经成形制成的糕点。

2.1.2.1.3 **冷调松糕类**

用糕粉、糖浆等调制成松散性的糕团，经成形制成的糕点。

2.1.2.1.4 **印模糕类**

以熟制的米粉等为主要原料，经拌合、印模成形等工序而制成的口感柔软或松脆的糕点。

2.1.2.1.5 **挤压糕点类**

以小麦粉和/或豆粉等为主要原料，以食用植物油、食用盐、白砂糖、辣椒或剁辣椒等为辅料，经挤压熟化、切分、拌料、包装等工艺加工制成的具有甜、咸、柔韧、香辣等特色的糕点。

2.1.2.1.6 **其他类**

除上述类别以外的熟粉糕点，将米粉、豆粉或小麦粉等预先熟制、调制、成形而成的其他熟粉糕点。

2.1.2.2 **西式装饰蛋糕类**

以谷物粉、蛋品、糖等为主要原料，经打蛋、入模成形、烘烤后，再在蛋糕坯表面或内部添加奶油、蛋白、可可、果酱等的糕点。

2.1.2.3 **上糖浆类**

以谷物粉为原料，加入水、蛋液等调制、成形，经油炸后再拌（或浇、浸、喷）入糖浆制成的口感松酥或酥脆的糕点。

2.1.2.4 **夹心（或注心）类**

在两块熟制糕点产品中通过夹心工序添加芯料而制成的糕点。

2.1.2.5 **糕团类**

以糯米粉、粳米粉等谷物粉为主要原料，经包馅（或不包馅）及熟制工艺后成形的糕点。

2.1.2.5.1 **生制糕团类**

以糯米粉等谷物粉为主要原料，滚粘或包制馅料后成形的糕点。

2.1.2.6 **其他类**

除熟粉糕点、西式装饰蛋糕类、上糖浆类以外的其他冷加工糕点。

2.2 **按产品区域特色分类**

见附录 A。

附　录　A
（规范性附录）
糕点按产品区域特色分类

A.1　中式糕点

具有中国传统风味和特色的糕点。

A.1.1　京式糕点

以北京地区为代表，具有重油、轻糖，酥松绵软，口味纯甜、纯咸等特点的糕点。如京八件、自来红、自来白和提浆饼等。

A.1.2　苏式糕点

以苏州地区为代表，馅料多用果仁、猪板油丁，具有常用桂花、玫瑰花调香，糕柔糯、饼酥松，口味清甜等特点的糕点。如苏式月饼、苏州麻饼和猪油年糕等。

A.1.3　广式糕点

以广州地区为代表，造型美观、用料重糖轻油，馅料多用榄仁、椰丝、莲蓉、蛋黄、糖渍肥膘等，具有馅饼皮薄馅多，米饼硬脆清甜，酥饼分层飞酥等特点的糕点。如广式月饼、炒米饼、白绫酥饼、年糕等。

A.1.4　扬式糕点

以扬州和镇江地区为代表，馅料以黑芝麻、蜜饯、芝麻油为主，具有麻香风味突出等特点的糕点。代表品种有淮扬八件和黑麻椒盐月饼等。

A.1.5　闽式糕点

以福州地区为代表，馅料多用虾干、紫菜、桂元、香菇、糖腌肉丁等。具有口味甜酥油润，海鲜风味突出等特点的糕点。如福建礼饼和猪油糕等。

A.1.6　潮式糕点

以潮汕地区为代表，馅料以豆沙、糖冬瓜、糖肥膘为主，具有葱香风味突出等特点的糕点。如朥饼、老婆饼、水晶皮月饼和春饼等。

A.1.7　宁绍式糕点

以宁波、绍兴地区为代表，辅料多用苔菜、植物油，具有海藻风味突出等特点的糕点。如苔菜月饼和绍兴香糕等。

A.1.8　川式糕点

以成渝地区为代表，糯米制品较多，馅料多用花生、芝麻、核桃、蜜饯、猪板油丁，具有重糖、重油，软糯滑润酥脆等特点的糕点。如汤麻饼、桃片和米花糖等。

A.1.9　高桥式糕点

以上海高桥镇为代表，米制品居多，馅料以赤豆、玫瑰花为主，具有轻糖、轻油，口味清香酥脆、油而不腻、香甜爽口、糯而不粘等特点的糕点。如松饼、松糕、薄脆、一捏酥等。

A.1.10 滇式糕点

以昆明地区为代表,用小麦粉、荞麦粉、宣威火腿、食用鲜花、鸡枞、果仁等为原料,具有重油重糖油,重而不腻,味甜而爽口等特点的糕点。如云腿鸡枞饼、鲜花饼、云腿果仁饼等。

A.1.11 秦式糕点

以西安地区为代表,以小麦粉、糯米、红枣、糖板油丁等为原料,具有饼起皮飞酥清香适口、糕粘甜味美、枣香浓郁等特点的糕点。如水晶饼、陕西甑糕等。

A.1.12 晋式糕点

以山西地区为代表,以小麦粉、燕麦粉、苦荞粉、亚麻籽油、绵白糖等为主要原料,以玫瑰、桂花、瓜子、芝麻等为辅料,搅拌制皮,经包馅、成形、刷浆、烘烤、晾制、包装加工而成的。如太谷饼、双糖油食、孟封饼、煮饼、蛋月烧月饼、郭杜林月饼等。

A.1.13 哈式糕点

以哈尔滨地区为代表,其主要品种有哈式月饼、川酥月饼、满口酥、长白糕等。

A.1.14 豫式糕点

融合了南方糕点与北方糕点的特点,具有中原的特色,口味有咸、甜、复合诸味之分,以油酥、水调、发酵糕点为主。如柘城鸡爪麻花、安阳燎花等。

A.1.15 鲁式糕点

起源于山东、烟台一带。其产品特点是酥类制品较多,重油。如油旋、糖酥煎饼等。

A.1.16 徽式糕点

以合肥为代表,地方特色突出,如墨子酥、合肥麻饼等。

A.1.17 冀式糕点

以保定、唐山、承德等地区为代表,如白肉罩火烧、血馅饺等。

A.1.18 湘式糕点

以长沙、衡阳、邵阳等地区为代表,如长沙牛奶法饼、浏阳茴饼、衡阳酥薄月饼等。

A.1.19 台式糕点

以台湾地区为代表,如凤梨酥、绿豆凸等。

A.2 西式糕点

具有西方民族风格和特色的糕点,如德式糕点、法式糕点、俄式糕点、美式糕点等。其代表产品有裱花蛋糕、西式清蛋糕、西式油蛋糕、乳酪蛋糕、慕斯蛋糕、奶油起酥糕点、奶油混酥糕点、蛋塔、西式小干点、蛋白点心、泡芙类糕点等。

A.2.1 清酥类

是在冷水面团和油酥面团或食用油脂互为表里，经反复擀叠、冷冻形成新面坯的基础上加工而成的一类层次清晰、松酥的点心。其成品特点是层次清晰，酥、松、略脆。面坯通过加馅可以制作甜、咸口味的各式点心。如鲜肉酥卷、奶油三角酥、奶油羊角酥等。

A.2.2 混酥类

是在小麦粉、蛋品、砂糖、食用油脂等主要原料调制而成的酥性面团基础上，经擀制、成形、成熟、装饰等工艺而制成的一类酥而无层次的点心，其成品特点是酥、松。加馅可以制作甜、咸口味的派、塔、排等干点心，又可加工成小型茶点等。如三色酥饼、水果塔、豆沙排等。

A.2.3 蛋糕类

是以蛋品、糖、小麦粉、食用油脂等为主要原料，配以水果、奶酪、巧克力、果仁等辅料，经过搅打、成形、成熟制成的松软点心。其特点是松软、气孔均匀、呈细腻的海绵状。如清蛋糕、油蛋糕、艺术蛋糕和风味蛋糕等。

A.2.4 泡芙类

是将食用油脂、水（或牛奶）煮沸后，烫制小麦粉、搅入蛋品制作成面糊，再通过成形、烘烤（或油炸）而成的制品。其特点是外脆、内软、中间空、外壳薄、表面略有龟裂状，以夹馅决定其口味。目前，我国大部分地区根据其形态称之为泡芙或爱克来。如巧克力鲜奶爱克来、鲜奶泡芙等。

A.2.5 装饰造型类

是指用可食用原料，经构思、创意，运用技术手段与艺术性造型、装饰，将食用价值与欣赏价值完美结合表现的一种创作品种。如庆典蛋糕等。

A.3 其他类

以上类别以外的糕点。

附　录　B
（资料性附录）
糕点产品示例

糕点产品示例见表B.1～表B.4。

表B.1　烘烤糕点示例

章条号	类别	示　　例
2.1.1.1.1	酥类	如京式核桃酥、芝麻酥、苏式杏仁酥、潮式杏仁酥、滇式金钱酥、晋式桃酥、西式糕点中的小西饼、苹果排、鲜果塔等
2.1.1.1.2	松酥类	如京式冰花酥、苏式香蕉酥、广式德庆酥、滇式冰沙饼、晋式一口酥、桂花酥、豆沙饼、荷叶酥、西式糕点中的司康饼、小松饼、冰糖饼等
2.1.1.1.3	松脆类	如广式薄脆、滇式乐口酥、苏式金钱饼等
2.1.1.1.4	酥层类	如广式千层酥、滇式乐口酥、西式糕点中的糖面酥、奶油千层酥、蝴蝶酥等
2.1.1.1.5	酥皮类	如京八件、苏八件、广式莲蓉酥、滇式酥皮鲜花饼、滇八件、苏式月饼、太史饼、潮式起酥、香麻酥、晋八件、西式糕点中的咖喱饺、酥皮蛋塔等
2.1.1.1.6	松酥皮类	如京式状元饼、苏式猪油松子酥、广式莲蓉甘露酥、潮式宝斗酥、滇式莲花酥等
2.1.1.1.7	糖浆皮类	如京式提浆月饼、苏式松子枣泥(麻)饼、广式月饼、广式鸡仔饼(小凤饼)、潮式月眉饼等
2.1.1.1.8	硬皮类	如京式自来红、自来白月饼、滇式硬壳鲜花饼等
2.1.1.1.9	水油皮类	如福建礼饼、春饼、滇式蛋清饼、荞饼等
2.1.1.1.10	发酵类	如京式切片缸炉、苏式酒酿饼、广式西樵大饼、滇式茴饼等
2.1.1.1.11	烤蛋糕类	如苏式桂花大方蛋糕、广式莲花蛋糕、滇式重油蛋糕、晋式草籽糕点、云蜜糕、晋式蛋皮月饼、西式糕点中的清蛋糕、油蛋糕、烤芝士蛋糕等
2.1.1.1.12	烘糕类	如苏式五香麻糕、广式淮山鲜奶饼、绍兴香糕等
2.1.1.1.13	烫面类	如西式糕点中的泡芙类糕点等
2.1.1.1.14	其他类	如酥皮蛋糕、西式糕点中的烤布丁等

表B.2　油炸糕点示例

章条号	类别	示　　例
2.1.1.2.1	酥皮类	如京式酥盒子、苏式花边饺、广式莲蓉酥角、潮式浮饼等
2.1.1.2.2	水油皮类	如京式一品烧饼、滇式夹心麻花、苏式巧酥等
2.1.1.2.3	松酥类	如京式开口笑、苏式炸食、广式炸多叻、潮式酥饺、滇式巧酥、西式糕点中的美式糖纳子等
2.1.1.2.4	酥层类	如京式马蹄酥、潮式麽方酥等
2.1.1.2.5	水调类	如京式炸大排岔、潮式鸡蛋酥、滇式麻花等
2.1.1.2.6	发酵类	如滇式软皮饼、西式糕点中的豆沙糖纳子等
2.1.1.2.7	其他类	如西式面点中的油炸泡芙类糕点等

表 B.3　蒸煮糕点示例

章条号	类别	示　　例
2.1.1.3.1	蒸蛋糕类	如京式百果蛋糕、苏式夹心蛋糕、广式莲蓉蒸蛋糕、西式糕点中的蒸布丁等
2.1.1.3.2	印模糕类	如苏式绿豆糕、闽式福禄糕等
2.1.1.3.3	韧糕类	如京式百果年糕、苏式猪油年糕、广式马蹄糕、滇式年糕等
2.1.1.3.4	发糕类	如京式白蜂糕、苏式蜂糕、广式伦教糕等
2.1.1.3.5	松糕类	如苏式松子黄千糕、高桥式百果松糕、定胜糕等
2.1.1.3.6	粽子类	如肉粽子、蛋黄粽子、豆沙粽子等
2.1.1.3.7	水油皮类	如晋式甜咸细点、太师饼等
2.1.1.3.8	片糕类	如苏式桂花云片糕等

表 B.4　冷加工糕点示例

章条号	类别	示　　例
2.1.2.1	熟粉糕点	如核桃云片糕、莲蓉水晶糕、油炒面等
2.1.2.1.1	热调软糕类	如苏式桔红糕、青团等
2.1.2.1.2	冷调韧糕类	如闽式食珍桔红糕等、麻糬等
2.1.2.1.3	冷调松糕类	如苏式松子冰雪酥、清闵酥等
2.1.2.1.4	印模糕类	如广式莲蓉水晶糕、四川仁寿芝麻糕等
2.1.2.2	西式装饰蛋糕类	如裱花蛋糕、蛋类芯饼、卷心蛋糕、慕斯蛋糕、糖膏(团)装饰蛋糕等
2.1.2.3	上糖浆类	如萨其马(沙琪玛)、京式蜜三刀、苏式楷杷梗、广式雪条、多纳圈(金麦圈)、滇式芙蓉糕、兰花根等
2.1.2.4	夹心(或注心)类	夹心蛋糕、注心蛋糕、夹心蛋黄派、注心蛋黄派
2.1.2.5	糕团类	如麻糬、青团、双酿团、糯米糕团等
2.1.2.5.1	生制糕团类	如元宵、汤圆等

ICS 87.040
G 50

中华人民共和国国家标准

GB/T 30646—2014

涂料中邻苯二甲酸酯含量的测定 气相色谱/质谱联用法

Determination of phthalate plasticizers content in coatings—Gas chromatography/mass spectrometry method

2014-12-31 发布　　2015-07-01 实施

中华人民共和国国家质量监督检验检疫总局
中国国家标准化管理委员会 发布

前　言

本标准按照 GB/T 1.1—2009 给出的规则起草。

本标准由中国石油和化学工业联合会提出。

本标准由全国涂料和颜料标准化技术委员会(SAC/TC 5)归口。

本标准起草单位:中海油常州涂料化工研究院有限公司、黑龙江省质量监督检测研究院、广州合成材料研究院有限公司、海洋化工研究院有限公司、深圳广田装饰集团股份有限公司、展辰涂料集团股份有限公司。

本标准主要起草人:季军宏、孙长华、覃红阳、尹继凯、郭晓燕、杨奇、孙立德。

涂料中邻苯二甲酸酯含量的测定 气相色谱/质谱联用法

1 范围

本标准规定了采用气相色谱/质谱联用法测定涂料中邻苯二甲酸酯的含量。

本标准适用于涂料及涂料用原材料中各种邻苯二甲酸酯含量的测定。包括但不限于列举的邻苯二甲酸酯，如邻苯二甲酸二丁酯(DBP)、邻苯二甲酸丁苄酯(BBP)、邻苯二甲酸二异辛酯(DEHP)、邻苯二甲酸二辛酯(DNOP)、邻苯二甲酸二异壬酯(DINP)、邻苯二甲酸二异癸酯(DIDP)等，其他类型的邻苯二甲酸酯也可参照本方法执行。

2 规范性引用文件

下列文件对于本文件的应用是必不可少的。凡是注日期的引用文件，仅注日期的版本适用于本文件。凡是不注日期的引用文件，其最新版本(包括所有的修改单)适用于本文件。

GB/T 3186　色漆、清漆和色漆与清漆用原材料　取样

3 原理

用丁酮溶剂对试样中的邻苯二甲酸酯进行超声波提取。对提取液定容后，用气相色谱/质谱联用仪(GC/MS)测定。采用全扫描的总离子流色谱图(TIC)和质谱图(MS)进行定性，选择离子检测(SIM)和外标法进行定量。

4 试剂和材料

4.1　载气：氦气，纯度≥99.999%。

4.2　稀释溶剂：丁酮，纯度≥98%(质量分数)或已知纯度。

4.3　校准化合物：邻苯二甲酸二丁酯(DBP)、邻苯二甲酸丁苄酯(BBP)、邻苯二甲酸二异辛酯(DEHP)、邻苯二甲酸二辛酯(DNOP)、邻苯二甲酸二异壬酯(DINP)、邻苯二甲酸二异癸酯(DIDP)，纯度≥98%(质量分数)或已知纯度。

4.4　标准储备溶液：分别准确称取适量的邻苯二甲酸酯校准化合物(4.3)，用丁酮(4.2)配制成浓度为5 000 mg/L的标准储备溶液。

4.5　混合标准工作溶液：采用逐级稀释的方法，用丁酮(4.2)稀释标准储备溶液(4.4)成适用浓度的混合标准工作溶液。

注：标准溶液在4 ℃以下避光保存，标准储备溶液有效期为6个月，标准工作溶液有效期为3个月。

5 仪器和设备

5.1　气相色谱/质谱联用仪。

5.2　进样器：容量至少应为进样量的二倍。

5.3 样品瓶：约 10 mL 的玻璃瓶，具有可密封的瓶盖。

5.4 离心机。

5.5 容量瓶：50 mL、100 mL 等。

5.6 具塞锥形瓶：50 mL 等。

5.7 粉碎设备：粉碎机、剪刀、不锈钢刀片等。

5.8 超声波发生器：功率≥500 W。

5.9 有机相微孔滤膜：孔径 0.45 μm。

5.10 天平：精度 0.1 mg。

注：邻苯二甲酸酯是实验室内常见的污染物，试剂、溶剂和玻璃器皿等均可能被邻苯二甲酸酯污染，而造成干扰。因此分析过程中，避免使用塑料器皿。此外，玻璃器皿于使用前，必须放在高温炉中以 400 ℃烘烤 2 h～4 h，或以分析纯溶剂冲洗。

6 GC/MS 测试条件

测试条件如下：

——色谱柱：30 m×0.25 mm×0.25 μm，DB-5MS 石英毛细管柱或相当型号；

——柱温：起始温度 60 ℃保持 0.75 min，然后以 30 ℃/min 升至 180 ℃，保持 1 min，再以 15 ℃/min 升至 280 ℃，保持 7 min；

——进样口温度：280 ℃；

——色谱-质谱接口温度：280 ℃；

——离子源温度：230 ℃；

——载气流速：1.0 mL/min；

——进样方式：不分流进样，0.75 min 后开阀；

——进样量：1.0 μL；

——电离方式：EI；

——电离能量：70 eV；

——测定方式：全扫描的总离子流色谱图（TIC）和质谱图（MS）进行定性，选择离子检测（SIM）和外标法进行定量。

注 1：在第 6 章的 GC/MS 测试条件下，6 种邻苯二甲酸酯的保留时间和选择离子及其丰度比参见表 A.1；总离子流色谱图和选择离子色谱图参见图 A.1～图 A.5。

注 2：也可根据所用 GC/MS 的性能及待测试样的实际情况选择最佳的 GC/MS 测试条件。

7 测试步骤

7.1 GC/MS 参数优化

按第 6 章中的 GC/MS 测试条件，每次都应该使用已知的校准化合物对仪器进行最优化处理，使仪器的灵敏度、稳定性和分离效果处于最佳状态。

7.2 取样

除另有商定外，按 GB/T 3186 的规定取样。

7.3 定性分析

7.3.1 按产品明示的配比混合各组分样品，搅拌均匀后，称取约 1 g 试样，置于样品瓶（5.3）中，加入适量的丁酮(4.2)稀释试样,于超声波发生器(5.8)中提取10 min。放置5 min左右,使不溶物沉淀。也可使用离心机(5.4)离心分离,使不溶物沉淀,供GC/MS分析。

7.3.2 用进样器(5.2)取1.0 μL经7.3.1处理后的试验溶液的上层清液注入GC/MS(5.1)中,记录总离子流色谱图和选择离子色谱图,定性鉴定试样中有无4.3中的校准化合物。如果试样中无4.3中的校准化合物,就无需进行下列步骤的测试。若待测试验溶液和标准工作溶液的总离子流色谱图或选择离子色谱图中,在相同的保留时间有色谱峰出现,则根据每种邻苯二甲酸酯的种类和丰度比进行确证。

注:粉末状样品、漆膜等固态样品,直接加入20 mL丁酮(4.2)进行超声波提取处理。

7.4 试验溶液的制备

所有的试验进行二次平行测试。

7.4.1 液态样品的制备

称取混合并搅拌均匀后的试样约1 g(精确至0.1 mg),置于50 mL具塞锥形瓶(5.6)中,加入20 mL丁酮(4.2)稀释试样,于超声波发生器(5.8)中提取10 min,冷却后,用滤膜(5.9)过滤提取液置于50 mL容量瓶(5.5)中。过滤剩余物再用20 mL丁酮(4.2)超声提取5 min,合并滤液于同一容量瓶中,在(23±2)℃的环境温度下冷却至室温,然后用丁酮稀释至刻度,供GC/MS分析。

7.4.2 固态样品的制备

在室温下用粉碎设备(5.7)粉碎样品,使颗粒尺寸的直径小于5 mm。称取粉碎后的试样约1 g(精确至0.1 mg),置于50 mL具塞锥形瓶(5.6)中,加入20 mL丁酮(4.2),于超声波发生器(5.8)中提取20 min,冷却后,用滤膜(5.9)过滤提取液置于50 mL容量瓶(5.5)中。过滤剩余物再用20 mL丁酮(4.2)超声提取5 min,合并滤液于同一容量瓶中,在(23±2)℃的环境温度下冷却至室温,然后用丁酮稀释至刻度,供GC/MS分析。

注:粉末状样品无需粉碎。

7.5 标准工作曲线的绘制

7.5.1 系列标准工作溶液峰面积的测定

在与测试试样相同的GC/MS测试条件下,按第6章的规定优化仪器参数。用进样器(5.2)分别取1.0 μL系列标准工作溶液(4.5)注入GC/MS(5.1)中,对定量选择离子(参见表A.1)进行峰面积积分,DINP和DIDP应分别将其所有同分异构体的色谱峰组的基线拉平后积分,计算其峰面积的总和。

每一种标准工作溶液进样二次,取平均值,其相对偏差应≤5%。

7.5.2 绘制标准工作曲线

以峰面积A为纵坐标,相应浓度ρ(mg/L)为横坐标,绘制标准工作曲线。标准工作曲线应至少包括一个空白样品和五个标准工作溶液,其相关系数应≥0.995,否则应重新制作新的标准工作曲线。

7.6 定量测定

按测试标准工作溶液时的最优化条件设置仪器参数。用进样器(5.2)取经7.4.1或7.4.2处理后的滤液1.0 μL注入GC/MS(5.1)中,记录总离子流色谱图和选择离子色谱图。根据待测试验溶液中被测化合物含量情况,对待测试验溶液的定量选择离子(参见表A.1)进行峰面积积分,按式(1)采用外标法定量。

标准工作溶液和待测试验溶液中每种邻苯二甲酸酯的响应值均应在仪器检测的线性范围内。若待测试验溶液中被测化合物的含量超出线性范围,应适当稀释后再测定。

7.7 结果计算

直接从标准工作曲线上读取待测试验溶液中每种邻苯二甲酸酯的浓度。

试样中每种邻苯二甲酸酯的含量按式(1)计算：

$$\omega_i = \frac{\rho_i \times V \times F}{m \times 10\ 000} \qquad \cdots\cdots(1)$$

式中：

ω_i ——试样中邻苯二甲酸酯 i 的含量，以质量分数(%)表示；

ρ_i ——从标准工作曲线上读取的邻苯二甲酸酯 i 的浓度，单位为毫克每升(mg/L)；

V ——试验溶液的定容体积，单位为毫升(mL)；

F ——试验溶液的稀释因子；

m ——试样的质量，单位为克(g)；

10 000 ——转换因子。

7.8 测试方法检出限

DBP、BBP、DEHP、DNOP：0.001%；DINP、DIDP：0.005%。

8 精密度

8.1 重复性

同一操作者二次测试结果的相对偏差小于10%。

8.2 再现性

不同实验室间测试结果的相对偏差小于20%。

附 录 A
（资料性附录）
按本标准第 6 章 GC/MS 测试条件测定 6 种邻苯二甲酸酯

表 A.1　6 种邻苯二甲酸酯的测定参数

组别	邻苯二甲酸酯名称	保留时间/min	特征碎片离子		
			定量	定性	丰度比
1	邻苯二甲酸二丁酯(DBP)	9.6	149	150、205、223	100 ∶ 09 ∶ 06 ∶ 07
	邻苯二甲酸丁苄酯(BBP)	12.0	149	150、206、238	100 ∶ 12 ∶ 23 ∶ 03
	邻苯二甲酸二异辛酯(DEHP)	13.0	149	150、167、279	100 ∶ 11 ∶ 31 ∶ 05
2	邻苯二甲酸二辛酯(DNOP)	14.4	279	261、390	100 ∶ 06 ∶ 02
	邻苯二甲酸二异壬酯(DINP)	13.2～17.0	293	347、418	100 ∶ 11 ∶ 08
	邻苯二甲酸二异癸酯(DIDP)	13.8～18.0	307	321、446	100 ∶ 08 ∶ 05

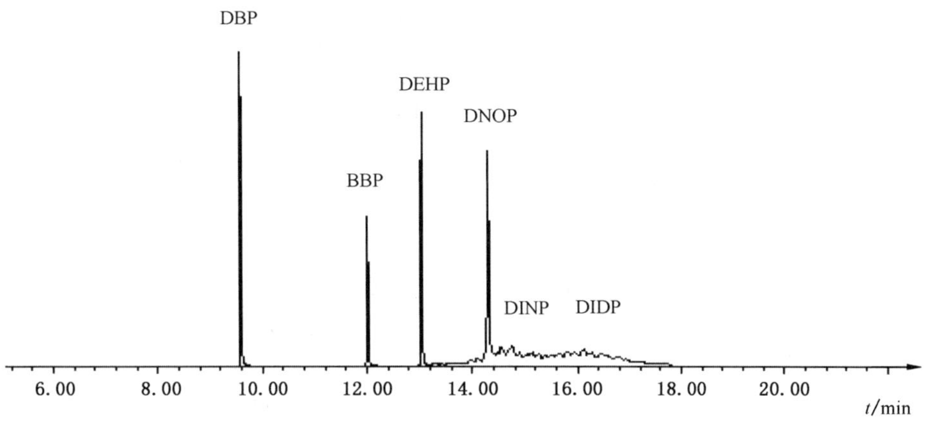

图 A.1　6 种邻苯二甲酸酯的 GC/MS 总离子流色谱图(TIC)

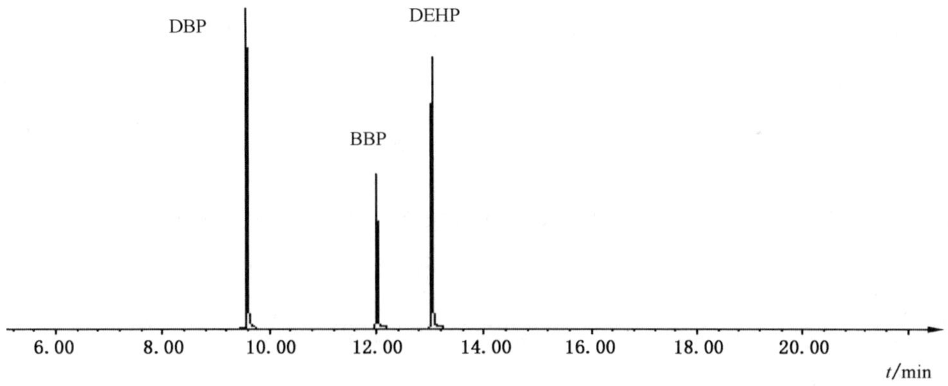

图 A.2　DBP、BBP、DEHP 的 GC/MS 选择离子色谱图(SIM)

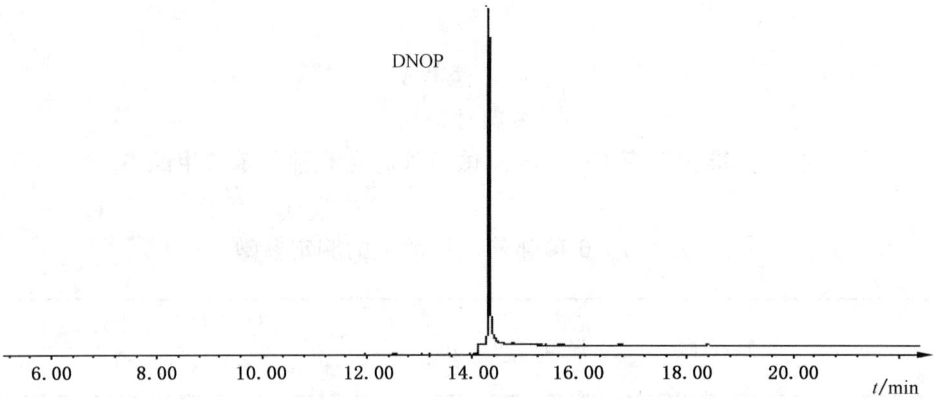

图 A.3 DNOP 的 GC/MS 选择离子色谱图(SIM)

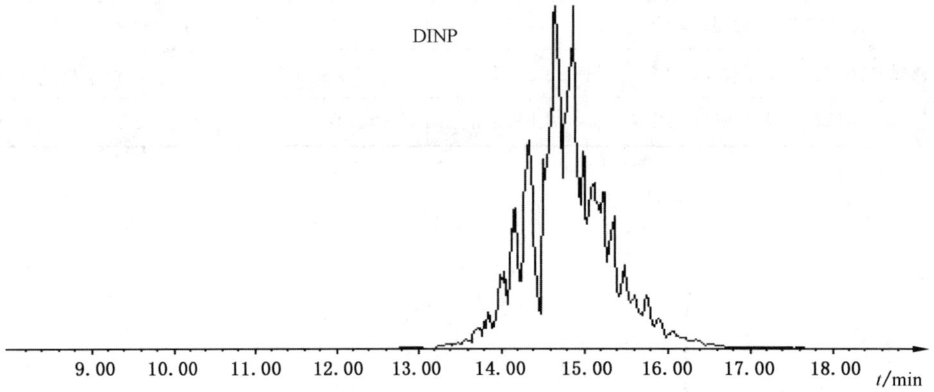

图 A.4 DINP 的 GC/MS 选择离子色谱图(SIM)

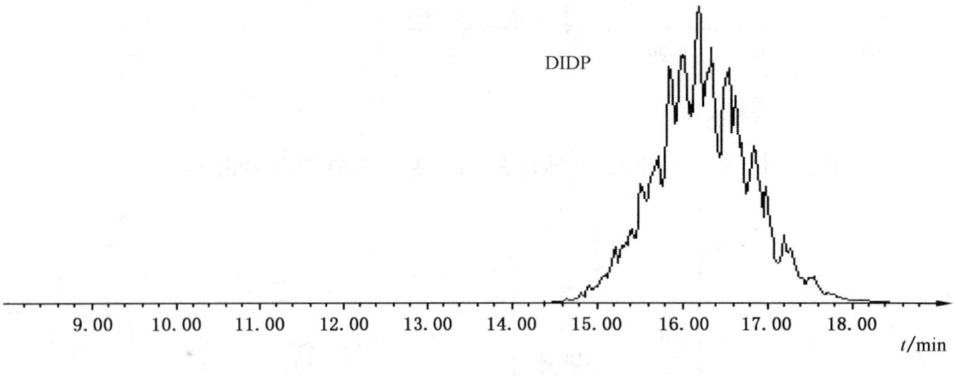

图 A.5 DIDP 的 GC/MS 选择离子色谱图(SIM)

ICS 87.040
G 50

中华人民共和国国家标准

GB/T 30647—2014

涂料中有害元素总含量的测定

Determination of harmful elements total content of coatings

2014-12-31 发布　　　　2015-07-01 实施

中华人民共和国国家质量监督检验检疫总局
中国国家标准化管理委员会　发布

前　言

本标准按照 GB/T 1.1—2009 给出的规则起草。

本标准由中国石油和化学工业联合会提出。

本标准由全国涂料和颜料标准化技术委员会(SAC/TC 5)归口。

本标准起草单位:中海油常州涂料化工研究院有限公司、广州合成材料研究院有限公司、展辰涂料集团股份有限公司、北京碧海舟腐蚀防护工业股份有限公司、深圳广田装饰集团股份有限公司、冶建新材料股份有限公司、海洋化工研究院有限公司、重庆三峡油漆股份有限公司。

本标准主要起草人:张永刚、黄宁、覃红阳、杨奇、李依璇、郭晓燕、史优良、李静、徐仲诚。

涂料中有害元素总含量的测定

1 范围

本标准规定了涂料中有害元素总含量的测试方法。

本标准适用于涂料中各种有害元素总含量的测定,包括但不限于例举的元素,如铅、镉、汞、铬、砷元素等。

2 规范性引用文件

下列文件对于本文件的应用是必不可少的。凡是注日期的引用文件,仅注日期的版本适用于本文件。凡是不注日期的引用文件,其最新版本(包括所有的修改单)适用于本文件。

GB/T 602 化学试剂 杂质测定用标准溶液的制备

GB/T 6682—2008 分析实验室用水规格和试验方法

3 原理

干燥后的涂膜,选用干灰化法、湿酸消解法或微波消解法等适宜的方法除去所有的有机物质,再经溶解、过滤、定容处理后,采用合适的分析仪器[如原子吸收光谱仪(AAS)、电感耦合等离子体发射光谱仪(ICP-OES)、电感耦合等离子体质谱仪(ICP-MS)等]测定处理后试验溶液中待测元素的含量。

4 试剂和材料

分析测试中仅使用确认为分析纯的试剂,所用水符合 GB/T 6682—2008 中三级水的要求。

4.1 硝酸:约为 65%(质量分数)。不应使用已经变黄的硝酸。

4.2 硝酸溶液:1∶1(体积比)。

4.3 硝酸溶液:2∶98(体积比)。

4.4 过氧化氢:约为 30%(质量分数)。

4.5 待测元素标准贮备液:浓度为 100 mg/L 或 1 000 mg/L。可按 GB/T 602 配制或直接购买有证标准溶液。

5 仪器设备

普通实验室仪器设备以及下列一些仪器设备。

5.1 合适的分析仪器(如原子吸收光谱仪、电感耦合等离子体发射光谱仪、电感耦合等离子体质谱仪等)。

5.2 粉碎设备:粉碎机、剪刀或其他合适的粉碎设备。

5.3 烘箱:温度可控,精度:±2 ℃。

5.4 马弗炉:温度能控制在(475±25)℃。

5.5 电热板:温度可控。

5.6 微波消解仪:可以密闭消解,具有温控装置。

5.7 分析天平:精度 0.1 mg。

5.8 坩埚:50 mL。

5.9 容量瓶:50 mL、100 mL 等。

5.10 烧杯:50 mL、100 mL 等。

5.11 移液管:1 mL、2 mL、5 mL、10 mL 等。

5.12 玻璃板或聚四氟乙烯板:尺寸为 150 mm×100 mm。

5.13 滤膜(适用于水溶液):孔径为 0.45 μm。

所有的玻璃器皿、样品容器、玻璃板或聚四氟乙烯板等在使用前都需用硝酸溶液(见 4.2)浸泡24 h,然后用水彻底清洗并干燥。

6 试验步骤

6.1 涂膜的制备

将待测样品搅拌均匀。按产品明示的配比(稀释剂无需加入)制备混合试样,搅拌均匀后,在玻璃板或聚四氟乙烯板(见 5.12)上制备厚度适宜的涂膜。在产品说明书规定的干燥条件下,待涂膜完全干燥[自干漆若烘干,温度不得超过(60±2)℃]后,取下涂膜,在室温下用粉碎设备(见 5.2)将其粉碎,使涂膜的尺寸小于 5 mm。

注 1:对不能被粉碎机粉碎的涂膜(如弹性、塑性涂膜),用干净的剪刀将涂膜剪碎,使涂膜的尺寸小于 5 mm。

注 2:粉末状样品,直接进行试验溶液的制备。

注 3:对不能成膜的样品,干燥后直接进行试验溶液的制备。

6.2 试验溶液的制备

6.2.1 总则

6.2.1.1 本标准提供了下列三种试验溶液的制备方法,实验室可根据条件选用其中一种。

6.2.1.2 采用下列方法消解样品时,也可根据样品的实际状况确定适宜的消解条件,确保试样中的有机化合物全部被除去,而待测元素全部溶出。如果处理后的样品有残渣,残渣应采用适当的测量手段[如 X 荧光光谱仪(XRF)]进行检测,确保无待测元素存在。否则,应改变消解条件使待测元素完全溶出。

6.2.1.3 测定易挥发有害元素(如汞、砷等)时,不能采用干灰化法和湿酸消解法,应选用微波消解法。

6.2.1.4 试验溶液应同时制备两份进行测试。

6.2.2 干灰化法

称取粉碎后的试样约 2 g(精确至 0.1 mg)放入坩埚(见 5.8)内。将坩埚置于通风橱内的电热板(见 5.5)上,逐渐升高电热板的温度(不超过 475 ℃)至样品被消解成一个焦块,且挥发的消解产物已被充分排出,只留下干的残渣。然后将坩埚放入(475±25)℃的马弗炉内,保温直至完全灰化。

在灰化期间应供给足够的空气氧化,但不允许坩埚内的物质在任何阶段发生燃烧。

待盛有灰化物的坩埚冷却至室温后,加入 5 mL 硝酸(见 4.1),然后将坩埚内的溶液用滤膜(见 5.13)过滤并转移至 50 mL 容量瓶(见 5.9)中,用水冲洗坩埚和滤膜,所得到的溶液全部收集于同一容量瓶内,然后用水稀释至刻度。同时做试剂空白试验。

6.2.3 湿酸消解法

称取粉碎后的试样约 0.5 g～1 g(精确至 0.1 mg)置于 50 mL 烧杯(见 5.10)中,加入 7 mL 硝酸(见

4.1)，盖上表面皿，在电热板(见 5.5)上加热使溶液保持微沸约 5 min～15 min 左右，继续加热直至产生白烟，但不能烧干。将烧杯从电热板上取下，冷却约 5 min，缓慢滴加 1 mL～2 mL 过氧化氢(见4.4)，再次放至电热板上加热。重复三次，至样品消解完全。每次加入后均需等反应平静后再加入。如果样品消解不完全，取下稍冷，再加入适量浓硝酸(见 4.1)和过氧化氢(见 4.4)1～2 次，继续加热使样品消解完全。至残余溶液约 2 mL 左右时，取下烧杯冷却至室温。用约 10 mL 水稀释，用滤膜(见5.13)过滤并转移至 50 mL 容量瓶(见 5.9)中。用水冲洗烧杯和滤膜，所得到的溶液全部收集于同一容量瓶中，用水稀释至刻度。同时做试剂空白试验。

6.2.4 微波消解法

称取粉碎后的试样约 0.1 g～0.2 g(精确至 0.1 mg)置于微波消解罐中，分别加入 6 mL 硝酸(见 4.1)，1 mL～2 mL 过氧化氢(见 4.4)。待反应平稳，将消解罐封闭，放入微波消解仪(见 5.6)内，设置合适的消解条件进行消解。消解结束后，将消解罐冷却至室温，打开消解罐，将消解溶液用滤膜(见5.13)过滤并转移至 50 mL 的容量瓶(见 5.9)中。用水冲洗消解罐内壁和内盖，将洗涤液收集于同一容量瓶中，同时用水冲洗滤膜，所得到的溶液全部收集于同一容量瓶中，用水稀释至刻度。同时做试剂空白试验。

6.3 测试

6.3.1 总则

按 6.2 制备的试验溶液采用合适的分析仪器(见 5.1)测定待测元素的含量。

使用任一种分析仪器进行测定时，分析者都应按照仪器说明书或操作手册的规定对其进行操作，并在试验报告中注明采用的分析仪器。

6.3.2 标准工作溶液的配制

选用合适的容量瓶(见 5.9)和移液管(见 5.11)，用硝酸溶液(见 4.3)逐级稀释待测元素标准贮备液(见 4.5)，配制成可供仪器测试的系列标准工作溶液(可根据所使用的仪器及测试样品的情况确定标准工作溶液的浓度范围，使其浓度与样品溶液中的浓度相当)。

6.3.3 校准曲线的建立

调节仪器，将按 6.3.2 配制的标准工作溶液依次导入测试仪器，各类仪器会以各自的特征响应值与其对应浓度的关系建立校准曲线。校正曲线应至少包括 1 个空白样和 5 个标准工作溶液，其线性回归曲线的相关系数应≥0.995；否则应重新制作新的校准曲线。

6.3.4 试验溶液中待测元素含量的测定

将按 6.2 制备的试验溶液导入测试仪器，各类仪器会根据校准曲线和试验溶液的特征响应值自动给出试验溶液中待测元素的浓度值。如果试验溶液中待测元素的浓度超出校准曲线的最高点，则应对试验溶液用硝酸溶液(见 4.3)进行适当稀释后再测试。

7 结果的计算

按式(1)计算试样中待测元素的含量：

$$w = \frac{(\rho - \rho_0) \times V \times F}{m} \qquad \cdots\cdots(1)$$

式中：

w ——试样中待测元素含量，单位为毫克每千克(mg/kg)；

ρ ——试验溶液中的待测元素浓度，单位为毫克每升(mg/L)；

ρ_0 ——空白溶液中的待测元素浓度，单位为毫克每升(mg/L)；

V ——试验溶液的体积，单位为毫升(mL)；

F ——试验溶液的稀释倍数；

m ——称取的试样质量，单位为克(g)。

8 精密度

8.1 重复性

同一操作者两次测试结果的相对偏差应小于10%。

8.2 再现性

不同试验室间测试结果的相对偏差应小于20%。

ICS 87.040
G 50

中华人民共和国国家标准

GB/T 30648.1—2014

色漆和清漆 耐液体性的测定
第1部分:浸入除水之外的液体中

Paints and varnishes—Determination of resistance to liquids—
Part 1:Immersion in liquids other than water

(ISO 2812-1:2007,MOD)

2014-12-31 发布 2015-07-01 实施

中华人民共和国国家质量监督检验检疫总局
中国国家标准化管理委员会 发布

前　言

GB/T 30648《色漆和清漆　耐液体性的测定》分为以下5个部分：

——第1部分：浸入除水之外的液体中；

——第2部分：浸水法；

——第3部分：利用吸收介质的方法；

——第4部分：点滴法；

——第5部分：采用具有温度梯度的烘箱法。

本部分是GB/T 30648的第1部分。

本部分按照GB/T 1.1—2009给出的规则起草。

本部分使用重新起草法修改采用ISO 2812-1:2007《色漆和清漆　耐液体性的测定　第1部分：浸入除水之外的液体中》。

本部分与ISO 2812-1:2007相比存在技术性差异，这些差异涉及的条款已通过在其外侧页边空白位置的垂直单线(|)进行了标示，附录A中给出了相应技术性差异及其原因的一览表。

本部分还做了下列编辑性修改：

——删除了第4章中条的编号，改为列项；

——增加了资料性附录A，将ISO 2812-1:2007中资料性附录A改为本部分的资料性附录B。

本部分由中国石油和化学工业联合会提出。

本部分由全国涂料和颜料标准化技术委员会(SAC/TC 5)归口。

本部分起草单位：中海油常州涂料化工研究院有限公司、广州合成材料研究院有限公司、信和新材料股份有限公司、广州标格达实验室仪器用品有限公司、深圳广田装饰集团股份有限公司、马鞍山采石矶涂料有限公司。

本部分主要起草人：蒋芸、李欣、李跃武、王崇武、李少强、曹忠富。

色漆和清漆　耐液体性的测定
第1部分:浸入除水之外的液体中

1　范围

GB/T 30648的本部分规定了单一涂层或复合涂层耐除水之外的液态或膏状的测试液作用的一般试验方法。

本方法可以确定测试液对涂层表面的影响或对底材的破坏程度。

2　规范性引用文件

下列文件对于本文件的应用是必不可少的。凡是注日期的引用文件,仅注日期的版本适用于本文件。凡是不注日期的引用文件,其最新版本(包括所有的修改单)适用于本文件。

GB/T 3186　色漆、清漆和色漆与清漆用原材料　取样(GB/T 3186—2006,ISO 15528:2000,IDT)

GB/T 6682　分析实验室用水规格和试验方法(GB/T 6682—2008,ISO 3696:1987,MOD)

GB/T 9271　色漆和清漆　标准试板(GB/T 9271—2008,ISO 1514:2004,MOD)

GB/T 9278　涂料试样状态调节和试验的温湿度(GB/T 9278—2008,ISO 3270:1984,IDT)

GB/T 13452.2　色漆和清漆　漆膜厚度的测定(GB/T 13452.2—2008,ISO 2808:2007,IDT)

GB/T 20777　色漆和清漆　试样的检查和制备(GB/T 20777—2006,ISO 1513:1992,IDT)

ISO 4628-1　色漆和清漆　涂层老化的评价　缺陷的数量和大小以及外观均匀变化程度的标识　第1部分:总则和标识体系(Paints and varnishes—Evaluation of degradation of coatings—Designation of quantity and size of defects,and of intensity o uniform changes in appearance—Part 1:General introduction and designation system)

ISO 4628-2　色漆和清漆　涂层老化的评价　缺陷的数量和大小以及外观均匀变化程度的标识　第2部分:起泡等级的评定(Paints and varnishes—Evaluation of degradation of coatings—Designation of quantity and size of defects,and of intensity of uniform changes in appearance—Part 2:Assessment of degree of blistering)

3　原理

将涂漆试件浸入测试液中使其暴露于测试液,根据商定的标准评定浸入涂层的变化。

4　仪器设备

警告:为了防止爆炸或起火,对于含有易燃的挥发性液体的产品应小心处理,应严格按照国家规章执行。

普通实验室仪器及下列仪器:

——槽,由惰性材料制成,可以装入测试液和试件;

——加热箱,装有强制通风装置,能在较高温度(高达40 ℃)下进行试验,且温度能保持在±3 ℃范围内。

5 测试液

经商定，可以使用一种或多种测试液。测试液参照附录B。

6 取样

按GB/T 3186规定，取有代表性的待测涂漆样品。

按GB/T 20777规定，检查及制备每个试样。

7 试件

7.1 底材和尺寸

7.1.1 底板

除另有规定，底板应符合GB/T 9271的要求，尺寸约为150 mm×100 mm，厚度为0.7 mm～1.0 mm。

7.1.2 钢棒

一端应磨圆，其圆弧半径接近棒本身的半径。

注1：合适尺寸为ϕ15 mm×150 mm。

注2：可消除边缘影响。

7.2 处理和涂漆

7.2.1 试板

按GB/T 9271的规定处理每块底板，按规定的方法施涂受试涂料或涂料体系。将每块已涂漆的试板在规定的条件下干燥(或烘烤)并放置(如适用)至规定的时间。

对于方法A和方法B，试板正反面、边缘都应施涂。经商定，试板背面和边缘需涂适当的保护涂料或被测涂料。

7.2.2 试棒

按规定处理每根钢棒，按规定的方法施涂受试涂料或涂料体系。将每根已涂漆的试棒在规定的条件下干燥(或烘烤)并放置(如适用)至规定的时间。

7.3 涂层厚度

按GB/T 13452.2中规定的非破坏性仪器测量法之一测定涂层的干膜厚度，以μm表示。

8 步骤

8.1 试板或试棒的状态调节

按GB/T 9278中规定，试验前试板或试棒在温度(23±2)℃和相对湿度(50±5)%的条件下至少调节16 h。

8.2 高电导率测试液

如使用高电导率测试液，有可能产生明显的电解效应，所以测试液中最好只浸泡一个试件。如果数个试件浸入同一个槽中，这些试件应是同一性质的。而且测试液应不受试件的影响。

试件距离槽壁至少 30 mm，如果数个试件浸在同一槽中，互相间隔至少应为 30 mm，且试件应与支架绝缘。

8.3 测定

8.3.1 方法 A——单相液体

一式两份进行平行试验。

往合适的槽（见第 4 章）中倒入足量的测试液至能浸泡试板或试棒的所需深度。

注：测试液参照附录 B。

将涂漆试件尽可能垂直站立或悬挂于槽中，使其一半浸入测试液。

注：经商定浸入深度可超过一半。

如果数个试件同时浸入同一槽中，确保互相间隔至少 5 mm，如果是高电导率测试液，则互相间隔至少 30 mm（见 8.2）。

为减少由测试液的蒸发或溅洒而引起的损失，在试验期间槽上加盖。

经商定，可晃动或搅拌测试液。

经商定，可在指定的时间补加测试液或符合 GB/T 6682 要求的三级蒸馏水，补充液体损失，保持原体积或浓度。

经商定，试验可在较高温度下进行。在浸泡试件之前，槽和测试液应在加热箱中加热至指定温度。试验温度应保持在±3 ℃范围内。只有浸泡试件时才能从加热箱中短时取出槽。

试验时间需经商定且能满足涂层最终用途的要求。

8.3.2 方法 B——两相液体

一式两份进行平行试验。

将涂漆试件尽可能垂直站立或悬挂于槽中，试板（见 7.1.1）距离槽壁至少 100 mm。

在使用前即时配制每种测试液。

小心将密度大的测试液沿槽壁倒入，约至试件（板或棒）40%处，务必使试件此水平以上部位不被沾染。

以同样的方法加入第二种测试液至试件的 80%处。盖上槽盖，不要搅动，让其放置。

如要求中途检查，则应在商定的时间，将试件从测试液中取出，擦去表面测试液，检查试件后再次将其浸入测试液。

注：如果上层液体污染试件的下面部分或下层液体，则中途检查后重新进行上述试验步骤。

试验时间需经商定且能满足涂层最终用途的要求。

9 评定

达到规定的试验时间后，用干布或纸擦拭试件。对于水溶液痕迹用流水彻底冲洗，对于其他测试液痕迹用对涂层无损害的溶剂彻底清洗。

仅评定与测试液直接接触的区域。

立即按 ISO 4628-2 中规定评定试件表面的起泡等级。按 ISO 4628-1 中规定评定任何可见变化的等级。

除另有规定，将试件置于标准条件下干燥 24 h 后再次评定。

在试件的浸泡和未浸泡区域可进行进一步试验(如划格试验、硬度试验)。

如需检查底材的可见变化，用规定的方法去除涂层。

如平行测定的结果差异很大，则需重新试验。

所有的测定结果，包括重新测定的结果，都需在报告中注出。

10 精密度

目前尚未得到相关的重复性(r)和再现性(R)数据。

11 试验报告

试验报告至少应包括以下内容：

a) 识别受试产品所需的全部细节(包括生产商、商标、批号等)；

b) 注明本部分编号；

c) 试板和试棒的详细说明，包括：
   1) 底材的材质(包括厚度)和表面处理情况；
   2) 将样品施涂至底材的方法，包括每道涂层的干燥时间和干燥条件，试验前的养护条件(如适用)；
   3) 涂层的干膜厚度，以 μm 表示，以及所选用 GB/T 13452.2 中的测定方法。

d) 所用方法(A 或 B)的详细说明，包括：
   1) 测试液的详细说明；
   2) 试验周期；
   3) 试件浸入测试液中的深度；
   4) 试验温度。

e) 按第 9 章所述得出的试验结果；

f) 试验人员；

g) 与本试验方法规定操作的差异；

h) 试验期间观察到的异常情况；

i) 试验日期。

附 录 A
（资料性附录）
本部分与 ISO 2812-1:2007 的技术性差异及其原因

表 A.1 给出了本部分与 ISO 2812-1:2007 的技术性差异及其原因的一览表。

表 A.1 本部分与 ISO 2812-1:2007 的技术性差异及其原因

本部分的章条编号	技术性差异	原因
2	规范性引用文件中“ISO 1513”改为与之对应的我国文件“GB/T 20777”,“ISO 1514”改为与之对应的我国文件“GB/T 9271”,“ISO 2808”改为与之对应的我国文件“GB/T 13452.2”,“ISO 3270”改为与之对应的我国文件“GB/T 9278”,“ISO 3696”改为与之对应的我国文件“GB/T 6682”,“ISO 15528”改为与之对应的我国文件“GB/T 3186”	采用国家标准使用更方便

附　录　B
（资料性附录）
测试液的示例

B.1　总则

汽车涂料用的测试液通常为燃料和化学试剂，其范围参照B.2和B.3。其他测试液可用于汽车涂料和其他涂料的试验。

仅采用分析纯的化学试剂。

B.2　汽车行业用的燃料及其他液体

B.2.1　FAM测试液，符合DIN 51604-1、DIN 51604-2或DIN 51604-3的要求。

B.2.2　柴油，符合EN 590的要求。

B.2.3　优质汽油，符合EN 228的要求。

B.2.4　生物柴油，符合EN 14214的要求。

B.2.5　发动机油。

B.2.6　双曲面齿轮箱油。

B.2.7　液压油。

B.2.8　自动变速器油。

B.2.9　制动液。

B.2.10　散热器防冻剂。

B.2.11　车身密封剂。

B.2.12　车腔密封剂。

B.2.13　挡风玻璃清洁剂。

B.2.14　冷清洁剂。

B.3　实验室化学试剂

B.3.1　乙醇。

B.3.2　异丙醇。

B.3.3　氢氧化钠溶液：质量分数为5%。

B.3.4　盐酸溶液：质量分数为10%。

B.3.5　亚硫酸溶液：质量分数为6%。

B.3.6　硫酸溶液：质量分数为10%。

B.3.7　硫酸溶液：质量分数为36%。

参 考 文 献

[1] EN 228,Automotive fuels—Unleaded petrol—Requirements and test methods

[2] EN 590,Automotive fuels—Diesel—Requirements and test methods

[3] EN 14214,Automotive fuels—Fatty acid methyl esters (FAME) for diesel engines—Requirements and test methods

[4] DIN 51604-1,FAM testing fluid for polymer materials; composition and requirements

[5] DIN 51604-2,Methanolic FAM testing fluid for polymer materials;composition and requirements

[6] DIN 51604-3,Methanolic lower layer FAM testing fluid for polymer materials;composition and requirements

ICS 83.140.99
G 47

中华人民共和国国家标准

GB/T 30649—2014

声屏障用橡胶件

Rubber articles for sound barriers

2014-12-31 发布　　2015-07-01 实施

中华人民共和国国家质量监督检验检疫总局
中国国家标准化管理委员会　发布

前　言

本标准按照 GB/T 1.1—2009 给出的规则起草。

本标准由中国石油和化学工业联合会提出。

本标准由全国橡胶与橡胶制品标准化技术委员会橡胶杂品分技术委员会(SAC/TC 35/SC 7)归口。

本标准起草单位:江阴海达橡塑股份有限公司、中国铁道科学研究院金属及化学研究所、衡水橡胶股份有限公司、四川中铁二院环保科技有限公司、宁波安东新材料有限公司。

本标准主要起草人:顾惠娟、贡健、毛昆朋、刘保权、许克俊、杜瑞宁。

声屏障用橡胶件

1 范围

本标准规定了声屏障用橡胶件的要求、试验方法、检验规则及标志、包装、运输与贮存。

本标准适用于铁路、公路、城市轨道交通、城市道路声屏障用橡胶垫、橡胶条等橡胶件(以下简称橡胶件)。

2 规范性引用文件

下列文件对于本文件的应用是必不可少的。凡是注日期的引用文件,仅注日期的版本适用于本文件。凡是不注日期的引用文件,其最新版本(包括所有的修改单)适用于本文件。

GB/T 528 硫化橡胶或热塑性橡胶 拉伸应力应变性能的测定

GB/T 529 硫化橡胶或热塑性橡胶撕裂强度的测定(裤形、直角形和新月形试样)

GB/T 531.1 硫化橡胶或热塑性橡胶 压入硬度试验方法 第1部分:邵氏硬度计法(邵尔硬度)

GB/T 2941 橡胶物理试验方法试样制备和调节通用程序

GB/T 3512 硫化橡胶或热塑性橡胶 热空气加速老化和耐热试验

GB/T 3672.1—2002 橡胶制品的公差 第1部分:尺寸公差

GB/T 7758 硫化橡胶 低温性能的测定 温度回缩法(TR试验)

GB/T 7759 硫化橡胶、热塑性橡胶 常温、高温和低温下压缩永久变形测定

GB/T 7762 硫化橡胶或热塑性橡胶 耐臭氧龟裂 静态拉伸试验

GB/T 15256 硫化橡胶低温脆性的测定(多试样法)

3 要求

3.1 外观质量

表面无裂纹、每米内面积不大于10 mm^2 气泡的数量不超过3处、无明显杂质及其他影响使用的缺陷。

3.2 规格尺寸

常用的橡胶件截面示意图如图1、图2、图3、图4所示。

橡胶件壁厚的尺寸公差应符合表1的要求,其他部位尺寸公差均按GB/T 3672.1—2002中E2级公差选取,特殊要求由供需双方协商确定。

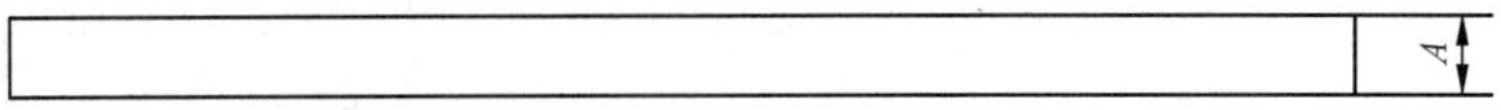

图1 橡胶条

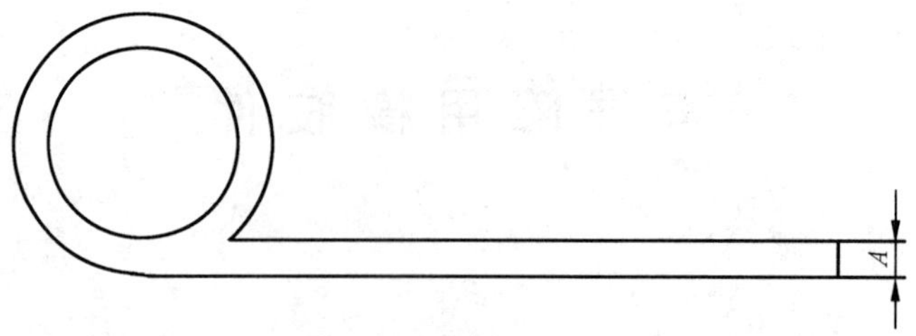

图 2　单管橡胶垫

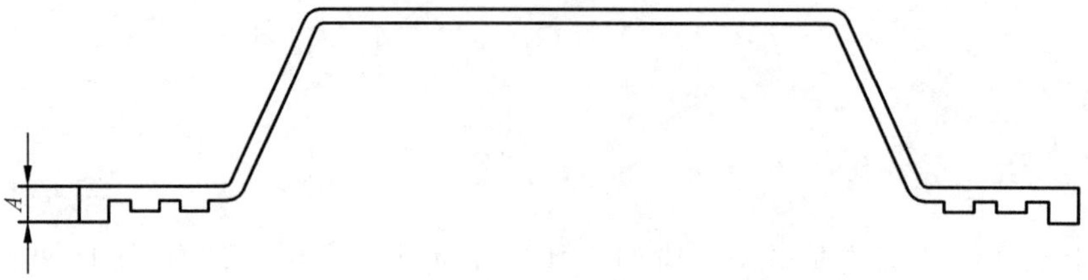

图 3　桥型橡胶垫

图 4　解耦橡胶垫

表 1　橡胶件壁厚的尺寸公差

单位为毫米

壁厚 A	$1.5<A\leqslant2.5$	$2.5<A\leqslant4.0$	$4.0<A\leqslant6.3$	$6.3<A\leqslant10.0$
公差　±	0.35	0.40	0.50	0.70

3.3　物理性能

橡胶件的物理性能及相应的试验方法应符合表 2 的规定。

表 2　橡胶件物理性能

序号	项　目		指　标	适用试验条目
1	硬度(邵尔 A)/度		60±5	4.3.2
2	拉伸强度/MPa	≥	10	4.3.3
3	拉断伸长率/%	≥	300	
4	撕裂强度/(kN/m)	≥	25	4.3.4
5	压缩永久变形(100 ℃×24 h,25%)/%	≤	45	4.3.5

表 2(续)

序号	项目		指标	适用试验条目
6	热空气老化(100 ℃×96 h)	硬度变化(邵尔 A)/度	0～10	4.3.6
		拉伸强度/MPa ≥	8	
		拉断伸长率/% ≥	250	
7	加热失重(100 ℃×168 h)/% ≤		3.0	4.3.7
8	低温脆性(−50 ℃)		不裂	4.3.8
9	低温回缩温度/℃(试样长度 100 mm,伸长率 100%)	TR10 ≤	−40 ℃	4.3.9
		TR30 ≤	−30 ℃	
		TR50 ≤	−20 ℃	
		TR70 ≤	−10 ℃	
10	臭氧老化[200×10^{-8},拉伸 20%,(40±2)℃×96 h]		无裂纹	4.3.10
11	拉伸疲劳永久变形/% ≤ (拉伸 50%,频率 0.1 Hz,1 000 次,哑铃状试样Ⅰ型)		8	4.3.11

注 1:低温回缩温度作为可选择项目,由供需双方协商确定。
注 2:加筋复合橡胶件的物理性能由供需双方协商确定。

4 试验方法

4.1 外观质量

在光线充足的条件下,用目测及相应的量具进行检查。

4.2 规格尺寸

规格尺寸用精度不低于 0.02 mm 的量具进行测量。

4.3 物理性能

4.3.1 试样制备及调节

在规格尺寸和外观质量检验合格的产品上裁取试验(除压缩永久变形试验)所需的足够长度试样,压缩永久变形试验的试样用胶料压制,按 GB/T 2941 的规定制备试样,并在标准状态下静置 24 h。

4.3.2 硬度

硬度的测定按 GB/T 531.1 的规定进行。

4.3.3 拉伸强度、拉断伸长率

拉伸强度、拉断伸长率的测定按 GB/T 528 的规定进行,采用 1 型试样。

4.3.4 撕裂强度

撕裂强度的测定按 GB/T 529 的规定进行,采用直角无割口试样。

4.3.5 压缩永久变形

压缩永久变形的测定按 GB/T 7759 的规定进行，采用 A 型试样。

4.3.6 热空气老化

热空气老化试验按 GB/T 3512 的规定进行。

4.3.7 加热失重

采用 GB/T 528 规定的 1 型哑铃状试样，每组 5 条试样，称量准确至 0.000 1 g。将试样放至(100±2)℃ 的环境中开始计时，至 168 h 后，取出试样，放入干燥器中静置 16 h；再称量加热后的试样质量，准确至 0.000 1 g，热失重按式(1)进行计算，再计算算术平均值。

$$\Delta m = \frac{m_0 - m_1}{m_0} \times 100\% \qquad \cdots\cdots(1)$$

式中：

Δm ——质量损失百分率，%；

m_0 ——加热前试样质量，单位为克(g)；

m_1 ——加热后试样质量，单位为克(g)。

4.3.8 低温脆性

低温脆性的测定按 GB/T 15256 的规定进行。

4.3.9 低温回缩温度

低温回缩温度的测定按 GB/T 7758 的规定进行。

4.3.10 臭氧老化

臭氧老化的测定按 GB/T 7762 的规定进行。

4.3.11 拉伸疲劳永久变形

拉伸疲劳永久变形的测定按附录 A 的规定进行。

5 检验规则

5.1 检验分类

5.1.1 出厂检验

5.1.1.1 组批与抽样

以同规格型号、同配方的产品一万米为一批，不足一万米按一批计；抽取 1%进行外观质量检验，并在任意 1 m 处随机取 3 点进行规格尺寸检验。在外观质量和规格尺寸检验合格的样品中随机抽取足够试样进行物理性能检测。

5.1.1.2 检验项目

硬度、拉伸强度、拉断伸长率、撕裂强度应按批进行检验。

5.1.2 型式检验

本标准所列全部技术要求为型式检验项目。通常在下列情况之一时应进行型式检验：

a) 新产品或老产品转产生产的试制定型鉴定；
b) 正式生产时，每年进行一次检验；
c) 正式生产后，产品的结构、设计、工艺、材料、生产设备、管理等方面有重大改变；
d) 产品停产超过半年，恢复生产时；
e) 出厂检验结果与上次型式检验有较大差异时；
f) 国家质量监督机构提出进行该项试验的要求。

5.1.3 周期检验

正常生产情况下，压缩永久变形、热空气老化性能每月进行一次检验；每半年对表2物理性能中的7～11项进行一次检验。

5.2 判定规则

5.2.1 规格尺寸、外观质量及物理性能各项指标全部符合要求，则为合格品。

5.2.2 规格尺寸或外观质量若有一项不合格，则为不合格品。

5.2.3 物理性能若有一项指标不符合要求，则应在同批次产品中另取双倍试样进行该项复试。复试结果若仍不合格，则该批产品为不合格品。

6 标志、包装、运输与贮存

6.1 橡胶件外包装上应有如下标志：产品名称、规格、商标、生产厂名、厂址、生产日期。

6.2 橡胶件应根据规格及货运重量规定，采用适宜的方法包装，如有特殊要求，可由供需双方协商确定。每个包装内均应附产品合格证，合格证内容包括：产品名称、规格、生产日期、产品标准号、标准合格印章。技术文件须用塑料袋包装封口。

6.3 产品在运输过程中，应注意轻吊轻放，防止碰撞或受力变形；避免阳光直接暴晒、雨淋雪浸，保持清洁。

6.4 橡胶件应储存在干燥通风，环境温度为－15 ℃～＋35 ℃的库房内，距热源1 m以外，离地面0.3 m以上码放整齐；严禁与酸、碱、有机溶剂接触。

6.5 在遵守上述规定的条件下，自生产之日起12个月内，产品性能符合本标准的规定。

附 录 A
（规范性附录）
拉伸疲劳永久变形测定方法

A.1 原理

在动夹持器或滑轮恒速移动的万能试验机上，将哑铃状试样在给定的伸长率下进行往复拉伸，记录一定疲劳次数后哑铃状试样标距的形变。

A.2 试验设备

能够满足橡胶试样在0.1 Hz频率下往复拉伸，可以自动记录拉伸-回复曲线的电子万能试验机。

A.3 试样及数量

采用1型哑铃状试样，数量3个。

A.4 试验步骤

A.4.1 将试样放置在温度(23±2)℃、相对湿度(50±10)%的环境中至少24 h。做好标距标示，用游标卡尺测量标距的长度，作为原始标距 L_0，一般为25 mm。

A.4.2 将试样对称地夹在万能试验机的上、下夹持器上，开始往复拉伸疲劳试验，夹持器的移动速度为(500±50)mm/min，拉伸伸长率为50%，试验频率为0.1 Hz，疲劳次数为1 000次。

A.4.3 取下试样，停放30 min后，用游标卡尺测量标距间的长度 L_1。

A.5 结果计算

拉伸永久变形按下列公式计算，取三个试样的平均值作为最终结果。

$$E=\frac{L_1-L_0}{L_0}\times 100\% \quad \cdots\cdots(A.1)$$

式中：

E ——拉伸疲劳后永久变形，%；

L_0 ——被测试样原始标距，单位为毫米(mm)；

L_1 ——被测试样疲劳后标距刻度间的长度，单位为毫米(mm)。

A.6 试验报告

试验报告至少包括以下内容：

a) 试验项目名称；

b） 试样来源、品种、规格及制备方法；

c） 试样编号、尺寸、外观质量及数量；

d） 试验温度、湿度；

e） 试验设备及仪器；

f） 试验结果（含单个值和算术平均值）；

g） 试验人员、日期及其他。

ICS 25.220.99
A 29

中华人民共和国国家标准

GB/T 30650—2014

矿脂防蚀带低温可操作性检测方法

Test method of operability of petrolatum tape at low temperature

2014-12-31 发布　　2015-07-01 实施

中华人民共和国国家质量监督检验检疫总局
中国国家标准化管理委员会　发布

前　言

本标准按照 GB/T 1.1—2009 给出的规则起草。

本标准由中国石油和化学工业联合会提出。

本标准由全国防腐蚀标准化技术委员会(SAC/TC 381)归口。

本标准起草单位:中国工业防腐蚀技术协会、中国科学院海洋研究所。

本标准主要起草人:侯保荣、赵霞、王静、王秀通、郑萌、李言涛、段继周、杨黎晖、朱庆军、张杰、王昊、高扬。

矿脂防蚀带低温可操作性检测方法

1 范围

本标准规定了检测矿脂防蚀带耐低温可操作性试验方法的仪器设备、取样、试板、检测步骤、结果评定和试验报告的要求。

本标准适用于矿脂防蚀带在－20 ℃～0 ℃的环境温度条件下施工适应性的检测。

2 规范性引用文件

下列文件对于本文件的应用是必不可少的。凡是注日期的引用文件，仅注日期的版本适用于本文件。凡是不注日期的引用文件，其最新版本(包括所有的修改单)适用于本文件。

GB/T 9271 色漆和清漆 标准试板

HJ/T 373—2007 固定污染源监测质量保证与质量控制技术规范(试行)

3 术语和定义

下列术语和定义适用于本文件。

3.1

矿脂防蚀带 petrolatum tape

以无纺布为载体，在含有复合防锈剂、缓蚀剂、稠化剂、润滑剂、填充剂等特制矿物脂中浸渍制成的带状防蚀材料。

3.2

低温可操作性 operability at low temperature

矿脂防蚀带在低温条件(－20 ℃～0 ℃)下能否正常施工的性能。

3.3

剥离强度 peel strength

将单位宽度矿脂防蚀带从金属板表面平行剥离时所需要的力。

4 试剂和材料

4.1 丙酮或乙醇溶液：分析纯。

4.2 钢板：符合 GB/T 9271 的碳钢板，尺寸为 125 mm×50 mm×1.5 mm～2.0 mm。

4.3 聚酯膜：尺寸为 25 mm×150 mm×25 μm。

4.4 耐水砂纸：150#、250#、300#。

5 仪器

5.1 恒温恒湿箱：量程为－20 ℃～100 ℃，温度偏差≤±2 ℃。

5.2 低温温度计：量程为－30 ℃～10 ℃，分值为 0.1 ℃。

5.3 湿度计：量程为 0～100%，湿度偏差≤±2%。

5.4 万能拉力试验机：量程不超过 1 kN，精确度 0.01 N。

6 取样

6.1 试样

6.1.1 取 1 000 mm 长，100 mm 宽的产品卷成内径小于 30 mm 的卷作为目视检测样品（大于 10 圈）。
6.1.2 剪取 25 mm×150 mm 的方形小试样作为剥离强度检测样品。

6.2 试板制备

6.2.1 依次用 150#、250#、300# 的耐水砂纸沿着与钢板长度平行的方向全面均匀打磨钢板（4.2），下一道砂纸的痕迹要完全覆盖上一道砂纸的痕迹，最后仅留有 300# 砂纸的痕迹。
6.2.2 用含丙酮或乙醇溶液的纱布擦拭污垢和异物。
6.2.3 放入干燥器中干燥待用。
6.2.4 将剥离强度检测试样（6.1.2）贴在处理好的钢板一端，接触面尺寸大约为 25 mm×50 mm，见图 1。
6.2.5 在整个试样的表面铺上聚酯膜，用宽度大于 30 mm 的辊子在试样上往返 1 次将聚酯膜完全贴合在试样表面。

7 检测步骤

7.1 剥离强度

7.1.1 按 6.2 的规定制备 6 个平行试板。
7.1.2 取上述 3 个试板置于温度（23±2）℃、湿度（50±5）%的标准条件下状态调节至少 2 h。
7.1.3 将调节后的试板（7.1.2）的矿脂防蚀带一端放在万能拉力试验机上部的夹具，金属板一端放在下部的夹具夹紧。
7.1.4 以（300±30）mm/min 的速度匀速拉伸，当矿脂防蚀带开始脱离金属板时，记录此时拉伸力读数。
7.1.5 重复上述步骤测试另外两个试样，计算 3 个拉伸力的算术平均值，记为 F_0。
7.1.6 将其余 3 个试样置于（−5±2）℃（或其他双方商定的温度）的恒温箱中，状态调节至少 2 h。
7.1.7 按步骤 7.1.3～7.1.4 重复测试 3 个试样，取拉伸力的算术平均值，记为 F_1。
7.1.8 每个试样从恒温恒湿箱中取出到测试结束不能超过 3 min。

7.2 目视检测

7.2.1 将整卷试样（6.1）在（−5±2）℃（或其他双方商定的温度）的恒温箱中调节至少 2 h。
7.2.2 将调节后的试样在 3 s～5 s 内完全铺开。
7.2.3 目测观察矿脂防蚀带表面是否有断裂及复合物龟裂现象。

8 结果及判定

8.1 结果表示

8.1.1 剥离强度 σ 按式（1）计算：

$$\sigma = \frac{F}{b} \qquad \cdots\cdots (1)$$

式中：

σ ——剥离强度，单位为牛顿每米（N/m）；

F——矿脂防蚀带开始脱离金属板时的拉伸力,单位为牛顿(N);

b——试样宽度的数值,单位为米(m)。

8.1.2 按式(1)分别由 F_0 计算出 σ_0,由 F_1 计算出 σ_1。

8.1.3 计算$(\sigma_0-\sigma_1)/\sigma_0$。

8.2 判定

8.2.1 按照 HJ/T 373—2007 中 4.6.2.2 的规定,计算每组 3 个平行试样剥离强度的相对偏差,不应超过 5%;否则判定为不合格。

8.2.2 $(\sigma_0-\sigma_1)/\sigma_0$ 应小于 50%;否则判定为不合格。

8.2.3 目测观察应无肉眼可看出的断裂及复合物龟裂现象;否则判定为不合格。

单位为毫米

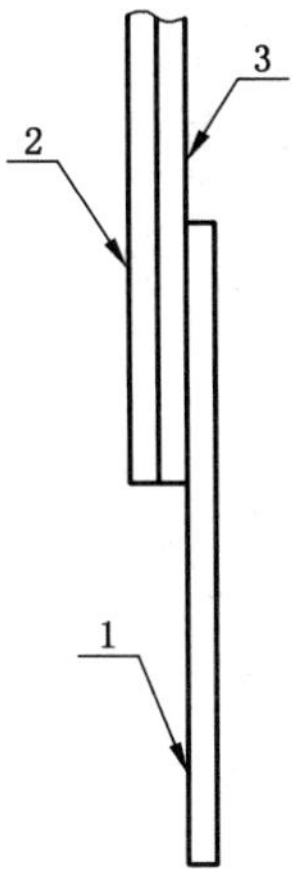

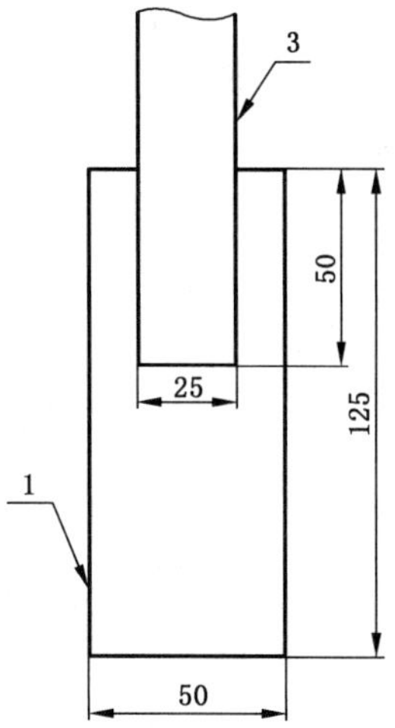

说明:

1——金属板;

2——聚酯膜;

3——试样。

图 1 剥离强度试板示意图

9 试验报告

试验报告至少包括下列内容:

a) 试验条件;

b) 样品的描述,包括长度、宽度和厚度;

c) 试验前后样品对比照片或详细的文字性描述;

d) 与规定的试验方法的任何不同之处;

e) 试验结果及判定;

f) 试验日期;

g) 试验人;

h) 试验地点。

ICS 25.220.99
A 29

中华人民共和国国家标准

GB/T 30651—2014

矿脂防蚀带耐高温流动性检测方法

Test method of flowability of petrolatum tape at high temperature

2014-12-31 发布 2015-07-01 实施

中华人民共和国国家质量监督检验检疫总局
中国国家标准化管理委员会 发布

前　言

本标准按照 GB/T 1.1—2009 给出的规则起草。

本标准由中国石油和化学工业联合会提出。

本标准由全国防腐蚀标准化技术委员会(SAC/TC 381)归口。

本标准起草单位:中国科学院海洋研究所、中国工业防腐蚀技术协会。

本标准主要起草人:侯保荣、王静、赵霞、杨黎晖、李言涛、李红玲、王秀通、马秀敏、曹琨、孙丛涛、王昊、高扬。

矿脂防蚀带耐高温流动性检测方法

1 范围

本标准规定了检测矿脂防蚀带耐高温流动性实验方法的仪器设备、取样、试验步骤、结果和试验报告的要求。

本标准适用于矿脂防蚀带在 45 ℃～65 ℃的环境温度条件下施工适应性的检测。

2 术语和定义

下列术语和定义适用于本文件。

2.1

矿脂防蚀带 petrolatum tape

以无纺布为载体，在含有复合防锈剂、缓蚀剂、稠化剂、润滑剂、填充剂等特制矿物脂中浸渍制成的带状防蚀材料。

2.2

耐高温流动性 flowability at high temperature

矿脂防蚀带在 45 ℃～65 ℃的环境温度条件下状态调节 24 h，复合物脱离矿脂防蚀带的性能。

3 试剂和材料

3.1 丙酮或乙醇：分析纯。

3.2 钢管：直径 50 mm，长 300 mm。

4 仪器

恒温干燥箱：量程为－20 ℃～120 ℃，温度偏差≤±2 ℃。

5 取样

取尺寸为 500 mm×50 mm 的矿脂防蚀带作为试样。

6 步骤

6.1 调节恒温干燥箱，使其保持在(60±2)℃或其他商定的温度。

6.2 用纱布蘸取丙酮或乙醇清洗钢管，清除表面杂物，将表面吹干。

6.3 在钢管中间缠绕试样矿脂防蚀带两圈，去除多余试样，将表面抚平。

6.4 将缠好试样的钢管置于支架上，并在其下方放置托盘，见图 1。

6.5 将上述装置整体放入调节好温度的恒温干燥箱中，保持水平，24 h 后观察托盘中有无复合物滴落。

6.6 同时做 3 个平行试样检测。

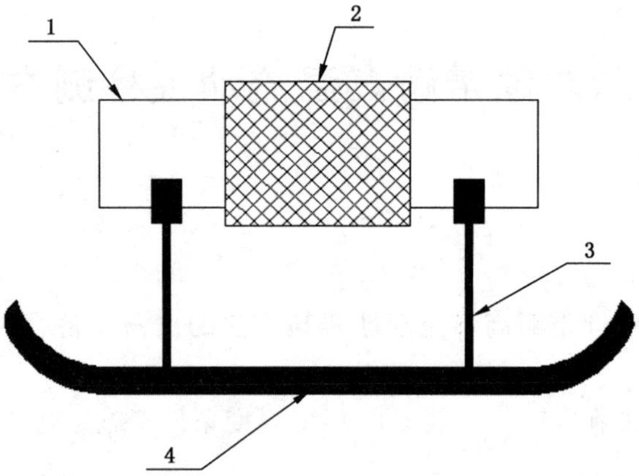

说明：
1——钢管；
2——矿脂防蚀带；
3——支架；
4——托盘。

图 1　耐高温流动性试验装置

7　结果判定

目测 3 个平行试样中均未出现复合物滴落现象，即评定为合格，否则为不合格。

8　试验报告

试验报告至少包括下列内容：

a）　试验条件；
b）　样品的描述，包括长度，宽度和厚度；
c）　试验前后样品对比照片或详细的文字性描述；
d）　与规定的试验方法的任何不同之处；
e）　试验结果及判定；
f）　试验日期；
g）　试验人；
h）　试验地点。

ICS 29.045
H 83

中华人民共和国国家标准

GB/T 30652—2014

硅外延用三氯氢硅

Trichlorosilane for silicon epitaxial

2014-12-31 发布

2015-09-01 实施

中华人民共和国国家质量监督检验检疫总局
中国国家标准化管理委员会 发布

前　言

本标准按照 GB/T 1.1—2009 给出的规则起草。

请注意本文件的某些内容可能涉及专利。本文件的发布机构不承担识别这些专利的责任。

本标准由全国半导体设备和材料标准化技术委员会(SAC/TC 203)和全国半导体设备和材料标准化技术委员会材料分会(SAC/TC 203/SC 2)共同提出并归口。

本标准起草单位:中锗科技有限公司、南京国盛电子有限公司、南京中锗科技股份有限公司。

本标准主要起草人:柯尊斌、刘新军、郑华荣、谭卫东、金龙。

硅外延用三氯氢硅

1 范围

本标准规定了硅外延用三氯氢硅($SiHCl_3$)的要求、试验方法、检验规则和标志、包装、运输、贮存、质量证明书以及订货单(或合同)内容。

本标准适用于以粗三氯氢硅为原料经过提纯而制得的硅外延用三氯氢硅(以下简称产品)。

2 规范性引用文件

下列文件对于本文件的应用是必不可少的。凡是注日期的引用文件,仅注日期的版本适用于本文件。凡是不注日期的引用文件,其最新版本(包括所有的修改单)适用于本文件。

GB 190 危险货物包装标志

GB/T 191 包装储运图示标志

GB 16483 化学品安全技术说明书 内容和项目顺序

GB 28654 工业三氯氢硅

GB/T 29056 硅外延用三氯氢硅化学分析方法 硼、铝、磷、钒、铬、锰、铁、钴、镍、铜、钼、砷和锑量的测定 电感耦合等离子体质谱法

YS/T 987 氯硅烷中碳杂质的测定方法 甲基二氯氢硅的测定

国务院令第591号 危险化学品安全管理条例

3 要求

3.1 外观

产品应为无色透明液体。

3.2 化学成分

3.2.1 产品的化学成分应符合表1的规定。

表1 化学成分

%

$SiHCl_3$ 不小于	其他氯硅烷 不大于	杂质含量/($\times10^{-7}$),不大于													
		Fe	Cr	Ni	Al	Mo	As	Sb	P	Mn	B	Cu	Co	V	C
99.95	0.05	5	1.5	1	1	1	0.5	0.5	0.3	0.2	0.1	0.05	0.02	0.01	5 000
注:硅外延用三氯氢硅的含量为100%减去表中其他氯硅烷和杂质实测总和的余量。															

3.3 其他

需方如对硅外延用三氯氢硅有其他要求时,由供需双方商定。

4 试验方法

4.1 外观

外观用目视的方法检查。

4.2 化学成分

4.2.1 三氯氢硅及其他氯硅烷含量的测定按 GB 28654 的规定进行。

4.2.2 铁、铬、镍、铝、钼、砷、锑、磷、锰、硼、铜、钴、钒含量的测定按 GB/T 29056 的规定进行。

4.2.3 碳含量的测定按 YS/T 987 的规定进行。

5 检验规则

5.1 检验和验收

5.1.1 产品应由供方技术监督部门进行检验，保证产品质量符合本标准及合同(或订货单)的规定，并填写质量证明书。

5.1.2 需方应对收到的产品按本标准的规定进行检验，如检验结果与本标准及合同(或订货单)的规定不符时，应在收到产品之日起 30 日内，以书面形式向供方提出，由供需双方协商解决，如需仲裁，仲裁取样和检测由供需双方共同委托仲裁机构进行。

5.2 组批

产品应成批提交检验，每批由以同批原料生产的产品为一批，每批质量不大于 2 t。

5.3 取样

产品应在不被沾污的情况下，对每个包装单位进行取样，取样量不少于 200 mL。

5.4 检验结果的判定

5.4.1 外观的检验结果不合格时，则判该批产品不合格。

5.4.2 化学成分的检验结果若有一项不合格，允许在同批产品中加倍取样进行重复试验。重复试验结果如仍有一项不合格，则判该批产品不合格。

6 标志、包装、运输、贮存及质量证明书

6.1 标志

6.1.1 包装标志

产品的包装上应注明：

a) 供方名称；

b) 商标；

c) 产品名称；

d) 批号；

e) 净重；

f） 执行标准；

g） 生产日期；

h） 保质期；

i） 符合 GB/T 191 规定的包装储运图示标志。

6.1.2 禁示标志

产品的禁示标志应符合 GB 190 的规定。

6.2 包装

产品应采用不锈钢瓶包装(纯度≥99.999%的高纯氮气保护)。每瓶净含量为 40 kg、250 kg、1 000 kg。

6.3 运输、贮存

6.3.1 产品的运输和贮存应符合国务院令第 591 号《危险化学品安全管理条例》。

6.3.2 产品在运输过程中应小心轻放,避免剧烈振动和日光曝晒,严禁倒置,防止沾污。

6.3.3 产品应贮存在通风、阴凉、干燥的库房内,在符合上述储运条件下,产品保质期自生产之日起为一年。

6.4 质量证明书

每批产品应附有质量证明书,其上注明:

a） 供方名称、地址、电话、传真;

b） 产品名称;

c） 批号;

d） 钢瓶号及钢瓶净重;

e） 三氯氢硅净重;

f） 各项分析检验结果和技术监督部门印记;

g） 本标准编号;

h） 生产日期。

6.5 安全使用说明书

出厂产品应按 GB 16483 规定提供化学品安全说明书。

7 订货单(或合同)内容

本标准所列产品的订货单(或合同)应包括下列内容:

a） 产品名称;

b） 化学成分(杂质含量)等特殊要求;

c） 净重;

d） 本标准编号;

e） 其他。

ICS 77.040.20
H 21

中华人民共和国国家标准

GB/T 30653—2014

Ⅲ族氮化物外延片结晶质量测试方法

Test method for crystal quality of Ⅲ-nitride epitaxial layers

2014-12-31 发布　　2015-09-01 实施

中华人民共和国国家质量监督检验检疫总局
中国国家标准化管理委员会　发布

前　言

本标准按照 GB/T 1.1—2009 给出的规则起草。

请注意本文件的某些内容可能涉及专利。本文件的发布机构不承担识别这些专利的责任。

本标准由全国半导体设备和材料标准化技术委员会(SAC/TC 203)与全国半导体设备和材料标准化技术委员会材料分会(SAC/TC 203/SC 2)共同提出并归口。

本标准起草单位:中国科学院半导体研究所。

本标准主要起草人:孙宝娟、赵丽霞、王军喜、曾一平、李晋闽。

Ⅲ族氮化物外延片结晶质量测试方法

1 范围

本标准规定了利用高分辨X射线衍射仪测试Ⅲ族氮化物外延片结晶质量的方法。

本标准适用于在氧化物衬底(Al_2O_3、ZnO等)或半导体衬底(GaN、Si、GaAs、SiC等)上外延生长的氮化物(Ga、In、Al)N单层或多层异质外延片结晶质量的测试。其他异质外延片结晶质量的测试也可参考本标准。

2 术语和定义

下列术语和定义适用于本文件。

2.1

对称衍射 symmetric diffraction

入射束和反射束相对于样品晶面法线处于对称位置,入射角与反射角相等时发生的衍射。

2.2

非对称衍射 asymmetric diffraction

若衍射晶面与样品表面有个夹角 χ,入射束和反射束相对于样品晶面法线处于非对称位置,入射角与反射角不相等时发生的衍射。

2.3

斜对称衍射 skew diffraction

入射束和反射束相对于样品表面法线处于对称位置,而衍射晶面相对于样品表面有个倾斜角 χ,此时发生的衍射为斜对称衍射。

2.4

螺型位错 screw dislocation

一个晶体的某一部分相对于其余部分发生滑移,原子平面沿着一根轴线盘旋上升,每绕轴线一周,原子面上升一个晶面间距。在中央轴线处即为一螺型位错。

2.5

刃型位错 edge dislocation

晶体在切应力的作用下,一部分相对于另一部分沿一定的晶面(滑移面)和晶向(滑移方向)产生位移,从而形成多余半原子面,也就形成了刃型位错。

2.6

摇摆曲线 rocking curve

把探测器固定在样品(hkl)晶面的 $2\theta_B$ 位置,探测器前不加狭缝,试样在衍射位置附近以 $\Delta\theta$ 角度摇摆,衍射强度会随着角度而发生变化,记录得到的衍射强度与 ω 的关系曲线。

3 符号

下列符号适用于本文件。

FWHM 半高宽,衍射峰高一半处衍射峰的全宽。

phi 轴　使样品绕样品表面法线做面内旋转的轴。

ω　入射光和样品表面之间的角度。

2θ　探测器与入射光之间的角度。

χ 轴　倾斜样品的轴，由样品表面和衍射平面相交而成。

χ 角　样品表面和衍射平面相交的角度。

θ_B　X 射线产生衍射时入射光线与反射面之间的角度。

4　方法原理

Ⅲ族氮化物外延片中存在大量的穿透位错，使外延膜呈现镶嵌结构，晶粒为平行于生长方向的柱状，其高度约等于膜厚，其宽度约 1 μm。对于这种镶嵌结构，X 射线衍射摇摆曲线的加宽主要来源于晶体中的缺陷，其他因素造成的加宽不会超过实际测量值的 10%。晶体的结晶质量越好，缺陷越少，摇摆曲线的半高宽就越小，反之则越大，通过分析摇摆曲线，可以非常直观的得到结晶质量的信息。因此，对于Ⅲ族氮化物外延片的结晶质量，目前最好的测量方法是高分辨 X 射线衍射方法，包括双晶摇摆曲线或者三轴晶衍射 ω 扫描。

X 射线双晶衍射方法的测试过程和原理：由 X 光源发出的 X 射线，经过镜面反射变成近平行 X 射线束，照射到参考晶体上，在特定的 θ_B 处获得特定波长的反射束，再经过狭缝限束后获得近单色平面波，作为试样的入射束，照到样品上，如图 1 所示。将探测器固定在 $2\theta_B$ 位置上，试样在衍射位置附近以小角度摇摆，衍射强度随着角度而发生变化，当 $\omega=\theta_B$ 时，衍射强度最大，记录衍射强度与 ω 角的关系，即可得到一个双晶衍射摇摆曲线。计算摇摆曲线的半高宽，从而得到外延片的结晶质量信息。这种测试方法适用于结晶质量及小失配异质外延膜的晶格匹配的测量。常用的氮化物晶格常数和衍射面布拉格角参见附录 A。

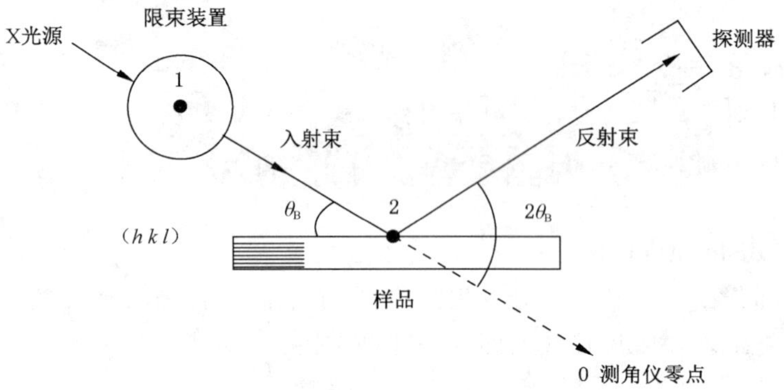

说明：

1——参考晶体；

2——样品。

图 1　X 射线双晶衍射方法的实验布置图

在 c 方向生长Ⅲ族氮化物外延片中，螺位错造成基面的倾转(tilt)，而刃位错造成了柱面的扭转(twist)，晶面的倾转角和扭转角分别用镶嵌亚晶粒在其晶面法线方向的晶向角度 β_t 和 α 来描述。对称衍射的 ω 扫描测量得到螺位错产生的晶面倾转角 β_t，斜对称衍射的 ω 扫描所测量的包括螺位错的晶面倾转和刃位错的扭转，而对于非对称衍射，所测量的是螺位错产生晶面倾转的分量。因此一般采用对称衍射和斜对称衍射进行位错密度计算，而不采用非对称衍射。对于($hkil$)面，设($hkil$)与(0001)的夹角为 χ，则其 ω 扫描测量的是倾转角 β_t 和扭转角 α 在此 ω 扫描方向的合成，所以摇摆曲线的半高宽计算公式见式(1)：

$$\Delta\theta=[(\beta_t\cos\chi)^2+(\alpha\sin\chi)^2]^{\frac{1}{2}} \quad \cdots\cdots(1)$$

位错密度 D 按式(2)计算：

$$D \approx \frac{\Delta\theta^2}{4.35b^2} \quad \cdots\cdots (2)$$

式中：

b——位错的 Burgers 矢量的模。

考虑到近似问题，位错密度只有量级概念，只取一位有效数字。

5 仪器

5.1 高分辨 X 射线衍射仪由 X 射线源及 X 射线双晶测角仪等组成。

5.2 X 射线入射光束应经过多次反射实现高度平行化和单色化，其发散角应与在平面波下的衬底本征半高宽是可比的，在所测样品晶面的布拉格角处的色散应至少小于该布拉格角下摇摆曲线 FWHM 的 1/3。对于一般Ⅲ族氮化物发散角应小于 30″(0.008 3°)。

5.3 为减少外延片翘曲带来的影响，斜对称衍射扫描应使用点光源。

5.4 数据采集处理系统由微机和专用数据处理程序软件组成。

6 测试环境

除另有说明外，应在以下环境进行测试：

a) 环境温度：23 ℃±5 ℃；

b) 相对湿度：<70%；

c) 大气压：86 kPa～106 kPa；

d) 测试环境应无影响测试准确度的机械振动、电磁、光照和化学腐蚀等干扰。

7 样品

Ⅲ族氮化物外延片表面应洁净。

8 测试

8.1 测试系统准备

8.1.1 探测器应与入射光成一直线。

8.1.2 ω 轴的分辨率应能够达到 5 arcsec 或更小。

8.1.3 2θ 轴不一定要可以转动，但需确保探测器在整个扫描范围内始终位于衍射布拉格角的 2 倍处来收集衍射光。

8.2 固定样品

8.2.1 如果样品晶向是〈001〉，一般使主定位边或缺口位于入射光方向顺时针 90°位置。

8.2.2 将样品定位于衍射几何位置，即调整样品位置至 $\omega=\theta_B$、探测器位置至 $2\theta_B$。

8.3 获得最强衍射

8.3.1 对于对称衍射，在布拉格角所在位置小范围改变 ω 轴，直到获得较强的衍射，优化 χ 轴和 ω 轴，直到获得最强的衍射。

8.3.2 对于斜对称衍射，若样品的衍射晶面(hkl)与表面的夹角为χ，首先将样品倾斜旋转，即χ轴旋转一个角度χ，然后将样品面内旋转即 phi 轴旋转，寻峰，并优化 phi 轴，直到获得最强衍射强度。优化χ轴和ω轴，直到获得最强的衍射。

8.3.3 在 8.1.3 基础上，小范围调整ω轴或2θ轴，优化ω轴和2θ轴，直到获得最强的衍射。

8.4 测量摇摆曲线

8.4.1 探测器前不加狭缝，通过改变ω轴进行扫描，即摇摆曲线测量。

8.4.2 步长应不大于 $FWHM$ 的 1/7，典型的ω轴的步长是 5 arcsec～10 arcsec，可根据实际情况选取步长。

8.4.3 计数时间取决于观测到衍射峰的强度，在扫描中强度的动态范围应至少覆盖 3 个数量级，计数时间通常为 0.1 s～2 s。

8.4.4 通过微机采集扫描数据，得到摇摆曲线及其 $FWHM$。

9 测试结果的分析

以 H-GaN/γ-Al_2O_3(0001)异质外延系统为例，具体分析材料的位错密度，氮化镓样品(0002)面和$10\bar{1}2$面摇摆曲线的 $FWHM$ 测量结果分别为 250 arcsec 和 330 arcsec。

c 型螺位错的位错矢量$\vec{l}$平行于 c 轴，其 Burgers 矢量$\vec{b}=\langle 0001\rangle$平行于$\vec{l}$，Burgers 矢量的模 $b=c=0.518\ 5$ nm。a 型刃位错的线矢量$\vec{l}$也平行于 c 轴，其 Burgers 矢量$\vec{b}=\frac{1}{3}\langle 11\bar{2}0\rangle$，与$\vec{l}$垂直，Burgers 矢量的模 $b=\frac{\sqrt{2}}{3}a=0.150\ 3$ nm。对于(0002)面，$\chi=0$，带入式(1)得螺位错造成基面倾斜 $\beta_t=0.001\ 2$ rad，带入式(2)得螺位错位错密度为 $2\times10^8\ \text{cm}^{-2}$。对于($10\bar{1}2$)面 $\chi=43.189°$，带入式(1)得刃位错造成柱面扭转 $\alpha=0.001\ 9$ rad，带入式(2)得刃位错位错密度为 $4\times10^9\ \text{cm}^{-2}$。

10 精密度

单个实验室的摇摆曲线半高宽测量重复性在 5%以内，不同实验室的摇摆曲线半高宽测量再现性在 10%以内。

11 测试报告

测试报告应包括下列内容：

a) 样品名称、标识等信息；
b) 本标准编号；
c) 使用的仪器；
d) 测试环境(温度、湿度等)；
e) 试验结果；
f) 测试日期、测试人员；
g) 测试中观察到的异常现象。

附 录 A
（资料性附录）
常用氮化物晶格常数和衍射面布拉格角

A.1 H-GaN 的晶格常数为 $a=0.318\,9$ nm，$c=0.518\,5$ nm

(0002)：$\theta_B=17.285°$

$(10\bar{1}2)$：$\chi=43.189°$，$\theta_B=24.049°$。

A.2 H-AlN 的晶格常数为 $a=0.311\,2$ nm，$c=0.498\,2$ nm

(0002)：$\theta_B=18.013°$，

$(10\bar{1}2)$：$\chi=42.757°$，$\theta_B=24.903°$。

A.3 H-InN 的晶格常数为 $a=0.354\,8$ nm，$c=0.576\,0$ nm

(0002)：$\theta_B=15.513°$

$(10\bar{1}2)$：$\chi=43.130°$，$\theta_B=21.499°$。

A.4 H-ZnO 的晶格常数为 $a=0.324\,9$ nm，$c=0.520\,6$ nm

(0002)：$\theta_B=17.213°$

$(10\bar{1}2)$：$\chi=42.772°$，$\theta_B=23.774°$。

注：对于 $CuK_{\alpha 1}$ 辐射 $\lambda=0.154\,056$ nm。

ICS 77.040.20
H 21

中华人民共和国国家标准

GB/T 30654—2014

Ⅲ族氮化物外延片晶格常数测试方法

Test method for lattice constant of Ⅲ-nitride epitaxial layers

2014-12-31 发布 2015-09-01 实施

中华人民共和国国家质量监督检验检疫总局
中国国家标准化管理委员会 发布

前　言

本标准按照 GB/T 1.1—2009 给出的规则起草。

请注意本文件的某些内容可能涉及专利。本文件的发布机构不承担识别这些专利的责任。

本标准由全国半导体设备和材料标准化技术委员会(SAC/TC 203)和全国半导体设备和材料标准化技术委员会材料分会(SAC/TC 203/SC 2)共同提出并归口。

本标准起草单位:中国科学院半导体研究所。

本标准主要起草人:孙宝娟、赵丽霞、王军喜、曾一平、李晋闽。

Ⅲ族氮化物外延片晶格常数测试方法

1 范围

本标准规定了利用高分辨 X 射线衍射测试Ⅲ族氮化物外延片晶格常数的方法。

本标准适用于在氧化物衬底（Al_2O_3、ZnO 等）或半导体衬底（GaN、Si、GaAs、SiC 等）上外延生长的氮化物（Ga，In，Al）N 单层或多层异质外延片晶格常数的测量。其他异质外延片晶格常数的测量也可参考本标准。

2 符号

下列符号适用于本文件。

$FWHM$：半高宽，衍射峰高一半处衍射峰的全宽。

ω：入射光和样品表面之间的角度。

2θ：探测器与入射光之间的角度。

χ 轴：倾斜样品的轴，由样品表面和衍射平面相交而成。

χ 角：样品表面和衍射平面相交的角度。

ω-2θ 扫描或 2θ-ω 扫描：联动扫描，探测器以两倍于样品的速度扫描。

θ_B：X 射线产生衍射时入射光线与反射面之间的角度。

3 方法原理

3.1 总则

Ⅲ族氮化物半导体外延片相对结晶完整性较好，利用高分辨 X 射线衍射方法测量样品的晶格常数不但很方便，而且具有精度高、无损伤和无污染的特点。外延片晶格常数的测量方法有两大类：相对测量方法和绝对测量方法。

3.2 相对测量方法

根据外延峰相对于衬底峰的位置来确定外延膜的晶格常数。在此测量方法中，认为衬底不发生形变，处于完全弛豫状态，然后利用双晶衍射或者三轴晶衍射进行 ω-2θ 扫描，从而得到外延膜衍射峰与衬底峰的峰间距 $\Delta\omega$。若外延峰在衬底峰的左侧，外延膜处于压应变状态，$\Delta\omega$ 为负；若外延峰在衬底峰的右侧，外延膜处于张应变状态，$\Delta\omega$ 为正。根据布拉格方程 $2d\sin\theta_B = n\lambda$，得到对应的晶面间的距离，即式(1)：

$$d_e = \frac{\sin\theta_s}{\sin(\theta_s + \Delta\omega)} d_s \quad \cdots\cdots(1)$$

式中：

d_e——外延膜晶面的面间距；

d_s——衬底晶面的面间距；

θ_s——衬底晶面的布拉格角。

其中，d_s 和 θ_s 可通过查数据库得到。根据面间距与晶格常数的关系 $\left(\text{例如立方晶系 } d_{hkl}=\frac{a}{\sqrt{h^2+k^2+l^2}}\text{，六方晶系 } d_{hkl}=\frac{1}{\sqrt{\frac{4}{3}\left(\frac{h^2+hk+k^2}{a^2}\right)+\left(\frac{l}{c}\right)^2}}\right)$，得到晶格常数 a 和 c。

3.3 绝对测量方法

3.3.1 概述

在外延生长的同时，衬底也可能发生某些变化；或者如果外延膜太厚，根本看不到衬底峰，这时无法使用相对测量方法。要准确的测定外延膜的晶格常数，应用绝对测量方法。晶格常数绝对测量方法的关键在测量布拉格衍射角 θ_B，一般有两种办法：同一晶面的不同级数方法和 Bond 方法。

3.3.2 同一晶面的不同级数方法

根据布拉格方程 $2d\sin\theta_B=n\lambda$，只要确定了布拉格角 θ_B，就可以计算晶面间距 d，从而确定晶格常数。在高精度测量晶格常数的绝对测量中，误差来源于衍射仪零点误差。如果衍射仪的零点误差为 $\Delta\theta_0$，在实际测量中衍射峰角度记为 ω，真实的布拉格衍射角 θ_B 应为 $\theta_B=\omega+\Delta\theta_0$。

对于一个晶面的不同衍射级数，假定分别为 $n_1, n_2, \cdots, n_i$，根据布拉格方程得到式(2)：

$$\frac{n_1\lambda}{\sin(\omega_{n1}+\Delta\theta_0)}=\frac{n_2\lambda}{\sin(\omega_{n2}+\Delta\theta_0)}=\cdots=\frac{n_i\lambda}{\sin(\omega_{ni}+\Delta\theta)} \quad \cdots\cdots\cdots\cdots(2)$$

式中：

λ ——X 射线的波长；

n_i ——衍射级数；

ω_{ni} ——各级衍射的布拉格角的测量值。

由式(2)可求得零点误差 $\Delta\theta_0$，并求出各级衍射峰的所对应的布拉格角，进而计算出面间距和晶格常数。

3.3.3 Bond 方法

经限束器的 X 射线由测角仪的中心，直达测角仪的零点。样品可以在测角仪的 $\pm\omega$ 两个区间进行 ω 扫描，衍射峰位分别为 ω_1 和 ω_2，$\omega_2-\omega_1=180°-2\theta_B$，因此，布拉格角 θ_B 可由式(3)求得：

$$\theta_B=90°-\frac{\omega_2-\omega_1}{2} \quad \cdots\cdots\cdots\cdots(3)$$

测角仪存在零点误差和晶片斜切误差，式(3)都可以予以消除，从而获得精确的布拉格衍射角 θ_B，进而计算出晶格常数。

4 仪器

4.1 高分辨率 X 射线衍射仪由 X 射线源、X 射线双晶测角仪、探测器、分析晶体、狭缝、数据采集处理系统等组成。

4.2 X 射线入射光束应经过多次反射实现高度平行化和单色化，其发散角应与在平面波下的衬底本征半高宽是可比的，对于一般Ⅲ族氮化物发散角应小于 30″(0.008 3°)。

4.3 数据采集处理系统由微机和专用数据处理程序软件组成。

4.4 分析晶体和狭缝用于反射束的限束。分析晶体的反射可以是一次或多次反射，对衍射强度影响比较大；也可采用狭缝对反射束进行限束，狭缝对强度影响不大，可以给出很窄的衍射峰。选择狭缝或者分析晶体可以根据实际情况进行选择。

5 测试环境

除另有说明外，应在以下条件进行测试：

a) 环境温度：23 ℃±5 ℃；

b) 相对湿度：<70%；

c) 大气压：86 kPa～106 kPa；

d) 测试环境应无影响测试准确度的机械振动、电磁、光照和化学腐蚀等干扰。

6 样品

Ⅲ族氮化物外延片，表面应洁净。

7 测试程序

7.1 测试系统准备

7.1.1 探测器应与入射光成一直线。

7.1.2 ω 轴和 2θ 轴的分辨率应能够达到 5 arcsec 或更小。

7.1.3 在 Bond 方法中要求入射束限束器应是经四次反射或八次反射，即非色散限束，否则会影响测量精度。

7.1.4 扫描步长应不大于 *FWHM* 的 1/7，典型的 ω-2θ 轴的步长是 5 arcsec～10 arcsec，可根据实际情况适当调整。

7.1.5 计数时间取决于观察到衍射峰的强度，在扫描中强度的动态范围应至少覆盖 3 个数量级，计数时间通常为 0.1 s～2 s。

7.2 相对测量方法

7.2.1 探测器准直，即 2θ 校零。

7.2.2 将样品置于样品台上固定。如果样品是正〈001〉晶向，一般使主定位边或缺口位于入射光方向顺时针 90°位置。

7.2.3 ω 轴校零，使得样品的表面与光束平行，并将样品半切光。

7.2.4 将样品定位于衬底的布拉格衍射峰，在布拉格角所在位置小范围改变 ω 轴，直到获得很强的衍射，优化 χ 轴和 ω 轴，直到获得最强的衬底衍射。

7.2.5 选择适当范围，进行 ω-2θ 扫描，扫描范围要求包括衬底和外延层的衍射峰。如果外延层较薄或是质量很差，需要从更低的初始角度开始扫描，以便清楚地分辨外延层衍射峰。为了确定衍射峰位，要求扫描覆盖整个衍射峰。如果衬底峰与外延峰距离太近，要求在探测器前加入狭缝或分析晶体，提高探测器分辨率。

7.2.6 计算外延峰与衬底峰的峰间距 $\Delta\omega$。

7.2.7 利用式(1)，计算得到外延片的晶格常数 a_1。

7.2.8 重复 7.2.5～7.2.7 步骤 $n-1$ 次($n\geqslant5$)，得到 $a_2, a_3, \cdots, a_n$，取平均值得晶格常数 a。

7.3 绝对测量方法

7.3.1 同一晶面的不同级数方法

7.3.1.1 重复7.2.1～7.2.3步骤。

7.3.1.2 选择一组晶面(即一个晶面的不同衍射级数),并对衍射强度优化,选择合适的扫描范围,进行$2\theta-\omega$联动扫描。根据式(2)求得零点误差$\Delta\theta_0$,并求出衍射峰的位置,进而计算出面间距d_1。

7.3.1.3 重复7.3.1.2步骤$n-1$次($n\geqslant5$),得到$d_2,d_3,\cdots,d_n$。取平均值得面间距d。

7.3.1.4 选取不同组晶面可以得到不同的面间距,再结合面间距与晶格常数的关系,得到晶格常数a和c。

7.3.2 Bond方法

7.3.2.1 重复7.2.1～7.2.3步骤。

7.3.2.2 对于同一晶面(hkl),把探测器固定在$2\theta_B$位置,探测器前不加狭缝,样品做ω扫描,衍射峰为ω_1;然后把探测器转到$-2\theta_B$位置,ω转到$180°-\theta_B$位置,样品做ω扫描,衍射峰为ω_2。

7.3.2.3 根据式(3)计算得布拉格衍射角θ_{B1},将θ_{B1}代入$d_{hkl}=\dfrac{\lambda}{2\sin\theta_B}$得到$d_{hkl1}$。

7.3.2.4 重复7.3.2.2、7.3.2.3步骤$n-1$次($n\geqslant5$),得到$d_{hkl2},d_{hkl3},\cdots,d_{hkln}$。

7.3.2.5 n次结果求平均得到:$\overline{d_{hkl}}=\dfrac{d_{hkl1}+d_{hkl2}+\cdots+d_{hkln}}{n}$

7.3.2.6 选取不同组晶面可以得到不同的面间距,再结合面间距与晶格常数的关系,得到晶格常数a和c。

8 测试结果的分析与表述

8.1 相对测量方法测试晶格常数

以在蓝宝石衬底上生长的六方GaN/InGaN周期量子阱结构为例,(0002)ω-2θ扫描结果如图1所示。GaN的c方向晶格常数$c=0.518\ 50$ nm,$\theta_s=16.194°$,"0"级峰与衬底峰的间距$\Delta\omega=-350$ arcsec,带入式(1)$c_e=\dfrac{\sin\theta_s}{\sin(\theta_s+\Delta\omega)}c_s=0.521\ 5$ nm,得出量子阱平均组分峰对应的晶格常数为0.521 5 nm。

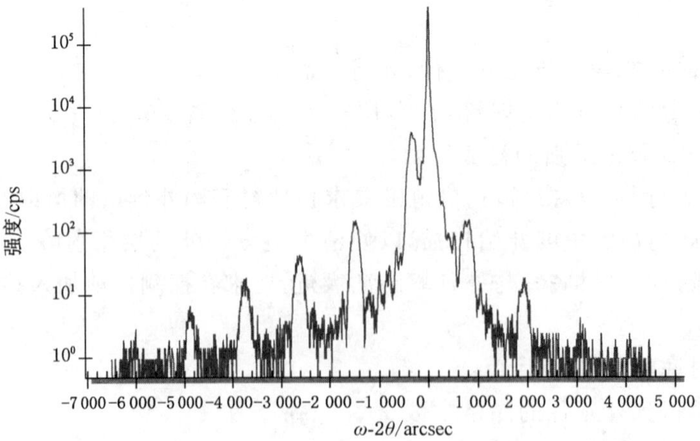

图1 六方GaN/InGaN周期量子阱三轴晶(0002)ω-2θ扫描

8.2 绝对测量方法测试晶格常数

8.2.1 同一晶面的不同级数方法

以六方 GaN/Si(111)晶格常数测量为例，测试结果如图 2 所示。

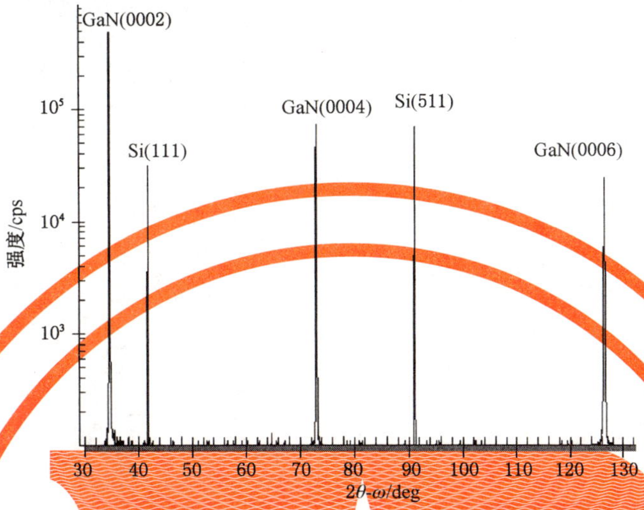

图 2 六方 GaN/Si(111)的三轴晶对称 *2θ-ω* 扫描

根据式(2)得：

$$d_{0001}=\frac{2\lambda}{2\sin(\omega_{0002}+\Delta\theta_0)}=\frac{4\lambda}{2\sin(\omega_{0004}+\Delta\theta_0)}$$

可以计算出(0001)晶面间距 d_{0001}，即 $c=0.511\ 79$ nm。

8.2.2 Bond 方法

对于在蓝宝石衬底上生长的 c 方向六方 GaN 单层外延膜，采用 Bond 方法计算晶格常数 c。选取(0002)面，ω 的步长为 0.000 5°。在把探测器固定在 34.570°，ω 在 17.285°附近做 ω 扫描，衍射峰为 ω_1；然后把探测器转到－34.570°位置，ω 转到 180°－17.285°＝162.715°位置，样品做 ω 扫描，衍射峰为 ω_2。根据式(3)来精确获得布拉格衍射角 θ_{B1}，计算得到 d_{0002}。测试 5 次取平均得 $\overline{d_{0002}}=0.259\ 20$ nm，从而求得 $c=2\times\overline{d_{0002}}=0.518\ 40$ nm。

9 精密度

9.1 温度修正：考虑到温度因素(见附录 A)的影响，所测量的晶格常数需进行温度修正，换算到标准室温 25 ℃。若测量温度为 T_m，$\Delta T=25$ ℃$-T_m$，则 $a_0=a_m(1+\alpha\Delta T)$。

9.2 对于相对方法测试晶格常数，小数点后有效数字为 3 位，单个实验室晶格常数测量重复性为 $\pm5\times10^{-4}$ nm 以内，多个实验室晶格常数测量再现性在 $\pm9\times10^{-4}$ nm 以内。

9.3 对于绝对方法测试晶格常数，小数点后有效数字为 4 位，单个实验室晶格常数测量重复性为 $\pm5\times10^{-5}$ nm 以内，多个实验室晶格常数测量再现性在 $\pm9\times10^{-5}$ nm 以内。

10 测试报告

测试报告应包括下列内容：

a） 样品名称、标识等信息；

b) 本标准编号；

c) 选用的测试方法；

d) 使用的仪器；

e) 测试环境(温度、湿度等)；

f) 试验结果；

g) 测试日期、测试人员；

h) 测试中观察到的异常现象。

附 录 A
（规范性附录）
干扰因素

A.1 ω 扫描的步长

测量精度主要取决于扫描步长。若步长为 $\Delta\theta$，步长引起的最小误差 $\Delta a/a=\cot\theta\cdot\Delta\theta$。

A.2 温度

如果材料的热胀系数为 α，在测量过程中温度起伏 ΔT 引起的误差 $\Delta a/a=\alpha\Delta T$。

A.3 其他

折射、光束发散、洛伦兹偏振等对晶格常数的测量都有影响，因为影响较小，可忽略。

ICS 77.040.99
H 21

中华人民共和国国家标准

GB/T 30655—2014

氮化物LED外延片内量子效率测试方法

Test methods for internal quantum efficiency of nitride LED epitaxial layers

2014-12-31 发布　　2015-09-01 实施

中华人民共和国国家质量监督检验检疫总局
中国国家标准化管理委员会　发布

前　言

本标准按照 GB/T 1.1—2009 给出的规则起草。

请注意本文件的某些内容可能涉及专利。本文件的发布机构不承担识别这些专利的责任。

本标准由全国半导体设备和材料标准化技术委员会(SAC/TC 203)和全国半导体设备和材料标准化技术委员会材料分会(SAC/TC 203/SC 2)共同提出并归口。

本标准起草单位:中国科学院半导体研究所。

本标准主要起草人:魏学成、赵丽霞、王军喜、曾一平、李晋闽。

氮化物LED外延片内量子效率测试方法

1 范围

本标准规定了Ⅲ-Ⅴ族氮化物LED外延片内量子效率的测试方法。

本标准适用于基于Ⅲ-Ⅴ族氮化物的量子阱LED内量子效率的测试。

2 规范性引用文件

下列文件对于本文件的应用是必不可少的。凡是注日期的引用文件，仅注日期的版本适用于本文件。凡是不注日期的引用文件，其最新版本(包括所有的修改单)适用于本文件。

GB/T 6379 测量方法与结果的准确度(正确度与精密度)

3 术语和定义

下列术语和定义适用于本文件。

3.1

辐射复合 radiative recombination

电子从高能态到低能态的跃迁过程中，电子和空穴复合时会释放一定的能量，如果能量以光子的形式释放，这种复合称为辐射复合。

3.2

非辐射复合 nonradiative recombination

电子从高能态到低能态的跃迁过程中，电子和空穴复合时会释放一定的能量，以除光子辐射之外的其他方式释放能量的复合称为非辐射复合。

3.3

光提取效率 extraction efficiency

发光二极管单位时间内发出的光子数与有源区内辐射复合产生的光子数之间的比值。

3.4

外量子效率 external quantum efficiency

单位时间内注入的载流子数对外发出的光子数与注入载流子数之间的比值。

3.5

内量子效率 internal quantum efficiency

在一定的注入条件下，单位时间内辐射复合产生的光子数与单位时间内注入的复合载流子总数之间的比值。

3.6

注入效率 injection efficiency

在一定注入条件下单位时间内注入有源区中产生复合的载流子数与注入载流子总数之间的比值。

3.7

激子 exciton

由库仑相互作用束缚在一起的电子空穴对。

3.8

电致发光 electroluminescence

材料通过电注入产生发光的一种物理现象。

3.9

光致发光 photoluminescence

材料通过光激励产生发光的一种物理现象。

4 符号

下列符号适用于本文件。

N：载流子浓度。

EL：电致发光。

PL：光致发光。

I_{PL}：PL 积分强度。

P_{laser}：激光器功率。

η_{EQE}：外量子效率。

η_{IQE}：内量子效率。

$\eta_{extraction}$：光提取效率。

$\eta_{injection}$：注入效率。

$\eta_{radiative}$：辐射复合效率。

$\eta_{nontadiative}$：非辐射复合效率。

5 方法原理

5.1 氮化物 LED 外延片内量子效率的测试方法目前有三种：

a) 测试方法一：利用低温、室温光致发光光谱积分强度比测试内量子效率；

b) 测试方法二：利用同温变激发密度光致发光光谱积分强度测试内量子效率；

c) 测试方法三：利用出光模型从外量子效率倒推内量子效率。

5.2 利用低温、室温光致发光光谱积分强度比测量内量子效率：因为非辐射复合在低温下会被冻结，假定低温下(20 K 以下)非辐射复合被完全冻结，辐射复合效率为 100%；并且忽略光吸收系数、注入效率和提取效率随温度的变化，所以根据量子阱载流子速率方程和辐射复合效率方程，分别见式(1)和式(2)，利用室温下的 PL 积分强度和低温下的 PL 积分强度之间的比值可以测试内量子效率，见式(3)。

$$R = AN + BN^2 + CN^3 + f(N) \qquad \cdots\cdots(1)$$

式中：

R ——载流子速率；

N ——载流子浓度；

A ——非辐射复合系数；

B ——辐射复合系数；

C ——俄歇复合系数；

$f(N)$ ——高阶系数。

在本方法中 $f(N)$ 可以忽略，而 C 的数量级为 10^{-34}，数值较小，同样可以忽略。

$$\eta_{radiative} = \frac{BN^2}{AN + BN^2} \qquad \cdots\cdots(2)$$

$$\eta_{IQE}=\frac{\eta_{radiative}}{\eta_{nonradiative}+\eta_{radiative}}=\frac{I_{PL}(RT)}{I_{PL}(LT)} \quad \cdots\cdots (3)$$

式中：

RT ——室温；

LT ——低温。

测试方法采用变温光致发光光谱系统，如图1所示，其中包括激光器、单色仪、探测器、冷台、致冷机以及数据采集系统等。首先通过激光激发样品后，产生的荧光用单色仪分光，然后用探测器收集信号，通过数据采集系统获得PL光谱，然后对室温和低温下(20 K以下)的PL光谱采用专用软件计算积分强度，计算其比值得出所测样品的内量子效率。

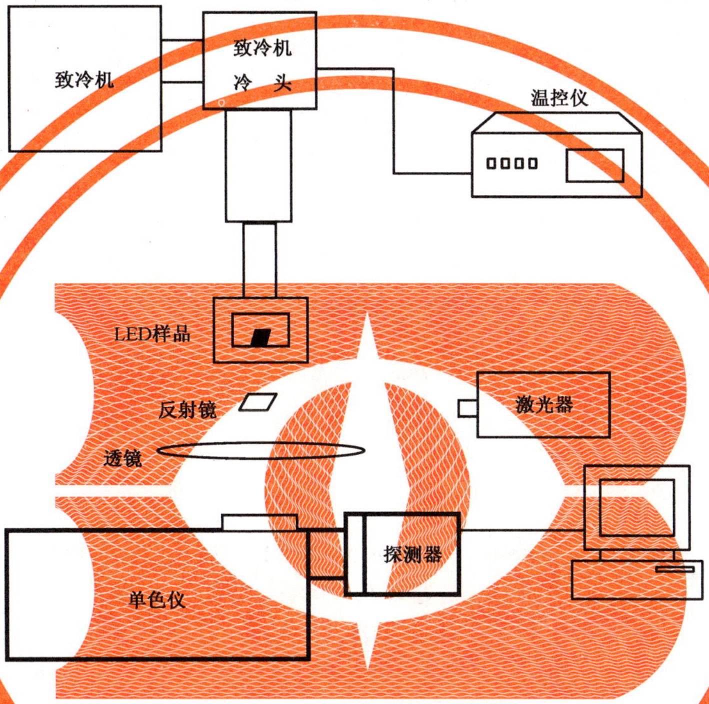

图1 PL测试系统示意图

5.3 利用同温变激发密度光致发光光谱积分强度测试内量子效率：采用速率方程[式(1)]拟合PL发光强度随激发功率的变化曲线，由此获得 A、B、C 参数和内量子效率随载流子浓度的变化关系[忽略 $f(N)$]。

光注入下载流子产生速率按式(4)计算：

$$G=\frac{P_{laser}(1-R)[1-\exp(-\alpha d)]}{A_{spot}\cdot h\nu\cdot d}\approx\frac{P_{laser}(1-R)\alpha}{A_{spot}\cdot h\nu} \quad \cdots\cdots (4)$$

式中：

G ——载流子产生速率；

R ——菲涅尔反射系数；

α ——吸收系数；

A_{spot}——激光光斑面积；

d ——多量子阱厚度；

$h\nu$ ——激发光光子能量。

由 $G\infty P_{laser}$，设 $I_{PL}=\eta_c BN^2$，η_c 为PL收集系数，$N=\sqrt{\frac{I_{PL}}{\eta_c B}}$

稳态下：

$$G = A\left(\frac{I_{PL}}{\eta_c B}\right)^{1/2} + \frac{I_{PL}}{\eta_c} + C\left(\frac{I_{PL}}{\eta_c B}\right)^{3/2} \qquad \cdots\cdots(5)$$

利用式(1)、式(4)推出式(5)并拟合 G 随 I_{PL} 的变化曲线，可获得 η_c，进而得到 $\eta_{IQE}=\frac{I_{PL}}{\eta_c G}$。

测试装置与变温测试系统一致，但可以省略温控装置，直接在室温下进行。

5.4 利用出光模型从外量子效率倒推内量子效率：首先利用积分球直接测量光功率，并通过式(6)计算得出外量子效率。而外量子效率由内量子效率和提取效率组成，进而推导出内量子效率，如式(7)所示。因此通过光学软件模拟出光提取效率，即可得到内量子效率。由于 LED 外延材料结构、芯片结构和封装结构难以取得一致，此方法可以作为其他两种方法的验证，但不推荐作为标准推广。

$$\eta_{EQE} = \frac{\int P(\lambda)/h\nu(\lambda)\,d\lambda}{I/e} \qquad \cdots\cdots(6)$$

式中：

P ——光功率；

I ——电流；

e ——电荷；

λ ——波长。

$$\eta_{IQE} = \frac{\eta_{EQE}}{\eta_{extraction}} \qquad \cdots\cdots(7)$$

6 仪器

6.1 氮化物 LED 外延片内量子效率测试仪器为荧光光谱仪，测试系统需包括光源、聚焦透镜、致冷机、冷头、低温样品架、单色仪、探测器、数据采集处理系统等。

6.2 光源采用单模激光器(其光子能量需大于有源区带隙)，例如蓝光 LED 可以采用 405 nm 激光器，透镜采用平凸透镜，致冷机采用液氦致冷机，数据采集处理系统由计算机和专用数据处理程序软件组成。

6.3 由于内量子效率与注入的载流子密度相关，计算内量子效率时需要给出激发波长、激发密度。

7 测试环境

除另有规定外，应在下列条件下进行测试：

a) 环境温度：23 ℃±5 ℃；

b) 相对湿度：≤90%；

c) 大气压：86 kPa～106 kPa；

d) 测试环境应无影响测试准确度的机械振动、电磁、光照和化学腐蚀等干扰。

8 试样

测试样片应为抛光晶片，晶片表面洁净。

9 测试程序

9.1 测试准备

测试前,检查并确定测试系统各仪器处于良好状态。

9.2 测试步骤

9.2.1 利用低温、室温光致发光光谱积分强度比测试内量子效率的步骤如下:

a) 打开激光器,检查是否工作正常;
b) 依次打开单色仪、探测器电源开关,检查是否工作正常;
c) 通过标准光源校准单色仪;
d) 在样品架上装好样品,然后安装真空防护罩,抽真空,开循环冷却水和压缩机,待温度降到20 K以下,并在该温度稳定30 min后,开始测量;
e) 利用数据采集系统通过专用软件测量低温光致发光光谱;
f) 然后通过电阻加热升温到室温(295 K)并稳定30 min后,继续利用数据采集系统通过专用软件测量室温光致发光光谱;
g) 测试完全结束后关闭所有仪器电源;
h) 通过软件计算内量子效率。

9.2.2 利用同温变激发密度光致发光光谱积分强度测试内量子效率的步骤如下:

a) 打开激光器,检查是否工作正常;
b) 依次打开单色仪、探测器电源开关,检查是否工作正常;
c) 通过标准光源校准单色仪;如果采用室温测试直接进行步骤e),如果采用高低温测试则继续步骤d);
d) 在样品架上装好样品,然后安装真空防护罩,抽真空,开循环冷却水和压缩机,待温度达到设定温度,并在该温度稳定30 min后,开始测量;
e) 通过在激光光路上插入不同衰减倍数的衰减片改变激光激发密度,继而利用数据采集系统通过专用软件分别测量不同激光激发密度下的光致发光光谱;
f) 然后通过电阻加热或者致冷机降温恢复到室温(295 K),并稳定30 min后,关闭所有仪器电源;
g) 通过软件计算内量子效率。

9.2.3 利用出光模型从外量子效率倒推内量子效率的步骤如下:

a) 依次打开电源、探测器电源开关,检查是否工作正常;
b) 通过标准光源校准积分球;
c) 在样品架上装好样品,对LED接通电源,开始测量LED的光功率,并通过除以输入电功率(电流和电压的乘积)计算得出外量子效率;
d) 通过专用软件模拟LED的光提取效率,这一步骤需要根据LED结构进行模型优化;
e) 测试完全结束后关闭所有仪器电源;
f) 通过软件计算内量子效率。

10 测试结果的计算与表述

10.1 利用低温室温光致发光光谱积分强度比测量内量子效率

采用测试方法一,利用图1装置,激光器为405 nm激光器,激光功率为50 mW,通过致冷机使样品温度降到10 K，测试其PL谱，然后通过加热器，使样品温度升高到室温295 K，继续测试PL谱，然后分别计算两个PL谱的积分强度，通过室温PL和低温PL的比值计算LED(外延片)的内量子效率。

举例：通过专用软件绘出PL谱，如图2所示，拟合得出室温和低温下的PL积分强度，计算内量子效率为79.5%。

$$\eta_{IQE}=\frac{I_{PL}(RT)}{I_{PL}(LT)}=79.5\%$$

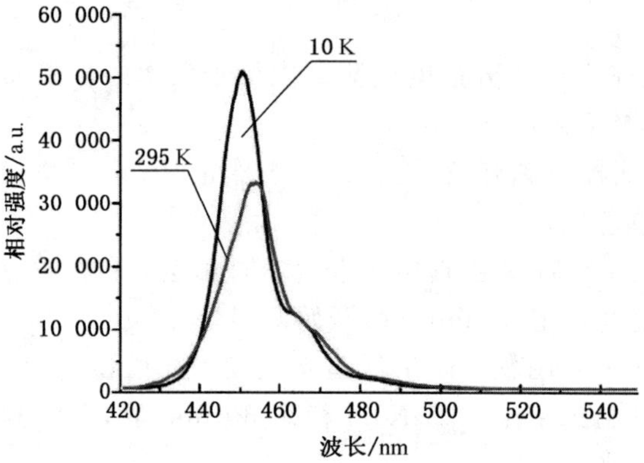

图2　PL谱测试结果

10.2　利用同温变激发密度光致发光光谱积分强度测量内量子效率

室温下，采用测试方法二，利用图1装置，激光器为405 nm激光器，激光功率为50 mW，激光光斑为100 μm，通过连续衰减片，使激光功率分别为10%、15%、20%、35%、50%、70%、100%，测量其PL谱，并计算其PL谱的积分强度，然后通过式(4)得出光谱强度的变化规律，通过专用软件拟合计算LED的内量子效率变化曲线如图3所示。

举例：通过专用软件拟合得出 $\eta_{IQE}=\frac{I_{PL}}{\eta_c G}=81.2\%$。

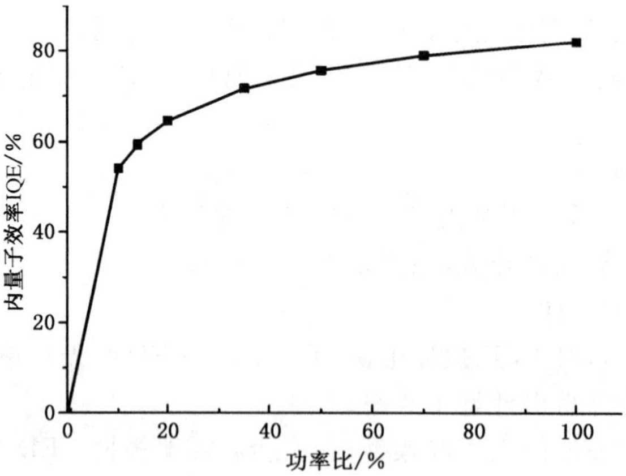

图3　软件拟合结果

10.3　利用出光模型从外量子效率倒推内量子效率

采用测试方法三，首先根据LED的结构，模拟LED的提取效率，然后将LED外延片加工成芯片，通过电功率测得其外量子效率，然后通过计算即可得出LED的内量子效率。

举例：室温下，通过测量其蓝光功率为42.5 mW，工作电流350 mA，其峰值波长为455 nm，得出其外量子效率 3.90%；通过专用软件对外延片和封装结构进行模拟，其提取效率为 4.86%，通过计算得出内量子效率为 80.2%。

$$\eta_{\mathrm{EQE}}=\frac{\int P(\lambda)/h\nu(\lambda)\mathrm{d}\lambda}{I/e}=3.90\%$$

$$\eta_{\mathrm{IQE}}=\frac{\eta_{\mathrm{EQE}}}{\eta_{\mathrm{extraction}}}=80.2\%$$

11 精密度

试验样品选用常规 LED 外延片，要求样品厚度偏差<3 μm，组分均匀性达到 95%以上，从外延片中心处选取一个样品。

单个实验室的内量子效率测量重复性为 3%以内(依据 GB/T 6379 计算)。

多个实验室的测量精度实验选取 3 个实验室，每个实验室采用同一方法测试一次。同一方法内量子效率测量再现性在 3%以内(依据 GB/T 6379 计算)。

多个实验室采用设备配置不一样，所需参数基本一致。

12 质量保证和控制

应用参考样片，在每次测试前校核本方法的有效性，当过程失控时，应找出原因，纠正错误后，重新进行校核。

13 测试报告

测试报告应包括如下内容：

a) 样品来源、规格及编号；

b) 本标准编号；

c) 选用的测试方法；

d) 所用测量系统编号及测试参数；

e) 测试单位及测试操作人印章或签字；

f) 参考样品 PL 谱图及内量子效率计算值；

g) 被测样品 PL 谱图及内量子效率计算值；

h) 测试日期；

i) 测试中观察到的异常现象。

ICS 29.045
H 83

中华人民共和国国家标准

GB/T 30656—2014

碳化硅单晶抛光片

Polished monocrystalline silicon carbide wafers

2014-12-31 发布　　2015-09-01 实施

中华人民共和国国家质量监督检验检疫总局
中国国家标准化管理委员会　发布

前　言

本标准按照 GB/T 1.1—2009 给出的规则起草。

请注意本文件的某些内容可能涉及专利。本文件的发布机构不承担识别这些专利的责任。

本标准由全国半导体设备和材料标准化技术委员会(SAC/TC 203)和全国半导体设备和材料标准化技术委员会材料分会(SAC/TC 203/SC 2)共同提出并归口。

本标准起草单位:北京天科合达蓝光半导体有限公司、中国科学院物理研究所。

本标准主要起草人:陈小龙、郑红军、张玮、郭钰、刘春俊、刘振洲。

碳化硅单晶抛光片

1 范围

本标准规定了4H及6H碳化硅单晶抛光片的要求、检验方法、检验规则、标志、包装、运输、储存、质量证明书及订货单(或合同)内容。

本标准适用于4H及6H碳化硅单晶研磨片经单面或双面抛光后制备的碳化硅单晶抛光片。产品主要用于制作半导体照明及电力电子器件的外延衬底。

2 规范性引用文件

下列文件对于本文件的应用是必不可少的。凡是注日期的引用文件,仅注日期的版本适用于本文件。凡是不注日期的引用文件,其最新版本(包括所有的修改单)适用于本文件。

GB/T 1555 半导体单晶晶向测定方法

GB/T 6616 半导体硅片电阻率及硅薄膜薄层电阻测试方法 非接触涡流法

GB/T 6619 硅片弯曲度测试方法

GB/T 6620 硅片翘曲度非接触式测试方法

GB/T 6624 硅抛光片表面质量目测检验方法

GB/T 13387 硅及其它电子材料晶片参考面长度测量方法

GB/T 13388 硅片参考面结晶学取向X射线测试方法

GB/T 14140 硅片直径测量方法

GB/T 14264 半导体材料术语

GB/T 29505 硅片平坦表面的表面粗糙度测量方法

GB/T 29507 硅片平整度、厚度及总厚度变化测试 自动非接触扫描法

GB/T 31351 碳化硅单晶抛光片微管密度无损检测方法

DIN 50448 半导体工艺材料试验 使用电容式探测器对半绝缘半导电切片电阻率的非接触测定(Testing of materials for semiconductor technology-Contactless determination of the electrical resistivity of semi-insulating semi-conductor slices using a capacitive probe)

3 术语和定义

GB/T 14264界定的以及下列术语和定义适用于本文件。

3.1

六方空洞 hexagonal void

独立于晶片单晶区的具有六角形特征的空洞。

3.2

微管 micropipe

4H或6H碳化硅单晶抛光片中沿c轴方向延伸且径向尺寸在一微米至几十微米范围的中空管道。

3.3

多型 polytype

由同种化学成分所构成的晶体,当其晶体结构中的结构单位层相同,但结构单位层之间的堆垛顺序

或重复方式不同时，而形成的结构上不同的变体。

3.4

表面取向 surface orientation

为满足不同要求，晶片表面与{0001}面平行或成特定的角度，用这一角度来表示晶片的表面取向，即样品表面法线与样品 c 轴的夹角。

3.5

正交取向偏离 orthogonal misorientation

切片时有意偏离{0001}晶面，晶片表面法向矢量在{0001}面的投影与{0001}面上最近的〈11$\bar{2}$0〉方向的夹角，定义为正交取向偏离(见图1)。

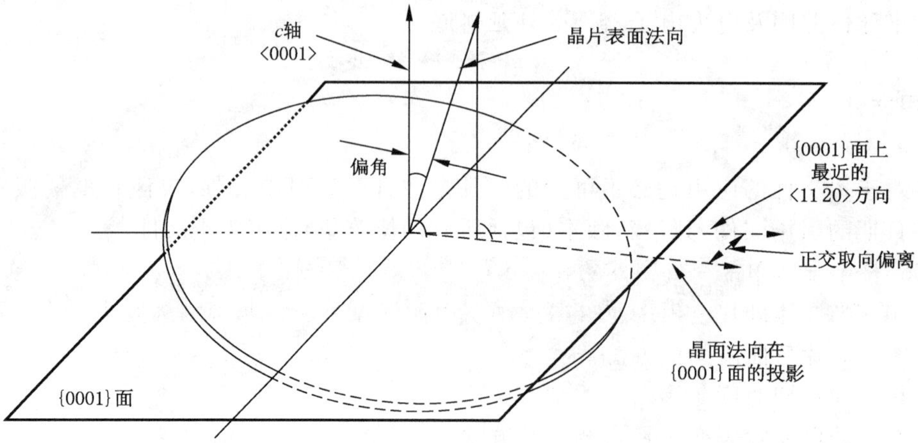

图1 晶片正交取向偏离示意图

4 要求

4.1 总则

碳化硅单晶抛光片的技术参数是指在固定优质区内的要求，且边缘去除区应符合表1的规定。

表1 边缘去除区

单位为毫米

直径	边缘去除区
50.8	1
76.2	2
100	3

4.2 分类

4.2.1 碳化硅单晶抛光片按晶型分为4H和6H。

4.2.2 碳化硅单晶抛光片按导电能力分为导电型和半绝缘型。

4.3 牌号

碳化硅单晶抛光片的牌号应符合附录A的规定。

4.4 规格

4.4.1 碳化硅单晶抛光片按直径分为 ϕ50.8 mm、ϕ76.2 mm 和 ϕ100 mm。

4.4.2 碳化硅单晶抛光片按产品质量，分为工业级（简称 P 级）、研究级（简称 R 级）和试片级（简称 D 级）。

4.5 几何参数

碳化硅单晶抛光片的几何参数应符合表 2 的规定。

表 2 几何参数

序号	项目	要求		
		ϕ50.8 mm	ϕ76.2 mm	ϕ100.0 mm
1	直径及允许偏差/ mm	50.8±0.2	76.2±0.2	100.0±0.5
2	主定位边长度及允许偏差/mm	16.0±1.7	22.0±2.0	32.5±2.0
3	次定位边长度及允许偏差/mm	8.0±1.7	11.0±1.5	18.0±2.0
4	主定位边取向（示意图见图 2）	平行于{10 $\bar{1}$0}±5°	平行于{10 $\bar{1}$0}±5°	平行于{10 $\bar{1}$0}±5°
5	次定位边取向（示意图见图 2）	硅面：沿主定位边方向顺时针旋转 90°±5° 碳面：沿主定位边方向逆时针旋转 90°±5°	硅面：沿主定位边方向顺时针旋转 90°±5° 碳面：沿主定位边方向逆时针旋转 90°±5°	硅面：沿主定位边方向顺时针旋转 90°±5° 碳面：沿主定位边方向逆时针旋转 90°±5°
6	厚度及允许偏差/μm	330±25	350±25	350±25
7	总厚度变化/μm	≤15	≤15	≤25
8	翘曲度/μm	≤25	≤35	≤45
9	弯曲度（绝对值）/μm	≤15	≤25	≤35
10	粗糙度（10 μm×10 μm）/nm	<0.5	<0.5	<0.5
注：当客户对厚度有特殊要求时，由供需双方协商确定。				

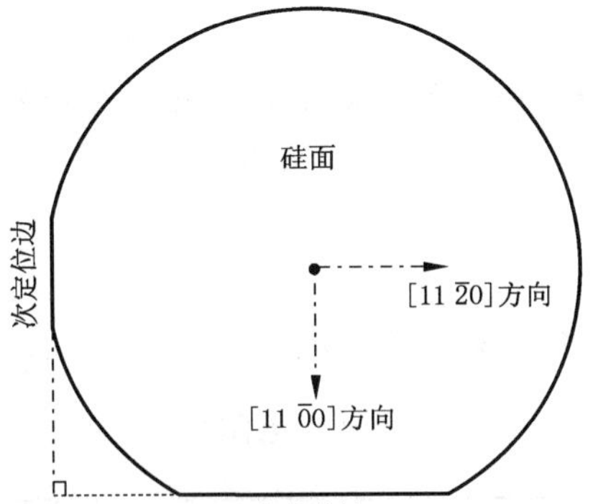

图 2 主、次定位边示意图

4.6 表面取向

4.6.1 碳化硅单晶抛光片的晶向为{0001}。

4.6.2 碳化硅单晶抛光片表面取向的正交晶向偏离为：

a) 正晶向：0°±0.25°；

b) 偏晶向：碳化硅单晶抛光片的正交晶向偏离为晶片表面法线沿主定位边方向偏向〈11$\bar{2}$0〉方向 3.5°±0.5°或 4°±0.5°或 8°±0.5°。

4.7 表面缺陷

碳化硅单晶抛光片表面缺陷应符合表 3 的规定，其中 50.8、76.2、100 分别代表 ϕ50.8 mm、ϕ76.2 mm、ϕ100 mm。

表 3 表面缺陷

<table>
<tr><th rowspan="2">序号</th><th rowspan="2">检验项目</th><th colspan="3">工业级</th><th colspan="3">研究级</th><th colspan="3">试片级</th></tr>
<tr><th>50.8</th><th>76.2</th><th>100</th><th>50.8</th><th>76.2</th><th>100</th><th>50.8</th><th>76.2</th><th>100</th></tr>
<tr><td rowspan="2">1</td><td rowspan="2">裂纹</td><td colspan="3">位于晶片边缘且</td><td colspan="3">位于晶片边缘且</td><td colspan="3" rowspan="2">累积长度≤10 mm，
且每个长度≤2 mm</td></tr>
<tr><td><1 mm</td><td><2 mm</td><td><3 mm</td><td><2 mm</td><td><3 mm</td><td><3 mm</td></tr>
<tr><td rowspan="2">2</td><td rowspan="2">六方空洞</td><td colspan="3">尺寸<100μm，且个数</td><td colspan="3">尺寸<300μm，且个数</td><td colspan="3" rowspan="2">不单独要求，
满足可用面积>70%</td></tr>
<tr><td>≤2 个</td><td>≤4 个</td><td>≤6 个</td><td>≤5 个</td><td>≤8 个</td><td>≤12 个</td></tr>
<tr><td rowspan="2">3</td><td rowspan="2">划痕</td><td colspan="3" rowspan="2">无</td><td colspan="3" rowspan="2">无</td><td colspan="3">累计长度<1 条直径，且</td></tr>
<tr><td>≤3 条</td><td>≤5 条</td><td>≤8 条</td></tr>
<tr><td>4</td><td>表面沾污</td><td colspan="3">无</td><td colspan="3">无</td><td colspan="3">无</td></tr>
<tr><td>5</td><td>凹坑</td><td>≤5 个</td><td>≤12 个</td><td>≤20 个</td><td>≤20 个</td><td>≤45 个</td><td>≤80 个</td><td colspan="3">不单独要求，满足可用面积>70%</td></tr>
</table>

4.8 微管密度

碳化硅单晶抛光片的微管密度应满足工业级<10 个/cm^2，研究级<30 个/cm^2，试片级<100 个/cm^2。

4.9 结晶质量

碳化硅单晶抛光片的结晶质量用摇摆曲线的半高宽（FWHM）表示，4H-SiC（0004）或 6H-SiC（0006）的 FWHM 应满足工业级小于 30 arcsec，研究级小于 50 arcsec，试片级无要求。

4.10 电阻率

碳化硅单晶抛光片的电阻率应符合表 4 的规定。

表 4 电阻率

单位为欧姆厘米

导电类型	晶型	工业级	研究级	试片级
导电型	4H	<0.025	<0.1	<0.1
	6H	<0.1	<0.2	<0.2
半绝缘型	4H/6H	(90%) >1×10^5	(85%) >1×10^5	(75%) >1×10^5

4.11 多型

碳化硅单晶抛光片的多型要求应符合表5的规定。

表5 多型

项目	工业级	研究级	试片级
多型	无	≤2% 面积	≤5% 面积

5 检验方法

5.1 几何参数

碳化硅单晶抛光片几何参数的检测方法见表6。

表6 几何参数检测方法

序号	检测项目	参照标准
1	直径及允许偏差/mm	GB/T 14140
2	主定位边长度及允许偏差/mm	GB/T 13387
3	次定位边长度及允许偏差/mm	GB/T 13387
4	主定位边取向	GB/T 13388
5	次定位边取向	GB/T 13388
6	厚度及允许偏差/μm	GB/T 29507
7	总厚度变化/μm	GB/T 29507
8	翘曲度/μm	GB/T 6620
9	弯曲度/μm	GB/T 6619
10	粗糙度/nm	GB/T 29505

5.2 表面取向

碳化硅单晶抛光片表面取向的测量按GB/T 1555的规定，用X射线定向仪对晶体基准面进行定向。

5.3 表面缺陷

碳化硅单晶抛光片表面缺陷检测按GB/T 6624规定的方法进行。

5.4 微管密度

碳化硅单晶抛光片的微管密度按GB/T 31351规定的方法，用光学显微镜在透射正交偏光下进行观察。

5.5 结晶质量

碳化硅单晶抛光片的结晶质量按附录B规定的方法用高分辨率X射线衍射仪做双晶摇摆曲线

检测。

5.6 电阻率

5.6.1 导电型抛光片电阻率测量按 GB/T 6616 规定的方法进行。
5.6.2 半绝缘抛光片电阻率测量按 DIN 50448 规定的方法进行。

5.7 多型

碳化硅单晶抛光片的多型按附录 C 规定的方法检测。

6 检验规则

6.1 检查和验收

6.1.1 产品应由供方技术质量监督部门进行检验，保证产品质量符合本标准的规定，并填写产品质量证明书。
6.1.2 需方可对收到产品按本标准的规定进行检验。若发现产品质量不符合本标准或合同要求时，应在收到产品之日起 3 个月内向供方提出，由供需双方协商解决。

6.2 组批

产品应成批提交验收，每批由同一碳化硅单晶体切割而成的并具有相同牌号的碳化硅单晶抛光片组成，每批片数由供需双方协商确定，一般不大于 10 片。

6.3 取样

每批产品随机抽取 20%进行检验，6 片～10 片取 2 片，5 片及以下取 1 片。

6.4 检验结果的判定

6.4.1 碳化硅单晶抛光片首先进行表面取向、微管密度、结晶质量、电阻率的抽检，抽检结果中若有一项不合格，则判该批产品不合格。
6.4.2 对 6.4.1 检验合格批次的碳化硅单晶抛光片进行几何参数、表面缺陷、多型的检测，有一项检验结果不合格，则取双倍数量的试样进行重复试验，如仍有检验结果不合格的，则判该批产品不合格。

7 标志、包装、运输、储存和质量证明书

7.1 标志

7.1.1 产品包装盒上应有下列标志：

a) 产品名称；
b) 晶型、导电类型、晶向；
c) 晶片编号。

7.1.2 产品包装箱上应标明：

a) 产品名称、型号、数量、发货日期；
b) 供方名称、地址、电话；
c) 需方名称、地址；
d) 防撞、防摔、防腐蚀标志。

7.2 包装

7.2.1 在5级洁净室内,将清洗干净的碳化硅单晶抛光片放在特制的聚乙烯圆形包装盒里,用塑料袋充氮气密封。

7.2.2 封装好的晶片连同质量证明书一起装入“物流盒里”(每盒里的晶片数量依据晶片直径而定),再将“物流盒”放入包装箱内,周围用塑料泡沫填充,防止移动或相互挤压,最后用胶带封好。

7.3 运输、储存

7.3.1 产品在运输过程中应防止挤压、碰撞并采取防震、防潮等措施。

7.3.2 产品应存放在洁净、干燥、无化学腐蚀的环境中。

7.4 质量证明书

每批产品应有质量证明书,其上注明:

a) 合同号、质量证明书编号;
b) 晶片编号;
c) 晶片晶型、导电类型;
d) 晶片加工类型、表面粗糙度;
e) 晶向角度、晶片直径尺寸、晶片厚度、晶片主/副定位边晶向及长度;
f) 微管密度、摇摆曲线半高宽、电阻率;
g) 晶片可用面积;
h) 检验员盖章;
i) 出厂日期。

8 订货单(或合同)内容

本标准所列材料的订货单(或合同)内应包括下列内容:

a) 产品名称;
b) 型号;
c) 数量;
d) 规格,技术要求;
e) 本标准编号。

附　录　A
（规范性附录）
碳化硅单晶抛光片牌号规定

碳化硅单晶抛光片牌号由 9 位数字或字母组成，形式为 WABCDE-XXX，各字母代表的含义如下：

W——标准产品

A——直径

2——50.8 mm

3——76.2 mm

4——100.0 mm

B——晶型

4——4H

6——6H

C——导电类型

N——导电型

S——半绝缘型

D——晶向角度

0——正晶向

1——1°偏角

3——3.5°偏角

4——4°偏角

8——8°偏角

E——等级

P——工业级

R——研究级

D——试片级

X——硅面抛光状态

L——研磨

P——光学抛光

C——化学机械抛光，即开即用

X——碳面抛光状态

L——研磨

P——光学抛光

C——化学机械抛光，即开即用

X——厚度

D——(430±25) μm

E——(350±25) μm

F——(330±25)μm

示例：W24N0P-CPF 代表的含义为该产品为标准产品，直径为 50.8 mm、晶型为 4H、导电型、工业级产品，Si 面经化学机械抛光、C 面为光学抛光、厚度范围为(330±25)μm。

附　录　B
（规范性附录）
碳化硅单晶抛光片摇摆曲线检测方法

B.1　范围

本附录规定了碳化硅单晶抛光片的摇摆曲线的检测方法。

本附录适用于在室温下晶向为[0001]的碳化硅晶片的[0001]方向及(0001)面的摇摆曲线检测。

B.2　方法提要

X射线衍射是一种常用于测量晶体晶格变形引起的残余应力的非破坏性检测方法。存在损伤的晶体完整性下降，从而导致X射线衍射峰宽化，并且随着晶体损伤程度加剧。摇摆曲线是根据晶面固定相应的2θ角，通过优化Φ，采用三轴晶高分辨X射线衍射方法在小范围内进行ω及ω-2θ扫描，所得到的一个衍射峰强度和ω的关系曲线。根据摇摆曲线，计算半高宽，进而表征晶面在该点附近的结晶质量。

B.3　仪器设备

三轴晶高分辨X射线衍射仪。高分辨双晶衍射仪是由单色器轴、样品轴、分析器轴组成的三轴衍射仪，其中样品轴由三个变量组成：ω是入射线与样品表面的夹角；χ用于调节样品的俯仰，对样品的偏向进行补偿；Φ是绕样品法线旋转的一个圆。

B.4　样品

B.4.1　碳化硅单晶抛光片的厚度应为0.4 mm左右。

B.4.2　碳化硅单晶抛光片用肉眼在日光灯下观察表面应没有划痕、凹坑等。

B.4.3　碳化硅单晶抛光片测试前用无水乙醇浸泡多次清洗后，使用超声波清洗机清洗，确保样品表面清洁。

B.5　检测环境

测量应在满足X射线衍射仪工作环境要求的实验室内进行。

B.6　检测程序

B.6.1　测量

B.6.1.1　测量点的位置

去除晶片的边缘区域，沿〈110〉、〈100〉方向取点，中心点为一点，各测量点之间的间隔为$D/4$，共5点，并使(100)面平行于X射线衍射平面。检测点如图B.1所示，其中D为样品直径。

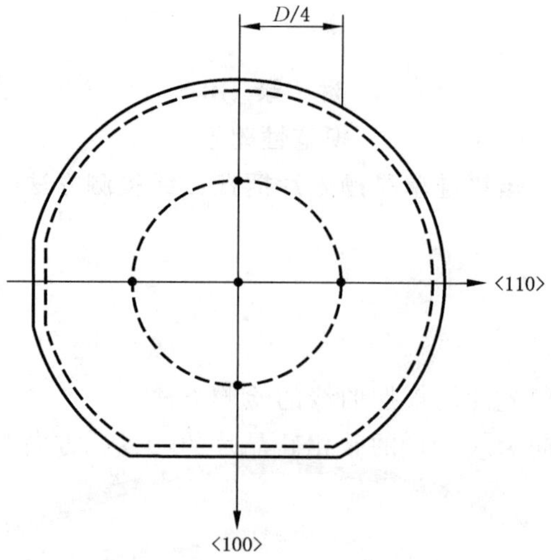

图 B.1　圆形单晶片的测量点位置分布

B.6.1.2　摇摆曲线测量

摇摆曲线的测量按下列步骤进行：

a）调节系统参数：选用红外样品台，4×Ge220 单色器，1/16°发散狭缝，线光源 0.1 mm×2 mm，开放式探测器；

b）电压 40 kV，电流 10 mA～40 mA(根据衍射峰强度进行调整)；

c）固定 2θ：6H 碳化硅，HKL：0 0 6，4H 碳化硅，HKL：0 0 4。如果晶片存在偏角，可通过设置 offset 进行补偿；

d）进行 ω 扫描粗扫，调节 χ 对 ω 进行补偿，循环扫描、调节，直至半高宽不变，最后精确扫描，扫描范围 0.2°，步长 0.001°；

e）记录摇摆曲线，并用专用软件计算摇摆曲线的半高宽。

B.6.2　精密度

本测试方法的半高宽测试结果标准偏差小于 0.3 arcsec，相对偏差小于 2%。

B.6.3　测试报告

测试报告应包括以下内容：

a）样品规格、编号；

b）摇摆曲线图；

c）每个测试点半高宽；

d）测试结果；

e）每个测试点的探测器类别；

f）除主峰外的次峰个数；

g）测试日期和测试者。

附　录　C
（规范性附录）
碳化硅单晶抛光片多型检测方法

C.1　范围

本方法适用于碳化硅单晶抛光片的多型的测定。

C.2　测试设备

裸眼观测或拉曼光谱测试仪、直尺。

C.3　裸眼检查方法

碳化硅单晶抛光片多型判定，首先采用裸眼宏观检查。不同的晶型会显示不同的颜色（参考图C.1）。当对结果有异议时，采用拉曼散射法对可疑区域进行扫描判断。

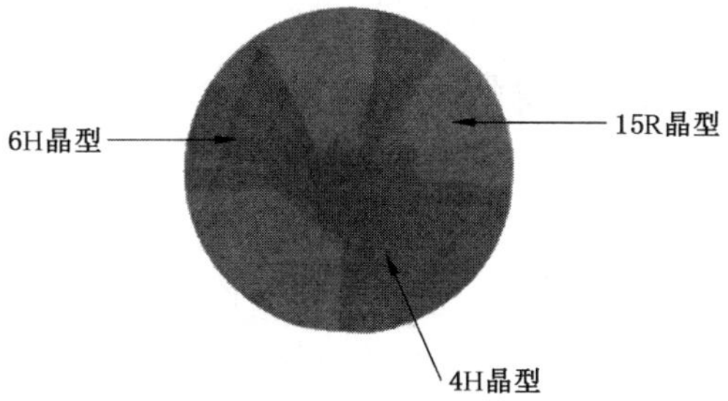

图 C.1　多型示意图

C.4　拉曼散射测试环境

拉曼散射应在下列环境中进行测试：

a)　温度：18 ℃～28 ℃；

b)　相对湿度：不大于75%；

c)　测试时要避光。

C.5　测试结果分析

将测试结果与图C.2中碳化硅的拉曼标准图谱进行比对，即可判断碳化硅单晶抛光片是否存在多型。如果存在多型，用直尺测量多型区域边界并计算面积，进一步计算多型比例。

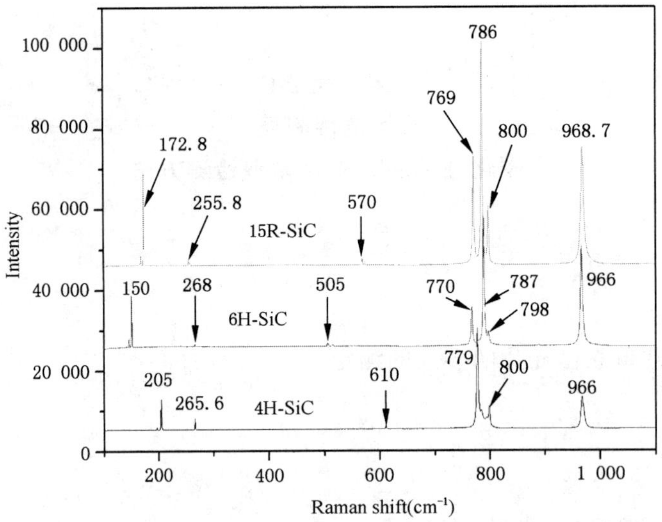

图 C.2 碳化硅的拉曼标准图谱

C.6 测试报告

测试报告应包括以下内容：

a) 样品名称、规格型号；

b) 碳化硅晶片拉曼光谱图(适用于拉曼测试)及晶型；

c) 多型比例；

d) 测量环境；

e) 测试、审核人签字；

f) 测试日期。

ICS 11.040.40
C 35

中华人民共和国国家标准

GB/T 30657—2014/ISO 29781:2008

假肢和矫形器　描述下肢截肢或先天性下肢缺失患者活动量考虑的因素

Prostheses and orthoses—Factors to be included when describing physical activity of a person who has had a lower limb amputation(s) or who has a deficiency of a lower limb segment(s) present at birth

(ISO 29781:2008,IDT)

2014-12-31 发布　　2015-07-01 实施

中华人民共和国国家质量监督检验检疫总局
中国国家标准化管理委员会　发布

前　　言

本标准按照 GB/T 1.1—2009 给出的规则起草。

本标准使用翻译法等同采用 ISO 29781:2008《假肢和矫形器　描述下肢截肢或先天性下肢缺失患者活动量考虑的因素》。

请注意本文件的某些内容可能涉及专利。本文件的发布机构不承担识别这些专利的责任。

本标准由中华人民共和国民政部提出。

本标准由全国残疾人康复和专用设备标准化技术委员会(SAC/TC 148)归口。

本标准起草单位:国家康复辅具研究中心。

本标准主要起草人:马凤领、陶静、刘俊玲。

引　言

下肢肢体缺失患者日常活动量可以用多种方法描述。不同临床医疗团队成员都有他们自己的术语来记录该信息。因此这就需要建立一套全国统一的满足医疗团队患者评估、疗效评价需求的体系，以便于比较。

本标准给出了描述个人活动时至少包括的信息。

假肢和矫形器　描述下肢截肢或先天性下肢缺失患者活动量考虑的因素

1　范围

本标准规定了描述下肢截肢或先天性下肢缺失患者活动量考虑的因素。

2　术语和定义

下列术语和定义适用于本文件。

2.1

协助　assisted

有他人的帮助。

2.2

辅助设备　assistive device

用来补偿受限制的活动(功能)的产品,包括助行器和手栏杆、抓握栏杆、扶手等支撑装置。

2.3

独立　independently

无他人的帮助。

2.4

轮椅车类型　types of wheelchair

2.4.1

轮椅车　wheelchair

行动不便者使用的有身体支撑部件的轮式移动辅助器具。

2.4.2

手动轮椅车　manual wheelchair

由乘坐者或护理者提供操纵力的轮椅车(2.4.1)。

[GB/T 18029.26—2014 定义 4.1.2]

2.4.3

电动轮椅车 electrically powered wheelchair

马达动力源于集成电源的轮椅车(2.4.1)。

[GB/T 18029.26—2014 定义 4.1.8]

3　转移和移动

3.1　总则

如果合适,宜包括穿戴假肢(见 3.2)或未穿戴假肢(见 3.3)患者的活动量的描述。

3.2　穿戴假肢

应考虑的因素:

a） 穿上和脱下；

b） 在床和椅子或轮椅车之间转移；

c） 轮椅车使用：

1） 协助（见 2.1）；

2） 电动（见 2.4.3）；

3） 手动(见 2.4.2)。

d） 由坐到站立；

e） 站立；

f） 从地面起身到站立；

g） 移动：

1） 踏步、走动；

2） 跳跃或其他方法。

h） 指定方法；

i） 行走。

规定指定时间内行走的距离。

说明所有完成的活动是否有协助(2.1)或独立(2.3)，及是否使用任何类型的辅助设备(2.2)。

3.3 未穿戴假肢

应考虑的因素：

a） 局限于床上；

b） 在床和椅子或轮椅车之间转移；

c） 轮椅车使用：

1） 电动(见 2.4.3)；

2） 手动(见 2.4.2)。

d） 由坐到站立；

e） 站立；

f） 从地面起身到站立；

g） 移动：

1） 踏步、走动；

2） 跳跃或其他方法。

h） 指定方法；

i） 行走。

说明所有完成的活动，及是否有协助(见 2.1)或独立(见 2.3)。

列出使用的任何辅助设备(见 2.2)。

3.4 地面和障碍

3.4.1 总则

说明穿戴或者不穿戴假肢能安全走过的所有室内(见 3.4.2)、室外(见 3.4.3)地面和障碍。

列出使用的任何辅助设备(见 2.2)。

3.4.2 室内

应考虑的因素：

a) 水平、平坦的地面；
b) 门槛、台阶、楼梯和坡道。

3.4.3 室外

应考虑的因素：
a) 水平、平坦的地面；
b) 水平、不平坦的地面；
c) 台阶和楼梯；
d) 斜坡；
e) 任意地形。

4 日常活动

应考虑的因素：
a) 如厕和洗浴；
b) 穿和脱；
c) 驾驶机动车；
d) 做家务；
e) 烹饪；
f) 职业活动(指定)；
g) 娱乐和体育活动(指定)；
h) 文化和社会活动：
  1) 跪；
  2) 蹲；
  3) 盘腿坐。

说明所有完成的常规活动是否有协助或者独立，是否穿戴假肢。
列出使用的任何辅助设备。

5 假肢穿戴和使用

说明假肢每周穿戴几天，每天穿戴几小时。
说明用于站立、移动、行走，完成日常规定活动的每周穿戴假肢的天数和每天穿戴假肢的时间。

参 考 文 献

[1] ISO 7176-26:2007 Wheelchairs — Part 26: Vocabulary

ICS 11.040.40
C 35

中华人民共和国国家标准

GB/T 30658—2014/ISO 29782:2008

假肢和矫形器 开具下肢假肢处方考虑的因素

Prostheses and orthoses—Factors to be considered when specifying a prosthesis for a person who has had a lower limb amputation

(ISO 29782:2008,IDT)

2014-12-31 发布 2015-07-01 实施

中华人民共和国国家质量监督检验检疫总局
中国国家标准化管理委员会 发布

前　　言

本标准按照 GB/T 1.1—2009 给出的规则起草。

本标准使用翻译法等同采用 ISO 29782:2008《假肢和矫形器　开具下肢假肢处方考虑的因素》。

与本标准中规范性引用的国际文件有一致性对应关系的我国文件如下：

——GB/T 15721.2—1995　假肢和矫形器　肢体缺失　第 2 部分：下肢截肢残肢的描述(idt ISO 8548-2:1993)。

请注意本文件的某些内容可能涉及专利。本文件的发布机构不承担识别这些专利的责任。

本标准由中华人民共和国民政部提出。

本标准由全国残疾人康复和专用设备标准化技术委员会(SAC/TC 148)归口。

本标准起草单位：国家康复辅具研究中心。

本标准主要起草人：马凤领、陶静、刘俊玲。

引　言

为患者选择假肢部件既需要考虑他们的截肢平面、残端和体质、临床症状、功能状况，主动性和需求，期望值、社会经济环境外，也要考虑假肢使用环境、当地可供货和维修保养。一种极端情况是，患者不能用功能假肢，希望安装装饰性假肢。另一种极端情况是，患者想要且能进行剧烈活动，要求安装合适的假肢。有些患者希望从事一些特定活动就需要特殊部件。假肢装配机构需要根据这些信息，运用他们的知识与临床经验来选择部件。

假肢和矫形器 开具下肢假肢处方考虑的因素

1 范围

本标准规定了为下肢截肢者开具假肢处方考虑的因素。

2 规范性引用文件

下列文件对于本文件的应用是必不可少的。凡是注日期的引用文件，仅注日期的版本适用于本文件。凡是不注日期的引用文件，其最新版本(包括所有的修改单)适用于本文件。

ISO 8548-2 假肢和矫形器 肢体缺失 第2部分：下肢截肢残肢的描述(Prosthetics and orthotics — Limb deficiencies — Part 2: Method of describing lower limb amputation stumps)

3 术语和定义

ISO 8548-2 中界定的以及下列术语和定义适用于本文件。

3.1

平衡力 balance

维持身体质量位于其支撑面上方的能力。

3.2

协调能力 coordination

平稳、精确完成规定活动的能力。

3.3

耐受力 endurance

维持肌力的能力。

4 残肢条件

4.1 总则

4.2～4.7 列出需要特别考虑的特征。

注：下肢截肢残肢的描述方法见 ISO 8548-2。

4.2 长度和形状

应特别考虑如下特征：

a) 过长或过短；

注：这种残肢长度可不使用特殊假肢部件。

b) 球根形或过锥形；

注：这种残肢形状可采用特殊接受腔适配工艺。

c) 骨突；

d） 大量组织起伏不平。

4.3 软组织

应特别考虑如下特征：

a） 过多或过少；

b） 软或硬。

4.4 皮肤

应特别考虑如下特征：

a） 不平整；

b） 与骨粘连；

c） 疤痕；

d） 植皮；

e） 感觉异常；

f） 影响皮肤的病症。

4.5 血液循环

应特别考虑动静脉和淋巴受损。

4.6 疼痛

应特别考虑如下特征：

a） 自发痛；

b） 加压下疼痛。

4.7 近端关节

应特别考虑如下特征：

a） 活动度异常；

b） 不稳定(骨或韧带的起点)；

c） 肌无力或痉挛；

d） 疼痛。

5 体质

应特别考虑如下特征：

a） 体重；

b） 身高；

c） 上肢损伤；

d） 躯干活动受限；

e） 对侧下肢：

  1） 血液循环障碍；

  2） 神经损伤：

    i） 肌无力或痉挛；

    ii） 本体感受异常；

iii） 感觉异常。

3） 肌肉与骨骼损伤：

i） 活动度异常；

ii） 骨或韧带不稳定：

Ⅰ） 皮肤损伤；

Ⅱ） 疼痛；

Ⅲ） 截肢平面。

注：截肢者的临床症状描述方法见 ISO 8548-5。

6 临床症状

以下所列部位出现任何重大疾病(包括药效)应特别考虑：

a） 心血管系统；
b） 呼吸系统；
c） 神经系统；
d） 特殊感觉；
e） 营养状况；
f） 认知状况；
g） 智力和心理状况；
h） 其他系统。

7 功能状况

应考虑以下能力：

a） 平衡力(3.1)；
b） 协调能力(3.2)；
c） 耐受力(3.3)。

8 主动性和需求

应考虑患者的主动性和需求的临床表现。

注：主动性和需求受人所处的社会文化环境等因素的影响。

9 期望值

9.1 移动

应考虑患者期望移动的程度和步速。

a） 程度：

1） 不走(只坐)；
2） 站立/转移；
3） 室内/平面走动；
4） 楼梯和斜坡；
5） 独立室外行走；

6） 复杂地形；

7） 跑。

b） 不同速度的行走。

9.2 职业行为

应考虑患者预期的职业。

9.3 体育和娱乐活动

应考虑患者预期的体育和娱乐活动。

9.4 社会和文化活动

应考虑患者预期的社会和文化活动：

a） 蹲；

b） 盘腿坐；

c） 跪；

d） 赤脚走；

e） 穿不同跟高的鞋。

10 环境条件

应考虑预期暴露的如下不良环境：

a） 沙、土等污物；

b） 频繁入水；

c） 长期暴晒；

d） 极冷、极热、极湿。

11 当地有效的维护支持

应重点考虑当地能供货并有维护服务。

12 社会和经济环境

应考虑患者的生活环境、家庭和社会关系网及经济条件。

参 考 文 献

[1] ISO 8548-5 Prosthetics and orthotics—Limb deficiencies—Part 5: Description of the clinical condition of the person who has had an amputation

ICS 11.040.40
C 35

中华人民共和国国家标准

GB/T 30659—2014/ISO 22523:2006

假肢和矫形器　要求和试验方法

External limb prostheses and external orthoses—Requirements and test methods

(ISO 22523:2006,IDT)

2014-12-31 发布　　2015-07-01 实施

中华人民共和国国家质量监督检验检疫总局
中国国家标准化管理委员会　发布

前　言

本标准按照 GB/T 1.1—2009 给出的规则起草。

本标准使用翻译法等同采用 ISO 22523:2006《假肢和矫形器　要求和试验方法》。

与本标准中规范性引用的国际文件有一致性对应关系的我国文件如下：

——GB 4706.8—2008　家用和类似用途电器的安全　电热毯、电热垫及类似柔性发热器具的特殊要求(IEC 60335-2-17:2006,IDT)；

——GB/T 14191.1—2009　假肢学和矫形器学　术语　第 1 部分:体外肢体假肢和体外矫形器的基本术语(ISO 8549-1:1989, IDT)；

——GB/T 15721.1—2009　假肢与矫形器　肢体缺失　第 1 部分:先天性肢体缺失状况的描述方法(ISO 8548-1:1989,IDT)；

——GB/T 15721.2—2009　假肢与矫形器　肢体缺失　第 2 部分:下肢截肢残肢的描述方法(ISO 8548-2:1993,IDT)；

——GB/T 15721.3—2009　假肢与矫形器　肢体缺失　第 3 部分:上肢截肢残肢的描述方法(ISO 8548-3:1993, IDT)；

——GB/T 17255.1—2009　假肢与矫形器　假肢部件的分类和描述　第 1 部分:假肢部件的分类(ISO 13405-1:1996,IDT)；

——GB/T 17255.2—2009　假肢与矫形器　假肢部件的分类和描述　第 2 部分:下肢假肢部件的描述(ISO 13405-2:1996,IDT)；

——GB/T 17255.3—2009　假肢与矫形器　假肢部件的分类和描述　第 3 部分:上肢假肢部件的描述(ISO 13405-3:1996,IDT)；

——GB/T 17626.3—2006　电磁兼容　试验和测量技术　射频电磁场辐射抗扰度试验(IEC 61000-4-3:2002,IDT)；

——GB/T 19543—2004　假肢　髋关节结构检验(ISO 15032:2000,IDT)；

——YY 0505—2012　医用电气设备　第 1-2 部分:安全通用要求　并列标准:电磁兼容　要求和试验(IEC 60601-1-2:2004,IDT)。

本标准做了下列编辑性修改：

——4.4.4 中列项的字母编号第二个重复的“a)”改为“b)”,“b)”改为“c)”,“c)”改为“d)”；

——D.6.4 的注的编号“注 5”改为“注 4”。

请注意本文件的某些内容可能涉及专利。本文件的发布机构不承担识别这些专利的责任。

本标准由中华人民共和国民政部提出。

本标准由全国残疾人康复和专用设备标准化技术委员会(SAC/TC 148)归口。

本标准起草单位:国家康复辅具研究中心。

本标准主要起草人:马凤领、刘俊玲。

引　　言

本标准给出了作为医疗器械的假肢和矫形器是否符合欧盟指令 93/42/EEC 的附录 1 中阐述的医疗器械基本要求的验证方法。

本标准还给出了带 3.8 定义的无线电设备的假肢和矫形器是否符合欧盟指令 99/5/EC 中无线电设备和电信终端设备的基本要求的验证方法。

本标准未给出符合其他指令要求的验证方法。

辅助器具标准分如下三级，一级最高：

一级：辅助器具的一般要求；

二级：各系列辅助器具的特殊要求；

三级：各类型辅助器具的特定要求。

如果针对特定辅助器具或某类辅助器有现行标准（二级或三级），则较低等级标准的要求优先于较高等级的标准。所以，在阐述特定辅助器具的所有要求时，有必要先参照已有最低等级的标准。

本标准是假肢和矫形器的二级和三级（最低级）的组合标准，见范围。

本标准中，除提及现行试验标准外，若干类型假肢和矫形器的试验方法还分别见附录 A 至附录 D。

本标准与欧盟指令的关系见附录 E。

注：尽管本标准未提及上述辅助器具的一级标准 EN 12181《辅助器具　一般要求和试验方法》，但建议参照该标准。

假肢和矫形器　要求和试验方法

1　范围

本标准给出了 ISO 9999 如下分类的假肢和矫形器的要求和试验方法：

06 03-06 15　矫形器

06 18-06 27　假肢

本标准包括强度、材料、使用限制，风险及与部件和部件总成的正常使用条件相关信息提供。

因特殊矫正椅座不属于 ISO 9999 矫形器分类且为非正常穿戴用品，本标准不包括特殊矫正椅座。

注 1：本标准将来新版中将包括矫形鞋（06 33 分类）。

注 2：应用 ISO 13485 和 ISO 13488 阐述或提到的质量体系是合适的。

2　规范性引用文件

下列文件对于本文件的应用是必不可少的。凡是注日期的引用文件，仅注日期的版本适用于本文件。凡是不注日期的引用文件，其最新版本（包括所有的修改单）适用于本文件。

GB 9706.1—2007　医用电气设备　第 1 部分：安全通用要求（IEC 60601-1:1988＋A1:1991＋A2:1995，IDT）

ISO 8548-1　假肢与矫形器　肢体缺失　第 1 部分：先天性肢体缺失状况的描述方法（Prosthetics and orthotics—Limb deficiencies—Part 1:Method of describing limb deficiencies present at birth）

ISO 8548-2　假肢与矫形器　肢体缺失　第 2 部分：下肢截肢残肢的描述方法（Prosthetics and orthotics—Limb deficiencies—Part 2:Method of describing lower limb amputation stumps）

ISO 8548-3　假肢与矫形器　肢体缺失　第 3 部分：上肢截肢残肢的描述方法（Prosthetics and orthotics—Limb deficiencies—Part 3:Method of describing upper-limb amputation stumps）

ISO 8549-1　假肢学和矫形器学　术语　第 1 部分：体外肢体假肢和体外矫形器的基本术语（Prosthetics and orthotics—Vocabulary—Part 1:General terms for external limb prostheses and external orthoses）

ISO 8549-2　假肢学和矫形器学　术语　第 2 部分：与假肢和假肢穿戴者有关的术语（Prosthetics and orthotics—Vocabulary—Part 2:Terms relating to external limb prostheses and wearers of these prostheses）

ISO 8549-3　假肢学和矫形器学　术语　第 3 部分：与矫形器有关的术语（Prosthetics and orthotics—Vocabulary—Part 3:Terms relating to external orthoses）

ISO 10328　假肢　下肢假肢的结构检验　要求和试验方法（Prosthetics—Structural testing of lower-limb prostheses—Requirements and test methods）

ISO 13404:2005　假肢和矫形器　矫形器和矫形器部件的分类和描述（Prosthetics and orthotics—Classification and description of external orthoses and orthotic components）

ISO 13405-1　假肢与矫形器　假肢部件的分类和描述　第 1 部分：假肢部件的分类（Prosthetics and orthotics—Classification and description of prosthetic components—Part 1:Classification of prosthetic components）

ISO 13405-2　假肢与矫形器　假肢部件的分类和描述　第 2 部分：下肢假肢部件的描述（Prosthetics and orthotics—Classification and description of prosthetic components—Part 2:Description of lower-limb prosthetic components)

ISO 13405-3　假肢与矫形器　假肢部件的分类和描述　第3部分:上肢假肢部件的描述(Prosthetics and orthotics—Classification and description of prosthetic components—Part 3:Description of upper-limb prosthetic components)

ISO 15032　假肢　髋关节结构检验(Prosthetics—Structural testing of hip units)

ISO 22675　假肢　踝足装置和足部组件　要求和试验方法(Prosthetics—Testing of ankle-foot devices and foot units—Requirements and test methods)

IEC 60335-2-17　家用和类似用途电器的安全　电热毯、电热垫及类似柔性发热器具的特殊要求(Household and similar electrical appliances—Safety—Part 2-17:Particular requirements for blankets, pads and similar flexible heating appliances)

IEC 60601-1-2　医用电气设备　第1-2部分:安全通用要求　并列标准:电磁兼容　要求和试验(Medical electrical equipment—Part 1-2:General requirements for safety—Collateral standard:Electromagnetic compatibility—Requirements and tests)

IEC 61000-4-3　电磁兼容　试验和测量技术　射频电磁场辐射抗扰度试验[Electromagnetic compatibility (EMC)—Part 4-3:Testing and measurement techniques—Radiated, radio-frequency, electromagnetic field immunity test]

EN 1041　医疗器械厂商提供的信息(Information supplied by the manufacturer with medical devices)

EN 50082-2　电磁兼容性　抗扰度通用要求　第2部分:工业环境[Electromagnetic compatibility (EMC)—Generic immunity—Part 2:Industrial environment]

3　术语和定义

ISO 8548-1～3,ISO 8549-1～3("假肢"和"矫形器"术语的定义除外),ISO 13404("侧构件"和"膝铰链总成"术语的定义除外),ISO 13405-1～3界定的以及下列术语和定义适用于本文件,按引用先后顺序列出。

3.1

假肢　(external limb)　prosthetic device

external limb prosthesis

用于替代人体上肢或下肢缺失的某一部位的全部或部分,由单个部件或多个部件的组装件组成的外用装置。

注:本标准中术语"假肢"的英文用"prosthetic device"。

3.2

矫形器　(external)　orthotic device

external orthosis

用于上肢、下肢、躯干、头部或颈部及其间关节,辅助神经肌肉和骨骼系统,由单个部件或多个部件的组装件组成的外用装置。

注:本标准中术语"矫形器"的英文用"orthotic device"。

3.3

使用者　user

使用(穿戴)假肢或矫形器的人。

3.4

护理者 attendant

帮助使用者的人。

3.5

技术文件 technical documentation

表明假肢和矫形器符合本标准要求的生产商的数据记录，且作为合格评定程序用欧盟医疗器械指令 93/42/EEC 要求的技术文件的组成部分。

3.6

临床评估 clinical evaluation

通过考虑相关协调标准和科技文献、临床研究结果的临床数据汇编，确定假肢或矫形器符合欧盟医疗器械指令 93/42/EEC 要求的方法。

3.7

临床研究 clinical investigation

验证特定医疗器械在正常使用条件下安全性和性能的人体试验的系统研究。

[ISO 14155-1]

3.8

无线电设备 radio equipment

利用分配给地面(空间)无线电通信的频谱，通过发射和(或)接收无线电波，能通信的产品或相关部件。

注：下列 3.9～3.19 的定义主要用于附录 B。

3.9

膝铰链 knee joint

下肢矫形器侧构件中允许在解剖学膝关节屈曲主平面内运动的接头。

3.10

侧构件 side member

一体式或混合结构的，包括边件(支条)、端件、接头或调节装置在内的内侧或外侧部件。

3.11

膝铰链总成 joint assembly

带一体式侧构件或连接有侧构件的膝铰链。

3.12

平行侧构件 parallel side member

大腿、小腿部件横截面尺寸基本恒定的侧构件。

3.13

阶梯形侧构件 stepped side member

距屈曲轴双侧大于 75 mm 处的横截面减小到尺寸恒定的较小截面的侧构件。

3.14

弯曲变形 bending deformation

通过四点力学加载系统(见图 B.1、图 B.2 和 图 B.3)施加弯矩，膝铰链总成(3.11)的角偏转(3.15)。

3.15

角偏转 angular deflection

弯曲变形(3.14)的测量(见图 B.1、图 B.5 和 图 B.6)，为承载作用在试验样品端部的两对滚轮的托架的两个轴的角位移 α_1 和 α_2 数值的和。

3.16

比例极限　limit of proportionality

偏离初始线性性能(见图 B.5 和图 B.6)的弯矩/角偏转(3.15)关系的界点(屈服点)。

3.17

弯曲刚度　bending stiffness

在线性比例范围内,弯矩变化与对应的角偏转(3.15)变化的比率。

3.18

最大弯矩　maximum bending moment

M_{max}

试验样品断裂或弯曲变形进一步加剧导致弯矩减小(见图 B.5)或弯矩变化率增大(见图 B.6)时的弯矩。

注:如果试验中弯矩恒定或随弯曲变形量增大而减小,但之后辅助结构承载载荷,使弯矩和弯曲变形均重新增大,则最大弯矩是试验中观察到的第一个最大弯矩,辅助结构的作用可忽略(见图 B.6)。

3.19

最大弯矩下的弯曲变形　bending deformation at the maximum bending moment

弯矩值为 M_{max} 的弯曲变形(3.14)量。

4　一般要求

4.1　风险管理

假肢或矫形器可能存在的风险隐患可危害使用者。为此,生产商应建立和维护一个确认隐患和评估风险、控制风险和监测风险控制有效性的程序。风险管理程序应包括如下要素:

——风险分析;

——风险评估;

——风险控制;

——后期制作信息。

注 1:ISO 14971 可用作指南。

注 2:ISO 14971 用作指南不要求生产商有正规的质量体系。但是,风险管理是质量体系的组成部分(见 ISO 14971:2000 表 G.1 示例)。

注 3:风险管理程序的结果可用于从本标准中选择适用的要求。

4.2　预期性能和技术文件

如果合适,假肢或矫形器的强度、耐久性等预期性能应在阐述功能特性、应用和使用条件的技术文件中描述。

如果合适,技术文件应包括临床和科技参考文献,强度、使用寿命计算,合适的标准和检测结果。

4.3　临床评估

应通过有资质的人或团体判定设计的新颖性、材料和制造方法、应用方式,对临床评估的程度和性质进行管理。

被评估的假肢和矫形器经有资质的人或团体判定应是合格的。

有资质的人或团体的身份和判定依据应记录在生产商技术文件(见 4.2)中。

注:临床评估可能要求开展以 ISO 14155-1 和 ISO 14155-2 为指南的临床研究。

4.4 强度和相关使用条件

4.4.1 按照生产商在使用说明书中规定的方式使用假肢和矫形器，假肢和矫形器应能承受截肢者或其他使用者施加的载荷强度。

注：详细信息见 5.4 和 5.2.2 的注。

4.4.2 为符合 4.4.1 的要求，应满足 4.4.3～4.4.7 的相关要求。

4.4.3 下肢假肢的强度应通过 ISO 10328(见注 1 和注 2)、ISO 22675 (见注 2)和 ISO 15032 特定试验加载等级下的相关试验测定。

注 1：ISO 10328 不包括带支撑相控制机构的膝屈曲试验的试验方法。

注 2：对照 ISO 10328 校验 ISO 22675 规定的踝足装置和足部组件试验方法期间，为确保试验的连续性，将设定 1 个过渡期，在这个过渡期这两种试验方法都有效。过渡期根据实际将调整至 ISO 10328 和 ISO 22675 系统评估指定日期之后。这两个标准的系统评估有望发现已证明 ISO 22675 的试验方法适用的其他研究成果。

4.4.4 其他假肢和矫形器的强度应按照 a)～d)的方法测定。

生产商关于 a)～d)选择的理由应记录在技术文件中(见 4.2)。

a) 生产商应指定如下哪类强度是适当的：
   1) 疲劳强度：给定循环次数下可承受的动态载荷；
   2) 验证强度：代表偶然恶劣情形下假肢和矫形器仍可执行预期功能可承受的静态载荷；
   3) 极限强度：代表单一严重情形下假肢和矫形器遭损坏时承受的静态载荷。

b) 生产商应明确指定适合的强度等级；

c) 生产商应明确指定试验方法，4.4.5 除外；

注：如果合适，可将附录 A 规定的试验方法作指南，对上肢假肢进行测试。

d) 生产商应明确指定试验加载条件、试验加载等级。

4.4.5 如果合适，根据附录 B 规定的试验程序对矫形器膝铰链进行试验。

注：这些试验程序不用于测试完整的下肢矫形器。

4.4.6 在生产商提供的信息中，应给出规定的强度类别和强度等级的详细信息，及对假肢和矫形器施加的试验、试验加载条件和试验加载等级的详细信息(见第 13 章)。

4.4.7 生产商应明确指定符合 4.4.1 要求的假肢和矫形器的加载条件。给出加载参数的参照和可量化的或通常以统一方式说明的其他预期使用条件。

注：对于下肢假肢，人体质量是通常提到的可量化的加载参数。

这些加载参数和其他相关使用条件的规定应考虑与生产商指定的假肢或矫形器特定用途对应的安全因素，由施加在假肢或矫形器上的试验加载条件、试验加载等级与截肢者或其他使用者按照生产商规定的方式使用中预期施加在假肢或矫形器上的对应载荷的比率确定。

4.4.8 在生产商提供的产品随附资料中，应给出 4.4.7 中生产商规定的假肢或矫形器试验加载条件的详细信息(见第 13 章)。

4.4.9 在生产商提供的产品预期用途书面说明书中，应说明符合 4.4.1 要求的 4.4.7 有关假肢或矫形器特定加载参数和其他使用条件的详细信息(见第 13 章)。

5 材料要求

5.1 材料可燃性和燃烧物的毒性

5.1.1 假肢和矫形器应尽可能采用将火焰蔓延或有毒气体产生的风险降到最小的材料，这对火灾发生时不能逃生的残疾人特别重要。因该领域在不断发展，应定期评估非阻燃材料的使用。

注：为测试下肢假肢材质，附录 C 规定的方法可用作指南。

5.1.2 如果假肢或矫形器的临床要求不允许使用将火焰蔓延或有毒气体产生的风险降到最小的材料，应满足 5.1.3 和 5.1.4 的要求。

5.1.3 假肢和矫形器产品随附信息应有降低风险的必要警示和预防措施的描述(第 13 章)。

5.1.4 在生产商的技术文件(见 4.2)中，应说明不使用 5.1.2 提及的材料的原因。

5.2 生物相容性和污染物及残留物

5.2.1 总则

对于本标准发布时已经多年用于假肢或矫形器且公认为适用的材料，本条款不适用。

考虑到产品预期用途和在护理使用者中或产品运输、存储中相关人员接触，应评估与人体接触的材料的生物相容性。

注：选择适当试验方法的指南见 ISO 10993-1。

5.2.2 污染物和残留物

按照规定方式使用时，所有用于假肢或矫形器的材料应不引起使用者细胞病毒感染、发炎、过敏。

注：假肢或矫形器结构材料遇到液体或正常使用环境中的其他物质，强度宜不受影响。

5.3 感染和微生物污染

生产商应明确说明假肢或矫形器及其与人体接触的皮肤表面的清洁方式，如果适当，还包括消毒方式(见第 10 章)。

动物组织产品可带来感染和微生物污染，生产商宜检查是否有疾病或污染的迹象。

详细信息见 ISO 22442-1。

5.4 抗腐蚀和降解

如果假肢或矫形器的强度，或使用者、护理者的安全性，受腐蚀、降解的影响，应进行风险分析，确定最佳防护措施。

6 噪声和振动

对假肢和矫形器没有特殊要求。

7 电磁兼容性

如果相关，假肢或矫形器应满足 IEC 60601-1-2 的电磁兼容性要求。

如果相关，假肢或矫形器尤其应满足以下辐射抗扰度要求：在场强达 12 V/m，26 MHz～1 GHz 频率的射频场中应正常工作。

根据 IEC 61000-4-3 在 12 V/m 试验场强，26 MHz～1 GHz 频率下，通过对假肢或矫形器进行辐射抗扰度试验，进行合格判定。

注：辐射抗扰度要求和合格判定的试验方法已采用电动轮椅车和电动代步车的标准(见 EN 12184:2004 和 ISO 7176-21:2003)。

生产商宜考虑产品可能使用的电磁环境和发生故障的可能后果。

如果相关，假肢和矫形器可用于放置其他电子设备的场所。电磁兼容性宜与假肢和矫形器的使用环境严格匹配。

规定假肢或矫形器的电磁兼容性时，生产商宜确认已经被广泛接受的环境：

——居民区,商业场所和轻工业区;

——工业区;

——其他区域(典型的比较恶劣的环境,医院或公共场所和其他场所的发射机和安检扫描仪等特定机器附近的一些特定场所)。

如果假肢或矫形器是用于工业环境,应符合 EN 50082-2。

8 用电安全

注:IEC 60601-1 和 IEC 60601-1-1 可用作指南。

8.1 电池供电的假肢和矫形器

8.1.1 电池盒和接头

假肢和矫形器中的电池盒和接头应符合 IEC 60601-1:1988 的 56.7 的要求。

8.1.2 电量指示器

如果使用者的安全取决于假肢或矫形器的内部电源,则假肢和矫形器应配置一个装置,以在不能保证安全性的临界状态前显示电源状态。

通过检查进行合格判定。

8.2 电路保护

如果假肢或矫形器的电源使用中能过载运行但对使用者可能造成伤害,则假肢或矫形器应有过载保护电路。

通过在过载情形下检测进行合格判定。

8.3 电子可编程系统

对电子可编程的假肢或矫形器的设计应根据其用途确保系统的再现性、可靠性和预期性能。

注:IEC 60601-1-4 可用作指南。

8.4 电热毯、电热垫及类似柔性发热器具

带柔性发热器具的假肢或矫形器宜符合 IEC 60335-2-17 的要求。

8.5 皮肤接触电极的假肢和矫形器[1)]

生产商应进行风险分析,评估假肢和矫形器中用于神经和肌肉刺激的皮肤接触电极使用有关的安全性风险。

注:选择适当试验的指南见 IEC 60601-1。

8.6 配备无线电设备的假肢和矫形器

8.6.1 总则

假肢或矫形器中的无线电设备或与假肢或矫形器一起使用的无线电设备应符合第 7 章和 8.1～8.3 的相关要求。

1) 带神经肌肉刺激用皮肤接触电极的假肢和矫形器的要求和试验方法的详细指南见参考文献[17]。

且应满足8.6.2和8.6.3的要求。

8.6.2 无线电设备的频谱

假肢、矫形器中的无线电设备或与假肢、矫形器一起使用的无线电设备的构造应保证所用频谱不引起有害干扰，即对无线电导航业务或其他安全性业务的功能构成威胁的干扰，或其他严重削弱、妨碍或反复中断符合相关规定运营的无线电通信业务的干扰。

注：由于全世界缺乏统一适用的规定，目前，仅能通过证明产品所用频谱符合所投放市场当地适用的国家或国际规定法定频谱的要求，来满足本条款要求。

8.6.3 使用者操作无线电设备

生产商应根据使用者的能力，确定假肢或矫形器中的或与假肢或矫形器一起使用的无线电设备的特定操作条件，并确保其控制单元或元器件设计恰当。

注：详细信息见可作为指南的ISO 16201。

9 表面温度

假肢或矫形器可能包含吸能组件，其在正常使用中温度升高，而导致存在伤害与其接触的使用者的风险。

宜对可影响假肢或矫形器舒适性的温度升高的可能性进行验证。

只要假肢或矫形器有第一段提到的可能性，应提供避免该风险或将该风险降到最低的保护装置。

如果保护装置不能加装到假肢或矫形器中，应在假肢或矫形器上或说明书中给出清楚明了的警示信息(见第13章)。

10 消毒

假肢和矫形器一般不在消毒条件下提供或使用。如果特殊假肢和矫形器要求消毒用于特定用途，生产商应提供消毒方式建议。

11 设计要求

11.1 活动件的安全性

注：由于预期用途性质不同，一些假肢或矫形器的零部件要求相对其他零部件移动，而导致夹损使用者或其他人的身体或衣物。

只要有可能，假肢或矫形器应提供正常使用中避免该风险或将该风险降到最低的保护装置。

如果保护装置不能加装到假肢或矫形器中，应在假肢或矫形器上或说明书中给出清楚明了的警示信息(见第13章)。

11.2 接头安全性

电和液体供能的端子和接头，或使用者操作的假肢或矫形器的其他接头的设计和构造应将危害使用者的风险降到最低。

通过检查进行合格判定。

12 力学要求

12.1 使用限制

12.1.1 如果假肢或矫形器可通过组合来自不同生产商的部件或部件总成制作，则组合应满足12.1.2和12.1.3的要求。

12.1.2 部件、部件总成的生产商应提供适合与其组合的其他部件的信息（见第13章）。

12.1.3 由来自不同生产商的部件或部件总成组成的假肢或矫形器的生产商应准备一份声明，说明部件或部件总成是相互兼容的，假肢或矫形器的预期用途在各部件、部件总成用途的安全限度内（见第13章）。

12.1.4 部件、部件总成的生产商应提供假肢或矫形器使用限制信息，具体到特定参数，如加载参数（见第13章）。

12.2 对人体软组织的力

根据功能特性，要求假肢或矫形器对与其接触的人体部位施加力。界面部件的设计宜避免产生人体软组织不能承受的压力和应力。

软组织力学风险包括：

——营养和氧气供应缺乏导致的细胞坏死；

——受力过大导致组织破坏；

——过度疲劳导致组织破坏；

——摩擦导致的组织磨损；

——热凝固导致细胞破坏。

12.3 工效学原则

如果操纵假肢或矫形器需要使用者对致动器施加力或力矩，生产商应保证力或力矩的大小适合使用者。

假肢和矫形器的设计宜基于工效学原则考虑预期用户的特殊需求。如果假肢和矫形器或其部件或部件总成要求由使用者调整或操纵，则使用者调整或操纵装置宜简单便捷，无障碍设计，符合工效学，切实可行。

注1：附录D阐述了确定操纵假肢和矫形器控制和驱动机构的力或力矩的方法，且可用作指南。

实际中发现，为避免误操作控制和驱动机构，使用者施加在完整假肢或矫形器控制和驱动机构的致动器上的操纵力和力矩的最小值宜至少为5 N或0.1 N·m。

注2：测量矫形器膝铰链和矫形器肘铰链、假肢膝关节、假肢肘关节、假肢手部装置样品的操纵力或力矩的范围的详细信息见D.6。

13 生产商提供的信息

13.1 总则

13.1.1 假肢或矫形器随附信息资料应符合EN 1041的要求。

13.1.2 假肢或矫形器随附信息资料包括4.4.6、4.4.8、4.4.9、5.1.3、5.3、9、11.1、12.1.2、12.1.3和12.1.4与假肢或矫形器相关的信息。

注：如果适当，宜告知使用者，假肢或矫形器的安全性和使用寿命取决于穿戴时的活动量。

13.1.3 如果假肢或矫形器的操作或调整参数指示信号为视觉、听觉或其他知觉信号，生产商应保证信号传达的信息为使用者和其他相关人员所理解。

13.2 标签

13.2.1 对生产商声称符合4.4.3所列的和4.4.4、4.4.5阐述的一个或多个标准或规定的相关要求的每个假肢或矫形器,应贴标签。标签应提及相关标准或规定,说明施加的试验、试验加载条件、试验加载等级(4.4.6)。如果适当,标签也应提供假肢或矫形器预期用途范围或限定信息,如规定相关参数最大允许值[见4.4.7、4.4.8、4.4.9,也见13.3.1 a)]。

标签的说明应与生产商提供的假肢或矫形器的预期用途的特定信息分开,单独给出。

13.2.2 如果在4.4.3所列的和4.4.4、4.4.5阐述的标准或规定对标签有特殊要求,这些要求应适用。

13.3 预期用途

13.3.1 生产商随产品一起提供的假肢或矫形器的预期用途的书面说明书应至少包括如下信息:

a) 主加载参数最大允许值或其他相关使用条件允许阈值,其限定截肢者或其他预期穿戴假肢或矫形器的使用者使用中施加在假肢或矫形器上的载荷(见4.4.7、4.4.8和4.4.9);

b) 可用的假肢或矫形器的组装或对线说明(见12.1)。

13.3.2 如果在4.4.3所列的和4.4.4、4.4.5阐述的标准或规定对预期用途的说明有特殊要求,这些要求应适用。

14 包装

强烈建议生产商提供的包装满足保护性包装的要求。

注:包装是用于保护假肢或矫形器,以避免存储和运输中损坏、变质或污染,宜考虑可能遇到各种存储和运输方式,并检查包装的有效性。

附 录 A
（资料性附录）
上肢假肢强度测试方法指南

A.1 总则

本附录描述的上肢假肢的评价主要是针对结构强度。

本检验指导书规定了需测试和测量的特性和试验方法。

注：完整的假肢或组装件或单个零部件均可测试。

本附录不包括实地试验、穿戴、环境和功能试验的相关要求。

本附录不包括装饰性假肢。

如果上肢假肢承载部件的设计有显著变化，应重新进行实验室试验和实地试验。

A.2 原理

上肢假肢强度评价方法是基于由静态拉伸试验，静态向下、向上弯曲试验和动态向下、向上弯曲试验组成的一系列实验室试验。

静态拉伸试验是对对线在完全伸展位的任意结构的上肢假肢试验样品施加。

静态向下、向上弯曲试验和动态向下、向上弯曲试验是对肘关节、肩关节带锁闭机构或使假肢对线尽可能接近如下情况的其他保持屈曲（伸展）和外展（内收）角度的装置的上肢假肢试验样品施加（也见A.3.4）：

——肩关节在屈曲（伸展）和外展（内收）中位；

——肘关节在屈曲位，前臂与上臂成直角。

A.3 试验样品

A.3.1 总则

生产商（供样者）应根据 ISO 13405.3 准备试验样品，与试验呈交文件（见 A.6）一并呈交。

A.3.2 试验样品选取

送检的上肢假肢试验样品应在正常生产的产品中选取。

选取细节应记录在试验呈交文件中。如果生产商（供样者）提供了试验样品选自正常生产的产品证明，则这个证明应与抽样方法细节一并放在试验呈交文件中。

注：假肢结构的试验样品也可由相关利益方提供用于特定试验。

A.3.3 试验样品准备

所有送检的组装件或单个零部件应有生产商（供样者）建议的界定清晰的腕关节面中心、肘关节中心和肘关节中心线、肩关节面中心和肩关节中心，以便在试验样品组装中按照本条款和 A.3.4 规定正确定位试验样品。

应去掉样品的装饰性部分，除非影响结构强度或为特定试验要求的受试对象。

确保为试验样品提供用于试验设备内固定试验样品的上（近）端端接附件，及用于对试验样品施加远端试验力的下(远)端端接附件或手部装置的特殊抓握装置(见下文)。

按如下准备对试验样品施加的远端试验力的载荷作用点位置P:

a) 如果试验力施加在远端端接附件,P点应位于距肘关节中心距离 c 处的前臂长轴上(见图A.1);

b) 如果试验力是施加在上述特殊抓握装置上,P点位于1)和2)规定位置:

1) 对于远端拉伸试验(A.8.2),P点宜是抓握装置联接线(绳)的连接点,见图A.2。

2) 对于静态向下、向上弯曲试验和动态向下、向上弯曲试验(A.8.3,A.8.4,A.9.2和A.9.3),P点应是载荷作用侧抓握装置圆板的外表面中心,见图A.3和图A.4。

确保端接附件尽可能远,与假肢中用的相邻部件的物理特性相符,以便施加具有代表性的载荷。

注:可通过用受试试验样品指定相邻部件实现(见图A.5)。

具有代表性的载荷也可通过上述和下述特殊抓握装置施加。

除非检测实验室(检验部门)有特殊规定,手部装置使用的抓握装置最好是直径为19 mm、长100 mm、表面粗糙度 Ra 为1.6 μm的杆。

对于A.8.2规定的远端拉伸试验,杆的配置见图A.2。

对于A.8.3,A.8.4,A.9.2和A.9.3规定的弯曲试验,直径为70 mm、厚度为5 mm的圆板宜位于柱体两端,其中一个圆板提供载荷作用装置。

如果适当,应使用接受腔,可部分填充作为上(近)端端接附件。

确保接受腔远端内部长度15 mm(最小)保持中空或填充软衬垫材料。

代表性试验样品段长度 c 和 d 及定位用详细尺寸见图A.1的表。

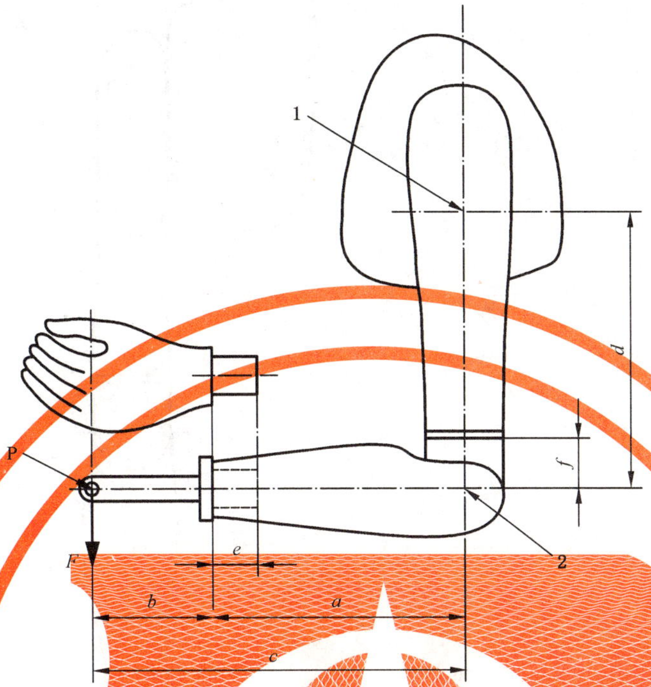

说明：

1——肩关节；

2——肘关节；

F——试验力；

P——载荷作用点。

段长度	尺寸/mm		备注
	儿童	成人	
a	(≈150)	(≈250)	仅用于定位
b	(≈60)	(≈100)	仅用于定位
$c=a+b$	210	350	有代表性的
d	150	250	有代表性的
e	—	—	取决于个性化设计
f	—	—	取决于个性化设计

图 A.1　试验样品段长度

单位为 mm

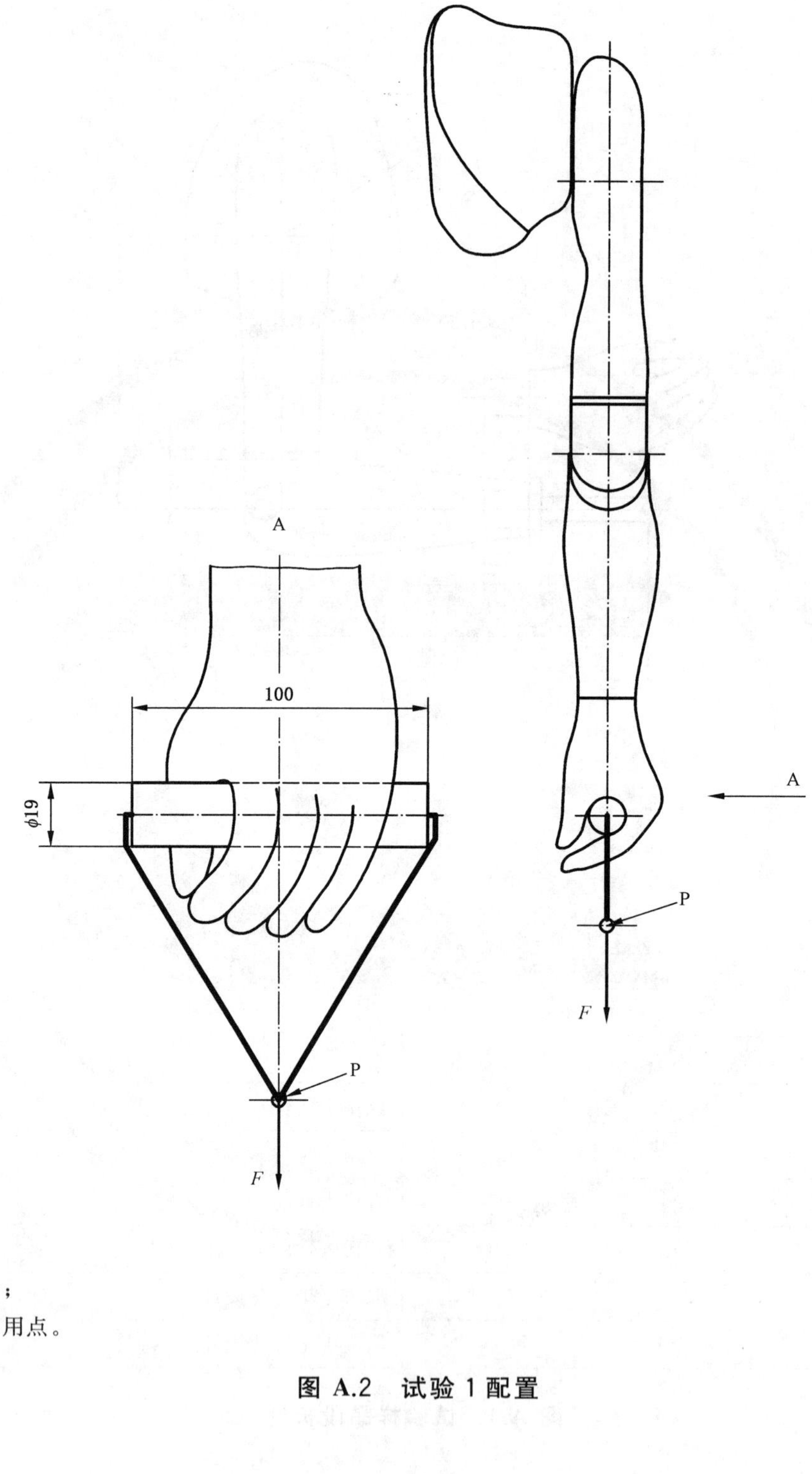

说明：

F ——试验力；

P ——载荷作用点。

图 A.2 试验 1 配置

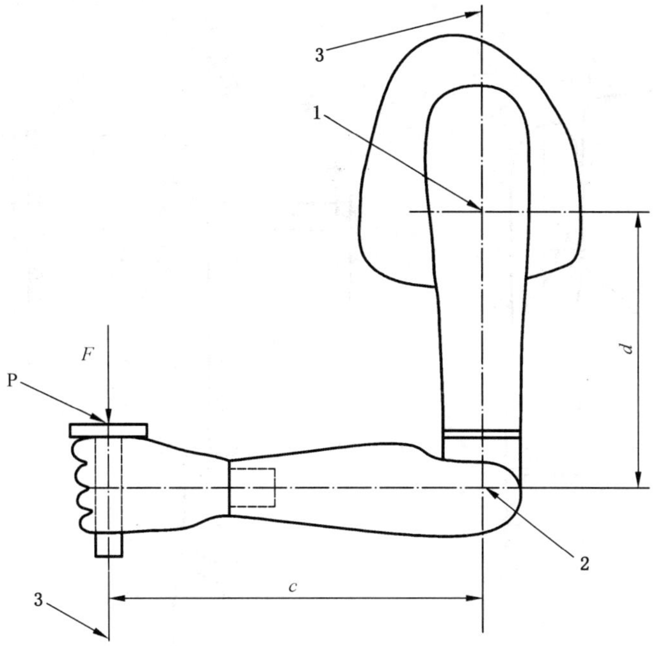

说明：
1 ——肩关节；
2 ——肘关节；
3 ——平行线；
F——试验力；
P——载荷作用点。

图 A.3　试验 2 和试验 4 配置

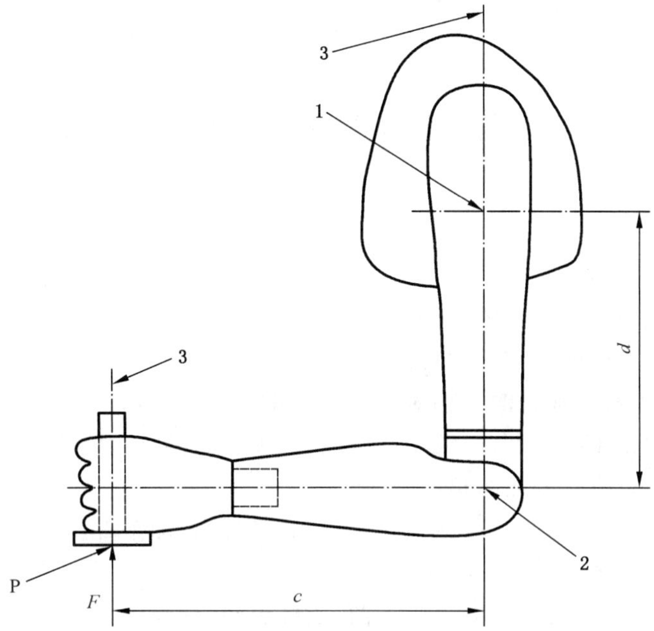

说明：
1 ——肩关节；
2 ——肘关节；
3 ——平行线；
F——试验力；
P——载荷作用点。

图 A.4　试验 3 和试验 5 配置

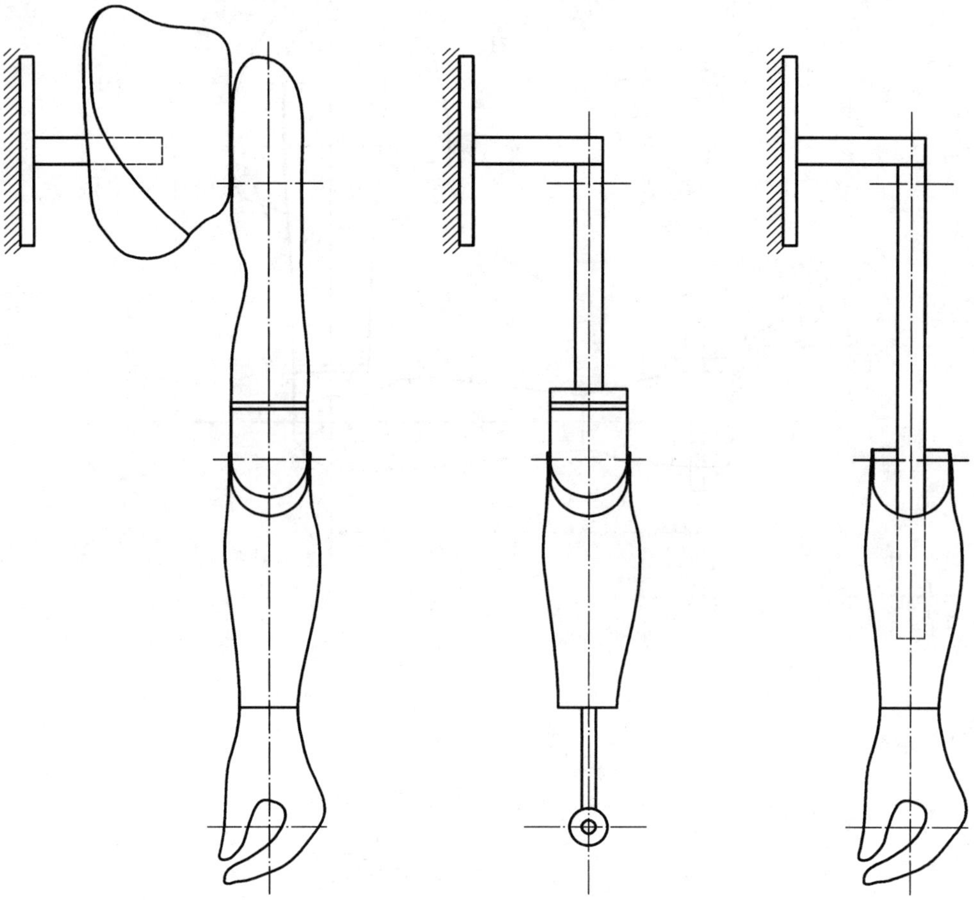

图 A.5　试验样品配置示例

A.3.4　试验样品对线

应用上臂和前臂的长轴对试验样品进行对线，测定如下：

——上臂纵轴过肩关节和肘关节的中心；

——前臂纵轴过肘关节和腕关节的中心。

对于远端拉伸试验，上臂和前臂的长轴对线至接近重合。

对于向下和向上弯曲试验，肩关节应锁闭在屈曲（伸展）和外展（内收）中位的最近位置，肘关节锁闭在上臂和前臂的长轴最接近直角的屈曲角度。

对于所有试验，对线肘关节中心线应使其与上臂和前臂的长轴垂直。

所有试验应在试验样品的最恶劣对线位置进行。

如果可能，结构上最恶劣对线位置应由生产商（供样者）在试验呈交文件中定义，应位于生产商提供的假肢各部件对线说明的限定内。

A.3.5　试验样品上的方位标识

确保送检的试验样品有与假肢穿戴到患者身上时指定的假肢方位对应的指示“前面（前部）”、“外侧（侧部）”、“上部（近端）”的标识。

试验样品上的标识应不影响其强度。

A.4 所需的试验和试验样品数量

所需的试验和试验样品最少数量见表 A.1。

表 A.1 所需的试验和试验样品的数量

试验类型	参照条款	最少试验数量[a]	每个试验允许的试验样品批次	
			常规试验样品	可能的替补试验样品[b]
静态试验：				
——远端拉伸试验(试验 1)	A.8.2	2	2	1
——向下弯曲试验(试验 2)	A.8.3	2	2	1
——向上弯曲试验(试验 3)	A.8.4	2	2	1
动态试验				
——向下弯曲试验(试验 4)	A.9.2	1	1	1
——向上弯曲试验(试验 5)	A.9.3	1	1	1

[a] "最少"是指可能必要的对允许的替补试验样品试验的重复。

[b] 可能的替补试验样品的数量与各单个试验有关。

A.5 试验样品的多次使用

A.5.1 总则

完成本附录中规定的任一试验且未损坏的试验样品，可进行本附录中的另一试验，A.5.2 所述的除外。

试验样品多次使用宜根据试验呈交文件(见 A.6)、生产商(供样者)和检测实验室(检验部门)之间签订的协议中的相应说明决定。

通常，试验样品在进行另一试验中发生破坏，有必要对替补试验样品重复该试验(见表 A.1)。

A.5.2 限定

如果试验样品进行了本附录的静态极限强度试验［见 4.4.4 a) 3)］，则试验样品不能再进行本附录动态试验。

A.6 试验呈交文件

A.6.1 一般要求

生产商(供样者)应准备记载有相关信息的试验呈交文件，同时应为每个送检的上肢假肢试验样品批次提供至少一份。

如果适当，生产商(供样者)应在试验呈交文件中说明，除 A.10 要求的信息外，根据本附录应在检验报告中显示的检验工作记录簿记录的信息。

生产商(供样者)应清楚标明其名称和地址，以便于通讯联系。如果适当，应提供原生产商的身份。

生产商(供样者)应为试验呈交文件提供一个唯一的、可检索的、同时也永久标记在试验样品上的标识。生产商(供样者)并保存此标识记录。

生产商(供样者)应清楚地标明委托进行检验的检验实验室(检验部门)。

生产商(供样者) 应清楚地标明向检验实验室(检验部门)送样的日期。

A.6.2 试验样品信息

试验呈交文件应包含每个试验样品可完全检索的下列标识信息:

a) 生产商名称和型号标识、号码或其他标识;
b) 根据 A.3.2 的生产商说明样品选自正常生产的产品及样品选取方法的证明;
c) 根据 A.3.3 的中心和中心线的标识;
d) 根据 A.3.3 的端接附件(包括接受腔)或特殊抓握装置的记录;
e) 根据 A.3.3 的特殊组装说明;
f) 根据 A.3.4 的最恶劣对线位置的标识;
g) 如果适当,根据 A.3.5 的每个试验样品上指示"前面/前部"、"外侧/侧部"、"上部/近端"的标识信息;
h) 如果适当,根据 A.5.1 的试验样品多次使用的信息。

A.6.3 试验信息

试验呈交文件中应包含每个试验样品的如下信息:

特定试验(A.8 和 A.9)及分别施加的试验加载等级(A.8)或脉冲试验力循环范围和试验频率(A.9)。

试验呈交文件中应包含每个试验样品的如下信息:

a) 所需特定试验(A.8 和 A.9);
b) 施加的相关加载参数:
   1) 根据 A.8 的静态试验加载等级;
   2) 根据 A.9 的动态试验脉冲试验力 $F_{c(t)}$ 循环范围 F_{cr},即最佳试验频率及周期(所需循环次数)。

A.7 精度

A.7.1 总则

应记录测量精度的方法细节。

试验设备宜至少每年校准 1 次及零部件更换时校准。保存校准记录。

A.7.2 设备精度

为满足 A.7.3 规定的试验过程精度,建议试验设备测量:

a) 线性尺寸精确至±0.2 mm;
b) 角度尺寸精确至±0.2°;
c) 施加的载荷精确至试验所需最大值的±1%;
d) 试验频率精确到所用试验频率的±1%。

A.7.3 试验过程精度

a) 线性尺寸设定允差为± 1 mm;
b) 角度尺寸设定允差为±1°;

c) 施加的静态试验力允差为试验所规定的最大值的±2%；

d) F_{cmin}瞬间施加的脉冲试验力的允差为±5 N，F_{cmax}瞬间施加的脉冲试验力的允差为规定的F_{cmax}最大值的±3%；

e) 试验频率控制在允差为所用试验频率的±10%。

A.8 静态试验

A.8.1 总则

静态试验包括A.8.2规定的远端拉伸试验，A.8.3规定的静态向下弯曲试验，A.8.4规定的静态向上弯曲试验。试验可不按阐述的先后顺序进行。

在工作记录簿中登记试验中的试验设备，记录试验数量、机械参考点，试验载荷和图A.1表中的尺寸值，及A.8.2、A.8.3和A.8.4特别要求的记录。

该记录簿是根据试验呈交文件(见A.6.1)选择检验报告包含的信息(见A.10)的基础。

A.8.2 远端拉伸试验(试验1)

根据A.3.3和A.3.4准备和对线试验样品。

如果试验样品已经完成本附录规定的另一试验且未破坏，则根据A.3.4对试验样品重新对线，根据A.5(也见本条最后一段)用于本试验。记录试验样品的再使用。

记录试验呈交文件中生产商(供样者)规定的所施加的试验加载等级(见A.6.3)。

根据图A.2所示的试验配置，将试验样品安装至试验设备中。

确保肩关节和(或)肘关节锁闭机构打开。

在载荷作用点P[或检验实验室(检验部门)规定的适当参照点]，对下(远)端端接附件或手部装置的特殊抓握装置施加试验力F，载荷线与试验样品的长轴为同一条线或平行，见图A.2。

加大试验力F至$F_{min}=10$ N。

测量并记录下(远)端载荷作用点P(或规定的参照点)在载荷线上的初始位置。

以1 N/s至10 N/s速率均匀加大试验力F，连续记录下(远端)载荷作用点P在载荷线上从其初始位置移动的相应位移。

继续试验，直至试验力F达到生产商(供样者)规定的试验加载等级或发生破坏。记录曾达到的最大试验力值。如果发生破坏，还应记录破坏形式。

如果发生，则记录用所施加的试验力$F=F_{min}$测得的或即将破坏时测得的载荷作用点P从初始位置移动的最终位移。

如果通过操作安装在试验样品上的过载脱扣器停止试验，则应记录这一情况。

如果试验样品已经完成本附录规定的另一试验且未破坏，而未通过本试验，则对替补试验样品重复本试验，记录破坏和重复的情况及所要求的其他记录。

A.8.3 静态向下弯曲试验(试验2)

本试验仅对肘关节、肩关节有锁闭机构或保持屈曲(伸展)角度的其他装置的试验样品施加。

根据A.3.3和A.3.4准备和对线试验样品。

如果试验样品已经完成本附录规定的另一试验且未破坏，则根据A.3.4对试验样品重新对线，根据A.5(也见本条最后一段)用于本试验。记录试验样品的再使用。

记录试验呈交文件中生产商(供样者)规定的所施加的试验加载等级(见A.6.3)。

记录肘关节、肩关节屈曲(伸展)初始设定位置(上臂和前臂的长轴之间的肘角度)和根据A.3.4的标准设置；

根据图 A.3 所示的试验配置,将试验样品安装至试验设备中。

在载荷作用点 P,对下(远)端端接附件或手部装置的特殊抓握装置施加试验力 F,载荷线与试验样品上臂部分的长轴平行,见图 A.3。

加大试验力 F 至 $F_{min}=10$ N。

测量并记录载荷作用点 P 在载荷线上的初始位置。

以 1 N/s 至 10 N/s 速率均匀加大试验力 F,连续记录载荷作用点 P 沿载荷线从其初始位置移动的位移。

继续试验,直至试验力 F 达到生产商(供样者)规定的试验加载等级或发生破坏。记录曾达到的最大试验力值。如果发生破坏,则还应记录破坏形式。

如果发生,记录用所施加的试验力 $F=F_{min}$ 测得的或在即将破坏时测得的载荷作用点 P 距初始位置移动的最终位移。

从试验设备卸下试验样品时,测量并记录肘关节、肩关节屈曲(伸展)最终设定位置(上臂和前臂的长轴之间的肘角度)。

如果通过操作安装在试验样品上的过载脱扣器停止试验,则应记录这一情况。

如果试验样品已经完成本附录规定的另一试验且未破坏,而未通过本试验,则对替补试验样品重复本试验,记录破坏和重复情况及所要求的其他记录。

A.8.4 静态向上弯曲试验(试验 3)

本试验仅对肘关节、肩关节有锁闭机构或保持屈曲(伸展)角度的其他装置的试验样品进行。

根据 A.3.3 和 A.3.4 准备和对线试验样品。

如果试验样品已经完成本附录规定的另一试验且未破坏,则根据 A.3.4 对试验样品重新对线,根据 A.5(也见本条最后一段)用于本试验。记录试验样品的再使用。

记录试验呈交文件中生产商(供样者)规定的所施加的试验加载等级(见 A.6.3)。

记录肘关节、肩关节屈曲(伸展)初始设定位置(上臂和前臂的长轴之间的肘角度)和根据 A.3.4 的标准设置。

根据图 A.4 所示的试验配置,将试验样品安装至试验设备中。

在载荷作用点 P,对下(远)端端接附件或手部装置的特殊抓握装置施加试验力 F,载荷线与试验样品上臂部分的长轴平行,见图 A.4。

加大试验力 F 至 $F_{min}=10$ N。

测量并记录载荷作用点 P 在载荷线上的初始位置。

以 1 N/s 至 10 N/s 速率均匀加大试验力。连续记录载荷作用点 P 沿载荷线从其初始位置移动的相应位移。

继续试验,直至试验力 F 达到生产商(供样者)规定的试验加载等级或发生破坏。记录曾达到的最大试验力值。如果发生破坏,则还应记录破坏形式。

如果发生,则记录用所施加的试验力 $F=F_{min}$ 测得的或即将破坏时测得的载荷作用点 P 从其初始位置移动的最终位移。

从试验设备卸下试验样品时,测量并记录肘关节、肩关节的屈曲(伸展)最终设定位置(上臂和前臂的长轴之间的肘角度)。

如果通过操作安装在试验样品上的过载脱扣器停止试验,则应记录这一情况。

如果试验样品已经完成本附录规定的另一试验且未破坏,而未通过本试验,则对替补试验样品重复本试验,记录破坏和重复情况及所要求的其他记录。

A.9 动态试验

A.9.1 总则

动态试验包括A.9.2规定的动态向下弯曲试验和A.9.3规定的动态向上弯曲试验。试验可不按阐述的先后顺序进行。

确保对试验样品施加脉冲试验力 $F_{c(t)}$ 的方式产生平滑波形，在规定的允差范围[见A.7.3 d)和e)]内，接近正弦波形，施加方式可避免冲击，撤除时避免反冲。

在工作记录簿中登记试验中的试验设备，并记录试验数量、机械参照点，试验载荷和图A.1的表中长度值 c 和 d 及试验频率，完成的循环次数及观察到的任何变化，调整或停机及试验开始后的循环次数，A.9.2和A.9.3特别要求的记录。

记录簿是根据试验呈交文件(见A.6.1)选择检验报告(见A.10)包含的信息的基础。

A.9.2 动态向下弯曲试验(试验4)

本试验仅对肘关节、肩关节有锁闭机构或保持屈曲(伸展)角度的其他装置的试验样品施加。

根据A.3.3和A.3.4准备和对线试验样品。

如果试验样品已经完成本附录规定的另一试验且未破坏，则根据A.3.4重新对线试验样品，根据A.5(也见本条最后一段)进行本试验。记录试验样品的再使用。

记录试验呈交文件中生产商(供样者)规定的所施加的脉冲试验力 $F_{c(t)}$ 的循环范围 $F_{cr}=F_{cmax}-F_{cmin}$，最佳循环频率和周期(所需载荷循环次数)(见A.6.3)。

记录肘关节、肩关节屈曲(伸展)初始设定位置(上臂和前臂的长轴之间的肘角度)和A.3.4的标准设置。

根据图A.3所示的试验配置，将试验样品安装至试验设备中。

在载荷作用点P，对下(远)端端接附件或手部装置的特殊抓握装置施加试验力 F，载荷线与试验样品上臂部分的长轴平行，见图A.3。

加大试验力 F 至 $F_{min}=10$ N。

测量并记录载荷作用点P在载荷线上的初始位置。

施加脉冲试验力 $F_{c(t)}$，$F_{c(t)}$ 由生产商(供样者)规定的最小试验力 $F_{cmin}=10$ N、循环范围 F_{cr} 及波形满足A.9.1一般要求，最小循环次数300 000次和最大频率0.5 Hz下的最大试验力 $F_{cmax}=F_{cmin}+F_{cr}$ 确定。

用施加的 F_{cmin} 测量并记录载荷作用点P从初始位置移动的最终位移。

从试验设备卸下试验样品时，测量并记录肘关节、肩关节的屈曲(伸展)最终设定位置(上臂和前臂的长轴之间的肘角度)。

如果试验样品结构中任何零部件在动态试验中发生破坏，则试验样品不满足本条要求(但见最后一段)。

记录试验样品发生破坏及达到的加载循环次数。

目测满足试验要求的试验样品，在工作簿中记录任何损坏迹象。

如果试验样品已经完成本附录规定的另一试验且未破坏，而未通过本试验，则对替补试验样品重复本试验，记录破坏和重复情况及所要求的其他记录。

A.9.3 动态向上弯曲试验(试验5)

本试验仅对肘关节、肩关节有锁闭机构或保持屈曲(伸展)角度的其他装置的试验样品进行。

根据 A.3.3 和 A.3.4 准备和对线试验样品。

如果试验样品已经完成本附录规定的另一试验且未破坏，则根据 A.3.4 重新对线试验样品，根据 A.5(也见本条最后一段)用于本试验。记录试验样品的再使用。

记录试验呈交文件(见 A.6.3)中生产商(供样者)规定的所施加的脉冲试验力 $F_{c(t)}$ 的循环范围 $F_{cr}=F_{cmax}-F_{cmin}$，最佳循环频率和周期(所需载荷循环次数)。

记录肘关节、肩关节屈曲(伸展)初始设定位置(上臂和前臂的长轴之间的肘角度)和 A.3.4 的标准设置。

根据图 A.4 所示的试验配置，将试验样品安装至试验设备中。

在载荷作用点 P，对下(远)端端接附件或手部装置的特殊抓握装置施加试验力 F，载荷线与试验样品上臂部分的长轴平行，见图 A.4。

加大试验力 F 至 $F_{min}=10$ N。

测量并记录载荷作用点 P 在载荷线上的初始位置。

施加脉冲试验力 $F_{c(t)}$，$F_{c(t)}$ 由生产商(供样者)规定的最小试验力 $F_{cmin}=10$ N、循环范围 F_{cr} 及波形满足 A.9.1 一般要求，最小循环次数 300 000 次和最大频率 0.5 Hz 下的最大试验力 $F_{cmax}=F_{cmin}+F_{cr}$ 确定。

用施加的 F_{cmin} 测量并记录载荷作用点 P 从初始位置移动的最终位移。

从试验设备卸下试验样品时，测量并记录肘关节、肩关节的屈曲(伸展)最终设定位置(上臂和前臂的长轴之间的肘角度)。

如果试验样品结构中任何零部件在动态试验中发生破坏，则试验样品不满足本条要求(但见最后一段)。

记录试验样品破坏及达到的加载循环次数。

目测满足试验要求的试验样品，在工作簿中记录任何损坏迹象。

如果试验样品已经完成本附录规定的另一试验且未破坏，而未通过本试验，则对替补试验样品重复本试验，记录破坏和重复情况及所要求的其他记录。

A.10 检验报告

A.10.1 一般要求

检验实验室(检验部门)应为所进行的试验给出检验报告，并宜向试验样品的供样者至少提供一份。

检验实验室(检验部门)保存另一份检验报告及检验工作记录簿，以便于日后生产商(供样者)咨询。

应由一个指定的人代表检验实验室(检验部门)签署检验报告。

为了便于通讯联系，检验实验室(检验部门)应清楚地标明其名称和地址。

检验实验室(或检验部门)应为检验报告提供包括报告每页标识和总页数信息在内的一套唯一的和可检索的标识(如序号)。检验实验室(检验部门)宜保存该标识记录。

应清楚地说明供样者和检验实验室(检验部门)的标识。

应清楚地标明收样日期和检验报告编制日期。

A.10.2 特殊要求

对于进行的每类试验(见表 A.1)，检验报告应特别提及检验依据为本标准附录 A，进行的特定类型试验有关的条款(见 A.8.2，A.8.3，A.8.4，A.9.2 或 A.9.3)，试验加载条件(静态试验的试验加载等级或动态试验的脉冲试验力、试验频率和循环次数)，所采用的特殊试验配置。

对于已送检的一个或多个适当批次试验样品的每具上肢假肢，检验报告应说明经检验符合本附录要求的试验。检验报告也应说明经检验不符合本附录要求的试验。

A.10.3 可选要求

检验报告应包括试验呈交文件中特别要求的补充信息(见 A.6.1)。

供样者要求时，检验实验室(检验部门)应从工作簿(见 A.8.1 和 A.9.1)复制所要求的样品详细记录信息和检验结果至检验报告。

附　录　B
（规范性附录）
下肢矫形器膝铰链总成力学性能测定方法

B.1　总则

本附录基于 BS 2574-3，阐述了下肢矫形器制作用膝铰链总成检验方法，强度和延展性测试程序和确定破坏形式的程序。只有试验滚轮能置于侧构件的平行部分，本试验程序才适合于膝铰链总成（见 3.11）。

这些试验程序是用于帮助选膝铰链总成，不是用于测试整个下肢矫形器。

本附录术语的定义见 3.9～3.19。

B.2　原理

在 4 个相互垂直的其中 1 个方向，用特殊试验台对下肢矫形器膝铰链总成每个试验样品进行弯曲加载。弯矩通常是应用四点力学加载配置由两对可旋转的滚轮，通过施加两个大小相同和方向相反的力偶产生（见 B.3 和图 B.1）。本试验是为确立样品的抗弯强度和破坏形式（见 B.5.4）。用测量值计算比例极限情形下的弯矩（见 B.6.1）、弯曲刚度（见 B.6.2）、最大弯矩（见 B.6.3）和最大弯矩下的弯曲变形（见 B.6.4）。

B.3　试验台

试验台的设计应适于用四点力学加载系统对试验样品加载，见图 B.2 和图 B.3 图示。

合适的试验台图示见图 B.1，组成如下：

a)　两对圆柱形等直径滚轮，约束下滚轮轴在试验中保持平行。每对滚轮的安装应使其能绕其轴中间旋转，且平行。

为确保在不同场所进行的试验的一致性和试验结果的可比性，如下尺寸是固定的（见图 B.1，也见注 1 和注 2）：

——每对滚轮旋转轴之间的距离 a；

——每对滚轮的轴间距离 b；

——每个滚轮的直径 d。

这些尺寸值见图 B.1。

b)　力学试验机，用于对支撑两对滚轮的托架的两个轴施加大小相同方向相反的扭矩。试验样品在不碰撞试验仪器下，试验机允许两对滚轮相互间不小于 90°旋转。如果发生，试验样品不对称弯曲后应自由旋转。

c)　测量和记录支撑两对滚轮的托架的两个轴的角位移 α_1 和 α_2 值的仪表。

d)　测量和记录施加的扭矩的仪表。

注 1：a)所述和图 B.1 所示的试验台尺寸要求通常在如下距离的内加载点对试验样品施加四点加载系统：

——$x_1 \geqslant 2w_{1,2}$［见图 B.2 a)～图 B.3 e)］；

——$y \geqslant 4w_3$［见图 B.3 f)］。

注 2：对于带阶梯形侧构件等的特殊设计的膝铰链总成，可能有必要改变图 B.1 所示的试验台特定尺寸值（主要是

“a”)。宜记录这些修改并在检验报告中显示。

注 3：为防止试验样品在加载时扭曲，可能有必要采用外部装置。这种装置宜既不阻碍试验样品弯曲变形也不影响加载的精度(也见 B.5.1 的注 3)。

注 4：显示角位移 $\alpha_1+\alpha_2$(试验样品一定的弯曲变形)和所施加的扭矩(对试验样品施加的一定的弯矩)之间关系的系统是按试验程序进行的有用工具。

B.4 试验样品准备

对于每种设计和尺寸的膝铰链总成，随机选取足够数量重复抽样试验样品(见 B.5.1)。

如果安装，调整试验样品上的锁闭机构，以便处于膝铰链总成生产商规定的完全啮合位。如果侧构件不是膝铰链总成的组成部分，确保按照生产商规定方式与膝铰链总成连接。

注：为容纳固定矫形器到人体用的部件而钻孔前，对生产商(供样者)提供的试验样品进行测试。

B.5 试验程序

B.5.1 总则

对每个试验样品仅进行 1 次弯曲试验，有阶梯形侧构件的特定试验样品除外(见 B.5.3.2 的注)。

至少对三个重复抽样样品进行 1 次弯曲试验。在接下来的试验中，在膝铰链总成提供支撑或限制活动的每个方向施加弯矩。

注 1：通常有 4 个相互垂直的试验方向(方位)(见图 B.4)，即在每个与屈曲轴平行的相反的方向和每个与屈曲轴垂直的相反的方向。为测定抗弯强度和破坏形式，有必要在每个加载方向对每种设计和尺寸的膝铰链总成至少三个重复抽样样品进行试验。这样，根据 B.5.4(见注 2)，对于带锁膝铰链，通常对每种设计和尺寸的膝铰链总成至少 12 个样品进行试验。

注 2：如果膝部部件设计在内外面对称，即包括屈曲轴的面(见图 B.4)，通常有必要仅在 1 个方向，向内或向外弯曲进行测试。

注 3：试验样品在垂直于屈曲轴的平面内加载，可能有必要约束加载时扭转(绕长轴)，通常仅在试验样品一端进行约束。如果有必要对两端进行约束，则宜既不限制纵向运动也不对试验样品进行弯曲约束。(研究发现，适合用轮廓可容纳试验样品侧构件的滚轮)。

B.5.2 带平行侧构件的试验样品

在试验台上定位试验样品(见 B.3)，内加载点距屈曲轴距离约为 x，或距截面变化处即侧构件与膝铰链连接处距离约 x_1[见图 B.2 a)]。

进行 B.5.4 试验。

注：一些试验样品可能太短，不能施加两对力 F。在不影响在内加载点施加试验力 F 和内加载点之间试验样品零部件强度情况下，这些试验样品可在连接适当的延伸件后进行测试。本方法对应于 B.5.3.1 b)和图 B.3 e)，连接延伸件代替加固构件除外。

B.5.3 带阶梯形侧构件的试验样品

B.5.3.1 试验样品中部测试

如果可能，在试验台上定位试验样品，以便在阶梯形侧构件中部施加两对力 F，内加载力 F 的加载点在 B.5.2 规定的距离 x 或 x_1 处[见图 B.2 b)]。如果因试验样品中部太短，不能施加两对力 F，则按如下方式之一定位中部：

a) 如果试验样品比例使其较小横截面在试验中不会弯曲，则按上述方法施加内加载力 F 同时，在较小的横截面施加外加载力 F[见图 B.2 c)和图 B.3 d)]；

b） 如果较小横截面构件的零部件在试验中发生永久弯曲，用连接到较小横截面的适当的加固构件重复试验，小心避免影响内加载点之间试验样品零部件强度[见图 B.3 e)]。

进行 B.5.4 试验。

B.5.3.2 试验样品外部测试

在试验台上定位试验样品，以便在较小横截面的侧构件部分施加两对力 F[见图 B.3 f)]。

进行 B.5.4 试验。

注：如果较小横截面侧构件在之前试验中未承受任何扭矩，B.5.3.1 测试的试验样品可用于 B.5.3.2 试验。

B.5.4 确定抗弯强度和破坏形式的试验

B.5.4.1 确定抗弯强度

在选定方位将试验样品放置在试验台上(见 B.5.1 的注 1～注 3)。

通过对每对滚轮施加相等的扭力(见图 B.1)，在每个加载点施加相等的力 F(见图 B.2 和图 B.3)，并逐渐加大载荷。

对试验样品施加一定的弯矩，记录施加在每对滚轮上的扭力或产生该扭力的试验力值。

使试验样品产生一定的弯曲变形，记录支撑两对滚轮的托架的两个轴的角位移 α_1 和 α_2 或试验力作用点相对的线性位移。

在试验机中均匀连续施加载荷，连续记录扭力值或相关的力、角位移 α_1 和 α_2 或相关位移(见下文注 1 和注 2)。

以确保可用图表表示弯矩和弯曲变形之间的关系且允许进行如下测定的方式测量并记录：

a） 比例极限情形下的弯矩 M_p；

b） 弯曲刚度，即比例极限以下图形的平均斜率；

c） 最大弯矩 M_{max}；

d） 最大弯矩下的弯曲变形。

注 1：在采用 B.3 的试验台时，角速度小于 1°/s 认为是合适的。其他载荷作用中，试验机十字机头位移速度在 0.4 mm/s 和 0.8 mm/s 之间认为是合适的。

注 2：以增量载荷加载的方式不合适。

B.5.4.2 停止试验

继续增加载荷，直至发生如下情况，然后停止试验：

a） 膝铰链总成任一零部件断裂；

b） 膝铰链锁闭机构故障(加载下锁打开)；

c） 试验样品变形严重，导致加载几何形状受恶劣影响或：

  1） 试验样品碰撞了试验仪器；

  2） 机械机构变得不安全；

  3） 一对加载点相对于另一对加载点旋转角度超过 90°。

B.5.4.3 完成试验并确定破坏形式

完成试验时，进行如下操作：

a） 为试验样品分配和标记唯一标识(见注 1)；

b） 从试验台卸下试验样品并目检；

c） 记录试验停止的原因；

d） 记录试验样品情况，变形详细情况，裂纹或其他故障情况(包括锁闭机构是否仍在完全啮合位)

并确认破坏形式(见注2);

e) 用唯一标识标记试验样品。

注1:唯一标识宜使试验样品批号和序号可追溯;

注2:破坏形式的示例和编码系统(见表B.1)是:

——A 侧构件塑性变形;

——B 枢轴销或螺丝完全抗剪;

——C 负载阳榫面压坏;

——D 阳榫压出凹痕后负载环面压弯;

——E 侧颊板弯曲后,阴连接叉打开;

——F 侧构件构造破坏;

——G 端接处构造破坏。

注3:对系列膝铰链总成进行大量的系列试验中,最常见的破坏形式是A。

B.6 检验结果计算

注:宜注意,由于试验样品特性复杂,试验方法多样,因此数据范围可能比用单一均质材料的试验样品取得的大。这会影响B.6.1~B.6.4的计算结果。

导向用:作为实验室检验的一部分,由两个实验室进行的本试验方法的评价结果显示,至少75%的测量值在均值的±10%~±15%范围内。

B.6.1 比例极限(M_p)的弯矩

对每个试验样品,用弯矩与角偏移关系(见图B.5和图B.6)测定比例极限情形下的(见3.16)弯矩M_p,用N·m表示,计算四个相互垂直加载方向的均值,见图B.4(但见B.5.1的注2)。

注:弯矩与角偏移的关系可从图表推算或用加装到试验仪器中的仪表显示或其他数据处理器显示。

B.6.2 弯曲刚度

定义见3.17。

对每个试验样品,测定弯矩与角偏移关系(见图B.5和图B.6)的比例极限以下的线性区域图表斜率,用N·m/(°)表示,计算四个相互垂直加载方向的均值,见B.4图示(但见B.5.1的注2)。

B.6.3 最大弯矩(M_{max})

定义见3.18。

对每个试验样品,从弯矩与角偏移关系推算(见图B.5和图B.6),测定最大弯矩M_{max},用N·m表示,计算四个相互垂直加载方向的均值,见B.4图示(但见B.5.1的注2)。见B.6.1的注。

B.6.4 最大弯矩的弯曲变形

定义见3.19。

对每个试验样品,从弯矩与角偏移关系推算(见图B.5和图B.6),测定在最大弯矩M_{max}下的弯曲变形,作为最大弯矩M_{max}(见3.18)时的角偏转量(见3.15),用(°)表示,计算每个加载方向的均值。

注:用M_{max}下的弯曲变形的测定标准,加测"最大弯曲变形"作为发生破坏时的"最大弯曲角"可能有用。

B.7 检验报告

检验报告示例见表B.1,对被测每个膝铰链总成应包括如下信息:

a） 膝铰链总成标识，包括生产商（供样者）的名称和地址，商标或注册商标名称。

b） 生产商（供样者）描述的膝铰链总成类型和尺寸，包括目录或其他参照号。

c） 批次或各自的序列号。

d） 检验日期。

e） 根据 B.5.4.2 的每个试验停止的原因。

注：应注意，有必要指出任何过早损坏[即对于 B.5.4.2 中 c)列出的原因之一停止的试验]。

f） 对于带平行侧构件的试验样品，在每个加载方向的内外面和侧面加载取得的下列特性的检验结果（包括均值）：

1） 比例极限 M_p 情形下的弯矩，用 N・m 表示（见 B.6.1）；

2） 抗弯刚度，用 N・m/(°)表示（见 B.6.2）；

3） 最大弯矩 M_{max}，用 N・m 表示（见 B.6.3）；

4） 最大弯矩的弯曲变形，用(°)表示（见 B.6.4）。

注：在解释这些值时应谨慎，尤其是如果试验样品碰撞了试验仪器。见 B.4 的注和 B.6 的注。

g） 对于带阶梯形侧构件的试验样品，f)给出的膝铰链总成中部和较小横截面侧构件部分的值。

h） 清楚标明坐标标度、表明每个试验样品在每个加载方向弯矩与角偏移关系的图表。

图表也宜在检查需要时提供，并在生产商（供样者）数据表或产品目录中给出。

i） 根据 B.5.4.3 d)的终止试验后试验样品情况描述。

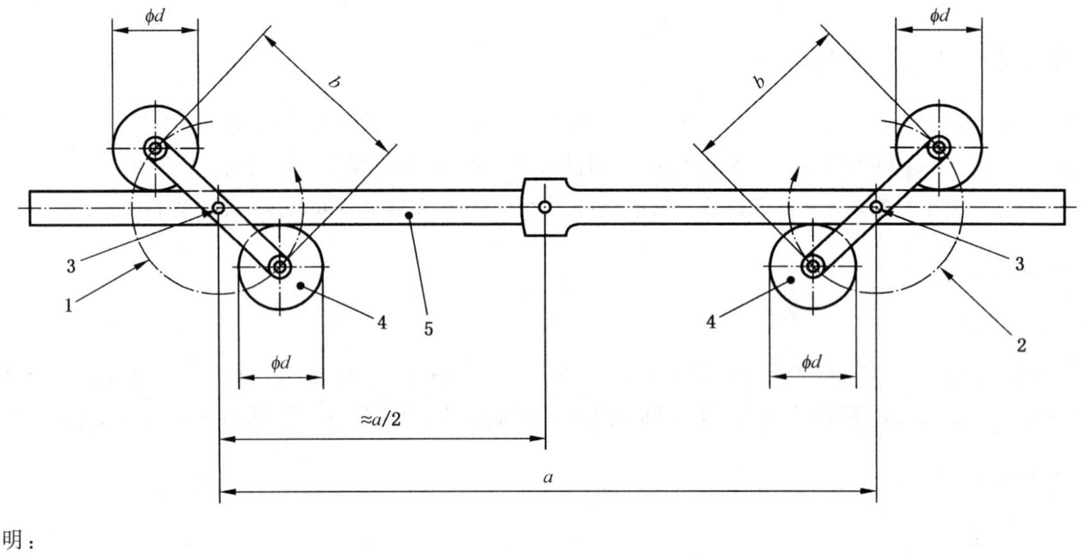

说明：

1——力矩 M 和角位移 α_1[a]；

2——力矩 M 和角位移 α_2[a]；

3——旋转中心；

4——滚轮；

5——试验样品。

试验台内带侧构件的膝铰链总成的布置：

a＝280 mm；

b＝100 mm；

d＝30 mm。

[a] 在试验样品各端施加相等力矩同时，一对滚轮比另一对旋转角度大。

图 B.1 适合于四点力学加载系统作用的试验台设计示例

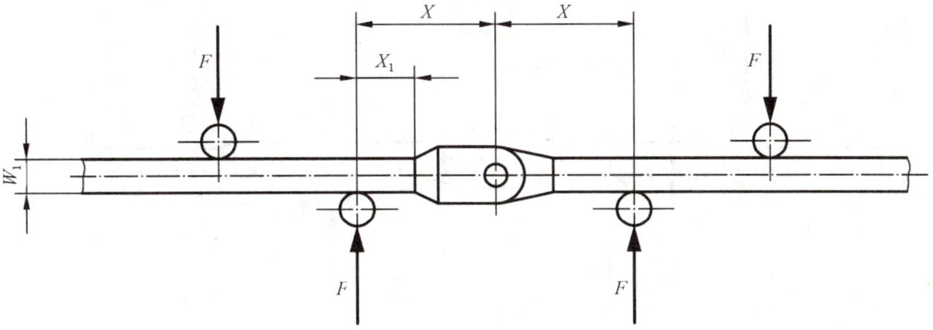

a) 带平行侧构件的膝铰链总成的布置(见 B.5.2)

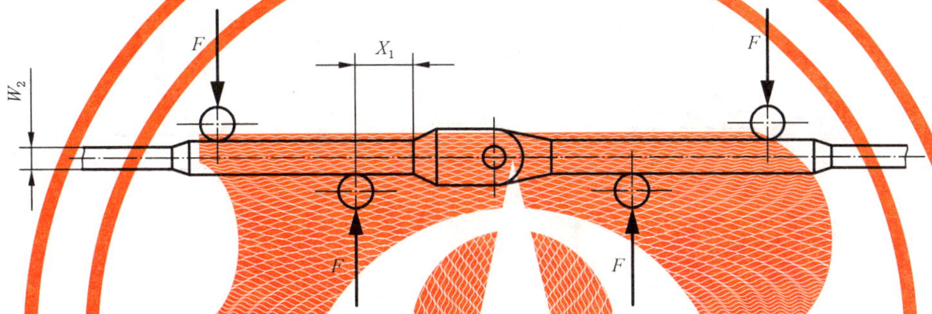

b) 带阶梯形侧构件的膝铰链总成的布置(见 B.5.3.1)

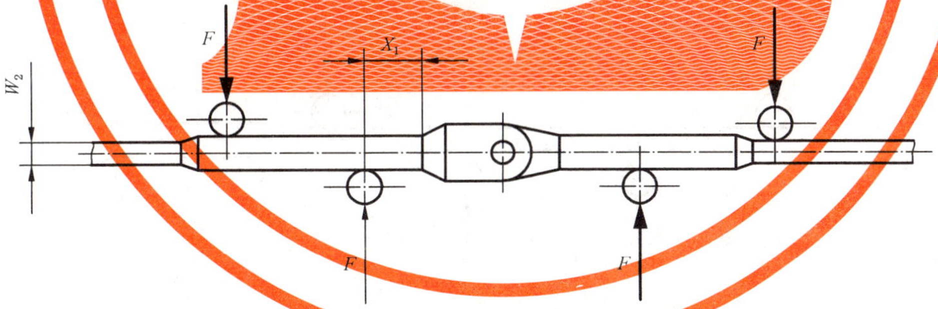

c) 带不对称阶梯形侧构件的膝铰链总成的布置[见 B.5.3.1 a)]

注：为清晰起见，锁闭机构未在图中显示。

图 B.2 四点力学加载系统的布置

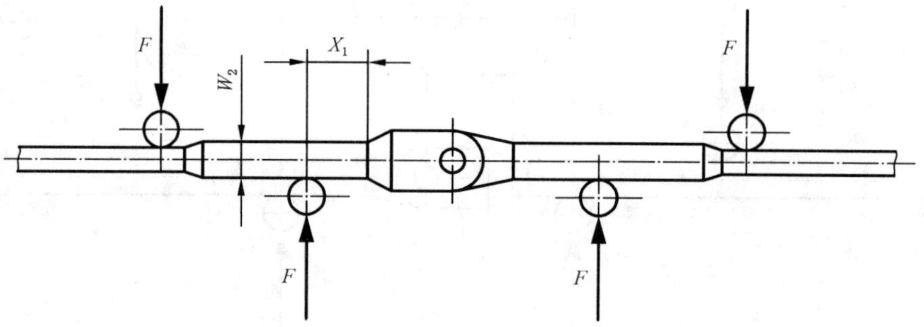

d） 带加长阶梯形侧构件的膝铰链总成的布置[见 B.5.3.1 a)]

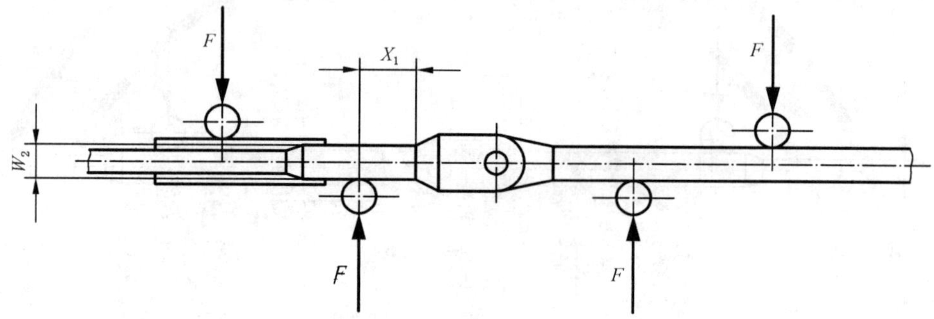

e） 带提高强度的加长阶梯形侧构件的膝铰链总成的布置[见 B.5.3.1 b)]

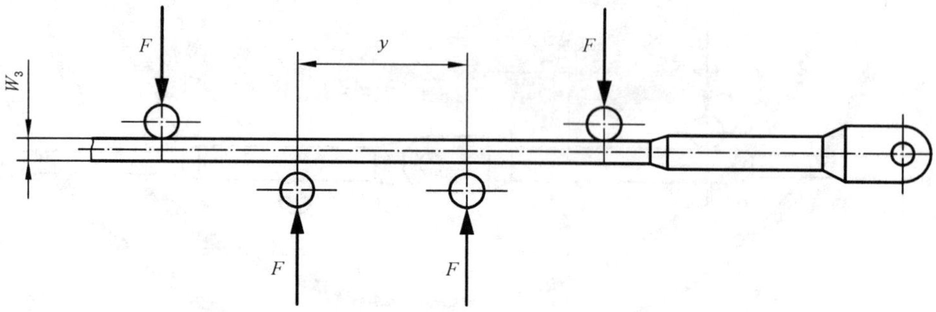

f） 带阶梯形侧构件的膝铰链总成外部测试的布置(见 B.5.3.2)

图 B.3 四点力学加载系统的布置

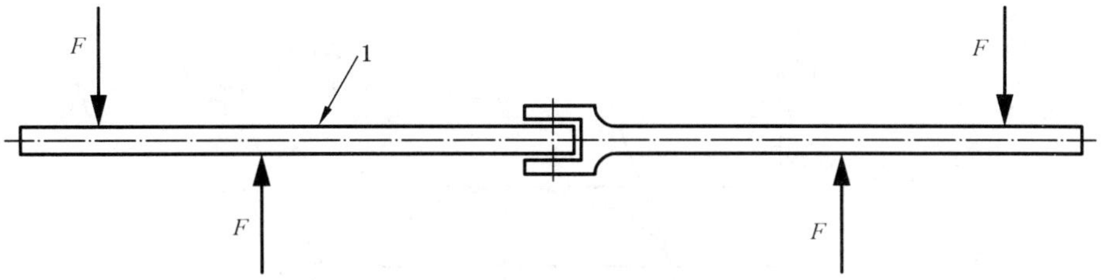

a) 内外平面:向内弯

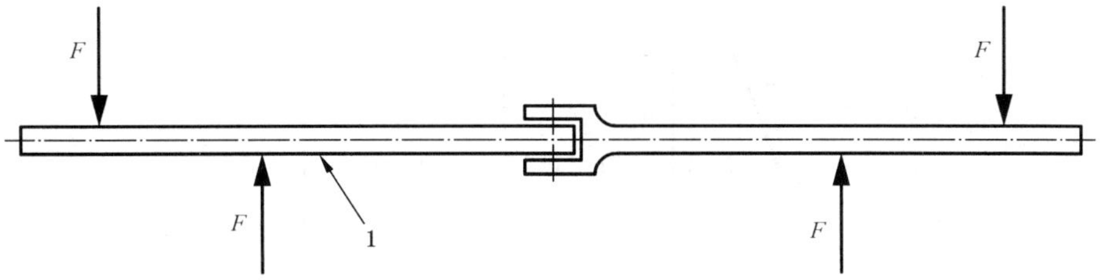

b) 内外平面:向外弯

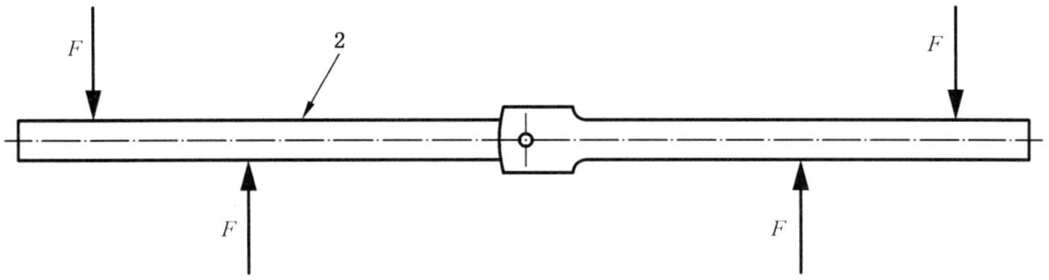

c) 前后平面:屈曲

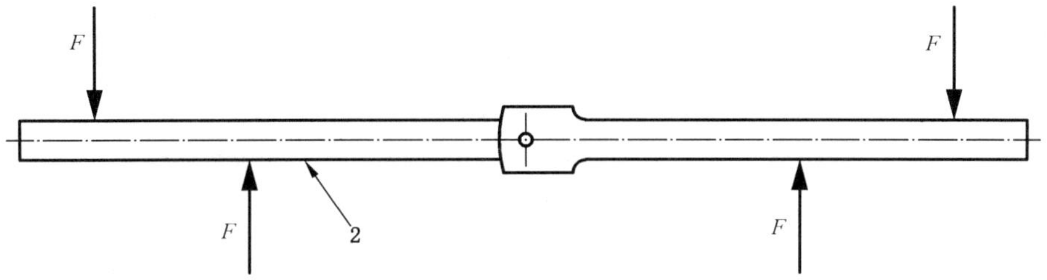

d) 前后平面:伸展

说明:

1——面 X(内面);

2——边缘 Y(前缘)。

注:*F* 表示加载方向。图示面 X(即置于患者膝附近的面)和边缘 Y 仅是为了辨别。为清晰起见,锁闭机构未在图中显示。

图 B.4 在四个相互垂直方向限制运动的膝铰链总成的测试方位(见 B.5.1)

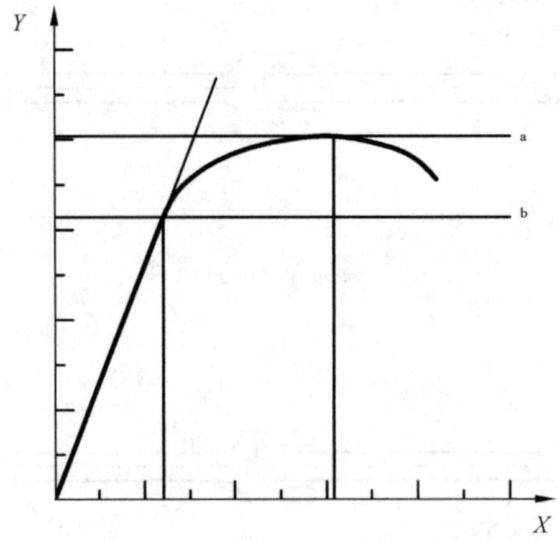

说明：

X ——角偏移，单位为(°)；

Y ——弯矩，单位为 N·m。

[a] 最大弯矩。

[b] 比例极限。

图 B.5　弯矩与角偏移曲线示例：单段破坏

（见 3.17、3.18 和 3.19）

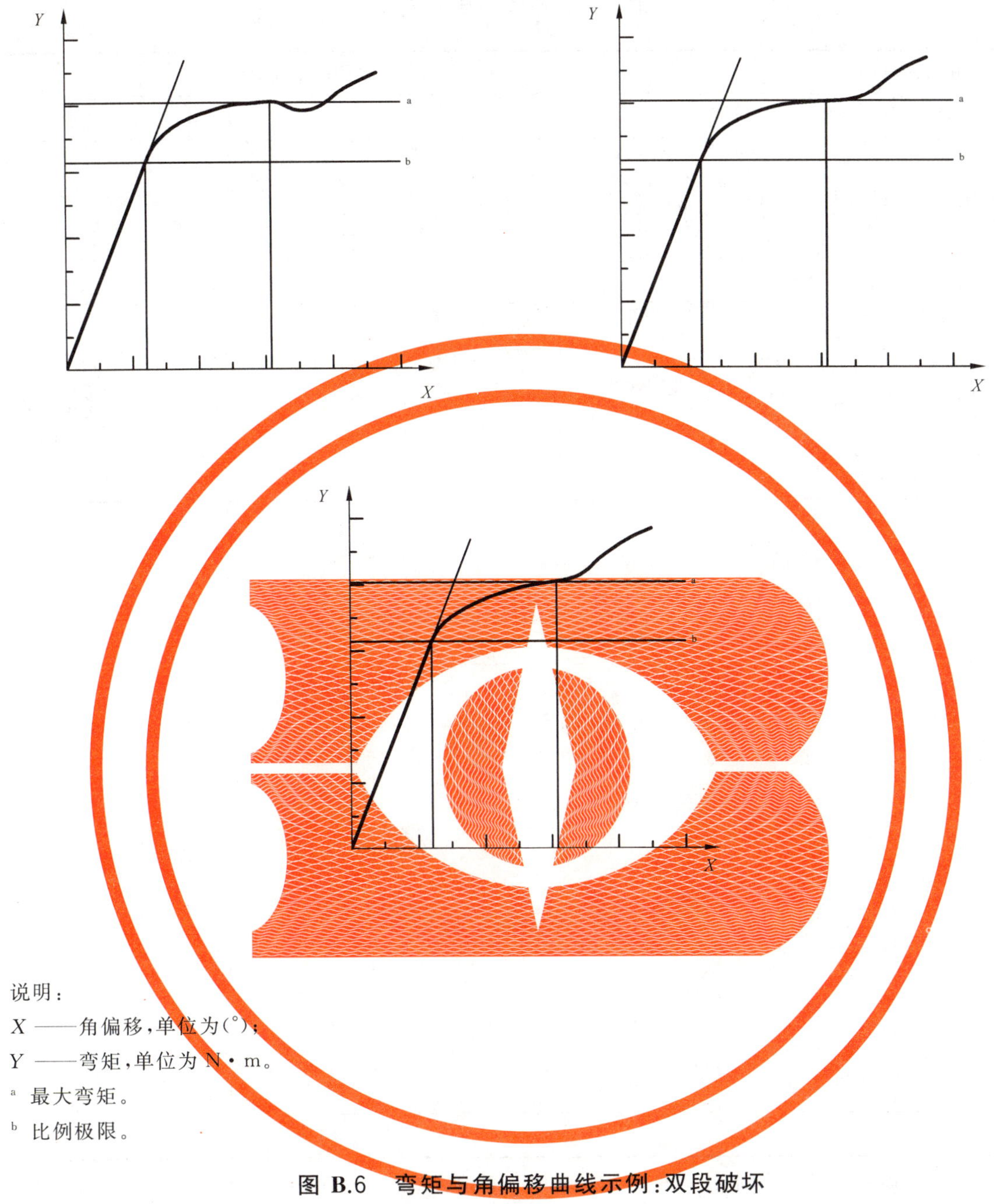

说明：

X ——角偏移，单位为(°)；

Y ——弯矩，单位为 N·m。

[a] 最大弯矩。

[b] 比例极限。

图 B.6　弯矩与角偏移曲线示例：双段破坏

（见 3.17、3.18 和 3.19）

表 B.1 检验报告示例

膝铰链总成和目录号：	膝铰链 AB/AB 1234
生产商(供样者)名称和地址：	____公司，____市____街道
膝铰链总成： 类型：同心异径接头手工制钢 尺寸：成人	
检验日期和检验员姓名：	

检验结果[a][在每个方向和每个约束方式的三个中最小的(见 B.5.1)] 试验形式	比例极限情形下的弯矩 (M_p)/(N·m)	弯曲刚度/[N·m/(°)]	最大弯矩 (M_{max})/(N·m)	最大弯矩的弯曲变形/(°)	破坏形式[b]	试验样品情况[b] 和停止试验的原因的描述
前后平面伸展	59.7 57.8 44.1	22.4 22.3 23.7	159.1 160.4 159.0	19.7 18.5 19.2	A，F A，F A，F	
均值	53.9	22.8	159.5	19.2		
前后平面屈曲	46.0 62.6 52.3	20.5 17.5 20.7	117.7 118.5 104.9	12.2 10.6 9.6	E C E	
均值	53.6	19.6	113.7	10.8		
内外平面向内弯[c]	27.7 28.3 26.9	2.1 2.2 2.1	40.7 41.0 40.5	50.0 49.6 50.3	A A A	
均值	27.6	2.1	40.7	50.0		
内外平面向外弯[c]	28.5 25.7 30.9	2.0 2.2 2.0	39.7 39.1 40.3	41.7 49.5 48.2	A A A	
均值	28.4	2.1	39.7	46.5		

[a] 如果试验样品有阶梯形侧构件，中部和较小横截面部分的值应在报告中给出，并应填写第 2 张表[见 B.7 (g)]。

[b] 见 B.5.4.3 的注 2。

[c] 见图 B.6[a] 和[b]。

附 录 C
（资料性附录）
下肢假肢燃烧物的可燃性和毒性测定方法指南

C.1 总则

应随时随地将潜在易燃材料出现及存在火灾和人体暴露于燃烧物风险的灾害降到最低，这点非常重要。对于下肢假肢，如与热表面接触或暴露于火焰，将有火灾风险。

大多数火灾伤害是由火灾产生的烟雾和(或)毒性(刺激性)气体引发的，其余是由燃烧引发。毒害包括燃烧产生的烟雾、气体的毒性作用和产生速率，是易燃材料可燃性的函数。

本附录给出了评定下肢假肢遇热辐射、明火热源的点火和燃烧特性(包括毒害)的指南。本标准不包括穿戴衣物的假肢试验。

C.2 原理

对完整的假肢进行两个试验，即辐射热源试验(即无火焰)和明火热源试验(见 ISO 8191-2)。

C.3 试验呈交文件

生产商(供样者)应提供确认试验样品的试验呈交文件。如果试验样品由生产商提供，试验呈交文件应确认试验样品结构用所有材料、外装饰、外包装、黏合剂、紧固件等。

C.4 安全要求

进行燃烧试验时有风险，采取足够的防范措施是最基本的。

特别处理好易燃气体，潜在毒气的扩散，及试验样品可能发生大面积着火。

为试验样品提供足够的灭火设施设备，牢记一些试验样品在试验中可能剧烈燃烧。确保备有可覆盖燃烧面的手提式 CO_2 灭火器。

注：有时闷烧很难完全灭火，有必要将试验样品浸入水中。

C.5 试验样品

C.5.1 样品、性质和来源

在不影响检验结果的情况下，尽管可用替代骨骼式部件，但应对完整的下肢假肢进行试验。

注：如果试验样品由生产商提供，试验样品宜是在其他方面充分代表生产商的密封式设计(规格)和提出的或实际生产标准。生产商宜提供证据证明试验样品根据规定设计，且符合原材料控制的质保要求。

作为试验样品提供的材料、外装饰、外包装等所有组合体，应代表拟提供的典型的下肢假肢组装件。

C.5.2 样品标识

确保试验样品由生产商(供样者)清楚标识。如果由生产商提供，用于外装饰(成品)(包括假脚的外装饰)不同组成材质间的所有界面在外装饰套上清楚显示或永久性标明。如果有,确保在试验呈交文件中记录这些标识位置。确保试验样品标识上有可追溯到试验呈交文件的生产商(供样者)的名称和参照号。

C.5.3 样品尺寸

根据图 C.1 和图 C.2 尺寸,构建所有下肢假肢试验样品。对于大腿和小腿试验样品,用标准尺寸的"假人"接受腔(见图 C.3 和图 C.4)。

C.5.4 样品处理

试验前,在 23 ℃±2 ℃温度和 50%±5%相对湿度下处理试验样品至少 4 天(见注 1),直至质量恒定(见注 2)。报告最终质量。

在处理环境中布置试验样品,以便空气可绕每个试验样品各侧流通。

注 1:这些条件与 ISO 554 环境对应。

注 2:在 24 h 间隔内连续两次称重,差异不超过试验样品最近一次质量的 0.1%或 0.12 g 二者中大者,则认为质量达到恒定。

C.6 试验配置

C.6.1 试验室

确保试验室:

——尺寸足够大,易于容纳所有试验设备和试验仪器并留有空隙以便靠近各侧;

——能密封防风;

——有能很快、安全抽走试验中产生的烟尘的合适抽排系统;

——观察人员或通过视频(照相)方式可清楚观察试验。

提供熄灭燃烧样品的消防器材。

确保试验开始时室温为 20 ℃±10 ℃。

观察人员和监控设备应位于试验室外。

C.6.2 样品支架

提供合适的支架(夹子)使试验样品固定在热辐射和明火热源所需位置和方位。

辐射源试验中保持试验样品在一个位置(即水平且与热源平行,见图 C.5)。

明火冲击试验用火焰,以便测试"最恶劣情形"作用点和样品方位,这要求评估不同方位。

注 1:此"最恶劣情形"通常在向水平面倾斜的方位,试验样品底部用火焰冲击(见图 C.6)。

确保热辐射暴露试验支架能称量样品质量的损失。

注 2:为在水平或倾斜方位容纳长度不等的肢体,适合用开槽角铁制作的支架,组装在实验室用大量程平面秤(60 kg 量程)台面上,形成高 900 mm 矩形架。在平面秤边缘外约 200 mm 处,支架顶部悬臂上的滑车有吊线(见图 C.7)。在接受腔边缘和下肢脚趾钻孔,经合适的金属丝中间长度处用线悬吊下来,以形成线环,达到近似定位。宜通过加装在主吊线上的长度调节器进行最终调整。

C.6.3 试验仪器

C.6.3.1 辐射热源

确保电辐射热源在距试验样品最近点能提供 20 kW/m^2 的恒定辐射热通量,在该点各侧外侧距离

100 mm 处辐射热通量在 15 kW/m^2～18 kW/m^2 之间。

确保热源在接通 1 min 内达到满功率的 60%，4 min～5 min 内达到满功率。

为确保强度和辐射热通量的位置的可重复性：

a) 给热源提供可变的功率输入，以便在距热源已知距离如 100 mm 和已知高度（工作面上方）处产生规定的热通量；

b) 或用从连接稳压器（如要求）的干线电源直接作用的无控制热源，测定达到规定热通量的位置，用该距离作为所有试验中热源与样品的间隔。

用标定精确刻度的热通量仪对试验样品平面内的辐射热通量进行常规检查。

注：用安装在反射器中 2 kW 功率的 2 个石英卤气灯就足够。正确布置见图 C.5。

C.6.3.2 火焰点燃源

点火源是热量近似于燃烧的火柴的扩散火焰。15 s±1 s 的火焰暴露时间与一根火柴燃烧时间近似相等。喷烧管是一段长 200 mm±0.5 mm、外径 8.0 mm±0.1 mm、内径 6.5 mm±0.1 mm 的不锈钢管。流量表应标定精确刻度，使其在 25 ℃的丙烷流量为 45 mL/min±2 mL/min。

喷烧管用软管连接到装有流量控制器的流量表上，转而再连接到装有普通商用 100 kPa[2] 调压阀的丁烷气瓶。流量表和喷烧管之间的软管标定内径为 8 mm，长度为 2.0 m±0.2 m。

注 1：在上述情况下，支架距喷烧管的高度约为 40 mm，施加在试验样品的热通量为 40 kW/m^2±2 kW/m^2。

喷烧管中安装电磁切断器，在喷嘴处分布电点火器，以便遥控。

在移动式轨道滑动的合适滑车上安装喷燃器总成，能从远距离位置沿轨道移动（从旁边控制室用拉绳操纵）。

注 2：在试验设置时，移动式轨道为喷烧管提供一个正位点，同时在必要时可卸下，以检查火焰高度和电磁运行情况等。

就地控制情况下，省去电磁切断器和电点火器，通过手动控制试验火焰。

如上所述将喷燃器安装在轨道上的移动滑车上，以便与试验样品有关的火焰正位可在试验前设定。撤下喷燃器，点火并调整火焰，移动到启动试验的试验位置。

必要时用足够的呼吸保护装置。

如果生产商（供样者）要求，拍摄试验视频（照片）记录试验。

C.6.3.3 秤台

用适当量程、1 g 精度的校准过的秤台测量试验中随着时间的推移样品的质量损失。

宜输出到一个适当的远距离连接的装置，如数据记录器或图表记录仪，较理想，或者，如果肉眼可及，目测并记录。宜在每个系列试验前进行标定检查。

C.6.3.4 视频（照相）记录

宜制作试验的视频（照片）记录。

C.7 试验程序

C.7.1 总则

确保试验操作人员能安全进行试验。

2） 100 kPa=1 bar。

检查以确保操作人员不暴露于燃烧的火焰。

试验开始前，检查所有设备运行正常。

确保试验室可通过排风扇或其他通风方式清除烟雾和分解产物，牢记试验室环境可变得有害。

备有足够的熄灭着火的试验样品的消防器材，牢记可能会遇到剧烈燃烧的火焰。确保备有可覆盖燃烧面的手提式 CO_2 灭火器和其他灭火工具，如防火毯。

注：有一些情况下，闷烧很难完全熄灭火，有必要将试验样品浸入水中。

C.7.2 辐射热源

在接受腔顶部和脚趾处钻孔，穿线形成线环，以与吊线连接。

在假肢外表面拉绳或线将试验样品各端连接，以便接触“高点”并沿试验样品划基准线。

用吊线将试验样品悬吊至试验样品支架，调整假肢位置，以便基准线位于距辐射热源最近点提供所需热通量的指定高度。

注 1：该高度的尺子或划线的金属条可作为量器。

平行于基线，在约 100 mm 的指定距离处，放置加热器，以达到规定的热通量。

注 2：用 3 mm 金属棒切割至该长度，制作成 T 形手柄的简易量器。

除去线绳，打开所有的记录设备，通过给热源通电启动试验。

试验中：

a) 记录是否出现达 4 s 以上的持续火焰。

b) 每隔 1 min 记录试验中的质量损失，保持加热 30 min 或直至通过目测或质量损失测量判断热分解已停止。

c) 记录是否碎片分离或火势猛烈。

沿试验样品的与不同材料、规定部位的界面如小腿和大腿的界面一致的不同位置，进行进一步试验。

注 3：不同界面试验有必要用不同的试验样品。

注 4：在测量质量损失时宜考虑，试验样品可能产生能分离的熔料。在试验样品支架悬吊简易托盘即可。

C.7.3 火焰点火源

调整吊线上假肢的高度，直至选取的试验区域位于喷燃器喷嘴正上方 39 mm 处，喷燃器移动滑车位于其轨道。

注 1：建议在喷烧管上 39 mm 高处用可伸缩的线规最后调整假肢高度。

沿其轨道撤下喷燃器。

用喷燃器上的线规作标准，设定试验火焰并调整到 41 mm。

撤下高度标识器，在试验区域下方定位喷燃器。

喷燃器火焰维持 15 s 启动试验。

注意是否火焰蔓延到火焰点火源范围外。

试验周期期满时，熄灭火或撤离火焰。

然后观察试验样品，直至无明显的自持火焰或有焰燃烧，并无继续热分解的迹象。

如果撤离火焰点火源后，持续的有焰燃烧超过 15 s，熄灭试验样品。

如果“最恶劣情形”尚未出现，在试验样品不同点给火焰。

注 2：与水平面成 45°角通常为“最恶劣情形”冲击(方位)，如图 C.6 所示。

注 3：火焰点火源作用位置可通过试验室和生产商(供样者)之间协商确定。

C.8 “总毒效剂量”(TTPD)的测定

C.8.1 基于质量损失的毒性标准的基本原理

尽管火灾环境的毒效由各种不同的化学物种引起,毒效试验结果显示,对于许多不同材料,基于燃烧中“燃料”转换成燃烧物的程度(即可从燃料的质量损失测量)的毒效近似。许多普通材料,包括天然和合成的,毒效值范围在 100 $g \cdot m^{-3} \cdot min$～2 000 $g \cdot m^{-3} \cdot min$ 的 LCt_{50} 内,这里的 LCt_{50} 定义为“致死毒效量”,计算的暴露剂量导致在规定暴露时间和暴露后观察期内 50%的暴露的试验用动物致死。该量值可用于比较不同火情下分解的不同材料的燃烧物的毒效。

本附录采用的标准用 BSI DD180[17] 给出的方法根据固定期限内试验样品质量累计损失,计算随着时间的推移蓄积的“总毒效剂量”。BSI DD180 中,总毒效剂量值 200 $g \cdot m^{-3} \cdot min$ 被认为是“致残”,500 $g \cdot m^{-3} \cdot min$ 为“威胁生命”。本标准中,总毒效剂量 100 $g \cdot m^{-3} \cdot min$ 用作通过(未通过)的标准,即等于或高于 100 $g \cdot m^{-3} \cdot min$ 为未通过。为仅根据累计质量损失进行评估,应设定烟雾散入试验室的固定体积。本标准中,宜采用代表典型大小的试验室的参照体积 $V_R = 30\ m^3$。

C.8.2 计算总毒效剂量(TTPD)

按如下步骤(见本附录结尾表 C.1 示例),计算总毒效剂量:

第 1 步:将试验样品 30 min 内每分钟的累计质量损失克数列表。

第 2 步:将每个时间间隔后的每个累计质量损失除以 30(见注),得出毒效浓度(单位为 $g \cdot m^{-3}$)。

注:参照体积 $V_R = 30\ m^3$ 代表典型大小的试验室(见 C.8.1)。

第 3 步:将第 2 步取得的每个值与其前一值相加,即得到累积总毒效剂量。

第 4 步:试验结束前,对比规定的限量,检查达到的总毒效剂量值,判定试验样品是否通过辐射热源试验(见 C.9.1)。

C.9 通过(未通过)标准

C.9.1 辐射热源试验

试验中如果有明显的持续燃烧火焰,则判定未通过。如果无火焰,总毒效剂量宜按 C.8 的方法用质量损失数据计算。如果总毒效剂量等于或大于 100 $g \cdot m^{-3} \cdot min$,则判定试验样品未通过。

C.9.2 有焰点火源试验

如果任何作用点或试验样品方向有如下情况,则判定未通过:

——有焰点火源作用 15 s 内,远离有焰点火源处,火焰发生蔓延;

——或如果在撤走有焰点火源 15 s 后,仍有焰燃烧。

C.10 检验报告

在检验报告中记录试验样品和试验呈交文件的标识,及试验中记录的相关信息。特别提及参照本附录。至少给供样者提供一份检验报告。

单位为 mm

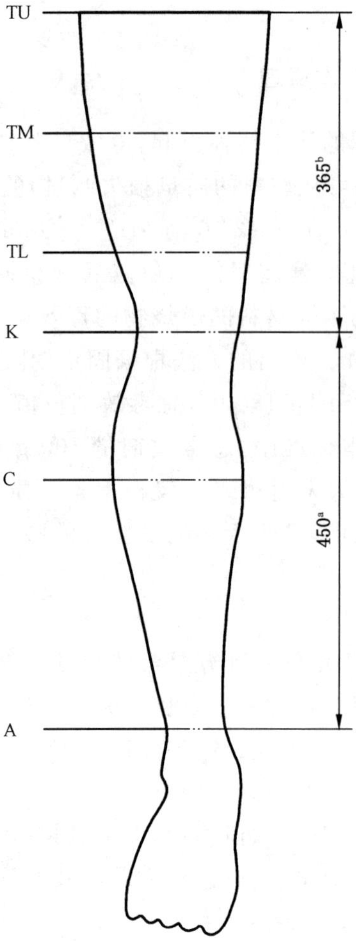

说明：

a 踝至膝中心。

b 膝中心至坐骨。

部　　位	围长/ mm
TU（大腿上部）	660
TM（大腿中部）	550
TL（大腿下部）	440
K（膝）	430
C（小腿）	400
A（踝）	235
假脚尺寸 290 mm。	

注：大腿横截面形状可为圆形。小腿截面的形状宜与正常外装饰套一致，制作误差为±5%。

图 C.1　大腿试验样品尺寸——成品假肢

单位为 mm

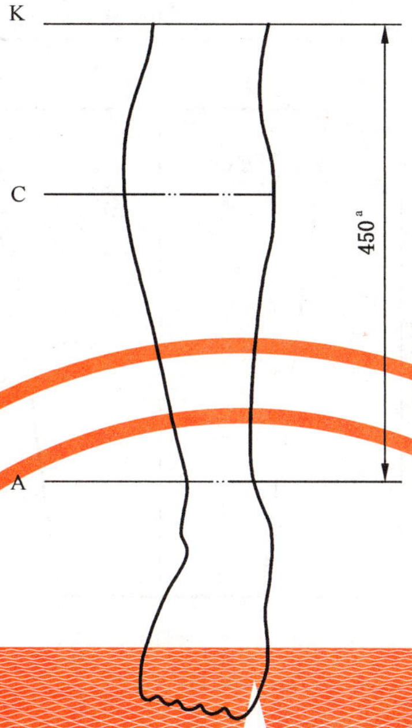

说明：

[a] 踝至膝中心。

部位	围长/mm
K（膝） C（小腿） A（踝）	430 400 235
假脚尺寸 290 mm。	

注：小腿截面的形状宜与正常外装饰套一致，制作误差为±5%。

图 C.2　小腿试验样品尺寸——成品假肢

单位为 mm

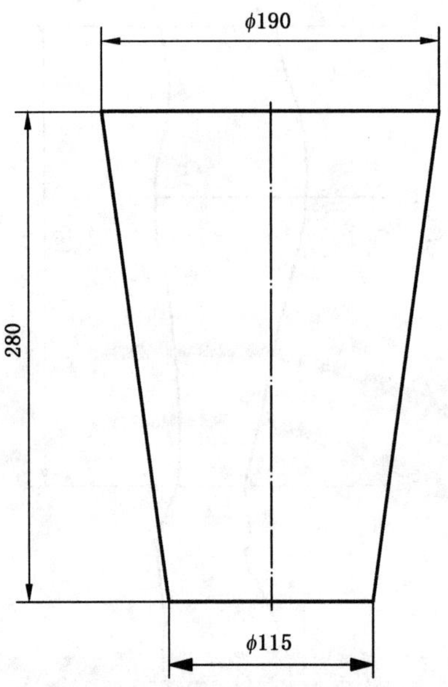

图 C.3 大腿试验样品尺寸——接受腔成型器

单位为 mm

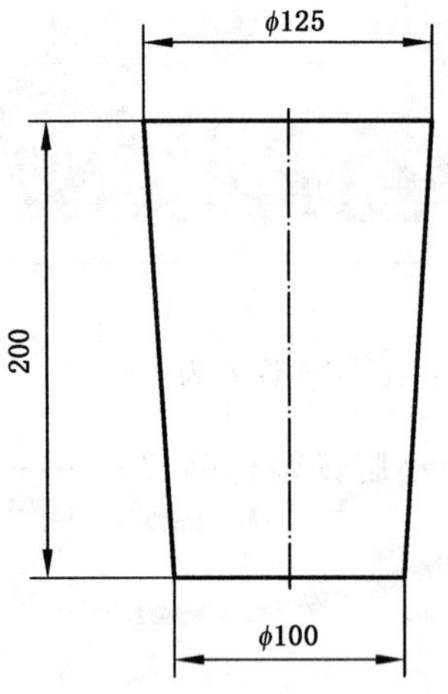

图 C.4 小腿试验样品尺寸——接受腔成型器

单位为 mm

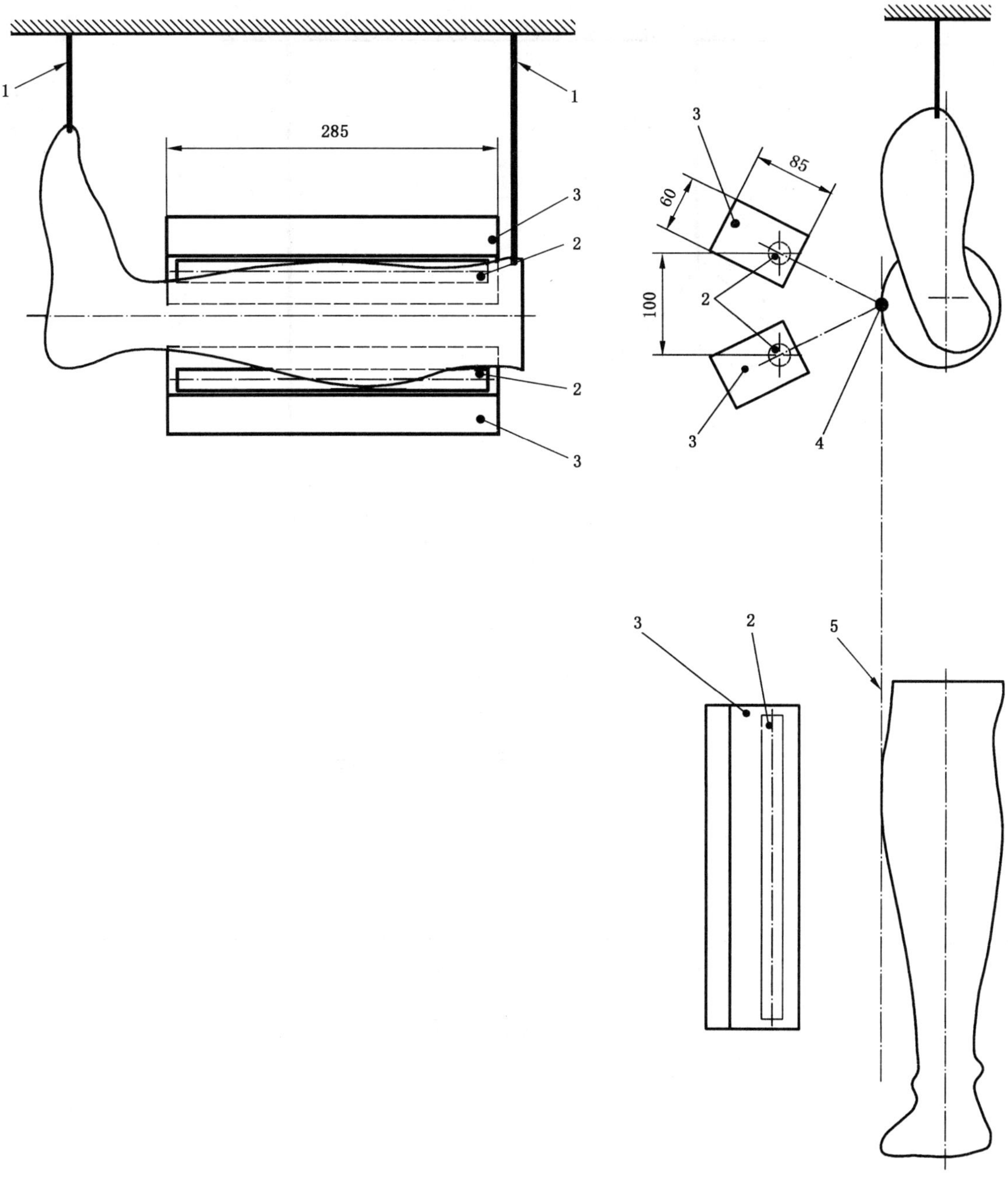

a） 侧视图　　　　b） 正视图

说明：

1——镍铬吊线；

2——辐射热源(如 2 kW 石英卤气灯)；

3——P_{HF}处与焦点辐射成角度的反射器；

4——测量热通量的点 P_{HF}；

5——表示试验样品“高点”的基准线。

注：在试验样品中图示位置(即接受腔边缘和假脚龙骨)预先钻出穿镍铬线的孔。

图 C.5　辐射源试验

单位为 mm

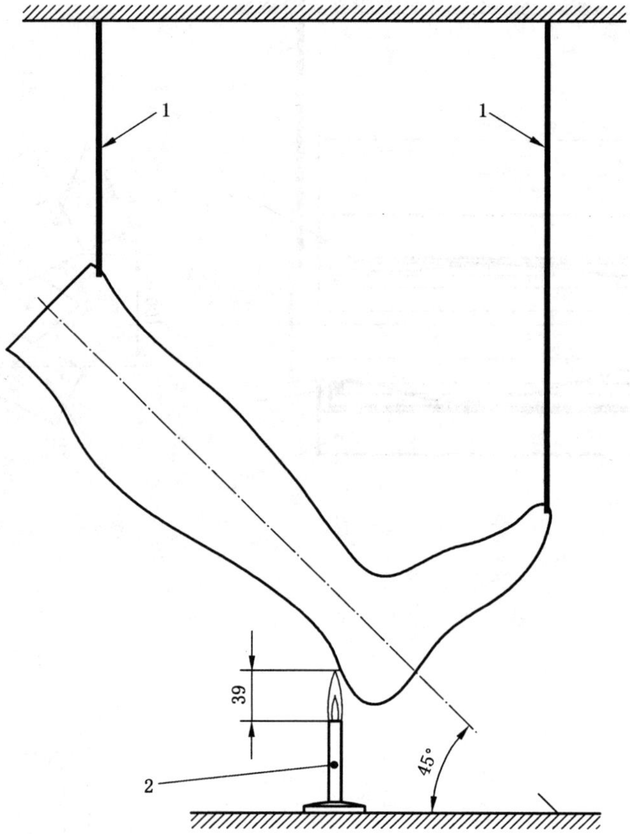

说明:
1——镍铬吊线;
2——有焰点火源。

注 1:有焰点火源位于便于点火的位置,以便按照 C.6.2 测试"最恶劣情形"作用点和试验样品方位。

注 2:在试验样品中图示位置(即接受腔边缘和假脚龙骨)预先钻出穿镍铬线的孔。

图 C.6　有焰点火源试验

单位为 mm

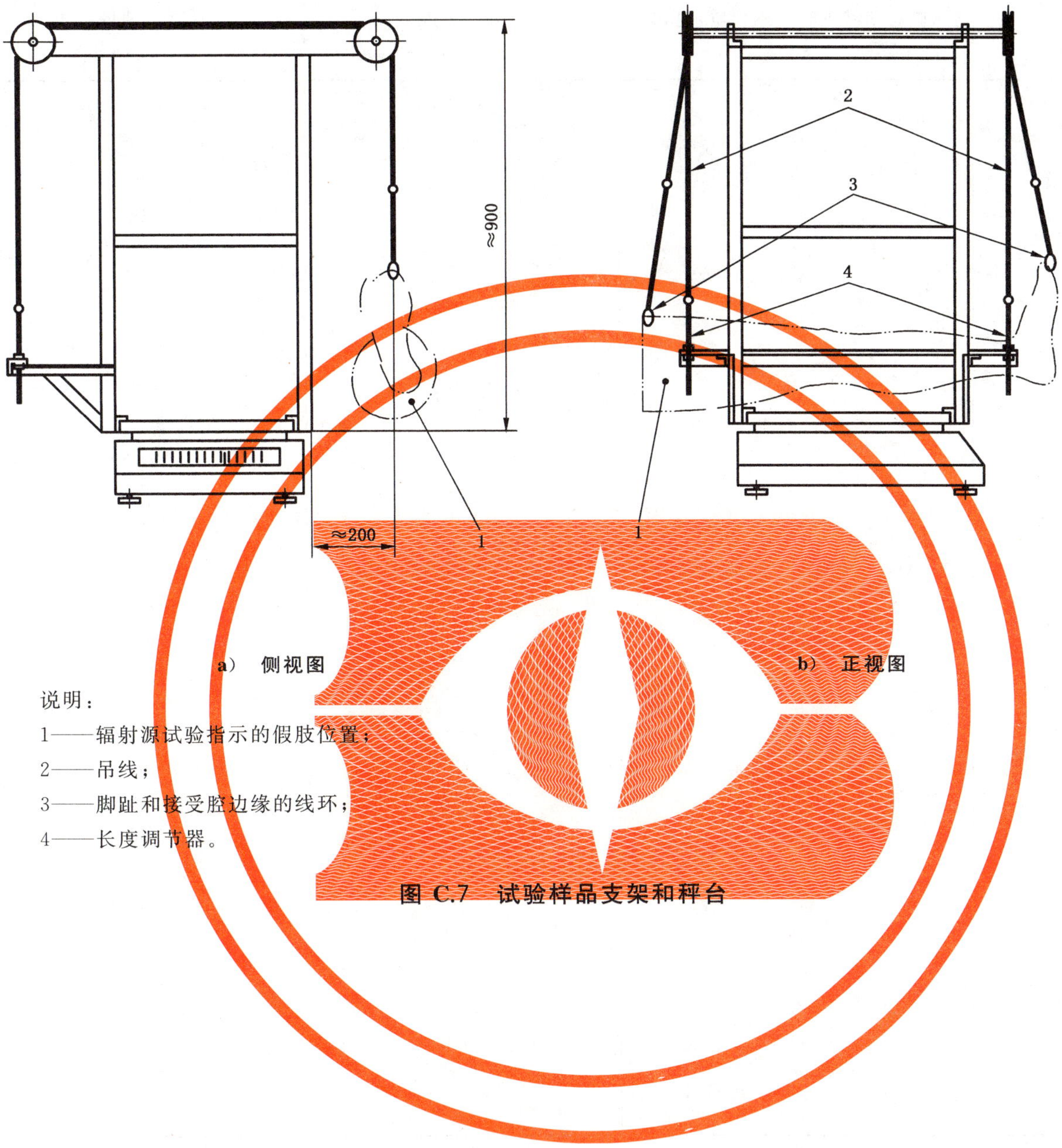

a） 侧视图　　　　b） 正视图

说明：

1——辐射源试验指示的假肢位置；

2——吊线；

3——脚趾和接受腔边缘的线环；

4——长度调节器。

图 C.7 试验样品支架和秤台

表 C.1 计算总毒效剂量示例

时间 min	试验周期结束时的累计质量损失 (A)/g	毒效浓度 (A/30)[a]/(g·m^{-3})	总毒效剂量/ (g·m^{-3}·min)
1	6	0.20	0.20
2	10	0.33	0.53
3	15	0.50	1.03
4	25	0.83	1.86
5	35	1.17	3.03
6	40	1.33	4.36
7	50	1.67	6.03
8	55	1.83	7.86
9	60	2.00	9.86
10	65	2.17	12.03
11	68	2.27	14.30
12	72	2.40	16.70
13	75	2.50	19.20
14	78	2.60	21.80
15	80	2.67	24.47
16	82	2.73	27.20
17	84	2.80	30.00
18	86	2.86	32.86
19	87	2.90	35.76
20	88	2.93	38.69
21	89	2.97	41.66
22	89	2.97	44.63
23	90	3.00	47.63
24	90	3.00	50.63
25	90	3.00	53.63
26	91	3.03	56.66
27	91	3.03	59.69
28	91	3.03	62.72
29	92	3.06	65.78
30	92	3.06	68.84

注：如表 C.1 所示，30 min 未达到总毒效剂量值 100，为通过测试。

[a] 毒效浓度值 A/V 与代表典型大小试验室的参照体积 V_R = 30 m^3 有关。

附 录 D
（资料性附录）
操纵假肢和矫形器控制和驱动机构所需力和力矩的确定方法指南

D.1 总则

注：因 EN 614-1 和 EN 894-3 等提及的其他标准规定的操纵力范围不一定适用于假肢和矫形器的控制和驱动机构，而研发本附录规定的试验方法。

为建立导向用数据库(见 D.7)，本附录规定的试验方法已用于现今技术水平的假肢和矫形器的选用，包括 k)类外 D.3.1 规定的所有分类的样品。

许多假肢和矫形器有由使用者控制功能部件的机构。最常见的是假肢关节和矫形器铰链上的锁。另一种是相关假肢组成的手部装置(如假手或钩状手)。通常，这些假肢和矫形器的控制和驱动机构的操纵要求通过致动器，直接或机构连接联杆或控制索，施加力或力矩。

其他假肢要求施加力或力矩连接、旋转或分离或启动自动防故障释放装置。

操纵力或力矩施加方法和最佳作用线取决于机构的设计。

本附录阐述了按生产商指定的方法对通常与机构一起提供的致动器所需施加的操纵力的确定方法。

本附录不包括致动器/操纵器的界面的设计评估。

假肢或矫形器的控制或驱动机构的设计有明显变化时，宜重新进行本试验。

D.2 原理

试验程序是用于评估某一位置操纵试验样品上控制和驱动机构的所需力或力矩，施加与生产商规定的和已确定的使用者实际施加的载荷一致的外部载荷。为此，规定了 11 个不同的试验配置，见 D.6.2 至 D.6.12，每个配置适合测试 D.3.1 的 a)～k)规定的带有控制或驱动机构的假肢或矫形器试验样品 11 类中的 1 类。

注：假肢或矫形器其他功能部件的控制或驱动机构操纵方式差异性大，取决于部件的设计和功能。确定操纵这些机构的所需力或力矩宜基于上述原理和下述与 D.6.1～D.6.12 膝铰链和膝关节、肘铰链和肘关节及手部装置测试试验中定位和加载有关的程序。

D.3 试验样品

D.3.1 试验样品分类

试验样品分类如下：

a) 带锁闭机构的矫形器膝铰链试验样品——由小腿侧支条、膝铰链及其锁闭机构和大腿侧支条组成；

b) 带锁闭机构的矫形器肘铰链试验样品——由前臂侧支条、肘铰链及其锁闭机构和上臂侧支条组成；

c) 带锁闭机构的假肢膝关节试验样品——由接受腔附件、膝关节及其锁闭机构，膝关节以下所有相关联的结构部件组成，如果要求，包括假脚(见 D.3.2 的注 4)；

d) 带锁闭机构的假肢肘关节试验样品——由接受腔附件、肘关节及其锁闭机构,包括手部装置在内的肘关节以下所有相关联的结构部件组成;

e) 使用者驱动铰接的假肢肘关节试验样品——由肘关节附件、肘关节及其驱动机构,包括手部装置在内的肘关节以下所有相关联的结构部件组成;

f) 内置闭合功能机构的假肢手部装置试验样品——由假手或钩状手及其传动机构,前臂接受腔或侧支条的替代部件组成;

g) 内置打开功能机构的假肢手部装置试验样品——由假手或钩状手及其传动机构,前臂接受腔或侧支条的替代部件组成;

h) 由力作用的无内置闭合或打开功能机构的假肢手部装置试验样品——由假手或钩状手及其传动机构,前臂接受腔或侧支条的替代部件组成;

i) 由力矩作用的无内置闭合或打开功能机构的假肢手部装置试验样品(相对于接受腔前臂旋转)——由假手或钩状手及其传动机构,前臂接受腔或侧支条的替代部件组成;

j) 紧急情况打开的假肢手部装置试验样品——由假手或钩状手,前臂接受腔或侧支条的替代部件组成;

k) 带自动防故障释放装置的假肢试验样品——由假肢、自动防故障释放装置及假肢以上和以下其他相邻关联结构部件组成。

D.3.2 试验样品准备

从正常生产线选取测试用假肢和矫形器。

所选测试用试验样品宜标有指示试验样品在假肢或矫形器中组装位置的“前面(前部)”、“外侧(侧部)”、“上部(近端)” 的方位标识。

宜在试验样品上标记对致动器施加的力的作用线。

用 D.3.1 a)～k)类列出的部件组装每个试验样品。

准备假肢膝关节和肘关节试验样品时,省去外装饰部件,除非其影响锁闭机构的工作或其质量占整个试验样品总质量超过 10%。

准备带多轴矫形器铰链或假肢关节的试验样品时,确定生产商是否已经规定了代替对应的单轴产品的旋转轴位置的、用作方位的参照轴位置(也见注 1)。

注 1:如果适合,宜在试验样品上标明代替对应单轴产品旋转轴位置、用作方位的多轴假肢关节和矫形器铰链参照轴位置,或采用其他标记方法。

准备假肢膝关节试验样品,确定是否宜包含踝足装置(见注 2)。

注 2:根据试验室经验,假肢膝关节试验样品中踝足装置对检测结果的影响可忽略。

用试验室规定的、允许按 D.6 阐述的相关方式安装在试验台中的近端端接附件准备 D.3.1 的 a)～i)试验样品(见注 3),远端端接附件准备 D.3.1 的 j)和 k)试验样品。

如果 D.3.1 的 j) 和 k)类试验样品的远端端接附件端部安装有测力传感器(或宜连接 1 个),确保其的布置按照 D.6.1 阐述的方式施加试验力时,沿其测量轴作用。

注 3:对于假肢试验样品,可用部分填充接受腔作为端接附件。

准备矫形器膝铰链或假肢膝关节试验样品时,通过如下程序之一设定距膝旋转轴(或参照轴)近端和远端的长度:

a) 如果合适,调整总长度至 450 mm (但见注 4)。

b) 如果希望避免这种调整,总长度尽可能接近 450 mm(见注 5)。

注 4:矫形器膝铰链或假肢膝关节试验样品总长度调整至 450 mm ,可能需要切割侧支条或加棱锥基座。

注 5:矫形器膝铰链或假肢膝关节试验样品总长度接近 450 mm,通常通过选长度最合适的矫形器膝铰链或假肢膝关节相邻部件达到。

确保试验样品具有通常操纵控制或驱动机构所需的远控致动器、控制索或联杆。

如果通过鲍登式吊索连接远控致动器和控制或驱动机构，观察如下程序(见注6)：

——在致动器和控制或驱动机构之间分布控制索，以便弯180° 2次(或S形弯)，弯曲半径约50 mm，见图D.1和图D.4。

——如果远控致动器是矫形器膝铰链或假肢膝关节试验样品的控制或驱动机构组成部分，在膝旋转轴(或参照轴)近端距离 e=400 mm处定位远控致动器，见图D.4。

如果不能按上述方式定位远控致动器或布置鲍登式吊索(见注6)，按照注6后的段落规定布置。

注6：实验室试验已经表明，通常不可能按规定方式定位远控致动器或布置鲍登式吊索。这时，鲍登式吊索宜按以下段落规定布置。

如果远控致动器是通过控制索(金属线)或联杆连接到控制或驱动机构，确保施加在远控致动器的操纵力按照生产商指定的或适合其特殊设计的方向(方式)通过控制索(金属线)或联杆传递，如：

——对于"落锁"或"环锁"等，需要在操纵动作(平移)方向准确施加操纵力，否则可能被卡住。

——对于杆锁，通常在与杆成直角的方向施加操纵力。

使致动开关对齐，以将锁操纵力减小到最小。

如果合适，调整锁闭机构，使其完全处于关节总成生产商所述的啮合位。

通过交替啮合、分离控制或驱动机构至少10次，预处理试验样品。

D.4 所需试验数

对2个假肢或矫形器试验样品进行每个相关试验。

D.5 精度

确保：

——线性尺寸精确至±1 mm；

——角度尺寸精确至±1°；

——载荷精确至规定值的±5%。

D.6 测试方法

D.6.1 总则

D.6.2～D.6.12各试验开始前，确保：

——按照D.3.2组装和准备试验样品；

——按生产商指定且适合于其特定设计的方向(方式)对致动器施加操纵力，或者，如果无特殊说明，在平行于假肢连接盘轴的方向(或沿假肢连接盘轴，见最后一段和注2)施加操纵力；

——按生产商指定的方位对致动器施加操纵力矩，或者，如果无特殊说明，绕假肢连接盘轴施加操纵力矩；

——试验样品锁闭机构完全啮合，不完全啮合试验无效。

按生产商指定的如下方向对试验样品致动器施加操纵力：

——如果控制或驱动机构的主操纵动作是部件的平移(如，"落锁"或"环锁"的锁紧动作)，确保在平移方向对该部件准确施加操纵力，以避免被卡住。

——如果控制或驱动机构主操纵动作是部件旋转（如杆锁的锁紧运动），确保在距其旋转轴已知垂直距离 d 处、垂直于该轴方向施加操纵力（见注 1）。

注 1：行业内预制的类似用途的杆锁的杆长度各不相同，取决于设计理念，包括杆长度和形状的个性适配可能性。所以，评价和比较操纵这些机构消耗的体力可能要求计算操纵力矩，即操纵力和其距工作杆旋转轴垂直距离 d 的乘积。

按生产商指定的如下方位对试验样品致动器施加操纵力矩：

——如果控制或驱动机构主操纵动作是绕轴旋转，确保力矩作为绕其旋转轴的力偶对该部件施加。

对具有打开功能的假肢手部装置的试验样品或带自动防故障释放装置的假肢试验样品施加拉力时，确保在打开或自动防故障释放装置工作所需的规定平移方向准确地施加力。

注 2：方向可（最初）与假肢连接盘轴一致。

D.6.2　各类试验样品的试验配置

D.3.1 a）带锁闭机构的矫形器膝铰链

按图 D.2 定位矫形器膝铰链试验样品，即：

——膝铰链的旋转轴（或参照轴）水平；

——总成的长轴倾斜，与水平面成 $\beta=40°$；

——总成的前面向上；

——试验样品远端以低摩擦方式置于水平面上。

用铰接头支撑试验样品近端。

按图 D.2 所示和表 D.1 规定的相关配置，在距膝旋转轴（参照轴）距离 c 处，对试验样品远端施加垂直力 F_{m1}。

注 1：对试验样品施加垂直力 F_{m1}，以代表穿戴矫形器的正常人体部位的重量。

注 2：确保施加的垂直试验力 F_{m1} 产生一致作用，试验样品各段长度不是 $a=b=450$ mm 的试验配置时，有必要调整距离 c 的值。

根据 D.6.1 对试验样品致动器施加操纵力 F_{op}。

以不超过 10 N/s 的速率加大操纵力 F_{op}，直至锁闭机构打开。

注 3：可通过试图屈曲膝铰链，手动测试锁闭机构打开。

如果合适，记录锁闭机构打开时的操纵力 F_{op1} 值，及分开瞬间 F_{op1} 作用线距启动杆（如果有）轴的距离值 d_1（见 D.6.1 的注 1）。

重新锁上膝铰链，重复试验 5 次。

计算 6 次试验测得的操纵力 F_{op1} 的平均值。

对试验样品施加垂直力 F_{m2} 重复试验 6 次。

注 4：对试验样品施加垂直力 F_{m2}，以模拟使用者手动施加在大腿前面产生膝伸展力矩的力的作用。

如果合适，记录锁闭机构打开时的操纵力 F_{op2}，及分开瞬间 F_{op2} 作用线距启动杆（如果有）轴的距离值 d_2（见 D.6.1 的注 1）。

计算 6 次试验测得的操纵力 F_{op2} 的平均值。

对第 2 个试验样品重新进行整个试验。

计算并记录两个试验系列中测得的操纵力 F_{op} 的平均值，作为最终检测结果。

注 5：对于特殊设计的矫形器膝铰链，也需确定锁闭机构啮合所需的操纵力。D.6.2 的试验程序可能要做相应调整以用于这种矫形器膝铰链。

表 D.1 D.3.1 的 a)类试验样品的试验配置参数

试验配置	试验样品的段长度		载荷作用点距膝轴的距离	垂直力	
	a/mm	b/mm	c/mm	F_{m1}/N	F_{m2}/N
常规	450	450	280	60	120
特殊	a_i	b_i	$c_i=b_i-85(1+b_i/a_i)$	60	120

D.6.3 各类试验样品的试验配置

D.3.1 b)带锁闭机构的矫形器肘铰链

定位矫形器肘铰链试验样品，上臂侧支条垂直，前臂侧支条锁在水平位置（见图 D.3）。如果试验样品的设计不允许，则设定前臂侧支条在水平位，上臂侧支条尽可能接近垂直。

确保肘铰链或前臂侧支条无其他支撑。

在距肘旋转轴（参照轴）距离 $c=120$ mm 处，对试验样品远端施加垂直力 $F_m=20$ N，见图 D.3。

注 1：对试验样品施加垂直力 F_m，以代表穿戴矫形器的正常人体部位的重量。

根据 D.6.1 对试验样品致动器施加操纵力 F_{op}。

以不超过 10 N/s 的速率加大操纵力 F_{op}，直至锁闭机构打开。

如果合适，记录锁闭机构打开时的操纵力 F_{op1} 值，及分开瞬间 F_{op1} 作用线距启动杆（如果有，见注 2）轴的距离值 d_1（见 D.6.1 的注 1）。

注 2：图 D.3 所示的矫形器肘铰链试验样品锁闭机构的操纵不要求使用启动杆。

重新锁上肘铰链，重复试验 5 次。

计算 6 次试验测得的操纵力 F_{op1} 的平均值。

对第 2 个试验样品重新进行整个试验。

计算并记录两个试验系列中测得的操纵力 F_{op} 的平均值，作为最终检测结果。

注 3：对于特殊设计的矫形器肘铰链，也需确定锁闭机构啮合所需的操纵力。D.6.3 的试验程序可能要做相应调整以用于这种矫形器肘铰链。

D.6.4 各类试验样品的试验配置

D.3.1 c)带锁闭机构的假肢膝关节

按图 D.4 和图 D.5 定位假肢膝关节试验样品，即：

——其旋转轴（或参照轴）水平；

——总成的长轴倾斜，与水平面成 $\beta=40°$；

——总成的前面向上；

——假肢踝足装置的足跟（见 D.3.2 的注 4）或试验样品远端以低摩擦方式置于水平面上。

用铰接头支撑试验样品近端。

根据 D.6.1 对试验样品致动器施加操纵力 F_{op}。

以不超过 10 N/s 的速率加大操纵力 F_{op}，直至锁闭机构打开。

注 1：锁闭机构打开可通过试图屈曲膝关节进行手动测试。

如果合适，记录锁闭机构打开时的操纵力 F_{op1} 值，及分开瞬间 F_{op1} 作用线距启动杆（如果有，见图 D.5）轴的距离值 d_1（见 D.6.1 的注 1）。

重新锁上膝关节，重复试验 5 次。

计算 6 次试验测得的操纵力 F_{op1} 的平均值。

按图 D.4、图 D.5 所示和表 D.2 规定的相关配置，在距膝旋转轴(参照轴)距离 $c \geqslant 50$ mm 处，对试验样品远端部分施加垂直力 F_m，重复试验 6 次。

注 2：对试验样品施加垂直力 F_m，通过使用者穿戴假肢站立时前倾躯干或对假肢前部手动施加力，或髋伸展，产生膝屈曲力矩，以模拟使用者的作用。

注 3：确保施加的 F_m 产生一致作用，对于试验样品段长度不是 $a=b=450$ mm 的试验配置或在膝旋转轴(或参照轴)远端膝关节延长大于 50 mm，有必要调整距离 c 和(或)垂直力 F_m 的值。

如果合适，记录锁闭机构打开时的操纵力 F_{op2} 值，及分开瞬间 F_{op2} 作用线距启动杆(如果有)轴的距离值 d_2(见 D.6.1 注 1)。

计算 6 次试验测得的操纵力 F_{op2} 的平均值。

对第 2 个试验样品重新进行整个试验。

计算并记录两个试验系列中测得的操纵力 F_{op} 的平均值，作为最终检测结果。

注 4：对于特殊设计的假肢膝关节，也应确定锁闭机构啮合所需的操纵力。D.6.4 的试验程序可能要做相应调整以用于这种假肢膝关节。

表 D.2　D.3.1 c)类试验样品的试验配置参数

试验配置	试验样品的段长度		载荷作用点距膝轴的距离	垂直力
	a/ mm	b/ mm	c/ mm	F_m/ N
常规	450	450	50	120
特殊	a_i	b_i	$c_i>50$	$F_{mi}=24\times10^3(a_i+b_i)/a_i(b_i-c_i)$

D.6.5　各类试验样品的试验配置

D.3.1 d)带锁闭机构的假肢肘关节

定位假肢肘关节试验样品，上臂部件垂直，前臂部件锁在水平位置(见图 D.6)。如果试验样品的设计不允许，则设定前臂部件在水平位，上臂部件尽可能接近垂直。

确保肘关节或前臂部件无其他支撑。

根据 D.6.1 对试验样品致动器施加操纵力 F_{op}。

以不超过 10 N/s 的速率加大操纵力 F_{op}，直至锁闭机构打开。

如果合适，记录锁闭机构打开时的操纵力 F_{op1} 值，及分开瞬间 F_{op1} 作用线距启动杆(如果有，见注 1)轴的距离值 d_1(见 D.6.1 的注 1)。

注 1：图 D.6 所示的假肢肘关节试验样品的锁闭机构的操纵不要求使用启动杆。

重新锁上肘关节，重复试验 5 次。

计算 6 次试验测得的操纵力 F_{op1} 的平均值。

对第 2 个试验样品重新进行整个试验程序。

计算并记录两个试验系列中测得的操纵力 F_{op} 的平均值，作为最终检测结果。

注 2：如果合适，可对试验样品施加垂直力 F_m 重复试验 6 次，F_m 代表手部装置抓握的物品重量或代表日常使用的典型情况远端施加的力。对于第 1 种情况，可采用 D.6.3 规定的矫形器肘铰链试验样品的试验程序。对于第 2 种情况，可相应调整程序。

注 3：对于特殊设计的假肢肘关节，也应确定锁闭机构啮合所需的操纵力。对于这种设计的试验程序可见 D.6.5。

D.6.6 各类试验样品的试验配置

D.3.1 e)使用者驱动铰接的假肢肘关节

从肘关节轴至手部装置连接盘表面测量时，设定假肢肘关节试验样品的前臂长度为 $f=250$ mm。准备手部装置，让其抓握直径 40 mm 的杆，“手指”尽可能钩住杆。切割杆，使杆和手部装置总质量为 500 g。

如果手部装置质量等于或大于 500 g，准备时不用杆且“手指”“闭合”。记录手部装置的质量。

按图 D.7 所示定位未上锁的假肢肘关节试验样品，上臂部件垂直，前臂部件水平置于远端支架上。

将一张纸上端置于前臂和其支架间，下端固定约 100 g 的质量块。

根据 D.6.1 对试验样品致动器施加操纵力 F_{op}。

以 5 N/s 的速率连续或 5 N 的增量加大操纵力 F_{op}，直至前臂组件抬离支架，通过纸滑离指示。

记录此时的操纵力 F_{op} 的值。

重新组装试验配置，重复试验 5 次。

计算 6 次试验测得的操纵力 F_{op1} 的平均值。

对第 2 个试验样品重新进行整个试验。

计算并记录两个试验系列中测得的操纵力 F_{op} 的平均值，作为最终检测结果。

D.6.7 各类试验样品的试验配置

D.3.1 f)内置闭合功能机构的假肢手部装置

注 1：这种最常见手部装置安装有在非工作状态下通过预载的内弹簧元件提供预设大小的“内置”抓握力的机构，通过施加外力打开。

按图 D.8 所示定位假肢手部装置试验样品，即：

——手指向下；

——抓握 1 个薄物品，例如 1 mm 厚的硬片，手指尖之间的接触面垂直。

将一张纸上端置于手部装置手指尖之间，下端固定约 100 g 的质量块。

根据 D.6.1 对试验样品致动器施加操纵力 F_{op}。

以 1 N/s 的速率连续或 1 N 的增量加大操纵力 F_{op}，直至手部装置的“手指尖”打开，通过纸滑离指示。

如果合适，记录此时的操纵力 F_{op1} 的最小值，及分开瞬间 F_{op1} 作用线距启动杆(如果有)轴的距离值 d_1(见 D.6.1 的注 1)。

以 1 mm/s 的速率连续或 1 mm 的增量加大手部装置打开的幅度，直至达到最大宽度(抓握宽度)，连续或逐步记录相关操纵力 F_{op}。

注 2：手部装置的操纵方法要求所用的检测设备从力控制切换至位移控制。

如果合适，记录曾达到操纵力 F_{op2} 的最大值和当时的开手宽度(见注 2)，及分开瞬间 F_{op2} 作用线距启动杆(如果有)轴的距离值 d_2(见 D.6.1 的注 1)。

注 3：操纵力 F_{op} 最大值可能不在最大开手宽度出现。

重新组装试验配置，重复试验 5 次。

计算 6 次试验测得的操纵力 F_{op1} 和 F_{op2} 的平均值。

对第 2 个试验样品重新进行整个试验。

计算并记录两个试验系列中测得的操纵力 F_{op} 的平均值，作为最终检测结果。

D.6.8 各类试验样品的试验配置

D.3.1 g)内置打开功能机构的假肢手部装置

注：这种不常见的手部装置安装有通过预载的内弹簧元件提供“内置”开手力的机构，通过施加外力关闭。

按图 D.9 所示定位假肢手部装置试验样品，使其手指向下。

将 1 个厚度为 25 mm±2 mm 的测力传感器置于手部装置手指尖之间，使与测力传感器有效表面的接触面面心位于其测量轴上。

根据 D.6.1 对试验样品致动器施加操纵力 F_{op}。

以 1 N/s 的速率连续或 1 N 的增量加大操纵力 F_{op}，直至抓握力达到 20 N。

如果合适，记录此时的操纵力 F_{op1} 的值及分开瞬间 F_{op1} 作用线距启动杆(如果有)轴的距离值 d_1(见 D.6.1 的注 1)。

重新组装试验配置，重复试验 5 次。

计算 6 次试验测得的操纵力 F_{op1} 的平均值。

对第 2 个试验样品重新进行整个试验。

计算并记录两个试验系列中测得的操纵力 F_{op} 的平均值，作为最终检测结果。

D.6.9 各类试验样品的试验配置

D.3.1 h)由力作用的无内置闭合或打开功能机构的假肢手部装置

按图 D.10 所示定位假肢手部装置试验样品，使其手指向下。

将 1 个厚度为 25 mm±2 mm 的测力传感器置于手部装置手指尖之间，使与测力传感器有效表面的接触面面心位于其测量轴上。

根据 D.6.1 对试验样品致动器施加操纵力 F_{op}。

以 1 N/s 的速率连续或 1 N 的增量加大操纵力 F_{op}，直至抓握力达到 20 N。

如果合适，记录此时的操纵力 F_{op1} 的值及分开瞬间 F_{op1} 作用线距启动杆(如果有)轴的距离值 d_1(见 D.6.1 的注 1)。

重新组装试验配置，重复试验 5 次。

计算 6 次试验测得的操纵力 F_{op1} 的平均值。

对第 2 个试验样品重新进行整个试验。

计算并记录两个试验系列中测得的操纵力 F_{op} 的平均值，作为最终检测结果。

D.6.10 各类试验样品的试验配置

D.3.1 i)由力矩作用的无内置闭合或打开功能机构的假肢手部装置(前臂相对于接受腔旋转)

按图 D.11 所示定位假肢手部装置试验样品，使其手指向下。

将 1 个厚度为 25 mm±2 mm 的测力传感器置于手部装置手指尖之间，使与测力传感器有效表面的接触面面心位于测量轴上。

根据 D.6.1 对试验样品致动器施加操纵力矩 M_{op}。

以 0.1 N·m/s 的速率连续或 0.1 N·m 的增量加大操纵力矩 M_{op}，直至抓握力达到 20 N。

记录此时的操纵力矩 M_{op} 的值。

重新组装试验配置，重复试验 5 次。

计算 6 次试验测得的操纵力矩 M_{op} 的平均值。

对第 2 个试验样品重新进行整个试验。

计算并记录两个试验系列中测得的操纵力矩 M_{op} 的平均值，作为最终检测结果。

D.6.11 各类试验样品的试验配置

D.3.1 j) 紧急情况打开的假肢手部装置

按图 D.12 所示定位假肢手部装置试验样品，即：

——其连接盘轴垂直；

——手指向下。

准备手部装置，使其抓握直径 40 mm 的杆，“手指”尽可能钩住杆。

不改变杆在手部装置内的位置，将杆与远端的端接附件连接。

如果合适，根据 D.3.2 在远端端接附件总成内加装 1 个测力传感器，如图 D.12 所示。

注：如果测力传感器安装方式不同于图 D.12，可能会承受偏移力，这时，有必要确保可准确读数。

根据 D.6.1 对试验样品近端施加拉力 F。

以 5 N/s 的速率连续或 5 N 的增量加大拉力 F，直至打开机构工作，“手指”打开，杆滑出手部装置。

记录曾达到的最大拉力值 F_{max}。

重新设定手部装置至其正常工作配置。

重新组装试验配置，重复试验 5 次。

计算 6 次试验测得的拉力 F_{max} 的平均值。

对第 2 个试验样品重新进行整个试验。

计算并记录两个试验系列中测得的拉力 F_{max} 的平均值，作为最终检测结果。

D.6.12 各类试验样品的试验配置

D.3.1 k) 带自动防故障释放装置的假肢

按图 D.13 可拆分的假肢连接盘示例定位假肢试验样品，使其轴垂直。

如果合适，根据 D.3.2 在远端端接附件总成内加装 1 个测力传感器，如图 D.13 所示。

注 1：如果测力传感器安装方式不同于图 D.13，可能承受偏移力，这时，有必要确保可准确读数。

根据 D.6.1 对试验样品近端施加拉力 F。

注 2：可能有必要进行多次试验，以确定最佳的试验程序细节。

以 5 N/s 的速率连续或 5 N 的增量加大拉力 F，直至自动防故障释放装置工作，相邻部件断开。

记录拉力曾达到的最大值 F_{max}。

重新设定假肢至正常工作配置。

重新组装试验配置，重复试验 5 次。

计算 6 次试验测得的拉力 F_{max} 的平均值。

对第 2 个试验样品重新进行整个试验。

计算并记录两个试验系列中测得的拉力 F_{max} 的平均值，作为最终检测结果。

D.7 检验报告

D.7.1 一般要求

对于各类试验，检验报告宜特别提及附录 D，根据 D.3 说明相关的试验样品分类，根据 D.6 说明相关的试验配置。

D.7.2 特殊要求

检验报告包括的详细信息及根据 D.6 说明相关的试验配置见表 D.3。

表 D.3 检验报告详细信息

科　　目	相关试验配置
a) 试验样品详细信息	
1) 部件总成包括的部件列表	所有
2) 试验样品各段尺寸 a，b 或 f	D.6.2、D.6.4 或 D.6.6
3) 手部装置的质量 $m \geqslant 500$ g	D.6.6
b) 试验配置详细信息	
1) 操纵力 F_{op}(拉力 F)作用线方向	所有，D.6.10 除外
2) 远控致动器(如果有)距膝(参照)轴的距离 e	D.6.4
3) 代表人体部位重量的垂直力 F_m 的值	D.6.4
4) 垂直力 F_m 距膝(参照)轴的距离 c	D.6.4
5) 操纵力矩 M_{op} 作用线的方向(方位)	D.6.10
c) 测量和计算结果	
1) 各操纵力的 F_{op} 的值	所有，D.6.11、D.6.12 除外
2) 计算的操纵力平均值 $F_{op,\ mean}$	所有，D.6.11、D.6.12 除外
3) 操纵力 F_{op} 作用线距启动杆(如果有)轴的距离 d 的值	D.6.2、D.6.3、D.6.4、D.6.5、D.6.7、D.6.8、D.6.9
4) 操纵力矩 M_{op} 的值	D.6.10
5) 计算的操纵力矩的平均值 $M_{op,\ mean}$	D.6.10
6) 拉力 F 的值	D.6.11、D.6.12
7) 计算的拉力平均值 F_{mean}	D.6.11、D.6.12

D.8 检验结果

注：D.6 规定的试验方法已经被一些检测实验室采用，用于除 D.3.1 的 k)类外所有 D.3.1 分类挑选的最先进的假肢和矫形器的控制和传动机构试验样品的检验。已测各类试验样品的操纵力(和位移)或力矩范围见表 D.4。

表 D.4　各类试验样品测得的致动(操纵)力(和位移)和力矩的值

试验样品分类	被测各类试验样品数	指定动作(事件)所需的操纵力(和位移)或力矩				
		操纵力或力矩的类型	动作(事件)	力范围(值)/N	力矩范围(值)/(N·m)	位移范围(值)/mm
带锁闭机构的矫形器膝铰链—D.3.1 a)	25	释放力	开锁	2～65	0.6～0.8	—
带锁闭机构的矫形器肘铰链—D.3.1 b)	1	释放力	开锁	25	0.6～0.8	—
带锁闭机构的假肢膝关节—D.3.1 c)	8	释放力	开锁	20～35	0.6～0.8	—
带锁闭机构的假肢肘关节—D.3.1 d)	7	锁紧力[a]	锁紧[a]	12～39	0.6～0.8	3～14
使用者驱动铰接的假肢肘关节—D.3.1 e)	14 5	释放力 90°举升力	开锁 肘屈曲(纸滑离)	6～45 15～48	0.6～0.8	2～30 —
内置闭合功能机构的假肢手部装置—D.3.1 f)	30	开手力	手指打开(纸滑离)	4～78	0.6～0.8	—
内置打开功能机构的假肢手部装置—D.3.1 g)	55 5	开手力 闭合力	开手到最大距离 25 mm 抓握宽度时 20 N 抓握力	4～194 43～136	0.6～0.8	32～52 —
力作用的无内置闭合或打开功能机构的假肢手部装置—D.3.1 h)	3	闭合力	25 mm 抓握宽度时 20 N 抓握力	56～67	0.6～0.8	—
力矩作用的无内置闭合或打开功能机构的假肢手部装置—D.3.1 i)	4	闭合力矩	25 mm 抓握宽度时 20 N 抓握力		0.6～0.8	—
紧急情况打开的假肢手部装置—D.3.1 j)	1	打开力	打开	134	0.6～0.8	—
带自动防故障释放装置的假肢—D.3.1 k)	—	自动防故障释放力	自动防故障释放	—	0.6～0.8	—

[a] 见 D.6.5 的注 3。

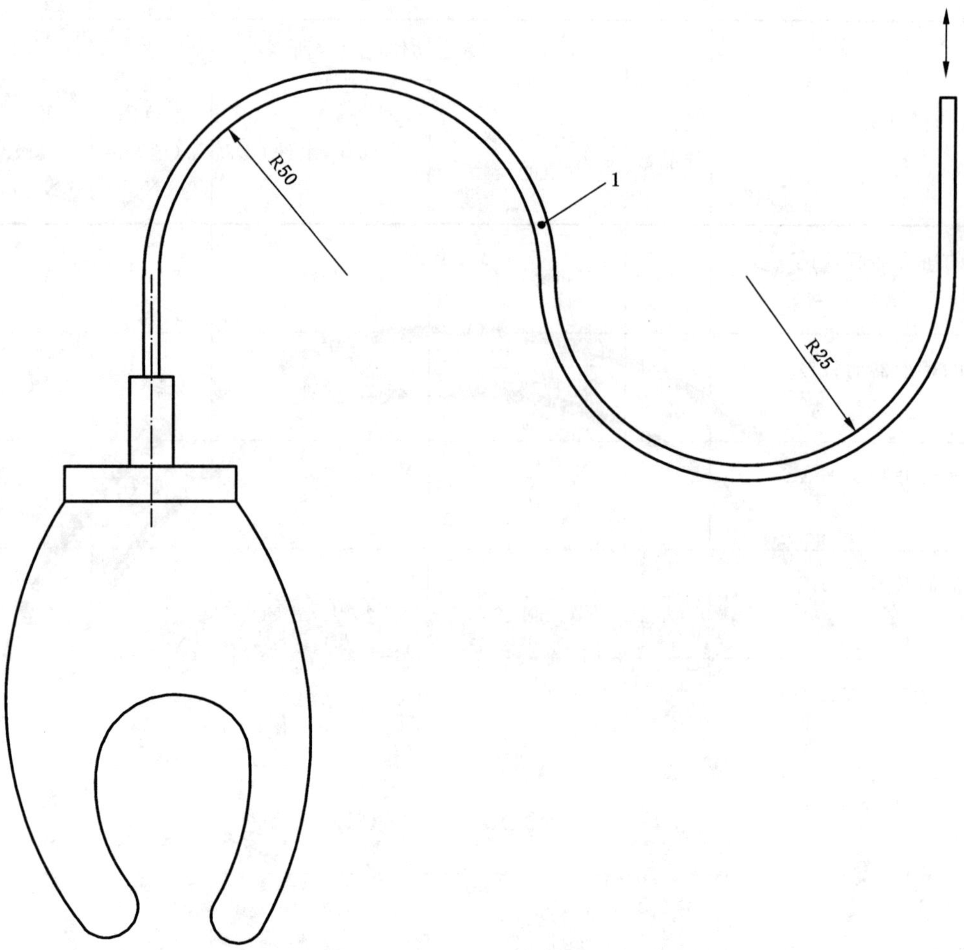

说明：

1——双 180°弯的鲍登式吊索（或 S 形弯）。

图 D.1 试验中鲍登式吊索布线

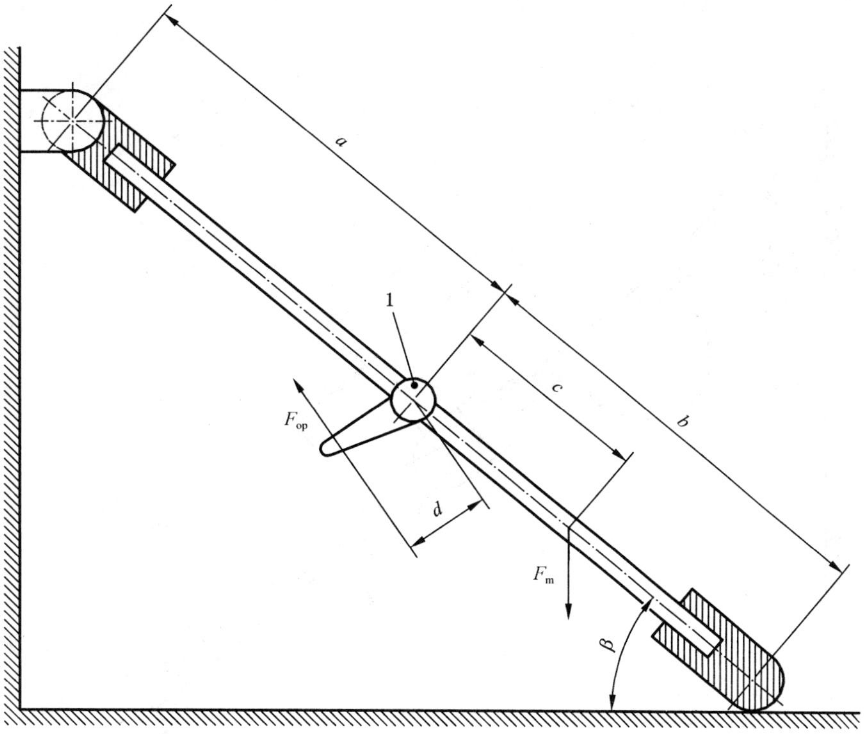

说明：

1 ——背锁；

F_{op}——操纵力；

F_m——垂直力。

图 D.2 根据 D.6.2 的试验样品分类 D.3.1 a)带锁闭机构的矫形器膝铰链的试验配置

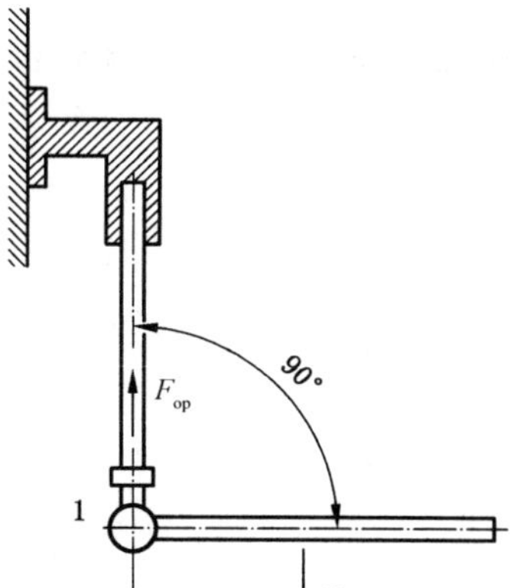

说明：

1 ——落锁或环锁；

F_{op}——操纵力；

F_m——垂直力。

图 D.3 根据 D.6.3 的试验样品分类 D.3.1 b）带锁闭机构的矫形器肘铰链的试验配置

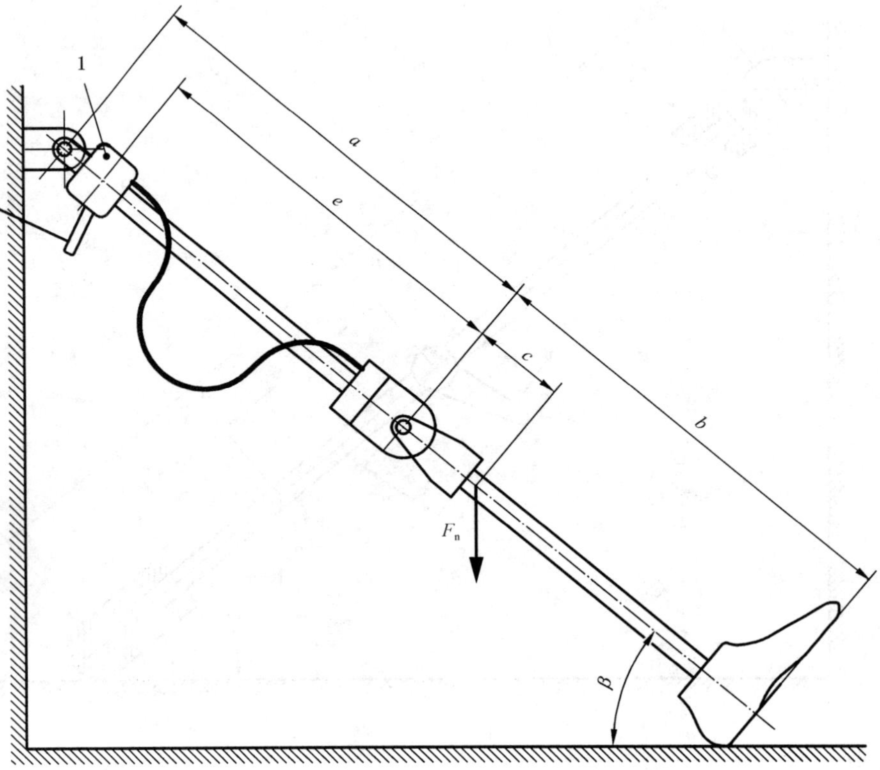

说明：

1 ——远控致动器；

F_{op}——操纵力；

F_n——垂直力。

图 D.4 根据 D.6.4 的试验样品分类 D.3.1 c)带锁闭机构的假肢膝关节的试验配置

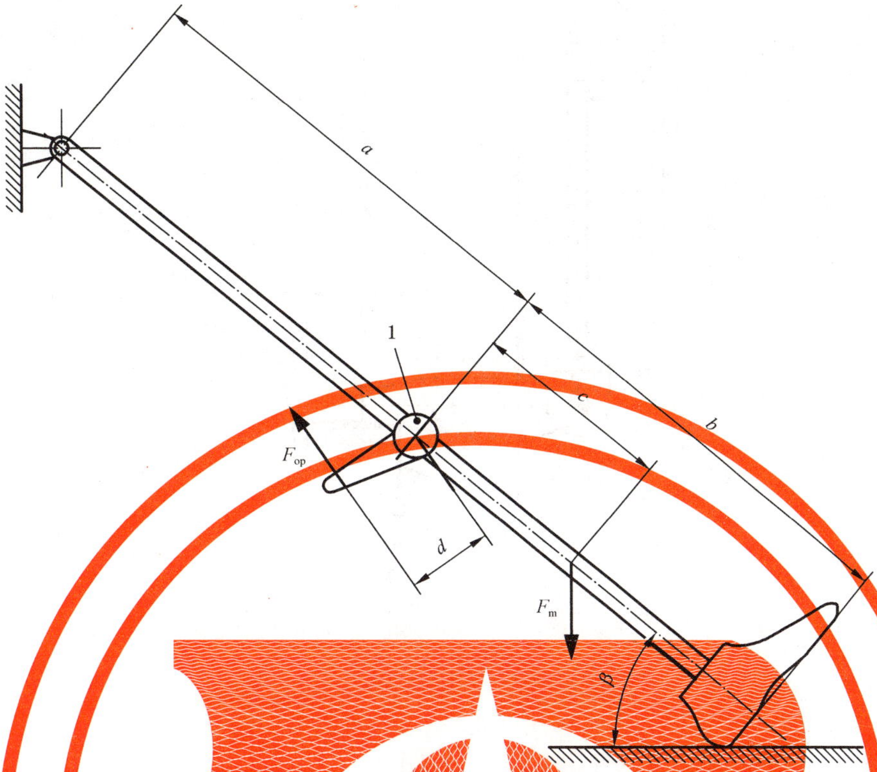

说明：

1 ——背锁；

F_{op}——操纵力；

F_m——垂直力。

图 D.5　根据 D.6.4 的试验样品分类 D.3.1 c)带锁闭机构的假肢膝关节的试验配置

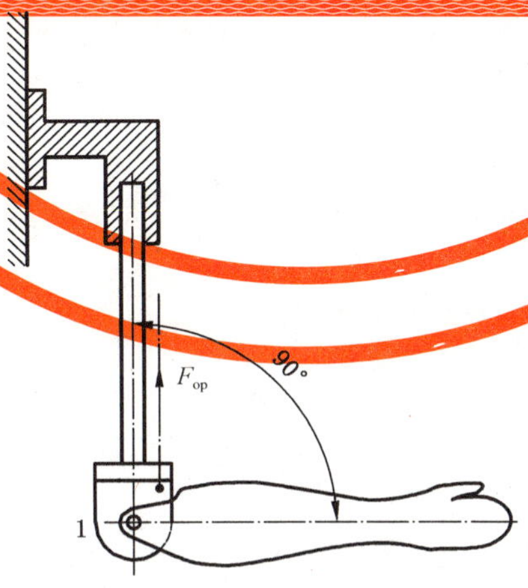

说明：

1 ——肘节分离机构；

F_{op}——操纵力(除非特殊说明，在与连接盘轴平行的方向施加)。

图 D.6　根据 D.6.5 的试验样品分类 D.3.1 d)带锁闭机构的假肢肘关节的试验配置

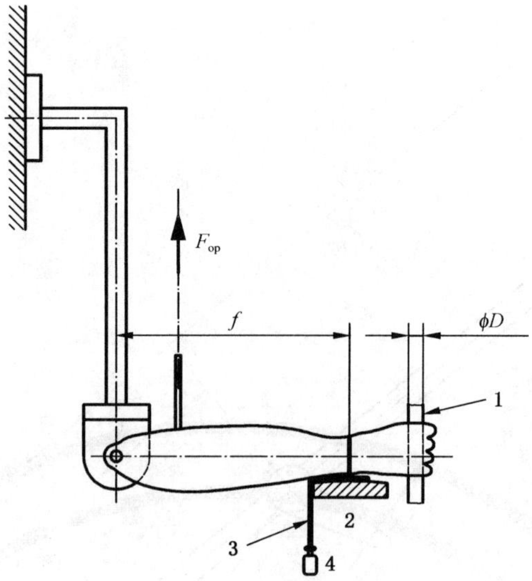

说明：

1 ——杆；

2 ——支架；

3 ——纸片；

4 ——100 g 的质量块；

F_{op}——操纵力(除非特殊说明，在与连接盘轴平行的方向施加)。

图 D.7 根据 D.6.6 的试验样品分类 D.3.1 e)使用者驱动铰接的假肢肘关节的试验配置

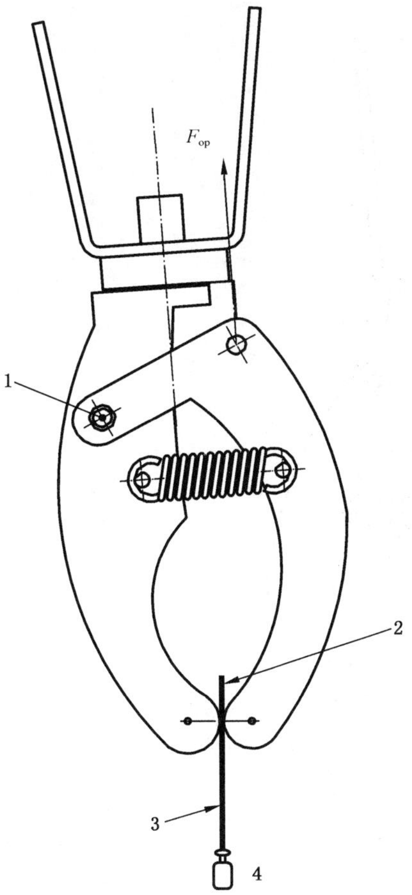

说明：

1 ——旋转轴；

2 ——垂直接触面；

3 ——纸片；

4 ——100 g 的质量块；

F_{op}——操纵力(除非特殊说明,在与连接盘轴平行的方向施加)。

图 D.8 根据 D.6.7 的试验样品分类 D.3.1 f) 内置闭合功能机构的假肢手部装置的试验配置

单位为 mm

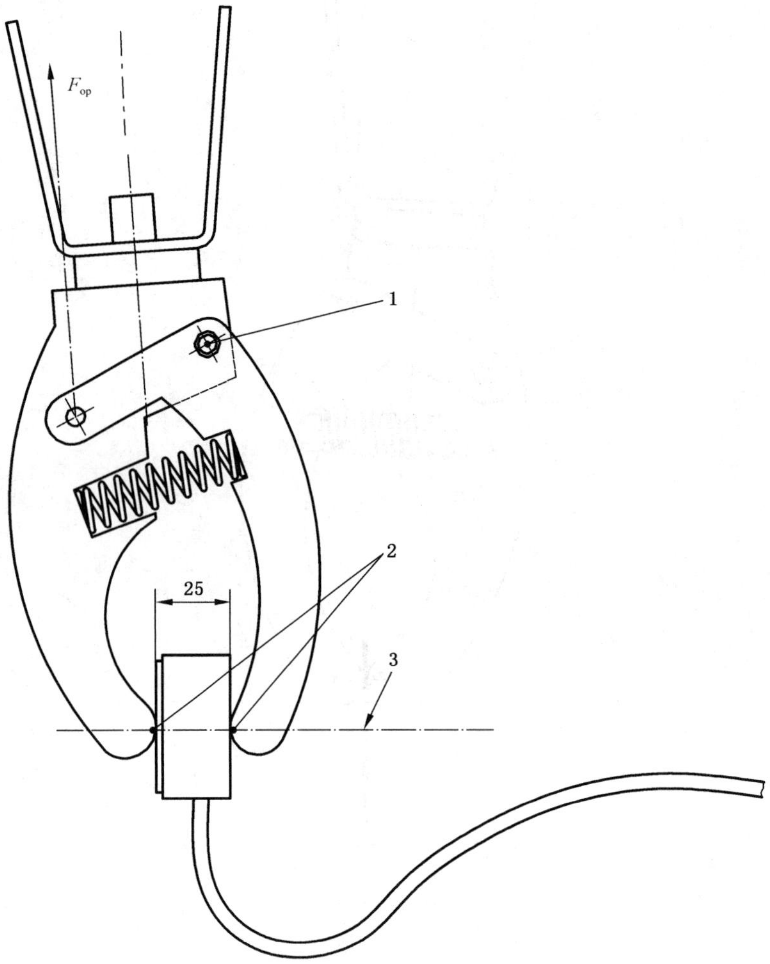

说明：

1 ——旋转轴；

2 ——接触面面心；

3 ——测力传感器的测量轴；

F_{op}——操纵力(除非特殊说明,在与连接盘轴平行的方向施加)。

图 D.9　根据 D.6.8 的试验样品分类 D.3.1 g)内置打开功能机构的假肢手部装置的试验配置

单位为 mm

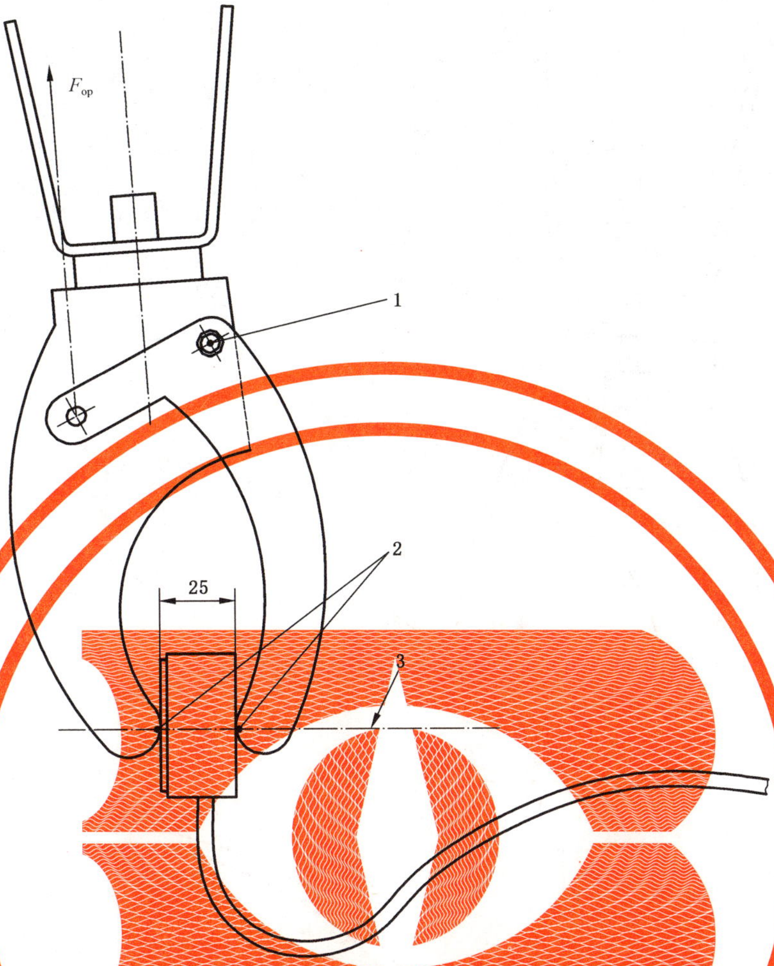

说明：

1 ——旋转轴；

2 ——接触面面心；

3 ——测力传感器的测量轴；

F_{op}——操纵力(除非特殊说明,在与连接盘轴平行的方向施加)。

图 D.10　根据 D.6.9 的试验样品分类 D.3.1 h)力作用的无内置闭合或打开功能机构的假肢手部装置的试验配置

单位为 mm

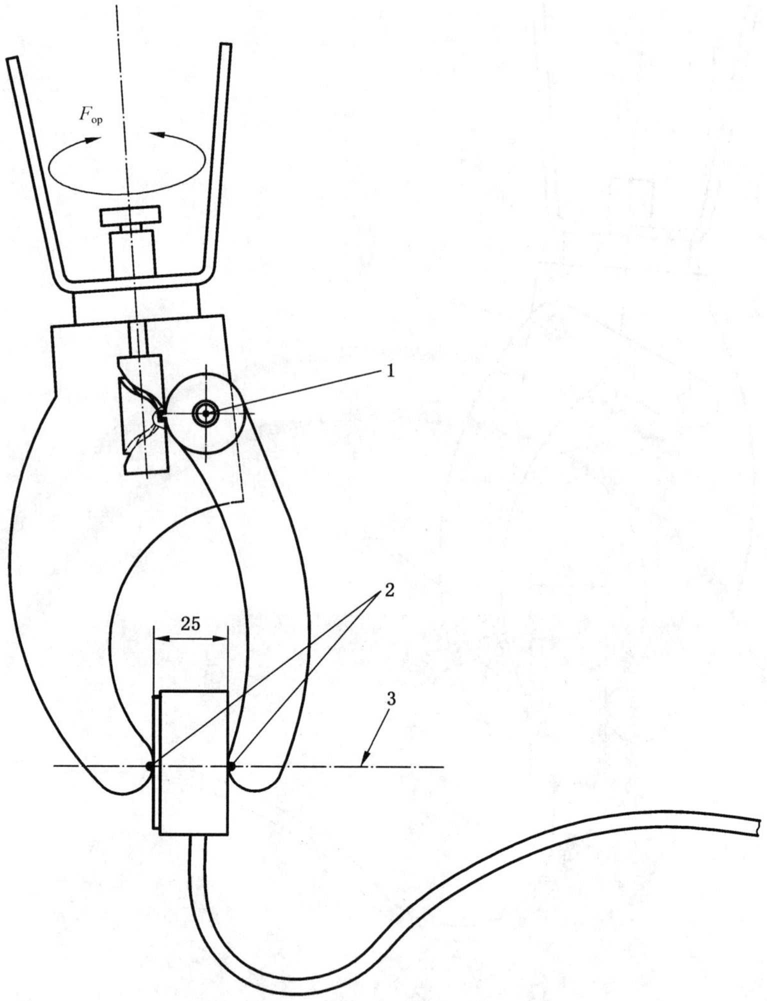

说明：

1 ——旋转轴；

2 ——接触面面心；

3 ——测力传感器的测量轴；

F_{op}——操纵力矩(除非特殊说明,在与连接盘轴平行方向施加)。

图 D.11　根据 D.6.10 的试验样品分类 D.3.1 i)力矩作用的无内置闭合或打开功能机构的假肢手部装置的试验配置

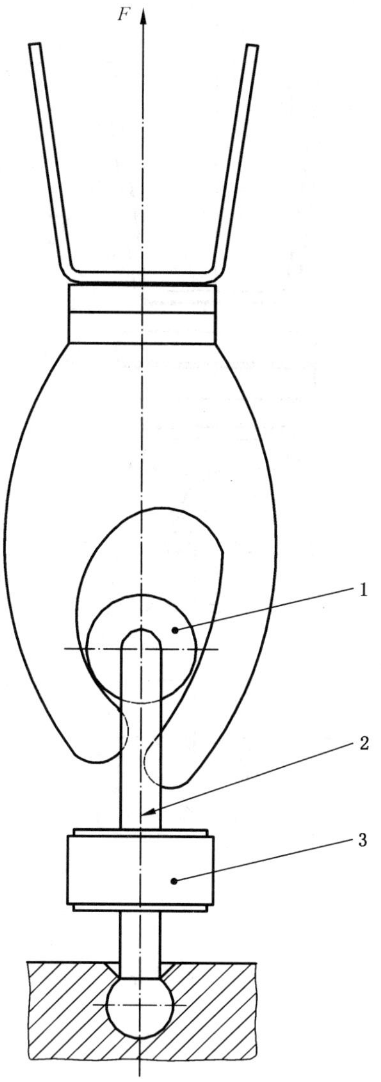

说明:
1 ——直径 40 mm 的杆;
2 ——测力传感器的测量轴(如果合适,最初与连接盘轴对齐);
3 ——测力传感器;
F ——拉力(沿测力传感器的测量轴施加)。

图 D.12 根据 D.6.11 的试验样品分类 D.3.1 j)紧急情况打开的假肢手部装置的试验配置

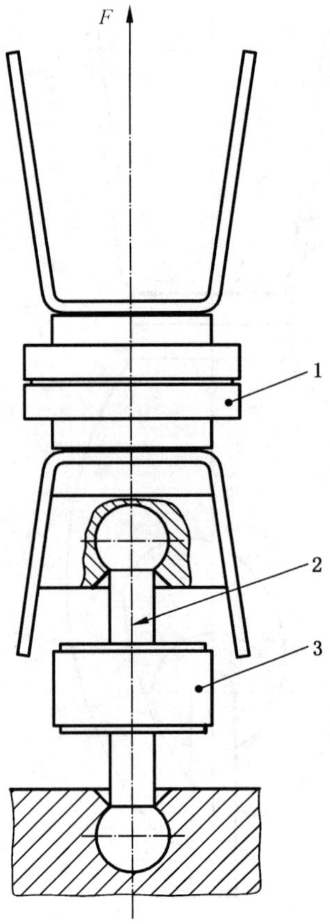

说明：

1 ——试验中的假肢；

2 ——测力传感器的测量轴(如果合适，最初与连接盘轴对齐)；

3 ——测力传感器；

F ——拉力(沿测力传感器的测量轴施加)。

图 D.13　根据 D.6.12 的试验样品分类 D.3.1 k)带自动防故障释放装置的假肢的试验配置，图示可拆分的假肢连接盘

附 录 E
（资料性附录）
ISO/TR 16142 医疗器械安全和性能的基本原则参照

假肢和矫形器作为医疗器械，本标准根据 ISO/TR 16142 制定了假肢和矫形器的安全和性能的基本原则。本标准适合用于合格评定。

符合本标准是证明符合 ISO/TR 16142 特定基本原则的方法之一。可能还存在其他证明方法。

注 1：在结构和内容上，ISO/TR 16142 医疗器械安全和性能的基本原则与欧盟指令 93/42/EEC 附录 I 有关医疗器械的基本要求一致，少数条款除外。

注 2：因形式原因，本标准删除了原附录 ZA，附录 E 给出了原附录 ZA 相同的信息。表 E.1 在结构和内容上与原附录 ZA 的表 ZA.1 一致，标题栏除外。

表 E.1 本标准与 ISO/TR 16142 基本原则的对照表

本标准章(条)	ISO/TR 16142:1999 对应的基本原则	合格备注(注)
所有	A.1	
所有外，还特有：4.1、5.1、5.4、7、8.2、8.3、9、11.1、11.2	A.2	特有：风险评估、可燃性(毒性)、腐蚀(降解)、电磁兼容、电池供电装置、表面温度、活动部件、接头
所有外，还特有 4.2	A.3	特有：预期性能
所有外，还特有 4.2、4.4	A.4	特有：预期性能、强度
所有外，还特有 13、14	A.5	特有：信息、包装
所有外，还特有 4.1	A.6	特有：风险评估
5.1、5.2	A.7.1	可燃性(毒性)、生物相容性(污染物、残留物)
5.2、13、14	A.7.2	生物相容性(污染物、残留物)、信息、包装
5.2.2、5.4	A.7.3	污染物(残留物)、腐蚀(降解)
5.2、5.4、11.2	A.7.6	生物相容性(污染物、残留物)、腐蚀(降解)、接头
5.2、5.3	A.8.1	生物相容性(污染物、残留物)、感染和微生物污染
14	A.8.5	包装
12.1、13	A.9.1	使用限制、信息
7、9、11.1、12.2、12.3	A.9.2	电磁兼容、表面温度、活动部分，施加在人体软组织的力，工效学原理
5.1、8.2、8.4	A.9.3	可燃性(毒性)，电池供电装置
8.3	A.12.1	电子可编程系统
8.1、8.2	A.12.2	电池供电装置
7	A.12.5	电磁兼容
8	A.12.6	电安全
11、12	A.12.7.1	设计和力学要求

表 E.1（续）

本标准章(条)	ISO/TR 16142:1999 对应的基本原则	合格备注(注)
6	A.12.7.2	振动
6	A.12.7.2	噪声
8.2、11.2	A.12.7.3	电池供电装置、接头
9	A.12.7.4	表面温度
8.5	A.12.8.2	皮肤接触电极通过电能刺激，按照 12.8，可视为能源
13.1、13.2	A.12.8.3	信息
13	A.13	信息、包装
10	A.13	特殊设备要求消毒用于特殊用途的消毒信息
4.3	A.14	临床评估

参 考 文 献

[1] ISO 554 Standard atmospheres for conditioning and/or testing—Specifications

[2] ISO 7176-21:2003 Wheelchairs—Part 21:Requirements and test methods for electromagnetic compatibility of electrically powered wheelchairs and motorized scooters

[3] ISO 8191-2 Furniture—Assessment of the ignitability of upholstered furniture—Part 2: Ignition source:match-flame equivalent

[4] ISO 9999:1998 Technical aids for disabled persons—Classification

[5] ISO 10993-1 Biological evaluation of medical devices—Part 1:Evaluation and testing

[6] ISO 13485:1996 Quality systems—Medical devices—Particular requirements for the application of ISO 9001

[7] ISO 13488 Quality systems—Medical devices—Particular requirements for the application of ISO 9002

[8] ISO 14155-1 Clinical investigation of medical devices for human subjects—Part 1: General requirements

[9] ISO 14155-2 Clinical investigation of medical devices for human subjects—Part 2:Clinical investigation plans

[10] ISO 14971:2000 Medical devices—Application of risk management to medical devices

[11] ISO 16201 Technical aids for disabled persons—Environmental control systems for daily living

[12] ISO 22442-1 Medical devices utilizing animal tissues and their derivatives—Part 1:Application of risk management

[13] IEC 60601-1-4 Medical electrical equipment—Part 1-4:General requirements for safety—Collateral standard:Programmable electrical medical systems

[14] EN 12184:2004 Electrically powered wheelchairs, scooters and their charges—Requirements and test methods

[15] BS 2574-3 Lower limb orthoses. Method for the determination of mechanical properties of metal knee joint and side member assemblies

[16] DD 180 Guide for the assessment of toxic hazards in fire in buildings and transport

[17] URN: NBN: se-2004-20 Stimulators—Requirements and test methods, published on www.hi.se/english, order number:04340-pdf

[18] EN 614-1 Safety of machinery—Ergonomic design principles—Part 1:Terminology and general principles

[19] EN 894-3 Safety of machinery—Ergonomics requirements for the design of displays and control actuators—Part 3:Control actuators

ICS 11.040.40
C 35

中华人民共和国国家标准

GB/T 30660.1—2014/ISO 29783-1:2008

假肢和矫形器　术语
第1部分:正常步态

Prosthetics and orthotics—Vocabulary—Part 1: Normal gait

(ISO 29783-1:2008,IDT)

2014-12-31 发布　　2015-07-01 实施

中华人民共和国国家质量监督检验检疫总局
中国国家标准化管理委员会　发布

前　　言

GB/T 30660《假肢和矫形器　术语》分为三个部分：

——第1部分：正常步态；

——第2部分：假肢步态；

——第3部分：病理步态。

本部分为GB/T 30660的第1部分。

本部分按照GB/T 1.1—2009给出的规则起草。

本部分使用翻译法等同采用ISO 29783-1:2008《假肢和矫形器　术语 第1部分：正常步态》。

请注意本文件的某些内容可能涉及专利。本文件的发布机构不承担识别这些专利的责任。

本部分由中华人民共和国民政部提出。

本部分由全国残疾人康复和专用设备标准化技术委员会(SAC/TC 148)归口。

本部分起草单位：国家康复辅具研究中心。

本部分主要起草人：马凤领、张放、陶静、刘俊玲。

引　言

本部分第3章“步态周期分支期的描述”是为了使假肢和矫形器设计、装配人员和康复医师等正确理解步态周期分支期，描述方法统一、规范，便于相互交流。

假肢和矫形器　术语
第1部分:正常步态

1　范围

GB/T 30660的本部分规定了描述正常步态的术语。

2　术语和定义

下列术语和定义适用于本文件。

2.1

身体承重　body load

承重　loading

支撑相内的任意时间,由重力和人体质量前向、侧向和垂直方向的加速度产生的,足部施加于地面上的力。

2.2

步频　cadence

以步每秒为单位,在单位时间内的步数。

2.3

双支撑　double support

步态周期中双下肢同时着地的两个阶段。

注:第一个双支撑相大约出现在整个步态周期的0%～10%,从一侧下肢着地初期开始至对侧下肢进入摆动初期结束;

第二个双支撑相大约出现在整个步态周期的50%～60%,从下肢预摆动期开始至进入摆动初期结束。

2.4

步态周期　gait cycle

跑或走时,同侧足部着地初期至下一次着地初期这段时间内下肢通常出现的一连串动作。

2.5

地面反作用力　ground reaction force

支撑相地面对于足部施加在地面上的作用力的反作用力。

2.6

骨盆倾斜(额状面)　pelvic obliquity

骨盆在额状面上的对线出现向上或向下的移动。

2.7

骨盆旋转　pelvic rotation

骨盆在水平面上的对线出现向前或向后的移动。

2.8

骨盆倾斜(矢状面)　pelvic tilt

骨盆在矢状面上的对线出现前部或后部的移动。

2.9

单支撑　single support

步态周期中只有单侧下肢着地的阶段。

2.10

支撑相　stance phase

步态周期中下肢着地的阶段。

注：支撑相细分为5个周期（见2.10.1～2.10.5）。

2.10.1

着地初期　initial contact

足跟着地瞬间开始至膝关节出现屈曲并且踝关节跖屈结束，是支撑相的一个分支期。

2.10.2

承重反应期　loading response

足部着地初期开始至全足着地结束，是支撑相的一个分支期。

2.10.3

支撑中期　mid-stance

对侧进入摆动相开始至足跟离地结束，是支撑相的一个分支期。

2.10.4

支撑末期　terminal stance

足跟离地开始至对侧下肢着地初期结束，是支撑相的一个分支期。

2.10.5

预摆动期　pre-swing

对侧足部着地初期开始至足部完全离地结束，是支撑相的最后一个分支期。

2.11

步长　step length

一侧足部着地初期的点至对侧足部着地初期的点间连续一步的长度（行进线上测得），单位为m。

2.12

步幅　stride length

同侧足部从着地初期的点到下一个步态周期着地初期点间的距离，单位m。

2.13

摆动相　swing phase

步态周期中足部不着地的阶段。

注：摆动相细分为3个分支期（见2.13.1～2.13.3）。

2.13.1

摆动初期　initial swing

足部离地开始至下肢达到最大膝屈曲结束，是摆动相的一个分支期。

2.13.2

摆动中期　mid-swing

膝关节开始伸展至髋关节达到最大屈曲结束，是摆动相的一个分支期。

2.13.3

摆动末期　terminal swing

髋关节达到最大屈曲开始至足部着地初期结束，是摆动相的一个分支期。

2.14

足摆动　the (three) foot rockers

描述踝足支撑相动作的方法。

2.14.1

足摆动初期　first rocker

足部着地初期开始至承重反应期结束的大约在步态周期的 0%～10%的步态分支期。

注 1：目的是为了减震。

注 2：足摆动初期中，踝在胫前肌群离心控制下，以足跟为支点进行跖屈。

2.14.2

足摆动中期　second rocker

在大约步态周期的 10%～30%出现，与支撑中期一致的步态分支期。

注 1：目的是控制地面反作用力相对于上述肢体关节的位置。

注 2：足摆动中期中，以踝关节中心作为支点，在踝跖屈肌群的离心控制下，胫骨向前移动。

2.14.3

足摆动末期　third rocker

足跟离地开始至足部完全离地结束，大约在步态周期的 30%～60%的步态分支期。

注 1：目的是为了给下肢加速，为进入摆动相做准备。

注 2：足摆动末期中，踝跖屈肌群向心收缩下，足部在跖骨头提供的支点上方转动。

2.15

步行基数　walking base

步宽　step width

垂直于行进线的两足跟中心间的距离。

2.16

步速　walking speed

行进线上人体线性运动平均速率，单位为 m/s。

3　步态周期分支期的描述

3.1　总则

除非第 2 章有特殊说明，步态周期每个分支期骨盆及下肢运动的描述采用参考文献[1]的术语，见 3.2～3.9。

注 1：运动的主要模式出现在矢状面，然而额状面和水平面也出现重要运动模式。

注 2：足部着地初期后每个分支期时间都用占步态周期百分比的形式表示。

注 3：所有关节及身体各部分的角度和分支期持续时间都取近似值。

注 4：描述的骨盆位置和运动指同侧。

注 5：术语“最大”、“最小”指步态周期中关节达到的位置，而不是关节运动的范围。

3.2　着地初期——处于步态周期的 0%～2%

应描述如下：

a)　矢状面：

在此分支期内，骨盆前倾 5°，髋关节屈曲 25°～30°，膝关节屈曲 0°～5°同时踝关节处在接近中立位的姿势。

b)　额状面：

骨盆和髋关节保持在中立对线位；距下关节旋前至中立对线位。

c)　水平面：

骨盆旋前至最大角度 10°，同时髋关节外旋 10°。

3.3 承重反应期——处于步态周期的2%～10%

应描述如下：

a) 矢状面：

在此分支期内，膝关节屈曲增加至15°，同时踝关节以足跟作为支点跖屈10°～15°，直至全足着地。

注：这个踝关节的运动称为足摆动初期。

b) 额状面：

骨盆向上倾斜5°(对侧向下的结果)同时髋关节内收；膝关节最低限度地增加外展，距下关节旋前5°。

c) 水平面：

骨盆开始旋后，同时髋关节内旋。

3.4 支撑中期——处于步态周期的10%～30%

应描述如下：

a) 矢状面：

在此分支期内，骨盆回到中立对线位，髋关节和膝关节伸展至中立位。足部固定不动、放平，踝关节背屈至10°。

注：这个踝关节的运动称为足摆动中期。

b) 额状面：

骨盆回到水平位，髋关节外展，距下关节进一步旋前。

c) 水平面：

骨盆继续旋后至中立对线位，同时髋关节内旋至中立位。

3.5 支撑末期——处于步态周期的30%～50%

应描述如下：

a) 矢状面：

在此分支期末期，骨盆再次前倾5°，髋关节伸展到最大10°～15°，膝关节完全伸展，同时踝关节跖屈至中立位。

b) 额状面：

距下关节回到中立位。

c) 水平面：

骨盆旋后10°，髋关节内旋5°～10°。

3.6 预摆动期——处于步态周期的50%～60%

应描述如下：

a) 矢状面：

在此分支期内，髋关节从最大伸展位移动至中立位，膝关节屈曲至30°～35°，踝关节跖屈至20°。

注：支撑末期至预摆动期间，足部在跖骨头上转动动作称为足摆动末期。

b) 额状面：

骨盆向下倾斜5°，髋关节外展，同时距下关节达到最大旋后位。

c) 水平面：

髋关节外旋后，骨盆开始前旋。

3.7 摆动初期——处于步态周期的60%～70%

应描述如下：

a) 矢状面：

在此分支期内，大腿向前达到髋关节屈曲20°，膝关节屈曲达到60°，同时踝关节背屈10°。

b) 额状面：

骨盆开始向上倾斜，距下关节旋前，同时髋关节内收至略微旋后位。

c) 水平面：

骨盆继续前旋，同时髋关节外旋。

3.8 摆动中期——处于步态周期的70%～85%

应描述如下：

a) 矢状面：

在此分支期内，前倾的骨盆回到中立位，髋关节屈曲增至30°，且当膝关节伸展至屈曲30°位置，小腿达到竖直对线位；踝关节背屈至中立位。

b) 额状面：

骨盆、髋关节和距下关节均达到中立对线位。

c) 水平面：

骨盆旋前同时髋关节旋外通过中立对线位。

3.9 摆动末期——处于步态周期的85%～100%

应描述如下：

a) 矢状面：

在这个步态周期最后一分支期内，膝关节完全伸展同时髋关节屈曲受限。

b) 额状面：

骨盆和髋关节保持在中立对线位，距下关节略微旋后。

c) 水平面：

骨盆继续旋前同时髋关节外旋至最大10°。

参 考 文 献

[1] GREENE, W.B. and HECKMANN, J. D. (eds), The Clinical Measurement of Joint Motion, American Academy of Orthopaedic Surgeons, 1994

索　　引

汉语拼音索引

英文对应词索引

ICS 11.180
Y 14

中华人民共和国国家标准

GB/T 30661.2—2014/ISO 16840-2:2007

轮椅车座椅 第2部分:维持组织完整性装置的物理和机械特性测定 座垫

Wheelchair seating—Part 2: Determination of physical and mechanical characteristics of devices intended to manage tissue integrity—Seat cushions

(ISO 16840-2:2007,IDT)

2014-12-31 发布 2015-07-01 实施

中华人民共和国国家质量监督检验检疫总局
中国国家标准化管理委员会 发布

前 言

GB/T 30661《轮椅车座椅》由以下部分组成：

——第 1 部分：身体部位、体位及体位支撑面的词汇、基准轴规则和测量；

——第 2 部分：维持组织完整性装置的物理和机械特性测定 座垫；

——第 3 部分：体位支撑装置的静态、冲击和疲劳强度测定；

——第 4 部分：用于机动车上的座椅系统；

…

本部分为 GB/T 30661 的第 2 部分。

本部分按照 GB/T 1.1—2009 给出的规则起草。

本部分使用翻译法等同采用 ISO 16840-2:2007《轮椅车座椅 第 2 部分：维持组织完整性装置的物理和机械特性测定 座垫》。

与本部分中规范性引用的国际文件有一致性对应关系的我国文件如下：

——GB/T 16886.1—2011 医疗器械生物学评价 第 1 部分：风险管理过程中的评价与试验 (ISO 10993-1:2009，IDT)

——GB/T 18029.26—2014 轮椅车 术语(ISO 7176-26:2007，IDT)

——GB/T 24218.8—2010 纺织品 非织造布试验方法 第 8 部分：液体穿透时间的测定(模拟尿液)(ISO 9073-8:1995，MOD)

请注意本文件的某些内容可能涉及专利。本文件的发布机构不承担识别这些专利的责任。

本部分由中华人民共和国民政部提出。

本部分由全国残疾人康复和专用设备标准化技术委员会(SAC/TC 148)归口。

本部分起草单位：国家康复辅具研究中心、国家康复辅具质量监督检验中心、佛山市东方医疗设备厂有限公司、上海互邦医疗器械有限公司。

本部分主要起草人：闫和平、谷慧茹、单新颖、赵次舜、赵键荣、闫伟。

引　言

在康复过程中轮椅车座垫起着重要的作用,通过对轮椅车座垫的选择和适配,改善轮椅车乘坐者的坐姿支撑状态,并有效预防创伤。座垫产品的设计生产是为了满足不同类型和程度的残障者的需求,部分产品如轮椅车座垫,其设计目的在于使有可能发生褥疮及有褥疮的患者维持组织的完整性。

本部分描述的测试,目的在于区分不同座垫间性能的特点,并不适合对座垫进行评比排名,也不适合将这些特性直接对应使用者的需求。其中提及隐含的临床疗效,尚未得到证实,预计在经由临床相关部门登记确认后,再修订本系列标准。本部分主要描述了座垫物理及机械性能的测试方法,本系列标准的其他部分,将规定座垫压力分布及座垫的散热和水蒸气散耗特性。

轮椅车座椅　第2部分:维持组织完整性装置的物理和机械特性测定　座垫

1　范围

GB/T 30661的本部分规定了用于维持组织完整性和预防组织创伤的轮椅车座垫的测试设备、测试方法及信息发布的要求。它不包括座垫阻燃性的要求和测试方法。附录B提供了关于选择阻燃性座垫的建议。本部分没有规范座垫接触面压力分布的特性以及座垫的散热和水蒸气散耗特性，在GB/T 30661将来部分将进一步规范。

本部分适用于用作其他支撑系统的维持组织完整性的装置,同时也适用于轮椅车以外的座垫。

2　规范性引用文件

下列文件对于本文件的应用是必不可少的。凡是注日期的引用文件,仅注日期的版本适用于本文件。凡是不注日期的引用文件,其最新版本(包括所有的修改单)适用于本文件。

GB/T 131—2006　产品几何技术规范(GPS)　技术产品文件中表面结构的表示法(ISO 1302:2002,IDT)

GB/T 16886.10—2005　医疗器械生物学评价　第10部分:刺激与迟发型超敏反应试验(ISO 10993-10:2002 IDT)

ISO 554:1976　调节和/或试验用标准大气　规范(Standard atmospheres for conditioning and/or testing—Specifications)

ISO 7176-26　轮椅车　第26部分:术语(Wheelchairs—Part 26:Vocabulary)

ISO 9073-8:1995　纺织品　非织造布试验方法　第8部分:液体穿透时间的测定(模拟尿液)[Textiles—Test methods for nonwovens—Part 8:Determination of liquid strike-through time(simulated urine)]

ISO 10993-1:2003　医疗器械生物学评价　第1部分:风险管理过程中的评价与试验(Biological evaluation of medical devices—Part 1:Evaluation and testing)

ISO 16840-1:2006　轮椅车座椅　第1部分:身体部位、体位及体位支撑面的词汇、基准轴规则和测量(Wheelchair seating—Part 1: Vocabulary, reference axis convention and measures for body segments, posture and postural support surfaces)

GUM:1993　测量不确定度表达指南(Guide to expression of uncertainty in measurement, BIPM, IEC, IFCC, ISO, IUPAC, IUPAP, OIML)

BS 3424-10:1987　织物表面涂层测试方法12A和12B:表面附着力的测定(Testing coated fabrics. Methods 12A and 12B. Determination of surface drag)

ECE Regulation 16　机动车辆用安全带装置及成人约束系统,第3版,附录3,1996年2月27日(Uniform provisions concerning the approval of safety belts and restraint systems for adult occupants of power-driven vehicles, Revision 3, Amendment 3, 27 February 1996)

FMVSS 209　座椅安全带总成(Standard No. 209; Seat Belt Assemblies. Federal Motor Vehicle Safety Standards, 49 CFR part 571.209, 1 October 1992)

3 术语和定义

ISO 7176-26、ISO 16840-1 界定的以及下列术语和定义适用于本文件。

3.1

座垫加载体 cushion loading indenter;CLI

施加压力于座垫、用以确定座垫支撑特性的装置。

注：座垫加载体可包含弹性和硬质的加载部件。

3.2

冲击阻尼硬质加载体 impact damping rigid contoured loading indenter;IDRCLI

对座垫快速施加载荷的一种装置，即测量加载体重量传递给座垫的减速速率，用来确定座垫吸收冲击的能量的能力。

3.3

适形面加载凹陷深度 loaded contour depth

座垫因使用模拟臀部加载的装置施加载荷而产生的适形面凹陷的最大值。

3.4

适形面加载夹具 loaded contour jig;LCJ

用座垫加载体代替坐骨结节和大腿转子对座垫施加载荷，模拟在臀部加载状态下测量座垫下陷性能和贴合性能的工具。

3.5

过载挠曲 overload deflection

33%超额载荷情况下所产生的额外挠曲。

3.6

硬质座垫加载体 rigid cushion loading indenter;RCLI

具有硬质成型外表面的座垫加载体。

3.7

滑动性 sliding tendency

量化座垫加载体(CLI)滑离座垫的特性。

注：测量值受座垫加载体 CLI(3.1)和座垫的摩擦特性以及座垫表面几何形状的影响。

4 符号

下列符号适用于本文件。

a ——加速度(单位：m/s^2)；

l ——总长度(单位：mm)；

t ——记录时间[相关单位：秒(s)，天(d)]；

h_{th} ——座垫厚度(单位：mm)。

5 设备

5.1 加载装置

在座垫上施加一垂直载荷 830 N 且与硬质座垫加载体(RCLI)参考平面的位置精度为±1 mm 的装置，如图 1 所示，可使加载装置在整个测试过程中维持在垂直于相对参考面的状态。

a) 如图 A.1 所示,加载位置应位于表 A.1 中的硬质座垫加载体(RCLI)参考平面的中间线上,加载力的范围为 0～830 N。

注:加载精度要求在每个测试方法中都有具体规定。

b) 座垫支撑在硬质水平面上,使座垫底部不因加载而产生弯曲。

5.2 硬质座垫加载体(RCLI)

具有硬质外表面轮廓,对座垫施加载荷的装置,应符合以下规定:

a) 用硬质材料加工而成,如木材或玻璃纤维;

b) 符合表 A.1 规定的尺寸。

注:详细的构造/组装资料见附录 A。

5.3 冲击阻尼硬质加载体(IDRCLI)

在硬质座垫加载体(RCLI)上加质量均匀分布的(500±10)N 的力,在 5.6 b)规定的参考平面上安装有加速计,以测量加载体瞬间加载于座垫时的减速情况。

5.4 加载装置

可对适形面加载夹具施加载荷值在 0～(180±5)N 的装置。

5.5 位移测量仪

在加载期间测量硬质座垫加载体(RCLI)顶部表面位移的装置,测量范围在 0～200 mm 之间,精确度为±1 mm。

5.6 冲击阻尼装置

测量施加在座垫上冲击载荷损耗的装置。

a) 缓冲装置的外壳类似于硬质加载体(RCLI)的外轮廓。将金属球倒入硬质加载体(RCLI)的底部,然后将金属球胶合或熔化后制成一总质量为(500±10)N 的冲击阻尼硬质加载体(IDRCLI)。

注:金属球也可用铅弹代替。

b) 如图 2 所示,使用冲击阻尼硬质加载体(IDRCLI)在座垫上施加一冲击载荷。

c) 至少能记录在一个轴向的加速情况,抗混叠滤波器频率响应范围至少在 0～200 Hz 之间,其位置应在冲击阻尼硬质加载体顶部表面中线距后方边缘(127±25)mm 处,测量从 0～10 m/s^2 垂直冲击阻尼硬质加载体表面的加速度。

d) 包含一硬质平板(胶合板或类似材料)尺寸为(500±10)mm×(500±10)mm×(15±1)mm,铰接一侧边缘,可支撑起座垫、冲击阻尼硬质加载体与水平面呈(10±1)°。

e) 包含两个直径为(25±5)mm、邵氏硬度 A 60 的橡胶支撑柱,将其中心固定于硬质平板距离前缘和侧缘 25 mm 的支撑点,支撑起相对被铰接的一侧,使其在安装橡胶支撑柱后保持水平。

f) 包含一方块用以支撑硬质平板,使其维持相对于水平面为(10±1)°的角度,并可在小于 0.5 s 的时间内被移除,以使硬质平板回归水平位置。

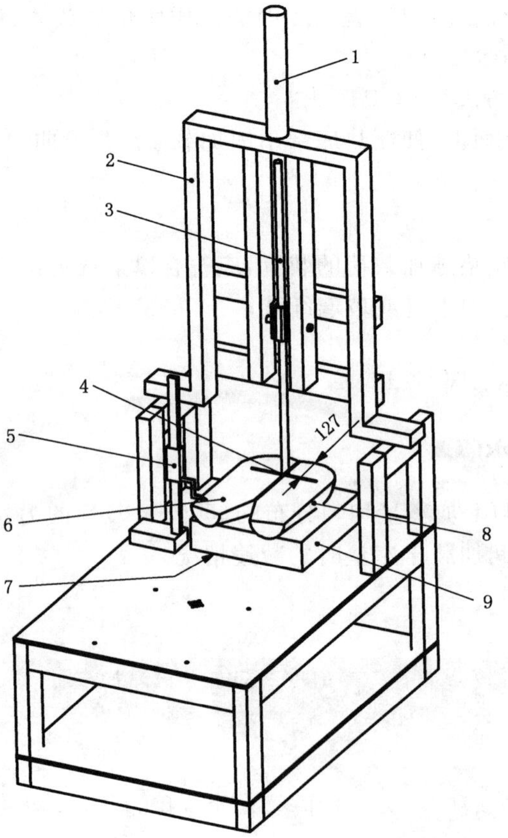

说明:

1——施加载荷的执行机构;

2——框架;

3——实心杆;

4——加载点;

5——位移测量仪;

6——参考面;

7——座垫下的尼龙搭扣约束方式;

8——硬质座垫加载体(RCLI);

9——座垫。

图 1 显示 RCLI 顶部表面的参考面以及位移传感器

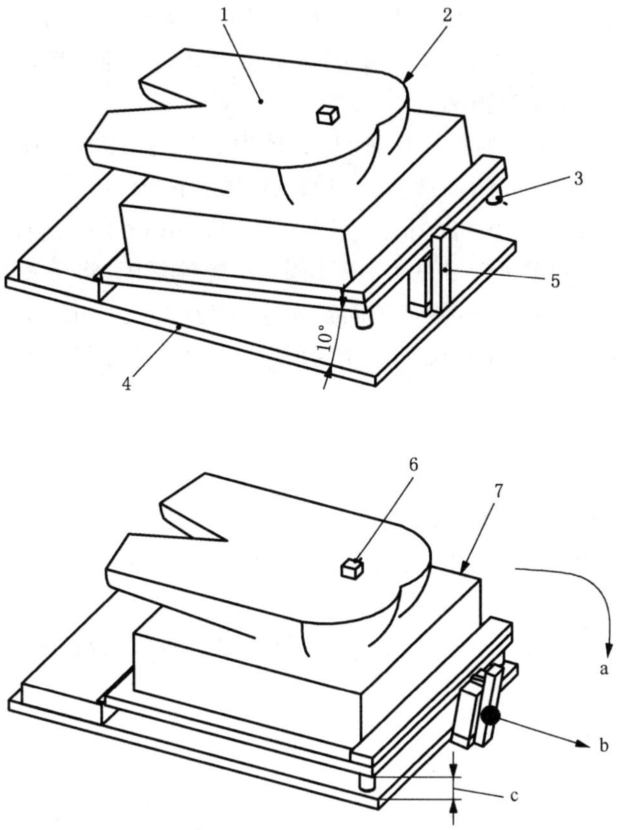

说明：

1——顶面；

2——冲击阻尼硬质加载体 IDRCLI；

3——橡胶支撑柱；

4——硬水平板；

5——支撑方块；

6——加速度计；

7——座垫；

a——跌落方向；

b——拉动方向；

c——硬质平板相互平行。

图 2　冲击阻尼测试装置

5.7　适形面加载夹具（LCJ）

硬质座垫加载体(RCLI)固定于刚性杆的一端,并可在座垫或其他平面上向前或侧向移动的装置,此装置还应满足下列要求：

a)　能容纳附录 A 所示硬质座垫加载体(RCLI)的升降系统。

b)　能承载一绕刚性杆呈半径为 750 mm 弧形摆动,并且在直线支撑装置内垂直自由移动,如图 3 所示。

c)　具有将座垫固定于硬质底座的约束系统。

注 1：沿着座垫底部边缘所设置的约束护栏以及系着绳索的勾子和环状扣条,都是可将座垫固定于测试底座的有效装置。

d) 能在垂直方向施加(500±10)N 的载荷于硬质座垫加载体(RCLI)。

e) 能在直立构件上施加垂直力,作用在座垫的前部和侧部并使硬质加载体 RCLI 以(2±1)mm/s 的速度移动(10±2)mm 的距离。

f) 有两个直径为(50±2)mm 的加载体,两加载体中心距为(120±5)mm,模拟坐骨结节。

g) 有两个直径为(25±1)mm 的加载体,两加载体中心距为(380±10)mm,模拟股骨转子。

h) 宽度(25±1)mm、长度(400±20)mm、厚度(10±0.2)mm 的刚性杆。

i) 如同在 ECE Reg 16 和 FMVSS 209 中所规定,用螺栓紧固,将带宽为(50±2)mm 的带子固定在刚性杆上(395±10)mm 处,使带子固定于直径为(25±1)mm 的加载体与刚性杆之间。此带子应固于刚性杆上并确保其位于直径为(50±1)mm 的加载体上及直径为(25±1)mm 的加载体下。

j) 力加载装置。

k) 位移测量装置。

注 2:若无特别说明,尺寸的允许误差为±5%。

l) 对直立构件施加垂直力使其在座垫上以 5 mm/s 的速度移动。

m) 记录施加于加载体上的力(最低采样率为 200 Hz)。

n) 在直径为(50±2)mm 的圆形压盘上安装位移测量装置,此位移测量装置垂直安装在刚性连接件上。

o) 圆形压盘能垂直移动。

p) 能对座垫施加(3±1)N 的垂直载荷。

q) 将测试垫定位于座垫后边缘前方(125±2)mm 处,同时与座垫中线的距离为(55±2)mm。

注 3:此夹具最好设计成能使圆形压盘放置于座垫表面的其他位置。

6 测试环境

如 ISO 554 所规定,测试环境的温度应在(32±2)℃范围内,湿度在(50±5)%范围内。

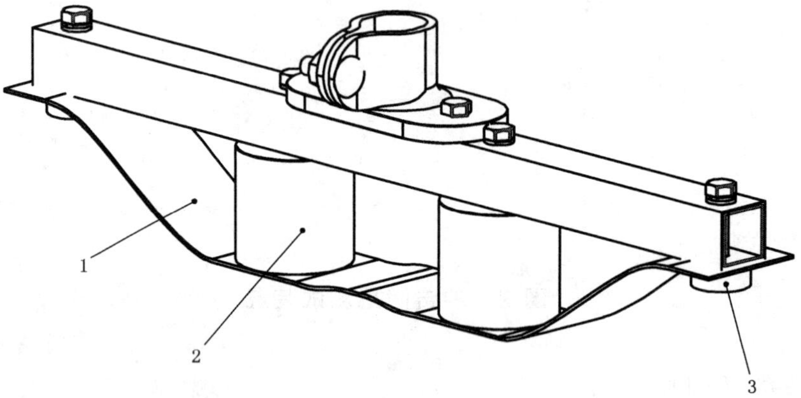

说明:

1——50 mm 的宽边带;

2——50 mm×50 mm 直径的加载体;

3——10 mm×25 mm 直径的加载体。

图 3 由载荷装置和座垫厚度测量装置组成的部件,可固定 RCLI 于刚性轴底端,且使此加载体在平面上往座垫方向移动的装置[见 5.7a)～5.7d)和 5.7l)～5.7q)]

7 测试垫的准备

7.1 测试垫选择

测试未被使用过的样品座垫。如果有座垫套,应确保此座垫套在制造商指定的方位与座垫吻合。

7.2 座垫预调整

按以下步骤进行:

a) 将未加载的座垫置于(23±2)℃的温度及(50±5)%的相对湿度的测试环境至少 12 h;

b) 如果制造商指定,可将座垫调整至适合硬质座垫加载体(RCLI)施加(830±10)N 载荷测试;

c) 用硬质座垫加载体 RCLI 施加(830±10)N 力,施加时间至少 120 s,至多 180 s;

d) 在 120 s 内进行卸载和再次加载;

e) 在 120 s 后,180 s 前卸载;

f) 允许座垫有 5 min~60 min 的恢复时间。

7.3 操作准备

执行座垫测试之前,实施如下步骤:

a) 如果制造商指定,将座垫调整至适合硬质座垫加载体(RCLI)施加(500±10)N 的载荷测试。

b) 如果座垫施加载荷后导致座垫内部填充物有位移,则需重新平铺座垫。

c) 如果制造商指明,该座垫是依照使用者的体型调整的产品,则调整座垫以适合对应的加载体所要进行对应的测试。

d) 允许座垫有 5 min~60 min 的恢复时间。

注:无需在每次重复测试间重新实施操作准备。

8 测试顺序

以任何顺序进行第 9 章到第 17 章中的测试。

9 加载挠曲和迟滞测试

9.1 基本原理

加载挠曲试验可提供座垫回弹性的相关信息。当一使用者坐在座垫上时,座垫会挠曲或发生位移。回弹性是描述座垫能够恢复到变形前形状的程度。因为座垫与人体组织有相互作用力,因此回弹性好未必对人体有益。当使用者以侧靠姿势作业时,弹性好的座垫会在使用者倚靠时将其推回到直立姿势,因为座垫的弹性材料不断恢复为座垫变形前的形状;而弹性较差的座垫,因座垫的材质不会在使用者躯干挺直后恢复平坦,则可令使用者维持倾斜的倚靠姿势。在这种情况下,回弹性具有积极的作用。

加载挠曲试验也可提供座垫迟滞特性的相关信息。迟滞测试是指座垫在循环加载和卸载的周期内能量损失的方式。迟滞现象与冲击阻尼相关(见第 11 章)。有较高迟滞数值的座垫在平铺于硬质表面上或踏下脚步时较容易吸收能量,且不会将冲击能量转移到使用者的身体组织。

9.2 测试方法

a) 根据 7.2 和 7.3 的规定预处理及设置座垫。

b) 使硬质座垫加载体RCLI接触支持座垫的测试表面,将高度测量计归零或调节固定装置加载体部分高度。

c) 将硬质座垫加载体RCLI升高,以便座垫可以放置于装置底部。

d) 将硬质座垫加载体RCLI接触座垫,以便加载体的坐骨结节位置放置在座垫后缘前端(125±25)mm处或与使其置于座垫的同等位置。

e) 施加(8±3)N的初始垂直载荷,持续(120±10)s。

f) 记录此时座垫的高度 h_{8c}。

g) 在10 s内增加载荷,使总载荷达到(250±5)N。

h) 等待(120±10)s,记录此时座垫的高度 h_{250c}。

i) 在10 s内使总载荷达到(500±5)N。

j) 等待(120±10)s,记录此时座垫的高度 h_{500c}。

k) 在10 s内增加载荷,使总载荷达到(750±5)N 。

l) 等待(120±10)s,记录此时座垫的高度 h_{750c}。

m) 在10 s内卸除前一次增加的载荷,使座垫的总载荷为(500±10)N。

n) 等待(120±10)s,记录此时座垫的高度 h_{500u}。

o) 在10 s内卸除部分载荷,使座垫的总载荷为(250±5)N。

p) 等待(120±10)s,记录此时座垫的高度 h_{250u}。

q) 在10 s内卸除部分载荷,使座垫的总载荷为(8±3)N。

r) 等待(120±10)s,记录此时座垫的高度 h_{8u}。

s) 等待(300±10)s使座垫恢复。

t) 重复9.2e)~9.2s)2次,以获得包含增加和减少座垫上载荷的3组数据。

注:当座垫进行连续加载和卸载程序时,挠曲和迟滞测试对负载变化反应较快的座垫特性则定义为具有较好的特性。例如:在一台自动测试设备上同时进行加载及座垫高度测量。测试方法的差异可参考报告要求。

9.3 计算方法

计算方法按下列规定:

a) 平均加载厚度的三组数据

——加载到8 N时的平均压缩厚度 $\overline{h}_{8c}=\dfrac{\sum_{i=1}^{3}h_{8ci}}{3}$

——加载到250 N时的平均压缩厚度 $\overline{h}_{250c}=\dfrac{\sum_{i=1}^{3}h_{250ci}}{3}$

——加载到500 N时的平均压缩厚度 $\overline{h}_{500c}=\dfrac{\sum_{i=1}^{3}h_{500ci}}{3}$

——加载到750 N时的平均压缩厚度 $\overline{h}_{750c}=\dfrac{\sum_{i=1}^{3}h_{750ci}}{3}$

b) 平均卸载厚度

——卸载至500 N时的平均卸载厚度 $\overline{h}_{500u}=\dfrac{\sum_{i=1}^{3}h_{500ui}}{3}$

——卸载至 250 N 时的平均卸载厚度 $\overline{h}_{250u}=\frac{\sum_{i=1}^{3}h_{250ui}}{3}$

——卸载至 8 N 时的平均卸载厚度 $\overline{h}_{8u}=\frac{\sum_{i=1}^{3}h_{8ui}}{3}$

c) 迟滞(回弹性)指数

——加载到 250 N 时迟滞指数$=1-\frac{\overline{h}_{250u}}{\overline{h}_{250c}}$

——加载到 500 N 时迟滞指数$=1-\frac{\overline{h}_{500u}}{\overline{h}_{500c}}$

9.4 检验报告

a) 出具按照 9.3c)计算出的 250 N 和 500 N 的迟滞指数的报告。

b) 绘制按 9.3 a)和 9.3 b)计算出的平均压缩及卸载厚度图表。

10 摩擦特性

10.1 基本原理

有些座垫设计目的是为方便移位,有些则适合承载使用者。本项试验提供了座垫及座垫套的防滑性的指标。

10.2 试验方法

应用 BS 3424-10:1987 中 12A 和 12B 规定的方法。

10.3 检验报告

报告结果的要求在本部分第 16 章中有规定。

11 正常载荷条件下的冲击阻尼

11.1 基本原理

本测试可证明轮椅车座垫具有减少对组织冲击载荷的特性和帮助保持坐姿稳定性的作用。座垫有吸收振动和冲击的能力,并且可以减弱冲击载荷造成的最大压力,例如轮椅车驶下人行道或撞击其他障碍物。冲击阻尼与迟滞现象相关(见第 9 章)。

11.2 测试方法

按 7.2 和 7.3 中的规定,准备座垫并按下列顺序进行测试:

a) 在硬质平板下放置一个支撑方块,使水平测试表面与此硬质平板之间的夹角呈(10±1)°。

b) 将座垫放置于冲击缓冲装置上。

c) 将冲击阻尼硬质加载体(IDRCLI)与座垫接触,使坐骨结节按照制造商要求摆放。

注: 对平坦座垫而言,冲击阻尼硬质加载体 IDRCLI 的坐骨结节位于座垫后缘前方(127±25)mm 处。

d) 开始记录冲击阻尼硬质加载体(IDRCLI)的加速度,为产生与以下范例相符的结果(见图 4),

所使用的加速计应在冲击阻尼硬质加载体(IDRCLI)自由落下期间产生正向信号。

e) 在0.1 s内的时间里抽去支撑方块,使硬质平板下落至水平位置。

f) 在加速度值下降到最大值的1%时停止记录。

g) 每次测试间隔为(300±10)s。

h) 重复11.2 d)~11.2 f)2次,使总测试次数达到3次。

图4给出了典型的测试结果,其中垂直轴代表冲击阻尼硬质加载体(IDRCLI)的加速度,水平轴代表以秒为单位的时间。

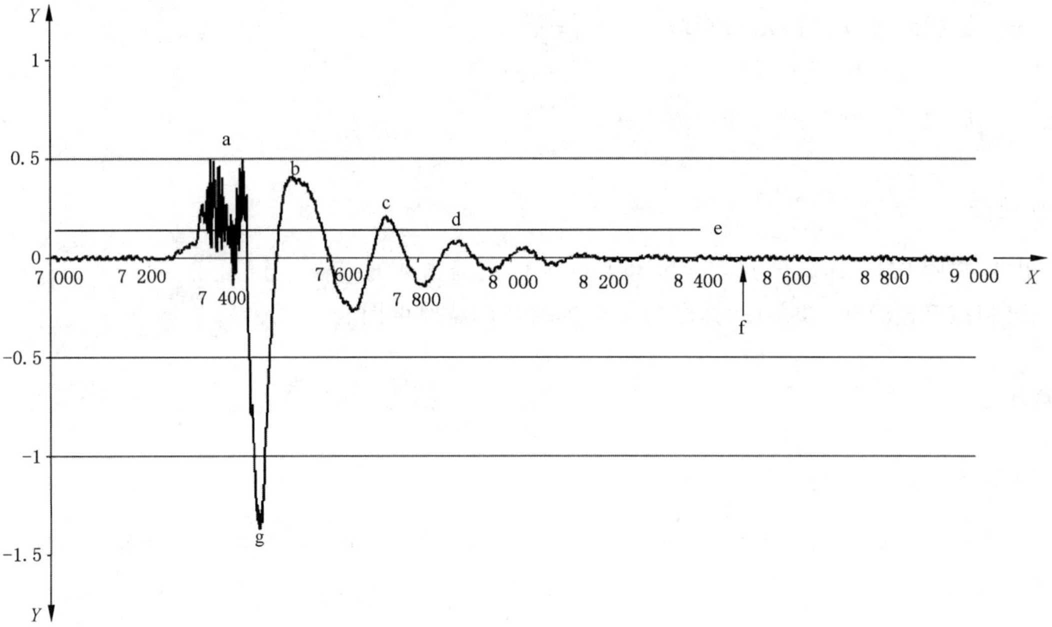

说明:

X——时间(单位为毫秒);

Y——重力加速度;

a——移除块和自由落体;

b——第一次回弹;

c——第二次回弹;

d——第三次回弹;

e——初次峰值的10%;

f——基准线;

g——初次峰值;

注:在这个例子中,加速度的不规则高频信号成分是反映系统振动的典型现象。封包曲线的第一个负峰值可用来计算"初次峰值"振幅及10%的临界值。

图4 冲击阻尼测试的典型结果,以秒为单位的加速图

11.3 计算方法

通过计算下列参数决定座垫的阻尼特性:

a) 大于最大加速度10%的回弹数的平均数 $R_{10\%}$;

b) 相对于基线的最大回弹加速平均值 a_a;

c) 相对于基线的第二峰值回弹加速平均值 a_2;

d) a_2 与 a_a 的比值,以百分比表示。

12 复原性

12.1 基本原理

座垫的复原性是指座垫经一段时间加载后恢复到加载前的形状和尺寸的能力。复原性与座垫的重复承受载荷相关,亦可视为材料疲劳强度指标。GB/T 30661 的后续部分计划研究座垫在使用中性能的变化,例如复原性。此外,一些座垫设计使用黏弹性材料,按使用者的形状以模具成形,这样的座垫需要较长的时间恢复原有的形状。而有些座垫为了配合使用者身体形状使用液体填充材料,这样的座垫需要塑形后才能恢复座垫原有形状。

12.2 测试方法

应按下面的方法进行测试,且在测试期间座垫不应有移动,如果在测量座垫厚度时无法避免,则应在检测报告中注明,并使干扰降至最低:

a) 按 7.2 和 7.3 的规定调整和设置座垫。
b) 将硬质加载体(RCLI)安装在 5.1 所述的加载装置中。
c) 在被测座垫上,标记出坐骨结节参考线,此线与硬质垫加载体(RCLI)坐骨结节的前后位置相一致,使硬质加载体(RCLI)的坐骨结节与座垫相同部分相匹配。如果座垫的适形面未明确规定 IT 的位置,则 IT 线应位于座垫的后边缘(125±2)mm 处。
d) 在被测座垫上,标记出坐骨结节参考点,此点为 12.2c)所定义的 IT 线与平行于中心线并位于硬质加载体(RCLI)上 IT 线一半距离直线的交点。
e) 在不放置座垫的情况下,将座垫厚度测量装置的圆形压盘放于水平面上,并施加(3±1)N 的载荷,记录硬质加载体到参照面的垂直距离,精确到 1 mm,记做垂直距离(尺寸 A)。
f) 将座垫放置在静载荷加载装置上,并使硬质加载体(RCLI)至坐骨结节部分与坐骨结节线对准、硬质加载体(RCLI)的中线与座垫对齐,误差±2 mm。
g) 将座垫厚度测量装置与座垫接触,并使其位于座垫上标出的坐骨结节参考点半径 2 mm 的圆内,施加(3±1)N 的载荷,记录硬质加载体到参照面的垂直距离,精确到 1 mm(尺寸 B)。
h) 在 5 s~10 s 的时间内,以硬质加载体(RCLI)施加(500±10)N 的载荷,并保持(1 200±60)s。
i) 卸除载荷。
j) 在卸除载荷(25±2)s 后,将座垫厚度测量装置与座垫接触,并使其位于座垫上标出的坐骨结节参考点半径 2 mm 的圆内,施加(3±1)N 的载荷,记录硬质加载体到参照面的垂直距离,取整到 1 mm(尺寸 C)。
k) 去掉座垫表面上座垫厚度测量装置的圆形压盘。
l) 卸除载荷(1 200±60)s 后,将座垫厚度测量装置的圆形压盘与座垫接触,并使其位于座垫上标出的坐骨结节参考点半径 2 mm 的圆内,施加(3±1)N 的载荷,记录硬质加载体到参照面的垂直距离,精确到 1 mm(尺寸 D)。
m) 重复 12.2e)~12.2m)2 次,使总次数达到 3 次.每次测试间隔(600±10)s ,测试前按 7.3b)的规定对座垫进行重新设置。

12.3 检验报告

检验报告中除了第 16 章规定所需的信息,还应包含下列信息:

a) 在被测试座垫上坐骨结节参考点相对于中线和座垫后边缘的二维位置;
b) 无论在测试期间座垫是否有位移,均以座垫厚度测量装置进行测量;
c) 在坐骨结节(IT)位置上座垫平均原始厚度($B-A$);

d） 在坐骨结节(IT)位置上 25 s 后厚度相对于原始厚度的平均恢复率：

$$\frac{25\ \text{s后的厚度}}{\text{原始厚度}}=\frac{C-A}{B-A}$$

e） 在坐骨结节(IT)位置上 1 200 s 后厚度相对于原始厚度的平均恢复率：

$$\frac{1\ 200\ \text{s后的厚度}}{\text{原始厚度}}=\frac{D-A}{B-A}$$

13 适形面加载深度和过载挠曲

13.1 基本原理

座垫保持组织完整性的能力与包裹骨盆的能力有关。在发生座垫过载情况前，通过缓冲作用维持使用者在安全界限内也很重要。某些功能动作：如倚靠和取物造成座垫的某个方位产生过载，此类瞬间事件可能超过安全界限。

过载测试是测量在正常载荷测试基础上再增加 33％的超额载荷导致的挠曲变形量。当座垫上所增加的负载并未造成座垫相当于 5 mm 的过载挠曲，则此载荷被视为安全极限载荷。

本测试描述座垫的两个特性：

a） 适形能力，应考虑初始外形及负载后的变形；

b） 座垫在过载情况下的承受力。

13.2 测试方法

a） 按 7.2 和 7.3 的规定调整和设置座垫。

注 1：如果仅做适形面加载深度，测试前的调整(预处理)可按 7.3 的规定以适形面加载夹具完成测试前的准备。

b） 将测试座垫放在平坦的水平面上。

c） 在距座垫后缘(127±25)mm 处，以座垫厚度测量装置施加(1.5±0.5)N 载荷，相对于水平支撑面测量座垫厚度，精确到 1 mm；对于适形座垫，测量其侧边缘厚度，而凸型及平坦座垫则测量其中线处厚度。

d） 重复 13.2c)2 次，使测试总数达 3 次，确定 3 次测量的平均座垫厚度 h，精确到 1 mm。

注 2：为了确保厚度尺寸的一致性，可在测量时使用一块已知厚度的硬质平板，但在记录座垫厚度时必须减去此板的厚度。

图 5 给出了测量位置的示例。

e） 使适形面加载夹具(LCJ)与座垫接触，并使其坐骨结节放置在由制造商规定的位置。

注 3：对平坦座垫而言，适形面加载夹具(LCJ)的坐骨结节的位置位于座垫后缘前向(127±25)mm 处。

f） 施加(135±5)N 的垂直载荷。

g） 在 300 s 后测量从水平支撑面到适形面加载夹具(LCJ)下表面的垂直距离，精确到 1 mm (L_{135})。

h） 增加载荷，使加载变形轮廓夹具(LCJ)上载荷为(180±5)N。

i） 在新增加载荷(60±5)s 后，再次测量从水平支撑面到适形面加载夹具(LCJ)下表面的垂直距离，取整到毫米(L_{180})。

j） 重复 13.2e)～13.2i)2 次，总共测试 3 次，每次测量间隔(300±10)s，测试前按 7.3 的规定重新设置座垫。

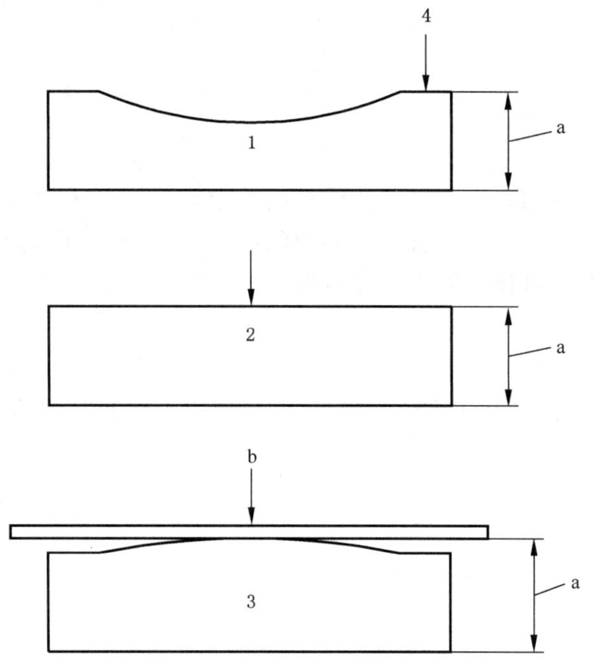

说明：

1——适形座垫；

2——平坦座垫；

3——凸形座垫；

4——外侧缘；

a——未加载厚度；

b——将平板呈水平放置后，测得的支撑面厚度。

图 5　适形座垫和凸形座垫上表面的测量方法

13.3　计算方法

a）用 L_{th} 和 L_{135} 的中值，计算加载后轮廓深度＝$L_{th}-L_{135}$，并记录，精确到 5 mm。

b）用 L_{135} 和 L_{180} 的中值，计算过载深度＝$L_{135}-L_{180}$，并记录，精确到 5 mm。

13.4　检验报告

测试结果的报告要求按照第 16 章的规定。

14　溢水测试

14.1　基本原理

座垫可能接触泄漏的液体或尿液，此测试为确定液体渗透到座垫套所需的时间。

14.2　测试方法

用 ISO 9073-8 规定的方法进行本章的测试。

14.3　检验报告

测试结果的报告要求按照第 16 章的规定。

15 生物相容性

15.1 基本原理

使用者的组织完整性受使用者皮肤与座垫组件间的接触影响。本测试规定了在正常使用中、错误使用或填充物座垫损坏导致皮肤与座垫直接接触的状况下,如何测试座垫组件的生物相容性。本项测试还规定座垫组件与裸露的伤口接触的生物相容性。

15.2 测试方法

用 GB/T 16886.1 和 GB/T 16886.10 中规定可能与使用者皮肤接触的座垫任何部分的测试方法进行测试。

15.3 检验报告

检验结果的报告要求按照第 16 章的规定。

16 检验报告

检验报告包括以下信息:

a) GB/T 30661 本部分的参考;

b) 检测机构的名称及地址;

c) 检验报告签发日期;

d) 座垫制造商的名称及地址;

e) 对测试座垫的描述,包括型号、种类和规格尺寸,若情况允许也要包括系列号,批号及内部跟踪码;

f) 使用的座垫套;

g) 测试座垫的准备,包括设置和调试;

h) 第 9 章到第 15 章规定的测试座垫的性能;

i) 计算和发布在 GUM 所规定的测量不确定;

j) 所有与本部分测试方法的偏离。

17 信息发布要求

制造商应在其说明书中对每个座垫发布以下信息:

a) 对座垫的唯一性描述,包含型号、种类及规格尺寸;

b) 在测试期间使用的座垫套;

c) 座垫和座垫套的制造日期。

附 录 A
（规范性附录）
硬质座垫加载体的锥形几何形状

该硬质座垫加载体（RCLI）是由 Staarink（1995）设计的加载体修改后的版本，是一个以人体轮廓形状为基础且易于加工制造的几何形状体，加载体用锥形和球形的组合体代表人体轮廓曲线。图 A.1 给出了此锥形和球形的组合体的切割方法，表 A.1 给出了组合体的尺寸和切割线的尺寸。

按下列方法完成表 A.1 中尺寸大小的硬质座垫加载体（RCLI）：

a） 加工直径和锥度合适的锥体。

b） 将底部修整为一半球体。

c） 沿平行于锥体另一锥形边的方向进行第一次切割（2）。

d） 沿平行于锥体的长轴方向将锥体对切成两份（3）。

e） 两块（3）形成的零件拼成（4）并粘结在一起。

f） 表面抛光至少达到 N7（按 GB/T 131—2006 的要求，平均表面粗糙度应＜1.7 μm）。

g） 将制成的硬质座垫加载体（RCLI）固定在加载装置上。

注：此硬质座垫加载体（RCLI）是为了模拟成人人体解剖构造。其他人体解剖大小可以通过改变硬质座垫加载体（RCLI）的尺寸和调整作用到其上载荷大小来实现。今后预计将进行其他尺寸的硬质座垫加载体（RCLI）的验证。

图 A.1 硬质座垫加载体（RCLI）组件

表 A.1 锥体和球体尺寸

加载体宽度 mm	加载体长度 mm	加载位置前后尺寸 mm	锥体角度 (°)	锥体第一次切割后圆锥宽度 mm	锥体高度（不含球体） mm	总高（含球体） mm	锥体大端直径 mm	锥体小端直径 mm	锥体边长度 mm
360	500	127	10	180	367	494	254	124	373

注 1：所有允许误差±2 mm。

注 2：硬质座垫加载体(RCLI)是根据图 A.1 所制作的锥体和球体加工而成，而这些总成需要按照表 A.1 塑造出特定形状。

附 录 B
（资料性附录）
阻燃性注意事项

维持组织完整性的轮椅车座垫属于医疗器械。因此轮椅车座垫的特性应符合使用者的医学需求，而不是符合其他应用需求，如家具的阻燃规范。

基于安全方面的考虑，轮椅车座垫不应该燃烧起火并释放出有毒气体伤害到其使用者和附近的人。最近的研究表明，具有阻燃性的轮椅车座垫，尤其是聚氨酯泡沫组件，可以通过添加或改变其化学组成成分使其达到阻燃安全的标准。遗憾的是，这一改进通常是以牺牲材料的舒适度、压力分布和耐用性等特征为代价的。因此，高阻燃性要求对实际使用中优质座垫的设计可能并无贡献，并阻止有用的产品推向市场。

因此，本部分并不包含轮椅车座垫阻燃性的任何测试方法和要求。轮椅车座垫的制造商、购买者和使用者必须在高阻燃性、低舒适性所导致的组织伤害，或低阻燃性所导致的火灾伤害风险间进行取舍。

这可能涉及到降低座垫阻燃特性来实现所需要的预防压力性溃疡的性能。

附　录　C
（资料性附录）
水平和横向刚度

C.1　装置

C.1.1　测量侧部和前部刚度的装置

为一支撑硬质座垫加载体(RCLI)底端的刚性轴，且使此加载体(RCLI)在一个平面上往侧向和前向移动：

a）如附录 A 中描述，可安装硬质座垫加载体(RCLI)的安装系统。

b）使用一可以呈半径 750 mm 弧形摆动的刚性构件，同时可沿一直线自由垂直移动，如图 C.1 所示。

c）设置在硬质底座的固定系统，并设有一固定座垫的工具。

注：沿着座垫底部边缘设置的一个钩子和环形紧固带或限制栏，是一种有效的固定座垫的方法。

d）能对硬质座垫加载体(RCLI)施加(500±10)N 的垂直载荷。

e）能施加垂直力于直立构件，作用于座垫平面的前部与侧部并使座垫以(25±1)mm/s 的速率产生(10±1)mm 位移。

f）能测量施加在硬质座垫加载体(RCLI)上的力。

C.1.2　抗滑力

为一支撑硬质座垫加载体(RCLI)底端的刚性轴，使此加载体(RCLI)在一个平面上向前移动，且符合以下规定：

a）如附录 A 中描述，可容纳安装此硬质座垫加载体(RCLI)的安装系统；

b）使用一可以呈半径 750 mm 弧形摆动的刚性构件，同时可沿一直线自由垂直移动，如图 C.2 所示；

c）设置在硬质底座的固定系统，并设有一固定座垫的工具；

注：沿着座垫底部边缘设置的一个钩子和环形紧固带或限制栏，是一种有效的固定座垫的方法。

d）能对硬质座垫加载体(RCLI)施加(500±10)N 的垂直载荷；

e）使直立构件垂直移动的能力，以 5 mm/s 的速度作用于座垫平面；

f）能记录(最小取样率 200 Hz)施加于加载体的力。

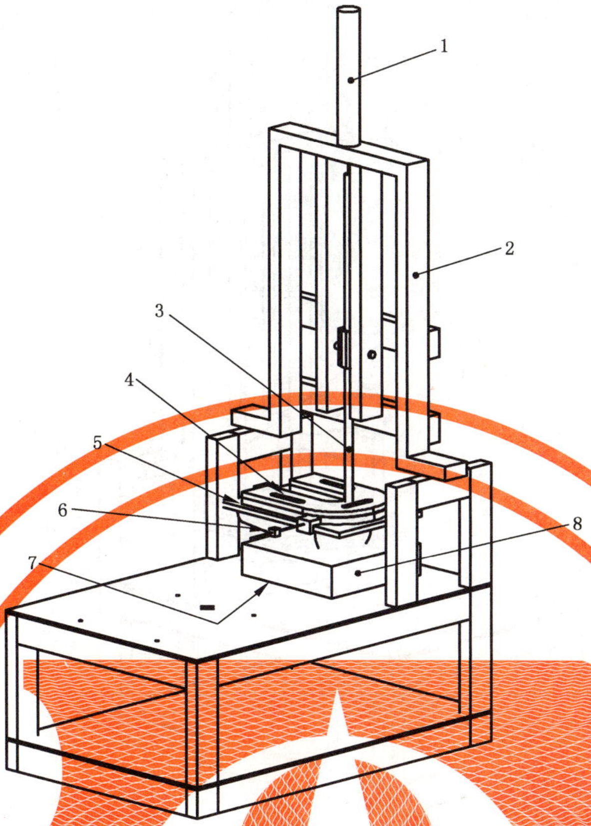

说明：

1——辅助升降气缸；

2——框架；

3——实心连杆；

4——500 N 的载荷；

5——RCLI；

6——力传感器；

7——座垫下的尼龙扣方式约束；

8——座垫。

图 C.1 测量侧部和前部刚度的装置

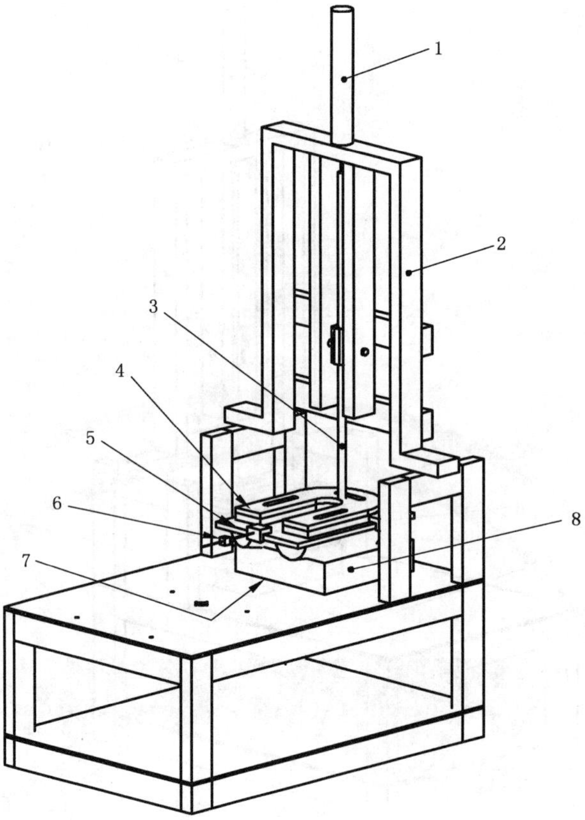

说明：
1——辅助升降气缸；
2——框架；
3——实心杆；
4——500 N的载荷；
5——RCLI；
6——力传感器；
7——在座垫下的尼龙扣约束方式；
8——座垫。

图 C.2　测量抗滑阻力的装置

C.2　侧部和前部刚度

C.2.1　基本原理

侧部和前部刚度的测量，描述了座垫与臀部产生的水平力，导致座垫与皮肤之间产生的微小扰动。依据高剪切应力对皮肤的组织完整性将产生不利因素的理论，座垫的形变特性体现了身体的微小移动引起的水平力对座垫的影响。即使骨盆没有移动，座垫侧部和前部的刚度同样能够影响组织的完整性。能使软组织移动和放松且不产生剪切力的座垫有助于改善组织的完整性。但当水平刚度降低时，座垫的稳定性也会因此而降低。因此，刚度高的座垫较稳定，但会因为微小变化而造成组织变形和产生剪切力。刚度低的座垫不会造成更多的变形及剪切力，但对使用者来说可能稳定性较差。

C.2.2　试验方法

a)　按照7.2和7.3的规定准备测试用座垫。

b) 将硬质座垫加载体(RCLI)侧向和前向刚性装置中,如图 C.1 所示。

c) 将座垫放置于硬质座垫加载体(RCLI)下,使加载体的坐骨结节位于座垫后缘前方(125±25)mm处或对应于座垫的坐骨结节相应部分。

d) 在附录 A 中指定位置施加(500±10)N 的垂直载荷于硬质座垫加载体(RCLI)。

e) 在(60±5)s 内,在侧面产生硬质座垫加载体(RCLI)与座垫之间以(2±1)mm/s 的速度移动(10±2)mm。

f) 记录峰值力。

g) 当维持此位移的同时,在(60±5)s 时记录施加在加载体上的力。

h) 将硬质座垫加载体(RCLI)调整回中间位置。

i) 根据 7.3b)重置座垫并确认座垫没有发生相对位移。

j) 重复步骤 C.2.2c)~C.2.2h)2 次,总共测试 3 次,每次测量间隔(600±10)s。

k) 根据 7.3b)重置座垫。

l) 重置座垫和硬质座垫加载体(RCLI),使其位置在制造商建议的座垫方位,允许向前有(10±1)mm的误差。

m) 施加前向力,重复步骤 C.2.2c)~C.2.2i)。

C.3 抗滑力

C.3.1 基本原理

抗滑力测试反映出轮椅车座垫表面和形状的特性,其重要性在于高抗滑力能帮助使用者维持直立姿势。抗滑力差的座垫将增加使用者在移位时滑出座垫的可能性。人体重力和靠背的合力可能把人推向前并推出座椅。这种滑动性会对座椅功能和压力分布造成不利影响。量化座垫的抗滑力有助于定义座垫在这些方面的使用情况。抗滑力与座垫的摩擦特性相关。

C.3.2 测试方法

a) 按 7.2 和 7.3 的规定准备和安装座垫。

b) 将硬质座垫加载体(RCLI)放置于侧部及前部的刚性装置中,如图 C.2 所示。

c) 将座垫放置在硬质座垫加载体(RCLI)下,使加载体的坐骨结节位于座垫后缘前方(125±25)mm处或对应于座垫的的坐骨结节相应部分。

d) 在附录 A 中指定位置施加(500±10)N 的垂直载荷于硬质座垫加载体(RCLI)。

e) 在(60±5)s 内,施加一水平力使加载体以(5±1)mm/s 速度相对于座垫向前移动。

f) 记录能在加载体与座垫表面造成位移的平均力至最接近 0.5 N 数值,即在力和位移的对应图中,力量瞬间下降前的最大值。

g) 返回 RCLI 中间位置。

h) 根据 7.3b)重置座垫并确认座垫相对于基座没有发生相对位移变化。

i) 重复步骤 C.3.2c)~C.3.2g)2 次,共测量 3 次,测量时间有(600±10)s 的间隔。

参 考 文 献

[1] GB/T 18029.7—2009 轮椅车 第7部分:座位和车轮尺寸的测量

[2] GB/T 18029.8—2008 轮椅车 第8部分:静态强度、冲击强度及疲劳强度的要求和测试方法

[3] GB/T 18029.11—2008 轮椅车 第11部分:测试用假人

[4] GB/T 18029—2000 轮椅车 座(靠)垫阻燃性的要求和测试方法

[5] GB/T 27025—2008 检测和校准实验室能力的通用要求

[6] ISO 554:1976 Standard atmospheres for conditioning and/or testing—Specifications

[7] ISO 10012:2003 Quality asurance for measuring equipment—Part 2: Guidelines for control of measurement processes

[8] ISA S37.8:1995 Specifications and tests for strain gage force transducers

[9] STAARINK, H.A.M.Sitting posture, comfort and pressure.Delft University Press.1995.

ICS 03.080.99
A 20

中华人民共和国国家标准

GB/T 30662—2014

现场招聘会服务规范

Specification for recruitment meeting service

2014-12-31 发布 2015-07-01 实施

中华人民共和国国家质量监督检验检疫总局
中国国家标准化管理委员会 发布

前　言

本标准按照 GB/T 1.1—2009 给出的规则起草。

本标准由中华人民共和国人力资源和社会保障部提出。

本标准由全国人力资源服务标准化技术委员会(SAC/TC 292)归口。

本标准起草单位:中国人才交流协会、全国人才流动中心、北京人力资源服务行业协会、上海市人才服务中心、北京市人才服务中心、四川省人才交流中心、中国南方人才市场、国家电网人才中心、北京市科委人才中心、广东智通人才连锁有限公司。

本标准主要起草人:王玺、鞠洪芬、汪宏飞、成玉欣、王海鲲、李华、饶才敏、王岩、熊义堋、郭卫东、杨阳、黄文新、姜昕。

现场招聘会服务规范

1 范围

本标准规定了举办现场招聘会的服务机构资质、工作人员的配备、场地及设施、服务流程及基本要求、服务要求、服务评价与改进。

本标准适用于人力资源服务机构(以下简称服务机构)开展的现场招聘会服务。

2 术语和定义

下列术语和定义适用于本文件。

2.1

现场招聘会 recruitment meeting

在约定的时间和场地,组织用人单位和求职者进行洽谈、双向选择的人力资源交流活动。现场招聘会包括不定期招聘会和定期招聘会。

2.2

不定期招聘会 irregular recruitment meeting

临时举办的现场招聘会。

2.3

定期招聘会 regular recruitment meeting

周期性现场招聘会。

3 服务机构

3.1 有与开展业务相适应的场所、设施和专职工作人员。

3.2 有适应业务发展需要的规章制度。

4 工作人员的配备

4.1 现场招聘会(以下简称招聘会)现场工作人员应接受岗前培训,熟悉招聘会业务。定期招聘会现场工作岗位宜相对稳定。

4.2 招聘会现场工作人员的数量与招聘展位的数量比例不应低于1∶10。

4.3 不定期招聘会现场应配有医务人员和专业保安人员。

4.4 根据需要,定期招聘会现场宜配有医务人员和专门保安人员。

5 场地及设施

招聘会场地设施应符合下列条件:

a) 场地面积应与招聘会规模相适应,每个展位均摊公共面积不应低于5 m^2;

b) 场地、设施应符合消防安全规范,每个场馆至少有两个安全出入口,安全出入口和安全通道应设置明显的指示标识，通道宽度符合疏散要求，并保证畅通；
c) 配备应急广播、照明设施、消防设施，并确保完好、有效；
d) 有男、女分设的公共卫生间，并有明显标识；
e) 设立安全缓进通道和安全检查设备、设施。

6 服务流程

6.1 拟定计划

6.1.1 定期招聘会应拟定年度计划，内容包括招聘会的周期、类型、时间、地点、规模、参会对象等。
6.1.2 不定期招聘会计划应包括招聘会名称、类型、时间、地点、规模、参会对象等。

6.2 申报

招聘会由一个服务机构单独举办时，该服务机构为主办单位；由两个以上的服务机构举办时，应明确主办单位和协办单位。主办单位应向当地主管部门提交举办招聘会的书面申请及相关材料，经批准后，向公安、消防部门提交申请或备案材料，并服从有关主管部门的指导、监督和检查。

6.3 设立组织机构

设立与招聘会规模相适应的领导机构和工作机构。领导机构负责人应由主办单位法人或法人指定的负责人担任，工作机构应设安全保卫、消防安全、展架设施、会务、票证、餐饮等工作组织。制定管理制度、岗位职责、工作流程及服务规范。

6.4 制定工作方案

6.4.1 制定安全保卫方案，至少包含以下内容：
a) 安全保卫措施；
b) 明确安全保卫负责人，签订各组负责人安全岗位责任书；
c) 遇到紧急情况时的人员疏散措施；
d) 针对老年人才、残障人士等特殊群体的安全防护措施。
6.4.2 制定消防安全方案，至少包含以下内容：
a) 消防安全措施；
b) 确定消防安全责任人和职责分工；
c) 遇到紧急情况时，人员疏散措施。
6.4.3 制定突发事件应急预案：
6.4.3.1 突发事件应急预案，至少包含且不限于以下内容：
a) 出入口及通道出现拥堵时的措施；
b) 参会人员超过预计人数时的措施；
c) 场馆内外人员过多、秩序出现混乱时的措施；
d) 发现可疑人员或物品时的措施；
e) 场馆发生火灾时的措施；
f) 场馆发生停电等紧急情况时的措施。
6.4.3.2 根据需要，宜制定以下突发事件应急预案：
a) 招聘会期间因故中止时的措施；
b) 发生伤病时的救助措施；
c) 预防地区性传染病的措施；

d） 防恐防盗措施；

e） 出现地震等自然灾害时的措施；

f） 出现其他安全隐患时的措施。

6.4.4 制定招展方案和展架及其他设施的施工方案。

6.4.5 制定展位及服务设施分布图：

a） 安全出口、疏散通道；

b） 各展位编号、位置；

c） 会务组、安全保卫组等现场服务部门的位置；

d） 消防设施、卫生间等其他公共设施的位置。

6.4.6 设计制作招聘会所需票证。票证应清晰、易辨。

6.4.7 制定餐饮供应及食品卫生安全方案。

6.5 组织实施

6.5.1 招聘会前

6.5.1.1 制定并发布招聘会广告，内容应包括：

a） 招聘会名称；

b） 招聘会的主办单位、协办单位全称；

c） 招聘会时间、地点；

d） 招聘会内容及参加对象；

e） 招聘会规模；

f） 参会要求及报名办法；

g） 咨询及联系方式；

h） 定期招聘会还应发布周期、专场等信息。

6.5.1.2 征集用人单位，办理参会手续，程序如下：

a） 发布招聘会信息；

b） 邀请用人单位；

c） 审查用人单位资质；

d） 审查招聘信息；

e） 办理参会手续，发放参会证件；

f） 整理用人单位信息，并予以发布。

6.5.1.3 应告知用人单位遵守如下招聘规则：

a） 如实公布单位名称、地址、联系方式以及拟招聘的岗位、数量、条件等信息；

b） 招聘条件不应有歧视性内容；

c） 不应招聘法律法规规定不允许流动的人员；

d） 不应以任何名义向求职者收取费用或要求求职者以其财产、证件作抵押；

e） 未经求职者同意，不应擅自发布、泄露其资料和信息或使用其技术、智力成果等。

6.5.1.4 应检查工作方案落实及布展情况：

a） 协助用人单位布展，解决相关会务问题；

b） 核对用人单位名称及招聘内容；

c） 对招聘会设施进行检查验收；

d） 对安全保卫、消防、应急预案、展架施工、票证制作、餐饮卫生工作方案落实情况进行检查验收；

e） 与餐饮供应商签订食品安全协议。

6.5.1.5 向主管部门报告招聘会筹备及安全、消防工作情况。

6.5.1.6 宜为招聘会投意外保险。

6.5.2 招聘会期间

6.5.2.1 应维持现场秩序，做好会务服务工作。

6.5.2.2 应对招聘活动进行监督管理，受理投诉，提供咨询，维护双方合法权益。

6.5.2.3 密切关注招聘会动向，应与公安、消防等部门保持联系，发现异常及时协调处理。

6.5.2.4 处置突发事件。

6.5.3 招聘会后

6.5.3.1 应对招聘会作出书面总结并上报主管部门备案。

6.5.3.2 应对招聘会的供求信息及招聘结果进行统计。

6.5.3.3 收集相关文件、资料，并整理归档。

6.6 定期招聘会调整

定期招聘会的场地、周期、内容如需调整，应上报主管部门批准后实施。

6.7 招聘会取消或变更

招聘会因故取消或变更，应按以下要求处理：

a） 主办单位应以书面形式向主管部门报送取消或变更招聘会事宜的报告；

b） 在原发布招聘会信息媒体刊登因故取消或变更招聘会的通告；

c） 为用人单位办理善后事宜；

d） 在原定时间、地点张贴因故取消或变更招聘会的通告，并做好现场善后工作。

7 服务要求

7.1 主办单位在征集用人单位参加招聘会时应如实、明确地将招聘会类型、规模、参会对象等招聘会信息告知用人单位。

7.2 招聘会的主办单位、协办单位应按照组织分工、职责要求为用人参会单位和参会人员提供安全有序、热情周到的服务。

7.3 招聘会设置的服务咨询台、会务组、安全组保卫的位置应置于显著位置，服务标识应清晰明显。

7.4 招聘会展位图应置于招聘会入口显著位置。展位图应标明展位分布、通道、紧急疏散通道。

7.5 主办单位应为参会人员提供用人单位的招聘岗位、招聘条件和展位位置等信息。

7.6 现场招聘会应提供紧急情况广播服务。

7.7 安全保卫组人员应在会场内外仔细巡查，引导参会人员有序参会。发现安全、消防问题及时处理。发现可疑人员和可疑物品立即报告并妥善处理。

7.8 招聘会工作人员应认真解答用人单位和参会人员的询问。

8 服务评价与改进

8.1 设立并公布投诉电话、邮箱，及时了解对招聘会的意见和建议，进行客户满意度调查。

8.2 妥善处理客户投诉，制定改进措施。

参 考 文 献

［1］ 人事部、国家工商行政管理总局.人才市场管理规定.2001年9月11日发布 2005年3月22日修订

［2］ 劳动和社会保障部.就业服务与就业管理规定.2007年11月5日

［3］ 大型群众性活动安全管理条例.2007年9月14日 中华人民共和国国务院令第505号

［4］ 人事部.关于规范人才招聘会管理 改进人才招聘服务的通知.2007年6月25日

［5］ 人事部.全国性人才交流会审批办法.2005年11月18日

［6］ 人力资源和社会保障部.人力资源市场招聘会突发事件应急预案.2009年9月20日

［7］ 人力资源和社会保障部.关于进一步加强人力资源市场监管有关工作的通知.2010年1月29日

ICS 03.080.99
A 20

中华人民共和国国家标准

GB/T 30663—2014

人才测评服务业务规范

Specification for personnel assessment service

2014-12-31 发布 2015-07-01 实施

中华人民共和国国家质量监督检验检疫总局
中国国家标准化管理委员会 发布

前　言

本标准按照 GB/T 1.1—2009 给出的规则起草。

本标准由中华人民共和国人力资源和社会保障部提出。

本标准由全国人力资源服务标准化技术委员会(SAC/TC 292)归口。

本标准起草单位:全国人才流动中心、中国人事科学研究院、北京双高人才发展中心、北京首经技术培训中心。

本标准主要起草人:陈军、袁方、马庆霞、杨凡、张再青、董志超、佟亚丽、周永祯、曹磊、李华、朱国成、王瑱、孙超、赵艳。

人才测评服务业务规范

1 范围

本标准规定了人才测评服务的基本要求、服务流程、服务要求及服务评价与改进。

本标准适用于人力资源服务机构(以下简称服务机构)开展的人才测评服务。

2 术语和定义

下列术语和定义适用于本文件。

2.1

人才测评　personnel assessment

通过定性和定量的方法,对受测者的知识、能力和心理特征等进行测量和评价的活动。

2.2

笔试　written test

对受测者掌握相关知识的程度、运用知识解决问题的能力进行测试的方法。

2.3

心理测验　psychological test

根据心理学原理编制人才测评工具,对受测者能力和心理特征进行测量和评价的方法。

2.4

面试　interview

以交流和观察为主要手段,对受测者的知识、能力和个性特征等进行人才测评的方法。

2.4.1

结构化面试　structured interview

试题构成、人才测评要素、评价标准、时间控制、确定评价人员、实施程序和分数统计等各环节,按统一标准进行规范化设计和执行的面试方法。

2.4.2

半结构化面试　semi-structured interview

对人才测评要素、评价标准、确定评价人员、实施程序和部分试题统一要求的基础上,评价人员基于职位胜任特征和受测者特点向受测者追加提问的面试方法。

2.4.3

非结构化面试　unstructured interview

没有既定模式、框架和程序,评价人员基于职位胜任特征和受测者特点向受测者提问的面试方法。

2.5

评价中心技术　assessment center

采用情景模拟方式,综合运用小组讨论测评、文件筐测验、角色扮演、管理游戏、演讲测评等人才测评方法,对受测者的能力和职位胜任特征等进行人才测评的活动。

2.5.1

小组讨论测评　group discussion

受测者围绕给定问题展开讨论并做出结论的人才测评方法。

2.5.2

文件筐测验　in-basket test

受测者在规定时间内对给定的与工作有关的文件、报表、信件、电话记录等资料进行处理的人才测评方法。

2.5.3

角色扮演　role play

受测者在特定情景中通过扮演某一角色来处理问题的人才测评方法。

2.5.4

管理游戏　management game

受测者以游戏的形式,就给定的材料、工具,完成某项以实际任务为基础的模拟活动的人才测评方法。

2.5.5

演讲测评　presentation

受测者在规定时间内,就给定主题独立阐明自己见解和主张的人才测评方法。

2.6

资历评价　biodata measurement

通过分析受测者的个人基本信息、工作经历与业绩等,评价其职位适应性的人才测评方法。

2.7

信度　reliability

人才测评的可靠性或一致性程度。

2.8

效度　validity

人才测评的准确性或有效性程度。

3　基本要求

3.1　服务机构

3.1.1　有与开展业务相适应的场所、设施和专职工作人员。

3.1.2　有适应业务发展需要的规章制度。

3.2　人才测评服务从业人员(以下简称从业人员)基本条件

从业人员应具备以下基本条件:

a)　具有大学专科及以上学历;

b)　持有人力资源服务从业人员证书;

c)　具备心理学、管理学、人力资源管理等相关专业知识;

d)　熟练掌握使用人才测评技术和工具。

3.3　场地及设施

3.3.1　有独立的人才测评场地,环境安静、整洁、宽敞、明亮,通风良好、温度适宜。

3.3.2　应配备电话、计算机、复印机、打印机等。

3.3.3　人才测评场地宜配备音频、视频等设备。

3.4 管理规范

服务机构应有完善的管理规范，内容包括：

a) 人员管理规范；

b) 人才测评项目管理规范；

c) 人才测评命题管理规范；

d) 人才测评项目实施规范；

e) 人才测评工具研发与使用管理规范；

f) 人才测评保密管理规范。

4 服务流程

4.1 接受委托

4.1.1 客户指有人才测评需求的用人单位，以及有人才测评需求的个人。

4.1.2 服务机构了解客户的人才测评需求，包括人才测评目的、对象、要求等。服务机构应向客户出示能够提供人才测评服务的资质证明材料。

4.1.3 服务机构确认客户的相应资质或身份，接受客户委托。

4.2 设计人才测评方案

4.2.1 根据客户的人才测评需求设计人才测评方案，内容应包括：

a) 人才测评要素；

b) 人才测评方法；

c) 人才测评工具；

d) 人才测评时间；

e) 人才测评场地。

人才测评方法包括：笔试、心理测验、结构化面试、半结构化面试、非结构化面试、评价中心技术（包括小组讨论测评、文件筐测验、角色扮演、管理游戏、演讲测评）、资历评价。人才测评方法服务流程见附录A。

4.2.2 人才测评方案内容宜包括胜任特征。

4.3 提交人才测评方案

人才测评方案征求客户意见并确认后，向客户提交。

4.4 签订人才测评项目合同书

服务机构与客户应签订人才测评项目合同书，明确双方权利义务、保密责任、违约及争议处理办法等。

4.5 制定人才测评实施方案

人才测评实施方案内容应包括：

a) 人员配置；

b) 任务分工；

c) 工作日程；

d) 运作程序及要求；

e） 应急预案。

4.6 选择并培训评价人员

4.6.1 根据人才测评需求，选择评价人员。

4.6.2 评价人员应由相关领域专家、服务机构专业人员或用人单位相关人员担任。

4.6.3 对评价人员进行人才测评方法和技术等培训。

4.7 施测准备

施测准备的内容应包括：

a） 人才测评试题；

b） 施测用品；

c） 人才测评场地。

4.8 实施人才测评

根据人才测评方案和人才测评实施方案进行人才测评，人才测评方法的服务流程应符合附录A的要求。

4.9 提交人才测评结果

服务机构应以书面报告形式向客户提交人才测评结果，内容应包括人才测评分数、签字盖章。还宜包括对受测者的评价、管理使用建议等。

4.10 人才测评项目资料归档

归档资料应包括：

a） 受测者名单；

b） 人才测评方案；

c） 人才测评项目合同书；

d） 人才测评试题；

e） 人才测评结果。

5 服务要求

5.1 服务机构应向客户公开服务项目、服务流程、收费标准等信息。

5.2 服务机构应建立明确的投诉处理流程，并向客户公开。

5.3 服务机构应对客户信息及受测者信息和人才测评结果等保密。

5.4 服务机构使用的人才测评工具信度与效度应达到心理测量要求。

5.5 服务机构应如实、客观地向客户提交人才测评结果。

5.6 服务机构应及时处理客户反馈的问题。

5.7 从业人员着装应端庄、大方、整洁。

5.8 从业人员应规范用语，保持热情的服务态度。

5.9 从业人员应按照服务流程和服务标准实施人才测评。

5.10 从业人员应对人才测评方案、试题、工具、结果和受测者及客户信息等保密。

5.11 评价人员应根据人才测评要求客观、公正地评价受测者。

6 服务评价与改进

6.1 通过问卷调查、信息网络、电话调查或面谈等方式，征求客户意见，改进服务质量。调查的内容宜包括：

a) 对人才测评方法、试题的评价；

b) 人才测评结果的使用情况；

c) 对人才测评服务的改进意见。

6.2 对人才测评结果进行跟踪调查，总结经验，完善人才测评技术和工具，不断提高信度与效度，改进人才测评服务质量。

6.3 服务机构应及时、妥善处理客户或受测者投诉。

附 录 A
（规范性附录）
人才测评方法的服务流程

根据客户人才测评需求，选择以下一种或几种人才测评方法对受测者进行人才测评。

A.1 笔试服务流程

A.1.1 进行职位分析，确定人才测评要素和试卷结构。

A.1.2 编制试题，制定评分标准。

A.1.3 施测准备：

a） 准备试卷和施测用品。

b） 布置人才测评场地和相关的办公场地，人才测评场地标识清晰、座位安排合理。

c） 发放准考证。

A.1.4 实施测试：

a） 确认受测者身份，核对准考证，宣布规则；

b） 分发试卷；

c） 受测者作答；

d） 回收并密封试卷。

A.1.5 评卷：

a） 试评；

b） 修订评分标准；

c） 正式评卷；

d） 复评；

e） 抽查。

A.1.6 统计分数，提交人才测评结果。

A.2 心理测验服务流程

A.2.1 根据人才测评目的，选择恰当的人才测评工具。

A.2.2 施测准备：

a） 准备测验题本、答题卡、测验指导语或计算机及相关软件等，测验指导语应简明、清晰、易懂且有礼貌；

b） 布置人才测评场地。

A.2.3 实施测验：

a） 提供测验题本和指导语；

b） 受测者按照测验要求作答；

c） 按照测验手册规定回答受测者问题；

d） 回收测验题本和答题卡。

A.2.4 数据处理并提交评价报告。数据处理和结果解释应遵照测验手册要求，评价报告内容应通俗易懂。

A.3 结构化面试服务流程

A.3.1 进行职位分析,确定人才测评要素,设计评分表。

A.3.2 编制试题。试题应附评分参考。

A.3.3 对评价人员进行培训。

A.3.4 施测准备:

a) 准备面试资料和施测用品;

b) 布置人才测评场地,包括面试室和候考室。

A.3.5 实施面试:

a) 确认受测者身份,确定面试顺序,宣布规则;

b) 受测者入场,宣读指导语;

c) 提问,受测者回答问题,评价人员进行评分。

A.3.6 统计分数,提交人才测评结果。

A.4 半结构化面试服务流程

A.4.1 进行职位分析,确定人才测评要素,设计评分表。

A.4.2 编制试题。试题应附评分参考。

A.4.3 对评价人员进行培训。

A.4.4 施测准备。面试施测准备参考 A.3.4。

A.4.5 实施面试。面试实施流程参考 A.3.5。

A.4.6 提交人才测评结果。

A.5 非结构化面试服务流程

A.5.1 进行职位分析,确定人才测评要素,设计评分表。

A.5.2 对评价人员进行培训。

A.5.3 施测准备。面试施测准备参考 A.3.4。

A.5.4 实施面试。面试实施流程参考 A.3.5。

A.5.5 提交人才测评结果。

A.6 小组讨论人才测评服务流程

A.6.1 进行职位分析,确定人才测评要素和观察要点,设计评分表。

A.6.2 编制讨论试题。试题内容应包括指导语、讨论材料和讨论步骤。

A.6.3 对评价人员进行培训。

A.6.4 施测准备:

a) 准备讨论题本、评分表和施测用品;

b) 布置人才测评场地,受测者座位以环形或 U 形摆放,评价人员的位置以便于观察为宜。

A.6.5 实施测试:

a) 确认受测者身份,宣布规则;

b) 将受测者分组,每组宜为 5～7 人;

c) 发放讨论资料；

d) 受测者按给定的时间准备，自由讨论，小组总结陈述，评价人员进行评分。

A.6.6 统计分数，提交人才测评结果。

A.7 文件筐测验服务流程

A.7.1 进行职位分析，确定人才测评要素，设计评分表。

A.7.2 编制测验材料。

A.7.3 对评价人员进行培训。

A.7.4 施测准备：

a) 准备测验材料、答题册、指导语等；

b) 布置人才测评场地。

A.7.5 实施测试：

a) 确认受测者身份，宣布规则，发放测验材料和答题册，宣读指导语；

b) 受测者在给定时间内完成规定的任务；

c) 收回测验材料和答题册。

A.7.6 结果评价：

a) 试评；

b) 修订评分标准；

c) 正式评卷；

d) 复评。

A.7.7 统计分数，提交人才测评结果。

A.8 角色扮演服务流程

A.8.1 进行职位分析，确定人才测评要素，设计评分表。

A.8.2 设计角色情景。

A.8.3 对评价人员进行培训。

A.8.4 施测准备：

a) 准备相关材料和用品；

b) 布置人才测评场地，评价人员的位置以便于观察为宜。

A.8.5 实施测试：

a) 确认受测者身份，宣布规则，说明角色要求；

b) 宣读指导语，受测者在给定时间内完成规定的任务，评价人员进行评分。

A.8.6 统计分数，提交人才测评结果。

A.9 管理游戏服务流程

A.9.1 进行职位分析，确定人才测评要素，设计评分方式。

A.9.2 设计管理游戏。

A.9.3 对评价人员进行培训。

A.9.4 施测准备：

a) 准备相关材料和用品；

b） 按游戏需要布置人才测评场地，评价人员的位置以便于观察为宜。

A.9.5 实施测试：

a） 确认受测者身份，宣布规则，发放管理游戏相关用品；

b） 受测者进行管理游戏，评价人员进行评分。

A.9.6 统计分数，提交人才测评结果。

A.10 演讲人才测评服务流程

A.10.1 进行职位分析，确定人才测评要素，设计评分表。

A.10.2 设计演讲题目。

A.10.3 对评价人员进行培训。

A.10.4 施测准备：

a） 准备演讲题目、评分表和施测用品；

b） 布置人才测评场地，评价人员的位置以便于观察为宜。

A.10.5 实施测试：

a） 确认受测者身份，宣布规则，发放演讲题目；

b） 宣读指导语，受测者演讲，评价人员进行评分。

A.10.6 统计分数，提交人才测评结果。

A.11 资历评价服务流程

A.11.1 进行职位分析，确定评价的具体内容与指标。

A.11.2 编制资历评价表，确定评分权重和评分方法。

A.11.3 小范围试用，对所得结果进行评估，修订资历评价表。

A.11.4 收集受测者资历信息，信息应真实、全面。

A.11.5 对评价人员进行培训。

A.11.6 评价人员进行评分。

A.11.7 统计分数，提交人才测评结果。

参 考 文 献

[1] DuaneP.Schultz.工业与组织心理学.时勘,译.北京:中国轻工业出版社.2004.
[2] 郑日昌.心理测验与评估.北京:高等教育出版社.2005.
[3] 胡月星,梁康.现代领导人才测评.北京:国家行政学院出版社.2004.
[4] 赵洪俊.中国领导人才能力测评技术参考手册.北京:新华出版社.2006.
[5] 中国心理学会.心理测验管理条例.2008.
[6] 中国心理学会.心理测验工作者职业道德规范.2008.

ICS 13.300;13.020
A 80

中华人民共和国国家标准

GB/T 30664—2014

化学品　两栖动物变态试验

Chemicals—Amphibian metamorphosis assay

2014-12-31 发布　　2015-04-30 实施

中华人民共和国国家质量监督检验检疫总局
中国国家标准化管理委员会　发布

前　言

本标准按照 GB/T 1.1—2009 给出的规则起草。

本标准与经济合作与发展组织(OECD)化学品测试导则 No. 231(2009 年)《两栖动物变态测试评价》(英文版)技术内容一致。

本标准由全国危险化学品管理标准化技术委员会(SAC/TC 251)提出并归口。

本标准起草单位:中国检验检疫科学研究院、中国科学研究院生态环境研究中心。

本标准主要起草人:程艳、秦占芬、崔媛、陈会明、李晞、张银凤、谢文平。

化学品 两栖动物变态试验

1 范围

本标准规定了化学品两栖动物变态试验的方法原理、方法说明、试验步骤、数据和报告。

本标准适用于化学品两栖动物变态测试。

2 规范性引用文件

下列文件对于本文件的应用是必不可少的。凡是注日期的引用文件，仅注日期的版本适用于本文件。凡是不注日期的引用文件，其最新版本(包括所有的修改单)适用于本文件。

ASTM E729 用鱼类、大型无脊椎动物和两栖类动物进行受试材料急性毒性试验的标准指南(Standard guide for conducting acute toxicity tests on test materials with fishes, macroinvertebrates, and amphibians)

ASTM E1439 非洲爪蟾胚胎致畸试验的标准指南(FETAX)[Standard guide for conducting the frog embryo teratogenesis assay—*Xenopus* (FETAX)]

Nieuwkoop PD, Faber J 非洲爪蟾生长发育表(Normal table of *Xenopus laevis*)

3 缩略语

下列缩略语适用于本文件。

AMA：两栖类变态试验(amphibian metamorphosis assay)。

HPT：下丘脑-垂体-甲状腺(hypothalamic-pituitary-thyroid)。

SVL：口至泄殖孔的长度(snout to vent length)。

hCG：人绒毛膜促性腺激素(human chorionic gonadotropin)。

DO：溶解氧(dissolved oxygen)。

MTC：最大耐受浓度(maximum tolerated concentration)。

LC_{50}：半数致死浓度(lethal concentration 50)。

TSH：促甲状腺激素(thyroid stimulating hormone)。

HLL：后肢长度(hind limb length)。

OECD：经济合作与发展组织(organisation for economic co-operation and development)。

NF：Nieuwkoop PD, Faber J (1994)中对非洲爪蟾正常发育的形态学标准发育阶段分级(Nieuwkoop and Faber)。

4 方法原理

4.1 AMA 是一项筛选试验，其用途是凭经验鉴别可能会干扰 HPT 轴正常功能的物质。在 HPT 轴保守的结构和机能的范围内，AMA 代表了一种广义的脊椎动物模型方法。这是一项重要的试验，因为两栖类变态是一个研究较为成熟的、甲状腺依赖性的过程，该过程对 HPT 轴内的活性物质有应答，并且这是目前唯一的检测形态学发育中动物甲状腺活性的试验。

4.2 试验设计一般是将51阶段的非洲爪蟾蝌蚪暴露于至少3种不同浓度的受试化学品和稀释用水(对照)中21天。每种试验处理设4个平行。试验开始时所有处理组的蝌蚪密度都是每个试验缸20只蝌蚪。观察终点是HLL、SVL、发育阶段、湿体重、甲状腺组织学和每日死亡率。

5 方法说明

5.1 试验物种

非洲爪蟾在全世界的实验室里都可以常规培养,也可以通过商业渠道获得。全年均可通过注射hCG诱导使该物种繁殖,并且获得的蝌蚪一般可大量饲养到所选择的发育阶段,用于阶段特异性试验。该试验使用的蝌蚪最好是来源于内部成体。虽然不是首选方法,但也可以将卵或胚胎运到进行试验的实验室使其适应新的环境;但不能运送蝌蚪用于试验。

5.2 设备和用品

进行本试验需要以下设备和用品:

a) 暴露系统(见5.4);
b) 玻璃或不锈钢材质的鱼缸(见5.4);
c) 饲育缸;
d) 温度控制装置[如:加热器或制冷器(可以调节到22 ℃± 1 ℃)];
e) 温度计;
f) 双目解剖显微镜;
g) 分辨率至少为4百万像素并有微距功能的数码照相机;
h) 图像数字化软件;
i) Petri培养皿(如100 mm×15 mm)或大小相近的透明塑料盒;
j) 分析天平,精确到3位小数(mg);
k) 溶氧计;
l) pH计;
m) 光强计,能以lx为单位;
n) 其他实验室用玻璃器具和工具;
o) 可调式移液器(10 μL～5 000 μL)或各种大小相当的吸量管;
p) 足量的受试化学品,最好为同一个批号;
q) 适用于受试化学品的分析仪器,或将分析服务外包。

5.3 化学品可检测性

AMA的试验基础是采用流水试验方案,即通过流水系统将受试化学品引入试验容器。但是,流水法则导致受试化学品的类型受到化学品理化特性的限制。因此在使用该方案前,需了解受试化学品是否可以进行相关测试的基础信息,并参见OECD难于进行测试的物质和混合物水生毒性检测的指导文件[1)]。表明化学品可能难以在水生系统中测试的特性包括:辛醇水分配系数($\lg K_{ow}$)高、挥发性强、容易水解以及在实验室环境光照条件下容易光解。根据具体情况可能还需要考虑其他因素。如果该化学品不能使用流水系统进行试验,可以采用半静态式系统。如果这两种系统都无法测试该化学品,则不采用该试验方案。

---

1) 参见参考文献[1]。

5.4 暴露系统

在可能的情况下，流水式系统与半静态系统相比，首选前者。如果受试化学品的物理和/或化学性质不适用流水式系统，可以选用其他暴露系统（如半静态系统）。该暴露系统包括玻璃、不锈钢和/或聚四氟乙烯等接触水的组成部分。但在不影响研究效果的情况下也可以采用合适的塑料。暴露缸是玻璃或者不锈钢材质的鱼缸，带有储水塔，容积约为 4.0 L ～ 10.0 L，水深最少为 10 cm ～ 15 cm。该系统需能支持所有的暴露浓度和一个对照，每种处理设 4 个平行。考虑到试验动物条件的维持和化学品暴露，塔向每个缸的流速恒定（如 25 mL/min）。为了减少潜在的位置效应，包括温度、光强度等轻微差异，处理缸随机分配至暴露系统中的一个位置。使用荧光灯，光周期为 12 h 光照：12 h 黑暗，水表面处的光强度范围为 600 lx ～ 2 000 lx（lm/m^2）。每个试验缸的水温维持在 22 ℃± 1 ℃，pH 保持在6.5～8.5，DO 浓度大于 3.5 mg/L（大于空气饱和的 40%）。至少每周测一次水温、pH 和 DO；至少连续测量一个试验容器的温度。附录 A 中列出了执行该方案的试验条件。更多关于建立流水式暴露系统和/或半静态系统的信息，见 ASTM E729 以及常见的水生毒性试验测试。

5.5 水质

只要是当地可用的（如泉水或经活性炭过滤的自来水）并能使非洲爪蟾蝌蚪正常生长发育的水都可以使用。不同地区的水质可能存在较大差异，尤其是当没有使用这种水来饲养爪蟾的历史数据时，需进行水质分析。特别注意水中不得含铜、氯和氯胺，这些物质对非洲爪蟾和蝌蚪有毒。进一步建议分析水中氟化物、高氯酸盐和氯酸盐（饮用水消毒的副产物）的背景水平，因为这些阴离子都是甲状腺碘运载蛋白的底物，任何一种阴离子水平升高都可能混淆研究结果。在试验前进行分析，正常情况下试验用水不得含这些阴离子。

5.6 试验用水中的碘化物浓度

为了让甲状腺合成甲状腺激素，蝌蚪需能从水和食物中获得足够的碘化物。目前尚没有关于最低碘化物浓度的经验指南。但碘化物的摄入可能会影响甲状腺系统对甲状腺活性物质的反应性，并且已知摄入碘化物可调节甲状腺的基础活性，这是解释甲状腺组织病理学结果时值得注意的一点。因此需报告试验用水中测得的碘化物浓度。根据验证研究的可用数据，已证明当试验用水的碘化物（I^-）浓度在 0.5 μg/L ～ 10 μg/L 时该试验方案效果良好。理想情况下，试验用水的最低碘化物浓度为 0.5 μg/L。如果试验用水是由去离子水配制的，需添加碘，使最低浓度达到 0.5 μg/L。报告中应注明试验用水的碘或其他盐类添加情况。

5.7 动物饲养

5.7.1 成体饲育

成体饲育按照标准指南 ASTM E1439 进行，更多信息可参见 FETAX 标准指南。这类标准指南提供了一个适当的饲育方法范例，但不要求严格遵守。为了诱导育种，给成对（3 对 ～ 5 对）的成年雌性和雄性蛙注射 hCG。雌性和雄性样本分别约注射溶解于 0.6 % ～ 0.9 %盐水的 800 IU ～ 1 000 IU、600 IU ～ 800 IU 的 hCG。为了促进抱对，将育种的成对样本置于大缸中，在静态条件下，不受打扰。每个育种缸底部有一个不锈钢或塑料做的网格，可以让卵团落到缸底。傍晚时注射的蛙通常在第二天上午时产卵最多。当足够数量的卵产出并受精后，将成体蛙从育种缸中取走。

5.7.2 蝌蚪饲养和选择

5.7.2.1 将成体蛙取出育种缸后，收集卵，并用所有育种缸中胚胎的一个代表性亚群来评价存活力。根据胚胎存活力以及是否有足够数量的胚胎(最少 1 500)来保留最好的卵(建议留 2 个 ～ 3 个，以评价卵的质量)。研究中使用的所有试验动物都需来源于单次产卵(即卵不得混合)。将胚胎转移到大的平皿或培养皿中，见标准指南 ASTM E729 中的定义，用移液器或药用滴管将明显死亡或异常的卵吸出。从 3 个卵中挑选 1 个健全的胚胎，转移到 3 个单独的孵化缸中。4 天后，根据存活力和孵化成功情况选出最佳孵化卵，将孵化的蝌蚪转移到适当数量的饲养缸中，温度为 22 ℃± 1 ℃。将另外一些蝌蚪放到其他的缸中，以便在第一周饲养缸中出现死亡个体时作为替补。这样可保持试验动物密度一致，从而减少单卵群内的发育分化。每天用虹吸管将所有饲养缸清理干净。操作时需注意最好戴塑料手套或丁腈手套，不要戴乳胶手套。第一周时每天及时清除死亡个体并加入替补以保持试验动物密度。每天至少喂食两次。

5.7.2.2 在预暴露阶段，使蝌蚪适应实际暴露阶段的条件，包括食物类型、温度、光照周期和培养基。因此，建议在预暴露阶段和暴露阶段使用相同的培养用水/稀释用水。如果在预暴露阶段使用静态培养系统饲养蝌蚪，每周至少要彻底更换两次培养基。避免在预暴露阶段由于蝌蚪密度高而引起拥挤现象，否则会显著影响蝌蚪在后续试验阶段的发育。饲养密度不超过约 4 只蝌蚪/L 培养基(静态暴露系统)或 10 只蝌蚪/L 培养基(如预暴露或培养系统的流速达到 50 mL/min)。在此条件下，蝌蚪在 12 天内从 45/46 阶段发育到 51 阶段。每天检查该储备种群中代表性蝌蚪的发育阶段，以估计开始暴露的合适时间点。尽可能减少蝌蚪的胁迫和外伤，尤其在移动、清洗鱼缸和操作蝌蚪时。避免应激条件/活动，如：较大和/或连续的噪声、敲击鱼缸、振动鱼缸、在实验室内过多活动和快速改变环境介质(光照时间及强度、温度、pH 值、DO、水流速等)。如果蝌蚪没有在受精后 17 天内发育到 51 阶段，需考虑压力过大是否为潜在原因。

5.7.3 蝌蚪的培养和喂食

在预暴露阶段(见 Nieuwkoop PD，Faber J 中 NF45/46 阶段之后)和整个 21 天试验期间，给蝌蚪喂食适当饲料或者其他已经证明能使两栖类变态试验达到同等性能的食物。仔细调整预暴露阶段的喂食方案以满足正处于发育中蝌蚪的需求，即对于新孵化的蝌蚪每天少量多投(至少每天两次)。为了保证水质以及防止食物颗粒及碎屑堵塞鳃过滤，避免投食过多。在试验开始前，将每天的食物定量随蝌蚪的生长增加至大约 30 kg/(动物·天)。因此，将每天的食物总量分成几小部分，每天至少喂两次。表 1 列出了喂食方案。记录喂食频率。

表 1 流水条件下 AMA 非洲爪蟾蝌蚪生存期间喂食方案

研究日	食物定量 mg/(动物·天)
0 ～ 4	30
5 ～ 7	40
8 ～ 10	50
11 ～ 14	70
15 ～ 21	80

5.8 分析化学

在进行研究前利用现有的溶解性、降解性和挥发性信息，评价受试化学品的稳定性。在试验开始时(第0天)从每个浓度的各平行缸中取受试液样本进行分析化学分析，在试验过程中至少每周抽取4份样本进行分析。建议在试验开始前的系统准备期间对每个试验浓度进行分析以检验系统性能。另外，还建议在改变储备液时对储备液进行分析，尤其是在常规抽样期间储备液的量不足以提供足够的化学品时。如果试验使用的几个或所有浓度的化学品不可检出，测量储备液并记录系统流速以计算标称浓度。

5.9 化学品输送

5.9.1 可以根据化学品的理化特性使用不同的方法将受试化学品引入系统。在流动系统中水溶性化学品可以用几等份试验用水溶解，使其浓度达到能以目标试验浓度输送。在室温下为液态并且在水中溶解度很小的化学品可以用液体:液体饱和法引入。在室温下为固体并且在水中溶解度很小的化学品可以用玻璃棉柱饱和法[2)]引入。最好使用无载体试验系统，但不同的受试化学品具有不同的理化特性，可能需要用不同的方法制备化学品暴露液。由于:①一些溶剂本身可能具有毒性和/或引起不良或非预期的内分泌反应;②受试化学品超过其水中溶解度(使用溶剂时经常会发生这种情况)会导致有效浓度测定不准确;③在长期试验中使用溶剂会引起与微生物活性有关的显著程度的"生物膜"现象，故尽量避免使用溶剂或载体。对于难测性物质，将溶剂作为最后选择的手段，并参见OECD难于进行测试的物质和混合物水生毒性检测的指导文件[3)]以确定最佳方法。溶剂的选择由受试化学品的化学特性决定。已知有效用于水生毒性试验的溶剂包括丙酮、乙醇、甲醇、二甲基甲酰胺和三甘醇。

5.9.2 如果使用溶剂载体，溶剂浓度需低于慢性无可见影响浓度(NOEC);OECD指导文件[3)]建议最大为100 μL/L;近期审核[4)]建议使用溶剂浓度低至20 μL/L稀释用水。如果使用了溶剂载体，除了非溶剂对照外还需设立相应的溶剂对照(洁净水)进行评价。如果由于化学品的理化性质(溶解度低)或化学品可获得性有限使其不可能通过水给予暴露，可以考虑通过食物引入暴露。关于食物暴露方式已进行了初步工作，但这种暴露途径并不常用。记录试验方法的选择并进行分析验证。

5.10 试验浓度选择

5.10.1 建立高试验浓度:进行试验时，根据受试化学品的溶解度限度、急性毒性化学品的MTC或100 mg/L建立高试验浓度，选择三者中的最低浓度。

5.10.2 MTC的定义是化学品引起小于10%急性死亡率的最高试验浓度。用这个方法的前提是假设已有关于急性死亡率的经验数据，可以根据该数据估计MTC。估计MTC不准确，一般需要进行专业判定。虽然使用回归模型可能是技术上最合理的MTC估计方法，但是根据现有的急性数据使用急性LC_{50}值的1/3可得到MTC的近似值，但也有可能缺乏试验物种的急性毒性数据。如果没有特定物种的急性毒性数据，可以用AMA试验物种的代表性蝌蚪(即相同阶段)完成96 h的LC_{50}试验。或者如果能获得其他水生物种的数据(如:鱼类或其他两栖类物种的LC_{50}研究)，可以根据物种间外推法运用专业判断估计可能的MTC。

5.10.3 如果该化学品不具有急性毒性并且溶解度大于100 mg/L，将100 mg/L作为最高试验浓度，因为该浓度一般被认为"实际上无毒"。

5.10.4 虽然半静态式方法并非推荐试验方法，但当流水法不足以达到MTC时可以使用该方法。如果

2) 参见参考文献[2]。

3) 参见参考文献[1]。

4) 参见参考文献[3]。

使用半静态式方法，记录受试化学品浓度的稳定性并保持在性能标准限度范围内。建议换水周期为24 h，最长不得超过72 h。另外每个换水周期结束时在换水前应测量水质参数(如DO、温度、pH值等)。

5.10.5 试验浓度范围：要求至少有三个试验浓度和一个洁净水对照(必要时还有溶剂对照)。最高和最低试验浓度间的最小差值约为一个数量级。剂量差最大为0.1，最小为0.33。

6 试验步骤

6.1 试验开始和进行

6.1.1 第0天：见Nieuwkoop PD，Faber J，当预暴露储备种群中有足够数量的蝌蚪发育到NF51阶段时开始暴露，这段时间小于或等于受精后17天。挑选试验动物时，将储备种群中健康并且表观正常的蝌蚪混合放入一个单独的容器中(内含适当体积稀释用水)。使用小网或滤网将蝌蚪逐个从混合缸中转移到一个含稀释用水的透明箱中(如：100 mm Petri培养皿)，以确定发育阶段。在确定阶段时，最好不要麻醉，但是在操作前也可以使用经碳酸氢钠缓冲的100 mg/L三卡因甲磺酸盐(如MS-222)(pH 7.0)，将蝌蚪逐一麻醉。如果要进行麻醉，向有经验的实验室咨询使用如MS-222进行麻醉的正确方法，并与试验结果一起报告。在转移时一定要小心操作以减小操作压力，避免动物受到损伤。

6.1.2 用双目解剖显微镜确定动物的发育阶段。为了减少发育阶段的最终差异，阶段的划分需尽可能准确。按照NF的描述，选择51阶段试验动物的主要发育标志是后肢形态。在显微镜下检查后肢的形态特征。全面的蝌蚪发育分期信息参见Nieuwkoop PD，Faber J，突出的形态学标志可确定发育阶段。可使用表2简化整个研究中的阶段鉴定过程并使其标准化，该表列出了正常发育情况下不同阶段相关的突出形态学标志。

表2 根据Neuwkoop和Faber指导的突出形态学阶段标志

突出的形态学标志	发育阶段															
	51	52	53	54	55	56	57	58	59	60	61	62	63	64	65	66
后肢	×	×	×	×	×	×	×									
前肢						×	×	×	×	×						
颅面结构										×	×	×	×			
嗅神经形态											×	×	×			
尾长													×	×	×	×

6.1.3 试验开始时所有的蝌蚪都需处于51阶段。该阶段最突出的形态学阶段标志是后肢形态，如图1所示。

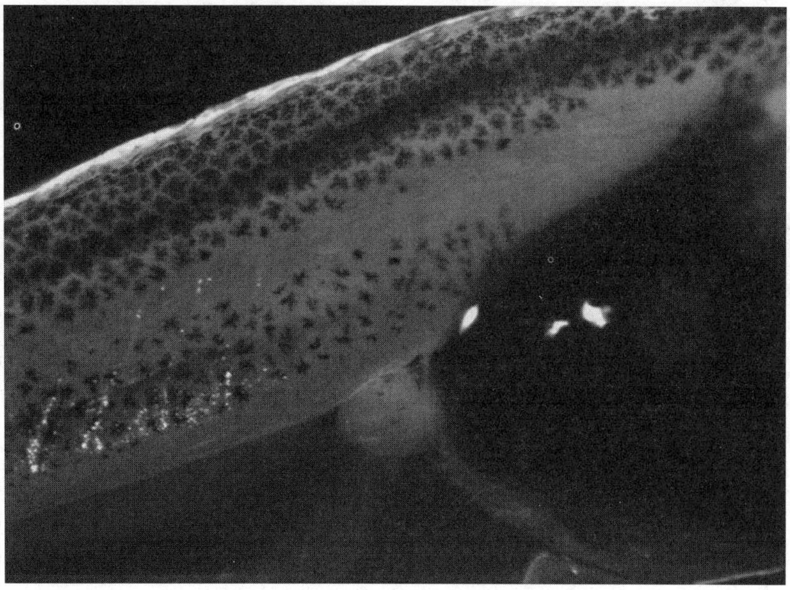

图 1 51 阶段非洲爪蟾蝌蚪的后肢形态

6.1.4 除了选择发育阶段外，还可以通过大小挑选试验动物。因此，可在第 0 天测量大约 20 只 NF51 阶段蝌蚪子样本的全身体长(不是 SVL)。计算出这组动物全身体长的均值后，可以建立试验动物全身体长的最小限值和最大限值，范围为均值 ± 3 mm(51 阶段蝌蚪的全身体长均值为 24.0 mm～28.1 mm)。但发育阶段仍是确定每只试验动物是否可用于试验的主要参数。对出现肉眼可见的畸形或受伤的蝌蚪进行排除，不得用于试验。

6.1.5 将满足上述阶段标准的蝌蚪放在有洁净培养水的缸中直至完成阶段确定过程。一旦阶段确定完成，将蝌蚪随机分配至暴露处理缸中，每缸 20 只。然后检查每个处理缸是否有表观异常的动物(如受伤、有异常游动行为等)。将看起来明显不健康的蝌蚪取出，并从混合缸中重新选择蝌蚪加以替补。

6.2 观察

6.2.1 一般说明

更多关于试验终止方法和蝌蚪处理的深入信息，参见 OECD 两栖类甲状腺组织学指导文件[5)]。

6.2.2 第 7 天测量

第 7 天时，从每个试验缸中随机挑选取出 5 只蝌蚪。所使用的随机方法确保每个试验动物被选择的概率相等。不管用哪种随机化方法都需保证每只蝌蚪能被网住。将未被选的蝌蚪放回原来缸中，被选蝌蚪使用经碳酸氢钠缓冲、pH 为 7.0 的 150 mg/L ～ 200 mg/L MS-222 无痛处死。用水冲洗被处死的蝌蚪，然后吸干，称量体重，结果近似到毫克。测量每只蝌蚪的 HLL、SVL，并确定发育阶段(用双目解剖显微镜)。

6.2.3 第 21 天测量(试验终止)

6.2.3.1 试验终止时(第 21 天)将剩余蝌蚪从试验缸中取出，按照与上面相同的方法，用经碳酸氢钠缓冲的 150 mg/L ～ 200 mg/L MS-222 无痛处死。用水冲洗被处死的蝌蚪，然后吸干，称量体重，结果近似到毫克。测量每只蝌蚪 SVL 和 HLL，并确定发育阶段。

5) 参见参考文献[4]。

6.2.3.2 将所有的蝌蚪置于 Davidson's 液中固定 48 h ~ 72 h，做成全身样本或者是修剪后含下颌的头部组织样本用于组织学评估。从每个平行缸中各抽取 5 只蝌蚪进行组织病理学评估。滤泡细胞的高度具有阶段依赖性[6]，因此最适合用于组织学分析的抽样方法是尽可能使用阶段匹配的个体。为了选择阶段匹配的个体，在选择及后续处理之前首先确定所有蝌蚪的发育阶段。正常的发育分化将会导致每个平行缸内的阶段分布有差异，因此要进行上述步骤。

6.2.3.3 选择进行组织病理学分析的动物（每个平行缸 $n=5$）尽可能与对照组的中位阶段（混合平行样）匹配。如果有的平行缸内有 5 只以上该发育阶段的蝌蚪，则随机挑选 5 只。

6.2.3.4 如果有的平行缸内该发育阶段的蝌蚪少于 5 只，则随机挑选该阶段上下的蝌蚪直至每个平行缸的总样本量达到 5 只。最好将对照组和化学品处理组的阶段分布进行一个总体评价，然后根据该评价决定是从上一阶段还是下一阶段挑选蝌蚪补足。即，如果化学品处理与发育迟滞有关，则从下一阶段挑选蝌蚪补足。相反，如果化学品处理与加速发育有关，则从上一阶段挑选蝌蚪补足。

6.2.3.5 如果蝌蚪发育由于用受试化学品处理发生严重改变，则化学品处理条件下的阶段分布可能与计算出的对照条件下的中位发育阶段没有重叠。只有在这样的情况下才需要改变选择过程，使用与对照组中位阶段不同的阶段，以使蝌蚪达到阶段匹配性抽样，进行甲状腺组织病理学分析。此外，如果阶段不明确（即不同步），则从每个平行样随机挑选 5 只蝌蚪进行组织学分析。当蝌蚪样本阶段与对照组中位发育阶段不同时，报告原因。

6.3 生物学终点的测定

分别在 21 天暴露期的第 7 天和第 21 天测量主要终点，并且每天对试验动物进行观察。表 3 中总结了测量终点及相应观察时间点。更多关于终点指标测量和组织学评估技术方法过程的详细信息参见 OECD 指导文件[7]。

表 3 AMA 主要终点的观察时间点

终点指标	每天	第 7 天	第 21 天
死亡率	●		
发育阶段		●	●
HLL		●	●
SVL		●	●
湿体重		●	●
甲状腺组织学			●

6.4 终点指标

6.4.1 一般说明

发育阶段、HLL、SVL 和湿体重是 AMA 的终点指标，每项简要讨论如下。关于采集这些数据的进一步技术信息（包括建议使用的计算机辅助分析方法）参见 OECD 指导文件[7]。

6.4.2 发育阶段

按照 NF 阶段划分标准，确定非洲爪蟾蝌蚪的发育阶段。发育阶段数据用于确定发育是加快、不同步、延

6） 参见参考文献[5]。

7） 参见参考文献[4]。

迟还是未受影响。发育加快或延迟可通过比较对照组与化学品处理组的中位阶段来确定。如果受检组织没有畸形或异常,但一只蝌蚪不同组织的形态发生或发育的相对时间受到了干扰,报告为不同步发育。

6.4.3 HLL

后肢的分化和生长受甲状腺激素控制,是已被用于确定发育阶段的主要发育标志。后肢发育一般用于发育阶段的定性划分,但此处将其作为一项定量终点。因此,测量 HLL 将作为检测对甲状腺轴影响的终点(图 2)。为了保持一致,所有蝌蚪均测量左后肢的长度。在试验的第 7 天和第 21 天评价 HLL。第 7 天直接测量 HLL(如图 2 所示)。但第 21 天时因为肢体弯曲,测量 HLL 变得更为复杂。第 21 天测量 HLL 时从体壁开始沿着肢体中线水平直线测量。第 7 天时 HLL 的变化(即使在第 21 天时不明显)将被视为具有潜在的甲状腺干扰作用的显著证据。长度测量结果可以用图像分析软件从数码照片获得,参见 OECD 两栖类甲状腺组织学指导文件[8]。

6.4.4 体长和湿体重

试验方案中包括 SVL(图 2)和湿体重的测量,以评估与对照组相比受试化学品对蝌蚪生长速度的潜在影响,并且这两项测量对于检测受试化学品的一般毒性也有用。因为在测量体重时要除去附着水,会对蝌蚪造成压力,并可能导致皮肤损伤,因此对第 7 天的子样本蝌蚪进行这些测量,而在试验终止时(第 21 天)对所有剩余的蝌蚪进行测量。为了保持一致,测量时均以泄殖孔的前缘作为尾部界限。如图 2 所示,通过 SVL 评估蝌蚪生长。

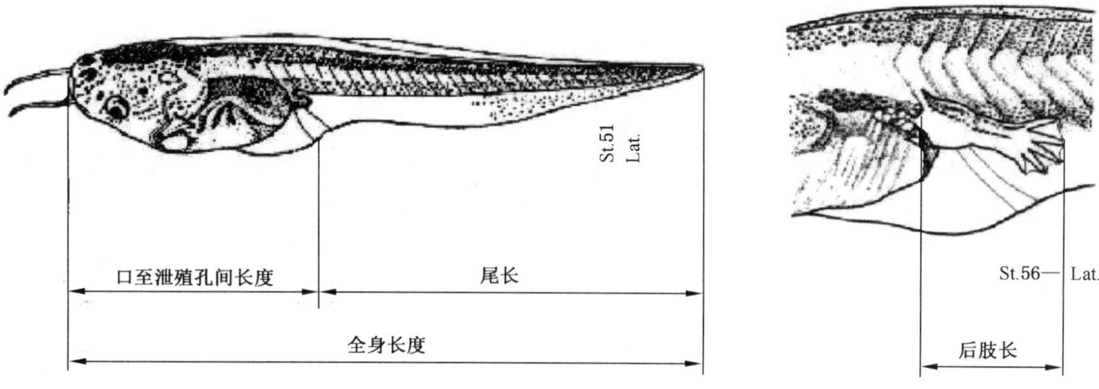

a） 体长测量　　b） HLL 测量

图 2 非洲爪蟾蝌蚪的体长测量和 HLL 测量

6.4.5 甲状腺组织学

虽然发育阶段和 HLL 是评价变态发育中暴露相关变化的重要终点,但发育延迟不能单独作为具有抗甲状腺活性的诊断标志。有些变化可能只有通过常规组织病理学分析才能发现。诊断标准包括甲状腺肥大/萎缩、滤泡细胞肥大、滤泡细胞增生,此外还有定性标准:滤泡腔面积、胶质质量和滤泡细胞高度/形状。需报告严重程度分级(分为 4 级)。有关用于组织学分析以及对组织样本进行组织分析的样本获得和处理信息参见“两栖类变态试验　第 1 部分:变态样本获取和组织学制备技术指导原则”以及“两栖类变态试验　第 2 部分:研究解读途径、诊断标准、严重程度分级和图解”[8]。初次或头几次进行本试验的实验室在进行甲状腺的组织学分析和评价前,应咨询有经验的病理学家。终点指标出现表明发育加速或不同步的明显且有意义的变化,可以无需进行甲状腺组织病理学分析。但是,如果没有明显

8） 参见参考文献[4]。

的形态变化或者发育延迟的证据，就一定要进行组织学分析。

6.4.6 死亡

每天检查所有试验缸内是否有蝌蚪死亡，并记录每个缸的死亡数量。在观察到死亡时，记录下日期、浓度和缸号。一旦观察到死亡的动物马上将其从缸中清除。死亡率超过 10％可能表示试验条件不合适或者受试化学品有毒性效应。

6.4.7 更多观察

记录异常行为和肉眼可见的畸形或病变，一旦观察到这些现象时记录日期、浓度和缸号。正常行为是蝌蚪可以悬浮在水柱中，尾巴升高超过头，尾鳍有节律地拍打，周期性浮出水面，有鳃盖骨，对刺激有反应。异常行为包括：漂在水面，躺在缸底，倒游或不规则游，很少在水面活动，对刺激没有反应等。另外，记录不同处理组间进食量的显著差异。大的畸形和病变包括形态异常（如肢体畸形）、出血性病变、细菌或真菌感染等。这些均为定性测定，与疾病/压力的临床体征相似，与对照组动物进行比较。如果只有化学品暴露缸发生以上异常行为或者暴露缸的发生率大于对照缸，被视为具有明显毒性的证据。

7 数据和报告

7.1 数据采集

使用符合良好实验室规范（GLP）的电子或人工系统采集所有数据。研究数据包括：

7.1.1 试验物质

7.1.1.1 受试化学品的特性：理化性质；稳定性和生物降解性信息。

7.1.1.2 化学信息和数据：稀释液制备方法和频率。受试化学品信息包括受试化学品的实际和标称浓度，有时还包括非母体化学品信息。受试化学品的储备溶液和试验溶液都需要测定。

7.1.1.3 溶剂（如果不是水）：溶剂的选择依据和特性鉴定（性质、使用浓度）。

7.1.2 试验条件

7.1.2.1 操作记录：包括试验系统的功能观察以及支持环境和基础设施的观察。典型的记录包括：环境温度、试验温度、光周期、暴露系统重要组成部分的状态（如：泵、周期计数器、压力）、流速、水位、储备瓶变化以及喂食记录。一般的水质参数包括：pH、DO、电导率、总碘、碱度和硬度。

7.1.2.2 与试验方法的偏差：包括试验方法的任何偏差信息或叙述说明。

7.1.3 结果

7.1.3.1 生物学观察和数据：包括每天的死亡率、进食量、异常游动行为、不活泼、失衡、畸形、病变等观察结果。在预定时间点观察和采集的数据包括：发育阶段、HLL、SVL 和湿体重。

7.1.3.2 统计分析技术及使用该技术的依据，统计分析结果（最好以表格形式呈现）。

7.1.3.3 组织学数据：包括叙述性说明以及特定观察项目的严重程度分级和发生率评分，参见组织病理学指导文件[9]。

7.1.3.4 特别观察：包括研究中不能归入 7.1.3.1、7.1.3.2 和 7.1.3.3 的叙述性说明。

7.1.4 数据报告

附录 B 中提供了每日电子数据采集表，可作为原始数据录入和总结性统计数据计算的指导。另外

9） 参见参考文献[4]。

还提供了便于终点数据沟通总结的报告表和组织学评估报告表。

7.2 性能标准和试验可接受性/有效性

一般情况下,与试验方法有大的偏差将导致数据无法解释或报告。因此,制定了表 4 中的标准,作为判定试验质量以及对照动物一般性能的指导。

表 4 AMA 的性能标准

项目	可接受限度
试验浓度	在 21 天的试验中保持≤20%CV(实测试验浓度的变异性)
对照组的死亡率	≤10%,即对照组任何一个平行缸内的死亡数不超过 2 只蝌蚪
试验结束时对照组的最低中位发育阶段	57
对照组的发育阶段分布情况	发育阶段分布的第 10 和第 90 百分位数相差不超过 4 个阶段
溶解氧	空气饱和度≥40%[a]
pH 值	pH 值保持在 6.5 ～ 8.5,平行缸间/处理组间差异不超过 0.5
水温	22 ℃ ± 1 ℃,平行缸间/处理组间差异不超过 0.5 ℃
无明显毒性的试验浓度	≥2 个
平行性能	在整个试验中受到不良影响的平行缸数≤2 个
使用溶剂的特殊条件	如果使用了载体溶剂,则溶剂对照和洁净水对照都要设置并报告结果
	关注溶剂对照组与水对照组之间的统计学显著差异。更多信息见 7.6.2
使用半静态式系统的特殊条件	报告换水前后代表性化学品分析
	在即将换水前测定氨浓度
	在即将换水前测定中表 A.1 中所列的水质参数
	换水周期不超过 72 h
	合理的喂食方案

[a] 可以通过喷水装置给水充气。建议将喷水装置放在不会对蝌蚪造成不当压力的高度。

7.3 试验有效性

试验满足以下要求才被视为可接受/有效:

7.3.1 可以判定甲状腺活性为阴性的有效试验:

a) 任何处理组(包括对照组)的死亡率不超过 10%,每个平行缸内的死亡数不超过 3 只蝌蚪,否则就认为该平行受到了不良影响;

b) 至少有 2 个试验浓度(4 个平行均未受到不良影响)可用于分析;

c) 至少有 2 个没有明显毒性的试验浓度可用于分析。

7.3.2 可以判定甲状腺活性为阳性的有效试验:对照组每个平行缸的死亡数不超过 2 只蝌蚪。

7.4 进行 AMA 的判定逻辑

7.4.1 AMA 的判定逻辑流程

为生物试验结果的处理和解释提供逻辑方面的帮助(见图 3)。实质上,判定逻辑主要注重提前发育、不同步发育和甲状腺组织病理学方面的终点,而对于延迟发育、SVL、湿体重,以及可能受一般毒性影响的参数,注重次之。

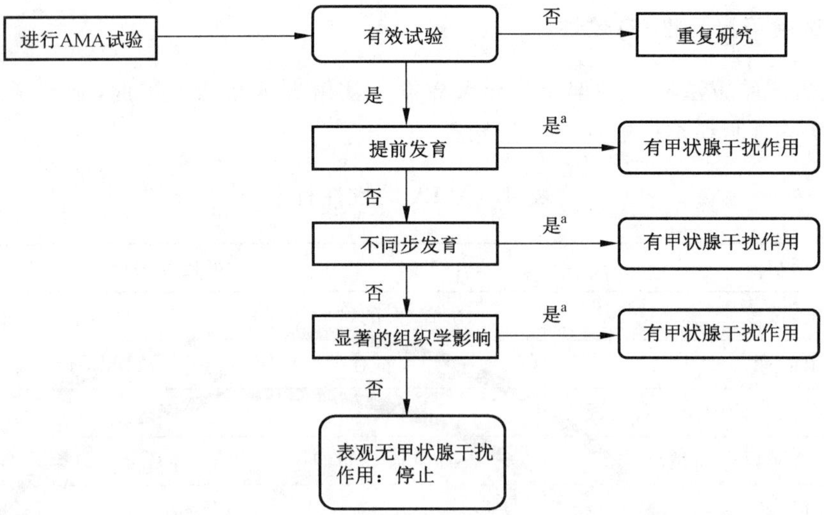

[a] 尽管提前发育和不同步发育有显著差异,但有的监管机构仍然需要组织学证据。建议进行该试验的单位或个人在进行试验前向主管机构咨询,以确定所需要的终点。

图 3 进行 AMA 的判定逻辑

7.4.2 提前发育(通过发育阶段、SVL 和 HLL 判定)

7.4.2.1 已知提前发育只有通过甲状腺激素相关性作用才能发生。这种作用可能是外周组织效应(例如与甲状腺激素受体直接相互作用),也可能是通过改变甲状腺激素水平循环产生效应。无论哪种情况,都可以视为是该化学品具有甲状腺活性的充分证据。提前发育可以通过以下两种方法中的一种进行评价:①一般发育阶段可以用 Nieuwkoop PD, Faber J 描述的标准方法进行评价;②在第 7 天和第 21 天可以定量测定某些特异性形态学特征(如 HLL),这与对甲状腺激素受体的竞争性作用呈正相关。如果发育或 HLL 出现有统计学意义的提前或增加,则表明该化学品具有甲状腺活性。

7.4.2.2 基于对以下 4 个终点的统计分析结果评价化学品处理组相对于对照组是否有加速发育现象:

a) 研究第 7 天时的 HLL(通过 SVL 标准化);
b) 研究第 21 天时的 HLL(通过 SVL 标准化);
c) 研究第 7 天时的发育阶段;
d) 研究第 21 天时的发育阶段。

7.4.2.3 根据左后肢长度的测量结果进行 HLL 的统计分析。通过用个体的 HLL 与其 SVL 比将 HLL 标准化,然后比较每种处理浓度的 HLL 标准化后的平均值。化学品处理组与对照组相比,第 7 天和/或第 21 天的 HLL 标准化均值显著增加,说明存在加速发育(参见附录 C)。

7.4.2.4 根据 Nieuwkoop PD, Faber J 形态学标准发育阶段判定进行发育阶段的统计分析。多元量子解析显示化学品处理组与对照组相比,研究第 7 天和/或第 21 天的发育阶段值显著增加,说明存在加速发育。

7.4.2.5 在 AMA 试验方法中,对 7.4.2.2 中 4 个终点中的任何一个有显著作用,都认为加速发育检测为阳性。即对某一特定时间点的 HLL 有显著作用,不需要对其他时间点的 HLL 有显著作用来确证,也不需要对该时间点的发育阶段有显著作用来确证。反过来,对某一特定时间点的发育阶段有显著作用,不需要对其他时间点的发育阶段有显著作用来确证,也不需要对该时间点的 HLL 有显著作用来确证。但是,如果发现不止对一个终点有显著作用,则能更充分地证明加速发育。

7.4.3 不同步发育(用发育阶段标准判定)

7.4.3.1 不同步发育就是一只蝌蚪体内不同组织形态发生或发育的相对时间受到了干扰。如果根据已知特定阶段典型特征的形态学终点无法明确试验动物的发育阶段,则表明该组织由于变态正在进行不同步发育。不同步发育是具有甲状腺活性的一个标志。关于不同步发育的机制,目前唯一已知的作用模式是化学品影响了外周甲状腺激素作用和/或正在发育组织中的甲状腺激素代谢,如脱碘酶抑制剂的作用机制。

7.4.3.2 根据研究第7天和第21天对试验动物进行的大体形态学评估,来评价化学品处理组相对于对照组是否存在不同步发育。

7.4.3.3 Nieuwkoop PD, Faber J 对非洲爪蟾正常发育的描述,为鉴别正常组织成型的顺序提供了框架。"不同步发育"一词特指蝌蚪大体形态发育上的偏差,关键形态标志表现出不同阶段的特征,因此按照 NF 阶段标准无法明确判定发育阶段。

7.4.3.4 "不同步发育"只考虑特定组织成型进度与其他组织成型进度相比存在偏差的情况。典型的表型包括:尽管后肢和尾巴组织发育正常或提前,但前肢出现延迟或未出现;或者与后肢形态发生和尾部吸收的阶段相比鳃吸收过早。如果一只动物由于不满足 NF 特定阶段的大多数标志发育标准而无法归入任何阶段,或者有一个或多个重要特征极度延迟或加速(如尾巴已完全吸收但前肢未出现),则将该动物记录为出现不同步发育。这项评估是定性评估,全面检查一系列的 NF 标志特征,但不需记录下各种标志特征的发育阶段。记录为表现不同步发育的试验动物不需要再指定 NF 发育阶段。

7.4.3.5 因此,将有异常形态学发育的案例定为"不同步发育"的中心标准为:组织成型和组织形态发生的相对时间受到了干扰,而受影响组织的形态学没有明显异常。举个例子来说明如何解释大体形态学异常,后肢形态发生与其他组织的发育相比迟滞符合"不同步发育"的标准,而存在没有后肢、趾数异常(如缺趾畸形、多趾畸形)或其他明显的肢体畸形不视为"不同步发育"。

7.4.3.6 在这种情况下,通过以下主要形态学标志评价其是否为协调性变态进展:后肢形态发生、前肢形态发生、前肢出现、尾巴吸收阶段(特别是尾鳍吸收)和头部形态(如鳃的大小和鳃吸收的阶段、下颌形态、Meckel 软骨突出)。

7.4.3.7 化学品的作用模式不同会有不同的大体形态学表型。典型的表型包括尽管后肢和尾巴组织发育正常或提前,但前肢出现延迟或未出现,与后肢和尾部成型相比鳃吸收过早。

7.4.4 组织病理学

7.4.4.1 如果化学品没有引起明显毒性、加速发育或不同步发育,则参见 OECD 相应的指导文件[10]评价甲状腺的组织病理学。没有毒性情况下的发育迟滞是具有抗甲状腺活性的有力指征,但发育阶段分析没有甲状腺组织病理学分析灵敏、没有其诊断价值高。因此,在这种情况下需要进行甲状腺组织病理学分析。如果甲状腺组织病理学发生变化,则认为该化学品对甲状腺有活性。如果未观察到甲状腺出现发育延迟或组织学病变,则认为该化学品对甲状腺无活性。这种判断的原理是甲状腺受 TSH 的影响,任何充分改变甲状腺激素循环以致改变 TSH 分泌的化学品都将导致甲状腺组织病理学变化。各种模式和作用机制都能改变甲状腺激素循环。因此虽然甲状腺激素水平可以指示甲状腺相关作用,但它不能确定何种模式或作用机制与这种反应有关。

7.4.4.2 组织病理学终点不适用于基本统计方法,因此由病理学家根据专家意见判定作用是否与化学品暴露有关。

7.4.5 发育延迟(用发育阶段、HLL、身体湿重、SVL 判定)

7.4.5.1 抗甲状腺机制和间接毒性都可以造成发育延迟。轻度发育延迟伴随明显的毒性体征,很可能

---

10) 参见参考文献[4]。

表明毒性作用为非特异性的。非甲状腺毒性评价是该试验的必要组成部分，其目的是降低假阳性结果概率。过度死亡表明存在其他毒性机制。类似地，生长指标（如湿体重和/或 SVL）的轻度降低也提示非甲状腺毒性。生长明显增加常见于对正常发育有负面影响的化学品。因此，存在体型较大的动物不一定表明为非甲状腺毒性。但是，不能完全依靠生长判定甲状腺毒性，需将生长与发育阶段、甲状腺组织病理学联合起来进行判定。在判定明显毒性如水肿、出血性病变、不活泼、进食量减少、游动行为奇怪/改变等时还需考虑其他终点。如果所有试验浓度都出现了明显的毒性体征，则应在判定该化学品可能对甲状腺有无活性前降低受试化学品的试验浓度重新评价。

7.4.5.2　在没有其他明显毒性体征的情况下，出现有统计学意义的发育延迟，表明该化学品对甲状腺有活性（拮抗作用）。没有强烈的统计学反应时，甲状腺组织病理学结果可能会使该结果放大。

7.5　统计分析

7.5.1　推荐按照 OECD 应用现行的生态毒性数据统计分析方法[11]中规定的程序对数据进行统计分析。对于所有符合剂量-效应单调关系的连续定量观测值点（HHL、SVL、湿体重），应使用递减 Jonckheere-Terpstra 检验确定具有显著效应的一个处理。

7.5.2　对于不符合剂量-效应单调关系的连续观测值点，应对数据评估其正态性（推荐使用 Shapiro-Wilk 检验或 Anderson-Darling 检验）和方差齐性（推荐使用 Levene 检验）。两种检验都是基于方差分析得到的残差来进行的。虽然推荐使用正式的统计检验，但专家判断法来确定正态性和方差齐性也是可以使用的。若发现观测数据非正态性或方差不齐时，也可将其转换成正态性、方差一致的数据。如果数据（可能在经过转换后）服从正态分布，方差齐性，可以用 Dunnett 检验判定处理效应是否显著。如果数据（可能在经过转换后）服从正态分布，方差不齐，可以用 Tamhane-Dunnett 检验或 T3 检验或 Mann-Whitney-Wilcoxon U 检验判定处理效应是否显著。不能进行正态转换的，可以用 Bonferroni-Holm 法调整 p 值，然后用 Mann-Whitney-Wilcoxon U 检验进行判定。Dunnett 检验的使用与任何一个方差分析 F 检验是相互独立的，Mann-Whitney 检验的使用与任何 Kruskall-Wallis 检验是相互独立的。

7.5.3　尽管不应出现显著的死亡率，但如果数据符合剂量-效应单调关系，则应用递减 Cochran-Armitage 检验评估其显著性，如果不符合，可用 Bonferroni-Holm 法调整，然后再用 Fisher 精确检验。

7.5.4　应用递减 Jonckheere-Terpstra 检验分析平行测试结果的中位数，以确定处理对发育阶段作用的显著性。或者，更好的方法是使用第 20 至第 80 百分位数进行多元 Jonckheere 检验，该方法考虑了分布特征的变化。

7.5.5　平行测试结果是合适的分析单元，因此数据包括平行测试结果的中位数（如果使用 Jonckheere-Terpstra 或 Mann-Whitney U 检验）或平行测试结果的均值（如果使用 Dunnett 检验）。可以通过平行测试结果和处理组的均值或中位数直接评估剂量-效应单调性，也可以通过上述几种正式检验[11]评估。每个化学品处理组或对照组的平行数小于 5 时，使用 Jonckheere-Terpstra 检验和 Mann-Whitney 检验精确排列法。判断所有检验是否统计显著时，使用显著性水平为 0.05。

7.5.6　图 4 是对连续数据进行统计学检验的流程图。

11）　参见参考文献[6]。

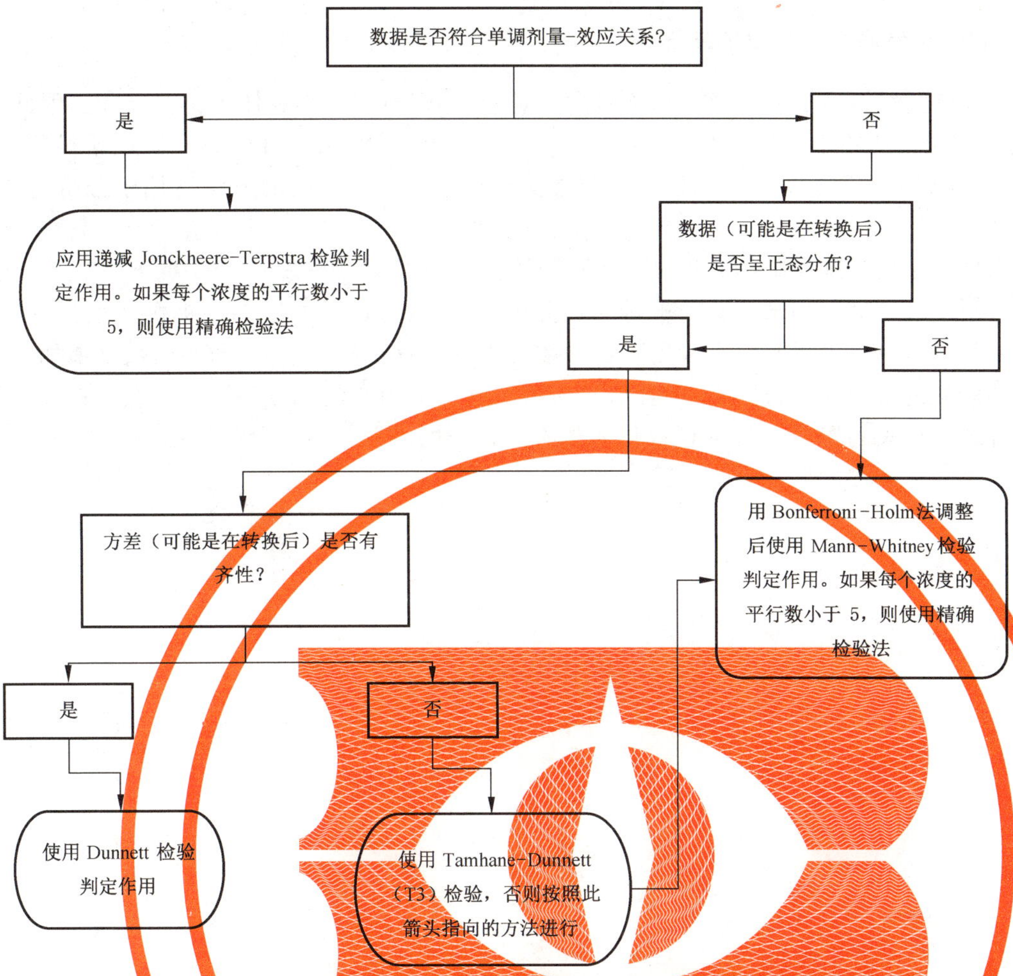

图 4　连续效应数据的统计检验方法流程图

7.6　特殊数据分析考虑

7.6.1　有不良影响试验浓度的使用

在判断一个平行测试结果或者整个处理组是否表现出明显毒性，并应在分析中剔除时，需要考虑多种因素。明显毒性定义为任何一个平行测试结果的死亡数大于2，并且这种结果只能用毒性解释，而不是技术上的错误。明显毒性的其他体征包括出血、行为异常、游动方式异常、厌食以及其他临床上的疾病体征。对于亚致死性毒性体征，需进行定性评价，并参考洁净水对照组进行。

7.6.2　溶剂对照

使用溶剂仅作为考虑过所有其他化学品暴露手段后的最后选择。如果使用溶剂，为了保持一致，需设置洁净水对照。试验终止时对溶剂的潜在作用进行评价。可通过对溶剂对照组和洁净水对照组进行统计学比较完成。在该项分析中最有相关性的终点是发育阶段、SVL 和湿体重，因为这些终点可受到非甲状腺毒性的影响。如果洁净水对照组与溶剂对照组在以上终点方面具有统计学显著差异，则用洁净水对照确定研究终点的效应结果。如果洁净水对照组与溶剂对照组的所有效应指标都没有统计学显著差异，则用稀释用水和溶剂对照的混合液确定研究终点的效应结果。

7.6.3 达到60及更高发育阶段的处理组

7.6.3.1 在60阶段后，由于组织吸收和绝对含水量减少，蝌蚪的大小和体重都会下降。因此，湿体重和SVL的测量结果不适用于生长速度差异的统计分析。因此，应删除大于NF60阶段蝌蚪的湿体重和长度数据，这些数据不能用于平行样均值或中位数的分析。有两种不同的方法可用于分析这些与生长相关的参数数据。

7.6.3.2 一种方法是在进行湿体重和/或SVL的统计分析时只考虑发育阶段小于或等于60阶段的蝌蚪。只要一小部分(≤20%)试验动物被排除在分析外，即认为这种方法能够提供对生长的潜在作用程度的充分稳健的信息。如果有一个或更多标称浓度出现发育阶段超过60的蝌蚪数量增加(≥20%)，则在考虑后期阶段的发育对生长影响的同时，对所有的蝌蚪采用套设计方差结构的双因素方差分析，来评估化学品处理对生长的影响。附录C提供了体重和体长的双因素方差分析的指导。

附 录 A
（资料性附录）
21 天两栖类变态试验的试验条件

21 天两栖类变态试验的试验条件见表 A.1。

表 A.1　21 天两栖类变态试验的试验条件

<table>
<tr><td colspan="2">试验动物</td><td colspan="2">非洲爪蟾蝌蚪</td></tr>
<tr><td colspan="2">试验开始时的蝌蚪阶段</td><td colspan="2">NF51 阶段</td></tr>
<tr><td colspan="2">暴露期</td><td colspan="2">21 天</td></tr>
<tr><td colspan="2">蝌蚪选择标准</td><td colspan="2">发育阶段和全长(可选)</td></tr>
<tr><td colspan="2">试验浓度</td><td colspan="2">最少 3 个浓度，范围约跨一个数量级</td></tr>
<tr><td colspan="2">暴露方案</td><td colspan="2">流水式(首选)和/或半静态式</td></tr>
<tr><td colspan="2">试验系统流速</td><td colspan="2">25 mL/min(大约每 2.7 h 更换全部体积)</td></tr>
<tr><td colspan="2" rowspan="6">主要终点/测定日</td><td>死亡数</td><td>每天</td></tr>
<tr><td>发育阶段</td><td>第 7 天和第 21 天</td></tr>
<tr><td>HLL</td><td>第 7 天和第 21 天</td></tr>
<tr><td>SVL</td><td>第 7 天和第 21 天</td></tr>
<tr><td>湿体重</td><td>第 7 天和第 21 天</td></tr>
<tr><td>甲状腺组织学</td><td>第 21 天</td></tr>
<tr><td colspan="2">稀释用水/实验室质量控制</td><td colspan="2">脱氯的自来水(经活性炭过滤)或相当的实验室用水</td></tr>
<tr><td colspan="2">蝌蚪密度</td><td colspan="2">20 只蝌蚪/试验容器(5 只/L)</td></tr>
<tr><td colspan="2">试验溶液/试验容器</td><td colspan="2">4 L ～ 10 L (水深至少 10 cm ～ 15 cm)/玻璃或不锈钢材质的试验容器(如 22.5 cm × 14 cm × 16.5 cm)</td></tr>
<tr><td colspan="2">平行样</td><td colspan="2">4 个平行试验容器/试验浓度和对照</td></tr>
<tr><td colspan="2">对照组的可接受死亡率</td><td colspan="2">每个平行试验容器≤10%</td></tr>
<tr><td rowspan="3">甲状腺固定</td><td>固定数量</td><td colspan="2">全部蝌蚪(开始时评价 5 只/平行)</td></tr>
<tr><td>部位</td><td colspan="2">头部或全身</td></tr>
<tr><td>固定液</td><td colspan="2">Davidson 固定液</td></tr>
<tr><td rowspan="2">喂食</td><td>食物</td><td colspan="2">饲料(如丰年虫)</td></tr>
<tr><td>量/频率</td><td colspan="2">喂食方案参见表 1</td></tr>
<tr><td rowspan="2">光照</td><td>光周期</td><td colspan="2">12 h 光照：12 h 黑暗</td></tr>
<tr><td>光强度</td><td colspan="2">600 lx～2 000 lx (水面测量)</td></tr>
<tr><td colspan="2">水温</td><td colspan="2">22 ℃± 1 ℃</td></tr>
<tr><td colspan="2">pH 值</td><td colspan="2">6.5 ～ 8.5</td></tr>
<tr><td colspan="2">溶解氧(DO)浓度</td><td colspan="2">大于 3.5 mg/L(大于空气饱和度的 40%)</td></tr>
<tr><td colspan="2">分析化学样本采集计划</td><td colspan="2">1 次/周(4 次取样/试验)</td></tr>
</table>

附　录　B
（资料性附录）
原始数据和总结数据报告表

原始数据和总结数据报告表见表 B.1～表 B.11。

表 B.1　受试化学品的一般信息

化学品信息：		
输入受试化学品、浓度单位和处理	受试化学品：	
	浓度单位：	
	处理 1：	
	处理 2：	
	处理 3：	
	处理 4：	
	日期（第 0 天）：	输入日期（月/日/年）
	日期（第 7 天）：	输入日期（月/日/年）
	日期（第 21 天）：	输入日期（月/日/年）

表 B.2　第 7 天和第 21 天原始数据采集表

试验日：									
日期：									
编号	浓度	处理编号	平行号	个体编号	个体 ID	发育阶段	SVL mm	HLL mm	整个受试动物湿体重 mg
ROW	TRT	TRT#	REP	IND	ID#	STAGE	BL	HLL	WEIGHT
1	0.00	1							
2	0.00	1							
3	0.00	1							
4	0.00	1							
5	0.00	1							
6	0.00	1							
7	0.00	1							
8	0.00	1							
9	0.00	1							
10	0.00	1							
11	0.00	1							

表 B.2（续）

试验日：									
日期：									
编号	浓度	处理编号	平行号	个体编号	个体 ID	发育阶段	SVL mm	HLL mm	整个受试动物湿体重 mg
ROW	TRT	TRT＃	REP	IND	ID＃	STAGE	BL	HLL	WEIGHT
12	0.00	1							
13	0.00	1							
14	0.00	1							
15	0.00	1							
16	0.00	1							
17	0.00	1							
18	0.00	1							
19	0.00	1							
20	0.00	1							
21	0.00	2							
22	0.00	2							
23	0.00	2							
24	0.00	2							
25	0.00	2							
26	0.00	2							
27	0.00	2							
28	0.00	2							
29	0.00	2							
30	0.00	2							
31	0.00	2							
32	0.00	2							
33	0.00	2							
34	0.00	2							
35	0.00	2							
36	0.00	2							
37	0.00	2							
38	0.00	2							
39	0.00	2							
40	0.00	2							

表 B.2（续）

试验日：									
日期：									
编号	浓度	处理编号	平行号	个体编号	个体 ID	发育阶段	SVL mm	HLL mm	整个受试动物湿体重 mg
ROW	TRT	TRT#	REP	IND	ID#	STAGE	BL	HLL	WEIGHT
41	0.00	3							
42	0.00	3							
43	0.00	3							
44	0.00	3							
45	0.00	3							
46	0.00	3							
47	0.00	3							
48	0.00	3							
49	0.00	3							
50	0.00	3							
51	0.00	3							
52	0.00	3							
53	0.00	3							
54	0.00	3							
55	0.00	3							
56	0.00	3							
57	0.00	3							
58	0.00	3							
59	0.00	3							
60	0.00	3							
61	0.00	4							
62	0.00	4							
63	0.00	4							
64	0.00	4							
65	0.00	4							
66	0.00	4							
67	0.00	4							
68	0.00	4							
69	0.00	4							

表 B.2（续）

试验日：									
日期：									
编号	浓度	处理编号	平行号	个体编号	个体 ID	发育阶段	SVL mm	HLL mm	整个受试动物湿体重 mg
ROW	TRT	TRT#	REP	IND	ID#	STAGE	BL	HLL	WEIGHT
70	0.00	4							
71	0.00	4							
72	0.00	4							
73	0.00	4							
74	0.00	4							
75	0.00	4							
76	0.00	4							
77	0.00	4							
78	0.00	4							
79	0.00	4							
80	0.00	4							

表 B.3　第 7 天和第 21 天终点数据的计算总结

处理编号	平行编号	发育阶段			SVL mm		HLL mm		体重 mg	
TRT	REP	MIN	MEDIAN	MAX	MEAN	STD DEV	MEAN	STD DEV	MEAN	STD DEV
1	1									
1	2									
1	3									
1	4									
2	1									
2	2									
2	3									
2	4									
3	1									
3	2									
3	3									
3	4									
4	1									

表 B.3（续）

处理编号	平行编号	发育阶段			SVL mm		HLL mm		体重 mg	
TRT	REP	MIN	MEDIAN	MAX	MEAN	STD DEV	MEAN	STD DEV	MEAN	STD DEV
4	2									
4	3									
4	4									

注：单元格的计算结果与表 B.2 中输入的数据有关。

表 B.4 每日死亡率数据

试验日	日期	1	2	3	4	1	2	3	4	1	2	3	4	1	2	3	4
0																	
1																	
2																	
3																	
4																	
5																	
6																	
7																	
8																	
9																	
10																	
11																	
12																	
13																	
14																	
15																	
16																	
17																	
18																	
19																	
20																	
21																	
平行样内合计		0	0	0	0	0	0	0	0	0	0	0	0	0	0	0	0
处理组内合计		0				0				0				0			

注：单元格的计算结果与表 B.1 中输入的数据有关。

表 B.5 水质标准

暴露系统(流水式/半静态式)	
温度	
光强度	
光周期	
食物	
喂食频率	
水 pH	
试验用水中的碘浓度	

表 B.6 化学数据总结

化学品名称：																					
CAS 号：		平行编号				平行编号				平行编号				平行编号				平行编号			
试验日	日期	1	2	3	4	1	2	3	4	1	2	3	4	1	2	3	4	1	2	3	4
0																					
1																					
2																					
3																					
4																					
5																					
6																					
7																					
8																					
9																					
10																					
11																					
12																					
13																					
14																					
15																					
16																					
17																					
18																					
19																					
20																					
21																					
注：单元格的计算结果与表 B.1 中输入的数据有关。																					

表 B.7 核心标准的组织病理学报告表

日期：　　　　　　　　　化学品：　　　　　　　　　病理学家：

对照动物编号		甲状腺肥大	甲状腺萎缩	滤泡细胞肥大	滤泡细胞增生
平行 1					
平行 2					
合计：					

____剂量动物编号		甲状腺肥大	甲状腺萎缩	滤泡细胞肥大	滤泡细胞增生
平行 1					
平行 2					
合计：					

____剂量动物编号		甲状腺肥大	甲状腺萎缩	滤泡细胞肥大	滤泡细胞增生
平行 1					
平行 2					
合计：					

____剂量动物编号		甲状腺肥大	甲状腺萎缩	滤泡细胞肥大	滤泡细胞增生
平行 1					
平行 2					
合计：					

表 B.8　其他组织病理学标准

日期：　　　　　　　　化学品：　　　　　　　　病理学家：

对照动物编号		滤泡腔面积增加	滤泡腔面积减小	____剂量动物编号		滤泡腔面积增加	滤泡腔面积减小
平行 1				平行 1			
平行 2				平行 2			
合计：				合计：			

____剂量动物编号		滤泡腔面积增加	滤泡腔面积减小	____剂量动物编号		滤泡腔面积增加	滤泡腔面积减小
平行 1				平行 1			
平行 2				平行 2			
合计：				合计：			

表 B.9 组织病理学结果的叙述性说明

日期：

化学品：

病理学家：

叙述性说明

对照动物编号： 平行 1		
对照动物编号： 平行 2		

________剂量 动物编号： 平行 1		
________剂量 动物编号： 平行 2		

________剂量 动物编号： 平行 1		
________剂量 动物编号： 平行 2		

表 B.9（续）

________剂量 动物编号： 平行 1		
________剂量 动物编号： 平行 2		

表 B.10 AMA 第 7 天或第 21 天的总结报告表模板

终点	平行	对照				剂量 1					剂量 2					剂量 3				
		平均值	*SD*	*CV*	*N*	平均值	*SD*	*CV*	*N*	*p* 值	平均值	*SD*	*CV*	*N*	*p* 值	平均值	*SD*	*CV*	*N*	*p* 值
HLL mm	1																			
	2																			
	3																			
	4																			
	平均值																			
SVL mm	1																			
	2																			
	3																			
	4																			
	平均值																			
湿体重 mg	1																			
	2																			
	3																			
	4																			
	平均值																			

表 B.11 AMA 第 7 天或第 21 天发育阶段数据的总结报告表模板

终点	平行	对照				剂量 1					剂量 2					剂量 3				
		中位数	最小值	最大值	N	中位数	最小值	最大值	N	p 值	中位数	最小值	最大值	N	p 值	中位数	最小值	最大值	N	p 值
发育阶段	1																			
	2																			
	3																			
	4																			
	平均值																			

附　录　C
（资料性附录）
有一个或更多浓度的后期发育蝌蚪数超过20%时的体重和体长分析备选方法

C.1　如果有一个或更多标称浓度出现发育阶段超过60的蝌蚪数量增加（≥20%），则在考虑后期阶段的发育对生长影响的同时，对所有的蝌蚪采用套设计方差结构的双因素方差分析，以评估化学品处理对生长的影响。

C.2　建议使用全部数据，但要考虑后期阶段发育的影响。可以采用套设计方差结构的双因素方差分析。如果动物的发育阶段为61或以上，则将后期阶段（LateStage）定为“是”。否则将后期阶段定为“否”。对于浓度和后期阶段以及它们之间的交互作用可以应用双因素方差分析，将平行样（浓度）作为一个随机因素，蝌蚪数（平行样）作为另一个随机因素。分析单元仍然是平行样，这与平行样后期阶段均值加权分析（每个均值的动物数量为加权权重）的结果基本相同。如果数据不符合方差分析的正态性或方差齐性要求，则可以通过正态化秩次变换来消除这一障碍。

C.3　对于浓度和后期阶段以及它们之间交互作用的影响，除了可以应用标准的方差分析F检验外，还可以将交互作用F检验“分成”两个方差分析F检验，一个针对后期阶段为“否”的各浓度的平均效应，另一个针对后期阶段为“是”的各浓度的平均效应。然后将每个后期阶段水平的处理均值与对照进行比较。如果有证据表明后期阶段变量的一个水平内有剂量-效应非单调关系，可以使用适当的对比进行趋势型分析，也可以进行简单的配对比较。只有相应的F检验不显著时才需要用Bonferroni-Holm法调整p值。这种调整可以在SAS中进行，在其他统计软件中也可进行。有的浓度没有后期阶段动物时情况就变得较为复杂，但这些情况可以直接处理。

参考文献

[1] OECD (2000) Guidance Document on Aquatic Toxicity Testing of Difficult Substances and Mixtures. Environmental Health and Safety Publications. Series on Testing and Assessment. No. 23. Paris.

[2] Kahl MD, Russom CL, DeFoe DL, Hammermeister DE (1999) Saturation units for use in aquatic bioassays. Chemosphere 39: 539-551.

[3] Hutchinson TH, Shillabeer N, Winter MJ, Pickford DB (2006) Acute and chronic effects of carrier solvents in aquatic organisms: A critical review. Review. Aquatic Toxicology, 76: 69 - 92.

[4] OECD (2007) Guidance Document on Amphibian Thyroid Histology. Environmental Health and Safety Publications. Series on Testing and Assessment. No. 82. Paris.

[5] Dodd MHI, Dodd JM (1976) Physiology of Amphibia. Lofts, B. (ed.), Academic Press, New York, 467-599.

[6] OECD (2006) Current Approaches in the Statistical Analysis of Ecotoxicity Data: A Guidance to Application. Environmental Health and Safety Publications. Series on Testing and Assessment, No. 54. Paris.

ICS 13.300;13.020.40
A 80

中华人民共和国国家标准

GB/T 30665—2014

化学品　海水中的生物降解性　密闭瓶法

Chemicals—Biodegradability in seawater—Closed bottle method

2014-12-31 发布　　2015-04-30 实施

中华人民共和国国家质量监督检验检疫总局
中国国家标准化管理委员会　发布

前　言

本标准按照 GB/T 1.1—2009 给出的规则起草。

本标准与经济合作与发展组织(OECD)化学品测试导则 No.306(1992 年)《海水生物降解性》中的“密闭瓶法”一章(英文版)技术性内容一致。

本标准做了下列结构和编辑性改动：

——将引言、应用、方法选择和方法重现性说明归入附录 A；

——增加了术语和定义；

——将计量单位改为我国法定计量单位。

本标准由全国危险化学品管理标准化技术委员会(SAC/TC 251)提出并归口。

本标准起草单位：环境保护部化学品登记中心、环境保护部南京环境科学研究所、沈阳化工研究院有限公司安全评价中心、上海市环境科学研究院、上海市检测中心。

本标准主要起草人：周红、刘纯新、胡俊杰、周林军、刘济宁、石利利、蔡磊明、宋乐平、胡双庆、赵华清。

化学品　海水中的生物降解性　密闭瓶法

1　范围

本标准规定了海水生物降解性密闭瓶法的受试物资料、方法原理、试验材料、试验程序、质量控制、数据与报告。

本标准适用于测试与评价水中溶解度至少为 2 mg/L 的化学品在海水中的生物降解性。对于溶解度较低的物质，原则上可像挥发性化合物那样（如用超声波分散处理），参照本标准进行测试。

2　规范性引用文件

下列文件对于本文件的应用是必不可少的。凡是注日期的引用文件，仅注日期的版本适用于本文件。凡是不注日期的引用文件，其最新版本（包括所有的修改单）适用于本文件。

GB/T 27849　化学品　降解筛选试验　化学需氧量

3　术语和定义

下列术语和定义适用于本文件。

3.1

生化需氧量　biochemical oxygen demand；BOD

微生物分解有机物所消耗氧的量，可表示为每毫克受试物消耗的氧气毫克数（mg/mg）。

3.2

化学需氧量　chemical oxygen demand；COD

在强酸并加热条件下，一定量的重铬酸盐氧化水样中还原性物质所消耗氧化剂的量，可表示为每毫克受试物消耗的氧气毫克数（mg/mg）。

3.3

理论需氧量　theoretical oxygen demand；ThOD

根据分子式计算得到的受试物完全被氧化需要的氧的总量，可表示为每毫克受试物消耗的氧气毫克数（mg/mg）。

3.4

停滞期　lag phase；LP

试验开始到降解率达到 10％的时期，即微生物的适应期。

3.5

50％降解时间　50 percent degradation；t_{50}

从停滞期结束点算起到降解 50％所用的时间。

4　受试物资料

受试物资料包括：

——分子式；
——纯度；
——主要成分组成比例；
——ThOD 或者 COD；
——水溶解度；
——微生物毒性[1)]；
——水解性；
——吸附性；
——水溶液中定量分析方法。

5 方法原理

将含受试物浓度通常为 2 mg/L～10 mg/L 的海水试验培养液完全充满密闭瓶，在黑暗和 15 ℃～20 ℃(±1 ℃)的恒温条件下(温度范围可根据实际情况适当调整)，28 d 内定期测定密闭瓶中的溶解氧含量，根据溶解氧的消耗计算化学品的生物降解率。本方法的优缺点参见附录 A。

6 试验材料

6.1 仪器设备

仪器设备包括：
——具塞 BOD 瓶(250 mL～300 mL)；
——水浴或培养箱(±1 ℃)；
——大烧杯(2 L～5 L)；
——溶解氧测定仪；
——0.2 μm～0.45 μm 滤膜及过滤器(可选)；
——其他化学分析仪器(可选)。

6.2 参比物

本标准推荐苯胺(新蒸馏)、乙酸钠或苯甲酸钠作为参比物。若使用其他参比物，其在短期内应至少降解 60%(以 ThOD 计)，并在试验报告中加以说明。

6.3 海水

6.3.1 海水的采集

选择合适取样地点，采集海水样品并在 1 d～2 d 内送至实验室保存。运输过程中的温度不应显著高于试验温度。

6.3.2 记录海水样品采集的相关信息

记录采样点位置信息、海水污染状况及营养状况，对于近海或受污染水域的样品，应确定异养微生物菌落数、硝酸盐、铵盐和磷酸盐的浓度。同时应记录下列信息：
——采样时间；

1) 参见参考文献[1]。

——采样深度；
——表观(如浊度等)；
——温度；
——盐度；
——溶解有机碳(dissolved organic carbon;DOC)；
——从采样到试验的样品保存时间。

6.3.3 海水的老化和预处理

当海水样品中DOC浓度较高，或者估计28 d后空白组BOD值可能高于程序对照组30%时，试验前应对海水进行约一周的老化。在试验温度、黑暗或散射光与有氧条件下(必要时轻轻搅拌)，老化约一周，以去除过多的DOC。试验前可用尼龙滤网或滤纸(不应用膜或GF-C过滤器)过滤，或通过沉淀，去除海水样品中的颗粒物。

6.4 培养基

6.4.1 试验培养基贮备液

用分析纯试剂制备下列贮备液：
——磷酸缓冲液：称取8.50 g磷酸二氢钾(KH_2PO_4)、21.75 g磷酸氢二钾(K_2HPO_4)、33.30 g二水合磷酸氢二钠($Na_2HPO_4 \cdot 2H_2O$)和0.50 g氯化铵(NH_4Cl)，用蒸馏水溶解，定容至1 L。
——氯化钙溶液：称取27.50 g无水氯化钙($CaCl_2$)，用蒸馏水溶解，定容至1 L。
——硫酸镁溶液：称取22.50 g七水合硫酸镁($MgSO_4 \cdot 7H_2O$)，用蒸馏水溶解，定容至1 L。
——氯化铁溶液：称取0.25 g六水合氯化铁($FeCl_3 \cdot 6H_2O$)，用蒸馏水溶解，定容至1 L。通过每升滴加1滴浓盐酸或加0.4 g乙二胺四乙酸的二钠盐(EDTA二钠盐)预防沉淀发生。如果发生沉淀，应重新配制。

6.4.2 试验培养基的制备

取6.4.1中贮备液各1 mL于800 mL海水中，用海水定容至1 L。定容后的溶液在试验温度下高强度曝气20 min。静置片刻后测定海水培养基中溶解氧浓度。当海水盐度为3.2%时，15 ℃和20 ℃下海水培养基的饱和溶解氧浓度为8.1 mg/L和7.4 mg/L。

6.5 接种物

试验培养基中除海水中自有微生物外，不加入特定接种物。必要时采用海水琼脂平板计数法，确定试验培养基中异养微生物的菌落数，尤其是对于近海或受污染海域的海水样品。通过含有参比物的对照组检验海水中异养微生物的活性。

7 试验程序

7.1 组别设计

7.1.1 通常，试验设置三个组别：
——至少8个含受试物BOD瓶的试验组；
——至少8个仅含接种物BOD瓶的空白对照组；
——至少8个含参比物BOD瓶的程序对照组。

7.1.2 存在微生物抑制作用时，增加6个含受试物和参比物BOD瓶的毒性对照组。

7.1.3　若进行受试物的特定化学分析，可以增加理化对照组(非生物对照组)，以检查是否发生了非生物降解或损耗，如水解或吸附。

7.1.4　每个组至少含二个平行。试验期间至少进行 4 次溶解氧测定(第 0 d、第 5 d、第 15 d 和第 28 d)。按溶解氧测定和特定化学分析(可选)所需确定 BOD 瓶数量。若只设试验组、空白对照组和程序对照组，则至少需要 3×2×4=24 个 BOD 瓶。

7.2　试验操作

7.2.1　所有试验操作，包括海水老化和预处理都应该在 15 ℃～20 ℃、洁净的环境下进行，玻璃器皿应确保洁净但无需灭菌。

7.2.2　统一在大烧杯中准备受试溶液。针对试验组，先在大烧杯中加入适量的受试物或其贮备液。程序对照组中加入参比物或其贮备液。毒性对照组中同时加入受试物和参比物或其贮备液。非生物对照组中，加入受试物质或其贮备液的同时，为抑制微生物活性，可以加入二氯化汞，二氯化汞最终浓度为 50 mg/L～100 mg/L。加入的若为受试物或参比物的贮备液，海水培养基中盐度不应有较大变化。

注意：二氯化汞毒性很大，操作时应谨慎。含二氯化汞的废液应按规定妥善处理，不能直接排入下水道。

7.2.3　再在大烧杯中加入一定量试验培养基使参比物或受试物质达到一定浓度。设置受试物和参比物的初始浓度时应该考虑：常见温度和盐度下海水的溶解氧浓度(参见附录 B)、BOD 值以及估计的受试物生物降解性。盐度为 3.2%的海水 15 ℃和 20 ℃时，饱和溶解氧分别约为 8.1 mg/L 和 7.4 mg/L。如果海水没有老化，海水自身的耗氧量(一次空白呼吸)可能为 2 mg/L 或更多。因此，为了确保受试物氧化后还有一定的含氧量，对于试验条件下易完全降解的化合物(如参比物)，其初始浓度一般为 2 mg/L～3 mg/L(视 ThOD 而定)；对不易降解且无生物毒性的化合物，浓度可设置为 10 mg/L。若同时设一个低浓度组(约 2 mg/L～3 mg/L)和一个高浓度组(10 mg/L)，可能对试验会有帮助。空白对照组，大烧杯中仅加入试验培养基。

7.2.4　将软管插到各组大烧杯，从距底部 1/4 处(不要从底部)吸取其中溶液至对应组 BOD 瓶中，并使 BOD 瓶完全充满。立即测量 0 时刻溶解氧，或加入二氯化锰($MnCl_2$)和氢氧化钠(NaOH)形成沉淀保存，以备日后化学分析。其余 BOD 瓶放入培养箱中，在 15 ℃～20 ℃及黑暗条件下培养。

7.3　样品测定

7.3.1　在 28 d 培养期中，以适合的时间间隔(至少在 5 d、15 d 和 28 d)从各试验组抽取至少两瓶进行溶解氧测定。

7.3.2　溶解氧可用我国标准或国际标准的化学或电化学方法测定。

7.3.3　若进行受试物的特定化学分析，样品应先经微孔滤膜过滤(0.2 μm～0.45 μm 滤膜)或离心分离 15 min。如不能当天分析，可在 2 ℃～4 ℃下保存 48 h 或在－18 ℃下保存更长时间(若已知受试物不会受到影响，保存前可酸化至 pH 值为 2)。

8　质量控制

质量控制应做到：

——参比物苯甲酸钠停滞期和 50%降解时间分别为 0 d～2 d 和 1 d～4 d；苯胺停滞期和 50%降解时间分别为 0 d～7 d 和 2 d～12 d。

——试验期间，空白组溶解氧消耗不高于试验组的 30%。

——若毒性对照组 BOD 低于试验组与程序对照组 BOD 之和，表明该浓度下受试物对接种物有毒性作用，应降低受试物浓度。

——应考虑含氮化合物对试验结果可能的影响,受试物的纯度或主要成分的相对比例有助于解释试验结果,尤其是当结果接近通过水平时。

——由于试验中受试物的浓度一般都高于自然界中的浓度,因此受试物与其他碳源物质的浓度比值未必适宜。所以本方法作为初筛方法,只用于判断受试物是否容易发生生物降解。若测定结果较低,并不表明该受试物不能在海洋环境中降解,只是表明需要做进一步的工作来确定。

9 数据与报告

9.1 数据记录

如实记录试验操作信息及分析数据,格式参见附录 C。

9.2 数据处理

9.2.1 首先用每一时间点试验组的溶解氧消耗减去相应的空白对照组的溶解氧消耗,除以试验组的受试物浓度,得到 BOD[见式(1)和式(2)。式(1)和式(2)的区别在于式(1)适用于第 0 d 空白组的溶解氧含量等于第 0 d 试验组的溶解氧含量的特殊情况],再用此 BOD 除以 ThOD 或者 COD 就得到生物降解百分率[见式(3)和式(4)]。除以 ThOD 或者 COD 得到的降解率可能不同,优先使用前者。ThOD 和 COD 的计算和确定参见附录 D。

$$\mathrm{BOD}=\frac{m_{\mathrm{b}}-m_{\mathrm{t}}}{c} \qquad \cdots\cdots(1)$$

式中:

BOD ——生化需氧量,单位为毫克每毫克(mg/mg);

m_{b} ——空白组的溶解氧含量,单位为毫克每升(mg/L);

m_{t} ——试验组的溶解氧含量,单位为毫克每升(mg/L);

c ——试验组的受试物质浓度,单位为毫克每升(mg/L)。

$$\mathrm{BOD}=\frac{[m_{\mathrm{t}(0)}-m_{\mathrm{t}(x)}]-[m_{\mathrm{b}(0)}-m_{\mathrm{b}(x)}]}{c} \qquad \cdots\cdots(2)$$

式中:

BOD ——生化需氧量,单位为毫克每毫克(mg/mg);

$m_{\mathrm{b}(0)}$ ——第 0 天空白组的溶解氧含量,单位为毫克每升(mg/L);

$m_{\mathrm{t}(0)}$ ——第 0 天试验组的溶解氧含量,单位为毫克每升(mg/L);

$m_{\mathrm{b}(x)}$ ——第 x 天空白组的溶解氧含量,单位为毫克每升(mg/L);

$m_{\mathrm{t}(x)}$ ——第 x 天试验组的溶解氧含量,单位为毫克每升(mg/L);

c ——试验组的受试物质浓度,单位为毫克每升(mg/L)。

$$D=\frac{\mathrm{BOD}}{\mathrm{ThOD}}\times 100 \qquad \cdots\cdots(3)$$

式中:

D ——降解率,%;

BOD ——生化需氧量,单位为毫克每毫克(mg/mg);

ThOD——理论需氧量,单位为毫克每毫克(mg/mg)。

$$D=\frac{\mathrm{BOD}}{\mathrm{COD}}\times 100 \qquad \cdots\cdots(4)$$

式中:

D ——降解率,%;

BOD ——生化需氧量,单位为毫克每毫克(mg/mg);

COD ——化学需氧量,单位为毫克每毫克(mg/mg)。

9.2.2 依据数据处理结果,绘制生物降解曲线图(图 1),计算停滞期(t_L)和降解率达 50%所需的时间(t_{50})。t_L 可以通过作图拟合而得,也可以降解率达 10%所需的时间表示。

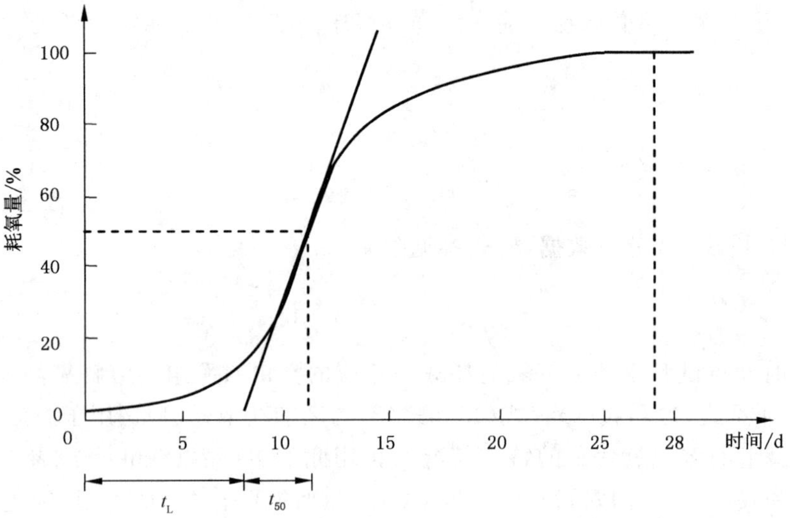

图 1 生物降解曲线示意图

9.2.3 如果进行受试物的特定化学分析(可选),初级降解率可按照化学物质在试验周期内的去除率计算。

9.3 结果报告

试验报告应包括以下内容:

a) 受试物:
  ——标识信息;
  ——物理状态及相关理化性质。
  ——样品保存条件等。

b) 试验条件:
  ——海水采样点:采样地点及其污染和营养状况(合适时包括菌落数及硝酸盐、铵盐、磷酸盐浓度);
  ——海水样品:采样日期、深度、表观、温度、盐度、DOC 浓度(可选)、从采样到试验的样品保存时间;
  ——海水中异养菌数量的测定方法(平板计数法或其他替代方法);
  ——海水老化方法(若有);
  ——海水预处理方法(过滤/沉淀);
  ——COD 分析测定方法(若有);
  ——溶解氧测定方法;
  ——试验条件下难溶物质的分散方法;
  ——海水中 DOC 的测定方法(可选);
  ——受试物的特定化学分析方法(可选);
  ——其他用于表征海水的可选方法;
  ——程序改变的原因及解释说明。

c) 结果：

——数据记录表(参见附录 C)；

——生物降解过程：以生物降解曲线图的形式表示，并标示 t_L、斜率和 t_{50}；

——28 d 降解百分率。

d) 结果讨论。

附 录 A
（资料性附录）
海水中的生物降解性

A.1 引言

A.1.1 最初的OECD测试导则开发编制后，并不知道用淡水及活性污泥进行的快速生物降解筛选试验的结果对于海洋环境的适用程度。关于这点，已有很多报道[2)]。

A.1.2 大量含有各种化学品的工业废水，经由江河口或直接排放进入海洋，其中大多数化学品的停留时间短于其必要的降解时间。随着控制化学品、保护海洋环境意识的增长，对估测化学品在海水中的可能浓度的需求也不断增长，因此开发编制了海水中的生物降解性的测试方法。

A.1.3 这些方法利用天然海水当作水相和微生物的来源。为了与已有的淡水生物降解性的测试方法尽可能一致，曾利用经过超过滤和离心处理的海水，同时利用海洋沉积物作为接种物进行了研究。但这些研究都不太成功。因此本方法利用天然海水经过预处理去除粗大颗粒作为试验培养基。

A.1.4 溶解性有机碳（DOC）分析方法的灵敏性较低，使用摇瓶法来评估最终生物降解能力时需要使用浓度相对较高的受试物，因此有必要在海水中加入矿物营养物质（如N、P），因为若这些矿物营养物含量太低会削弱DOC的去除能力。同样在密闭瓶法中由于所加受试物的浓度，也应在其中加入营养物质。

A.1.5 试验中除了海水中本已存在的微生物外并未加入接种物，因此，这些方法并不用于快速生物降解性的测定。同时，由于加入了营养物质，而且受试物的浓度远远大于海水中可能存在的浓度，所以，试验也不是模拟海洋环境。基于以上原因，将这些方法放在“海水中的生物降解性”中提出。

A.2 应用

A.2.1 对于因使用和处置方式而可能进入海水的可疑化学品，试验结果初步说明了其在海水中的生物降解性。若试验结果为阳性（DOC去除率＞70％，ThOD去除率＞60％），可以得出其在海洋环境中具有潜在生物降解能力的结论。然而，阴性的试验结果并不排除受试物具有生物降解潜力，只是说明需要更多的研究，例如，采用尽可能低的受试物浓度。

A.2.2 任何情况下，若需要了解某一特定场所海水中的生物降解的速率或降解程度的确切情况，应采用用其他更复杂、更综合、也更昂贵的试验方法。例如，采用与环境中可能浓度相近的受试物浓度的模拟试验。同样，也可以采用取自需测试地点的未老化、未预处理的海水。其初级生物降解性可以通过特定化学分析方法测得，最终生物降解性需要^{14}C标记化学品，这样就可以测出现实环境中溶解性有机^{14}C消失和$^{14}CO_2$产生的速率。

A.3 方法选择

测定海水中的生物降解性可使用摇瓶法或密闭瓶法。选择测试方法时应考虑多种因素，可参照表A.1。原则上，若化学品的水中溶解度以C计低于5 mg /L，不可用摇瓶法。难溶性化学品可用密闭瓶法。

2） 参见参考文献[2]。

表 A.1　摇瓶法和密闭瓶法测试的优缺点

方法	优点	缺点
摇瓶法	——除碳分析外，要求的仪器简单； ——60 d 的试验周期不存在问题； ——无硝化作用干扰； ——可用于挥发性化学品	——需要进行碳分析； ——受试物以 DOC 计，5 mg/L～40 mg/L，可能对微生物产生抑制作用； ——当海水中 DOC 浓度低时，DOC 的测定较困难（氯化物影响）； ——在海水中 DOC 有时较高
密闭瓶法	——仪器简单； ——终点测定简单； ——受试物浓度低，减少了对微生物的抑制作用； ——易适用于挥发性化学品	——保持瓶子的气密性较难； ——瓶壁上细菌的快速增长可能会导致错误的结果； ——空白 O_2 测定值会偏高，尤其在 28 d 后，可以通过老化海水消除； ——硝化作用耗氧可能影响结果

A.4　方法的重现性

本方法是 OECD 密闭瓶法在海水中的应用[3)]，欧共体开展的比对试验说明了本标准方法的重现性[4)]。

3）　参见参考文献[3]。

4）　参见参考文献[4]。

附　录　B
（资料性附录）
海水盐度、温度和饱和溶解氧的关系

海水盐度、温度和饱和溶解氧的关系见图B.1。

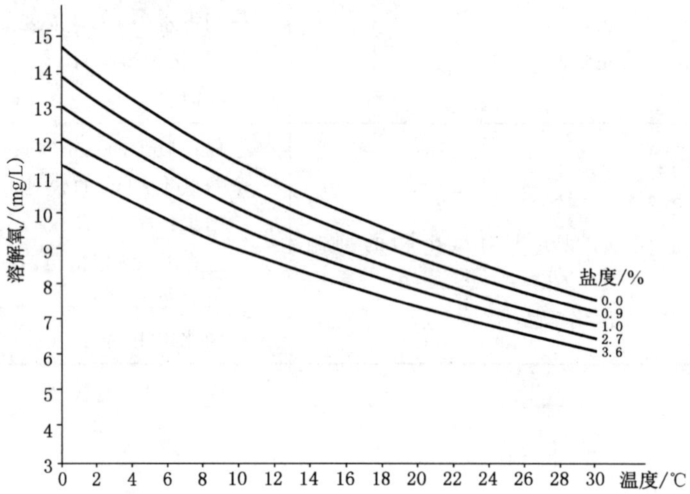

图B.1　海水盐度、温度和饱和溶解氧的关系

附　录　C
（资料性附录）
数据记录表

C.1　实验室。

C.2　测试起始时间。

C.3　测试物质：

名称：

贮备液浓度(mg/L)：

海水培养基中的初始浓度，t_0(mg/L)：

ThOD 或 COD(mg/L)：

C.4　海水：

来源：

采集时间：

采集深度：

采集时海水外观(浊度等)：

盐度(‰)：

温度(℃)：

采样后______h 后 DOC 浓度(mg/L)：

预处理(过滤、沉淀、老化等)：

微生物菌落数：原始样品(CFU/mL)：

测试起始(CFU/mL)：

其他特征：

C.5　培养基：

曝气后温度(℃)：

曝气并静置后待试验时溶解氧浓度(mg/L)：

C.6　溶解氧测定：

测定方法：Winkler 法/电极法。

测定值填入表 C.1。

表 C.1　溶解氧测定

组别	瓶号	溶解氧的表示符号及计算	n 天后溶解氧/(mg/L)			
			$n=0$	$n=5$	$n=15$	$n=28$
试验组	1	a_1				
	2	a_2				
	平均值	$m_t=(a_1+a_2)/2$				
空白组	1	c_1				
	2	c_2				
	平均值	$m_b=(c_1+c_2)/2$				
注：程序对照组、毒性对照组及非生物对照组可参考本表。						

C.7　降解率

C.7.1　降解率(D,%)计算见表 C.2。

表 C.2　降解率计算

计算公式	n 天后溶解氧的消耗		
	$n=5$	$n=15$	$n=28$
(m_b-m_t) [a]			
$D=\frac{(m_b-m_t)^a}{c\times ThOD}\times 100$			
[a] 见 C.7.2。			

C.7.2　表 C.2 中的公式假设 $m_{b(0)}=m_{t(0)}$;若 $m_{b(0)}\neq m_{t(0)}$,则为$[m_{t(0)}-m_{t(x)}]-[m_{b(0)}-m_{b(x)}]$。

式中:

D ——降解率,%;

m_b ——空白组的溶解氧含量,单位为毫克每升(mg/L);

m_t ——试验组的溶解氧含量,单位为毫克每升(mg/L);

$m_{b(0)}$——第 0 天空白组的溶解氧含量,单位为毫克每升(mg/L);

$m_{t(0)}$——第 0 天试验组的溶解氧含量,单位为毫克每升(mg/L);

$m_{b(x)}$——第 x 天空白组的溶解氧含量,单位为毫克每升(mg/L);

$m_{t(x)}$——第 x 天试验组的溶解氧含量,单位为毫克每升(mg/L);

c ——试验组的受试物质浓度,单位为毫克每升(mg/L)。

附　录　D
（资料性附录）
理论生化需氧量的计算

D.1　理论需氧量（ThOD）

分子质量为 MW 的化学物质 $C_cH_hCl_{cl}N_nNa_{na}O_oP_pS_s$ 的理论生化需氧量的计算见式(D.1)：

$$ThOD_{NH_3}=\frac{16[2c+\frac{1}{2}(h-cl-3n)+3s+\frac{5}{2}p+\frac{1}{2}na-o]}{MW} \qquad \cdots\cdots(D.1)$$

式中：

ThOD——理论需氧量，以每毫克化学品消耗的氧气毫克数表示，单位为毫克/毫克(mg/mg)；
c ——化合物分子中碳原子个数；
h ——化合物分子中氢原子个数；
cl ——化合物分子中氯原子个数；
n ——化合物分子中氮原子个数；
s ——化合物分子中硫原子个数；
p ——化合物分子中磷原子个数；
na ——化合物分子中钠原子个数；
o ——化合物分子中氧原子个数；
MW ——分子质量。

这个计算方法意味着 C 被矿化为 CO_2，H 矿化为 H_2O，P 矿化为 P_2O_5，Na 为 Na_2O。卤素转化为氯化物被去除掉，N 被转化为氨去除。

举例：

葡萄糖(Glucose)$C_6H_{12}O_6$，$MW=180$。

$$ThOD=\frac{16\times(2\times6+\frac{1}{2}\times12-6)}{180}=1.07\ mgO_2/mg\ 葡萄糖$$

盐的分子质量不同于其他的碱金属，在计算时假设他们已经被水解。

硫假设被氧化为+6 价态。

举例：

十二烷基苯磺酸钠(Sodium n-dodecylbenzenesulphonate)$C_{18}H_{29}SO_3Na$，其分子质量为 348。

$$ThOD=\frac{16\times(36+\frac{29}{2}+3+\frac{1}{2}-3)}{348}=2.34\ mgO_2/mg\ 受试物$$

当含有氮的物质在处理时，其中的氮会以氨、亚硝酸盐或者硝酸盐的形式而被去除掉，相应的生化需氧量也会有所不同，见式(D.2)和式(D.3)：

$$ThOD_{NO_2}=\frac{16\left[2c+\frac{1}{2}(h-cl)+3s+\frac{3}{2}n+\frac{5}{2}p+\frac{1}{2}na-o\right]}{MW} \qquad \cdots\cdots(D.2)$$

$$ThOD_{NO_3}=\frac{16\left[2c+\frac{1}{2}(h-cl)+3s+\frac{5}{2}n+\frac{5}{2}p+\frac{1}{2}na-o\right]}{MW} \qquad \cdots\cdots\cdots\cdots(D.3)$$

式中：

ThOD——理论需氧量，以每毫克化学品消耗的氧气毫克数表示，单位为毫克/毫克(mg/mg)；

c ——化合物分子中碳原子个数；

h ——化合物分子中氢原子个数；

cl ——化合物分子中氯原子个数；

n ——化合物分子中氮原子个数；

s ——化合物分子中硫原子个数；

p ——化合物分子中磷原子个数；

na ——化合物分子中钠原子个数；

o ——化合物分子中氧原子个数；

MW ——分子质量。

假设所有的硝态氮在二级氨化中全部被测到，对于$(C_{12}H_{25})_2NH$，其分子质量为353。

$$ThOD_{NO_3}=\frac{16\left(48+\frac{51}{2}+\frac{5}{2}\right)}{353}=3.44\ mgO_2/mg\ 受试物$$

D.2 化学需氧量(COD)

化学需氧量测定见GB/T 27849。

参 考 文 献

[1] OECD Test guideline 209. Paris (1984).

[2] De Kreuk J.F. and Hanstveit A.O.. Determination of the biodegradability of the organic fraction of chemical wastes. Chemosphere, (1981)10 (6):561-573.

[3] OECD Test guideline 301D. Paris (1992).

[4] Nyholm N. and Kristensen P.. Screening test methods for assessment of biodegradability of chemical substances in seawater. Final report of the ring test programme 1984-1985, March 1987, Commission of the European Communities(1987).

ICS 59.080.40
W 04

中华人民共和国国家标准

GB/T 30666—2014

纺织品　涂层鉴别试验方法

Textiles—Test method for identification of coated material

2014-12-31 发布　　2015-06-01 实施

中华人民共和国国家质量监督检验检疫总局
中国国家标准化管理委员会　发布

前　言

本标准按照 GB/T 1.1—2009 给出的规则起草。

本标准由中国纺织工业联合会提出。

本标准由全国纺织品标准化技术委员会基础标准分技术委员会(SAC/TC 209/SC 1)归口。

本标准起草单位：深圳市计量质量检测研究院。

本标准主要起草人：杨友红、陈国强、闻春香。

纺织品　涂层鉴别试验方法

警告：本文件所使用的物质或方法在使用不当的情况下，可能对人体健康和环境有害。

1　范围

本标准规定了以燃烧法为辅助手段，采用衰减全反射红外光谱法鉴定涂层主体成分的方法。

本标准适用于以纺织品为基布，以聚氨酯、聚氯乙烯、聚丙烯酸酯、橡胶等为涂层的涂层织物。

2　规范性引用文件

下列文件对于本文件的应用是必不可少的。凡是注日期的引用文件，仅注日期的版本适用于本文件。凡是不注日期的引用文件，其最新版本（包括所有的修改单）适用于本文件。

GB/T 7764　橡胶鉴定　红外光谱法

3　原理

采用燃烧法对样品进行初筛，按燃烧状态对样品初步定性，根据初步定性结果选择不同的制样方法，包括对涂层直接取样或将涂层经四氢呋喃溶解、乙醇析出分离、烘干后提纯，然后用衰减全反射红外光谱法，获取试样的红外光谱图，再与已知物质的标准红外光谱进行比较来鉴别涂层的类别。

4　仪器和试剂

4.1　仪器

4.1.1　酒精灯。

4.1.2　镊子。

4.1.3　红外光谱分析仪：波数范围为 4 000 cm^{-1}～400 cm^{-1}（波长 2.5 μm～25 μm），衰减全反射采样器。

4.1.4　高速离心机：转速不小于 4 000 r/min。

4.1.5　恒温水浴锅：能保持温度为(50±5)℃。

4.1.6　分析天平：精度 0.01 g。

4.1.7　电热鼓风烘箱：能保持温度为(105±3)℃。

4.2　试剂

4.2.1　四氢呋喃：分析纯。

4.2.2　乙醇：分析纯，含量 95%及以上。

4.2.3　质量分数为 75%的硫酸。

5 试验步骤

5.1 燃烧法

5.1.1 从涂层织物样品上取少许涂层，用镊子夹住，缓慢靠近火焰，观察涂层对热的反应（如熔融、软化）情况并作记录。

5.1.2 将涂层移入火焰中，使其充分燃烧，观察涂层在火焰中的燃烧情况并作记录。

5.1.3 将涂层撤离火焰，观察涂层离火后的燃烧状态并作记录。

5.1.4 当涂层火焰熄灭时，嗅闻其气味并作记录。根据燃烧状态及气味初步判断其主体成分类别。不同材质涂层燃烧性能参见附录A。

5.2 红外光谱法

5.2.1 取样

5.2.1.1 根据涂层初步定性结果（5.1.4）取样。

5.2.1.2 聚氨酯、聚丙烯树脂类涂层取样方法。从涂层织物样品上直接取能满足测试所需大小的涂层作为试样（一般 0.3 g 左右），直接进行测试。

5.2.1.3 聚氯乙烯涂层取样方法。从涂层织物样品上取能满足测试所需大小的涂层作为试样（一般 1.0 g左右），经提取后再测试。

5.2.1.4 橡胶类涂层取样方法。从涂层织物样品上直接取能满足测试所需大小的涂层作为试样（一般 0.2 g 左右）。橡胶涂层试样的预处理及鉴别方法按 GB/T 7764 执行。

5.2.2 提取

提取是对 5.2.1.3 所取试样提纯的一般程序，包括溶解、析出等步骤。

溶解。将 5.2.1.3 准备好的试样剪碎成小颗粒，放入三角烧瓶中，并加入 150 mL 硫酸（4.2.3），将烧瓶保持（50±5）℃放置 45 min，将残留物过滤并用冷水冲洗干净，烘干剩余物。取 0.3 g 左右剩余物按 1 g∶25 mL 比例加入四氢呋喃（4.2.1）于离心管中，然后以 4 000 r/min 的速度在离心机（4.1.4）离心 5 min，析出。吸取上层清液至另一离心管中，以体积比 1∶2 比例加入乙醇（4.2.2）进行聚合物沉淀，再以 4 000 r/min 的速度离心 3 min。将上层液体倒出，再用少量乙醇清洗沉淀物，收集剩余物烘干。

5.2.3 光谱测定

将制备好的试样，放在红外光谱仪（4.1.3）测试平台，用红外光谱仪全反射法，在 4 000 cm^{-1}～400 cm^{-1} 波数范围内记录试样的红外光谱图。

5.2.4 光谱解析

5.2.4.1 参比光谱

5.2.4.1.1 因涂层剂有时由多种物质混合而成，本标准不给出混合物质的光谱。

5.2.4.1.2 实验室条件和仪器特征等方面的微小但不可避免的变化会在光谱图上产生细微差别，按不同放大倍数制出的光谱在峰高或波长上也可能存在不同，对此，有经验的试验者应能加以识别。

5.2.4.2 特征吸收峰

5.2.4.2.1 特征吸收峰需与参比光谱图一起使用（参见附录B），它们显示了与涂层中主要物质有关的主要吸收光谱。例如某些峰的特征,它们与临近峰的关系,或光谱的区域等。

5.2.4.2.2 特征吸收峰与参比光谱结合,能更准确地判断某些涂层物质的存在,光谱图中未出现某些特征峰时,便可依次排除某些涂层物质的存在。

6 测试结果表示

测试结果以各种涂层主体成分表示,如:涂层主体成分为聚氨酯(PU)。

7 试验报告

试验报告应包括以下内容:

a) 样品来源及描述;

b) 使用仪器名称和型号;

c) 涂层主体成分(对于复合涂层,如需要可给出各层的成分);

d) 采用的标准(本标准的编号);

e) 试验日期;

f) 任何偏离标准的细节。

附 录 A
（资料性附录）
不同涂层材质燃烧状态的描述

表 A.1 不同涂层材质燃烧状态

材质	燃烧状态	燃烧气味
聚氨酯	熔融燃烧,表面冒小气泡,离开火焰后自灭	辛辣味
聚氯乙烯	熔融燃烧冒黑烟,火焰成黄橙色,边缘发绿	氯化氢味
聚丙烯酸酯	融化分解,火焰明亮	刺鼻气味
橡胶	先软化,后燃烧,火焰成深黄色	烧橡皮味

附 录 B
（资料性附录）
特征吸收峰和参比光谱图

B.1 概述

本附录给出了纺织品涂层中主要物质的特征吸收峰和参比光谱图（衰减全反射法），如表 B.1 所示。

表 B.1 特征吸收峰和参比光谱图对应表

涂层中主要物质的类型		主要物质的特征吸收峰	参比光谱图编号
聚氨酯(PU)	聚醚型聚氨酯	表 B.2	图 B.1
	聚酯型聚氨酯	表 B.3	图 B.2
聚氯乙烯(PVC)		表 B.4	图 B.3
聚丙烯酸酯	聚丙烯酸甲酯	表 B.5	图 B.4
	聚丙烯酸乙酯	表 B.6	图 B.5
	聚丙烯酸丁酯	表 B.7	图 B.6

B.2 主要特征吸收峰和官能团的吸收强度

B.2.1 聚氨酯

B.2.1.1 聚醚型聚氨酯见表 B.2 和图 B.1。

表 B.2 聚醚型聚氨酯主要特征吸收峰和官能团

波数 cm^{-1}	峰强度	官能团
1 106	最强	C—O—C
3 344	中	—NH
1 724	中	C═O
1 514	强	—NH
1 603、826	中	芳香基

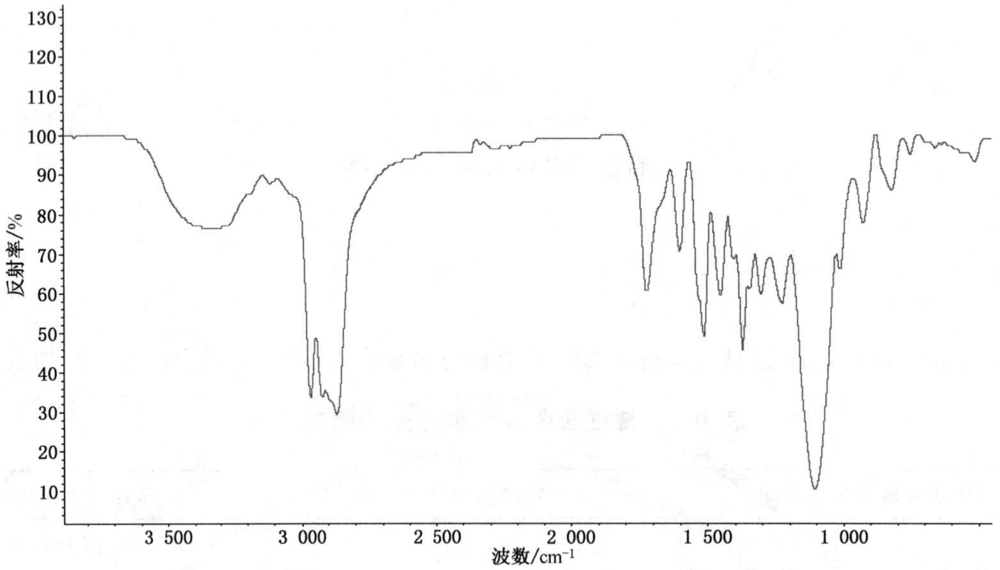

图 B.1 聚醚型聚氨酯

B.2.1.2 聚酯型聚氨酯见表 B.3 和图 B.2。

表 B.3 聚酯型聚氨酯主要特征吸收峰和官能团

波数 cm^{-1}	峰强度	官能团
1 223、1 073	强	C—O
3 331	中	—NH
1 733	最强	C═O
1 533	强	—NH
1 596、824	中	芳香基

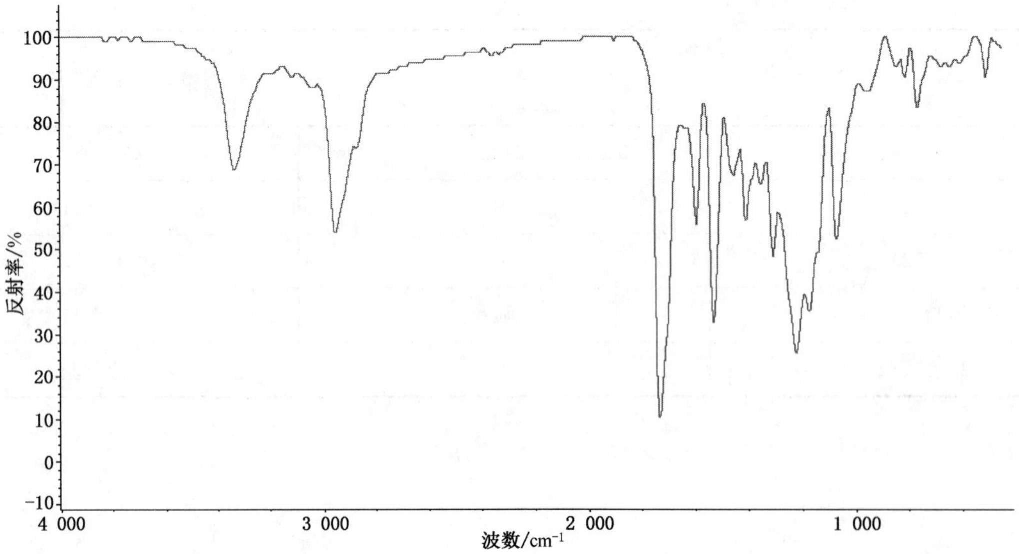

图 B.2 聚酯型聚氨酯

B.2.2 聚氯乙烯

聚氯乙烯见表 B.4 和图 B.3。

表 B.4 聚氯乙烯主要特征吸收峰和官能团

波数 cm^{-1}	峰强度	官能团
2 940	中	$—CH_2$、—CH
1 430	最强	$—CH_2—(CHCl)—$
1 330、1 250	强	CHCl 中的—CH—
1 100	中	—C—C—
960	中	$—CH_2—$
690	中	C—Cl

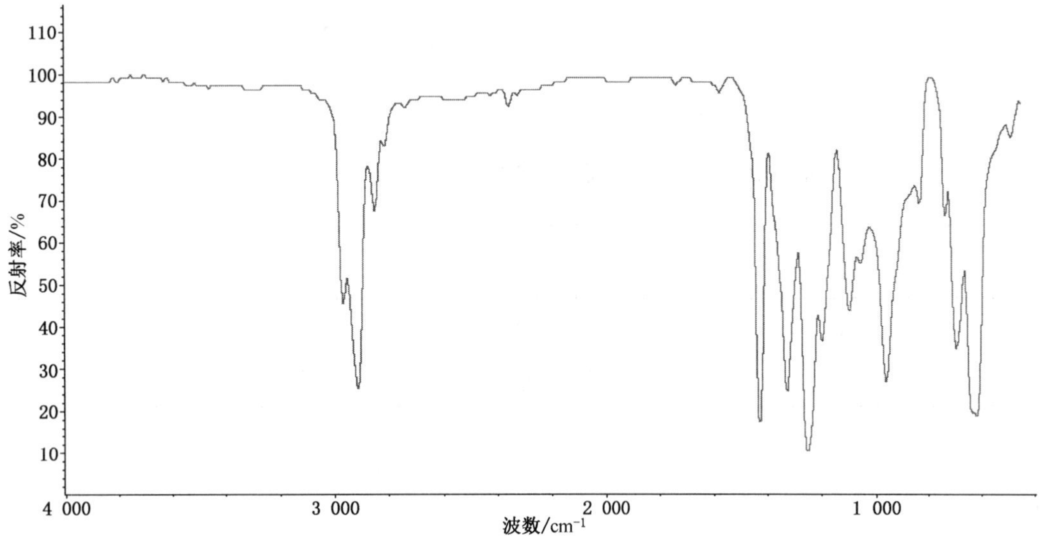

图 B.3 聚氯乙烯

B.2.3 聚丙烯酸酯

B.2.3.1 聚丙烯酸甲酯见表 B.5 和图 B.4。

表 B.5 聚丙烯酸甲酯主要特征吸收峰和官能团

波数 cm^{-1}	峰强度	官能团
1 730	最强	C═O
1 250、1 200、1 165	中	C—O
1 141	中	$—CH_2—$
830	弱	$—CH_3$

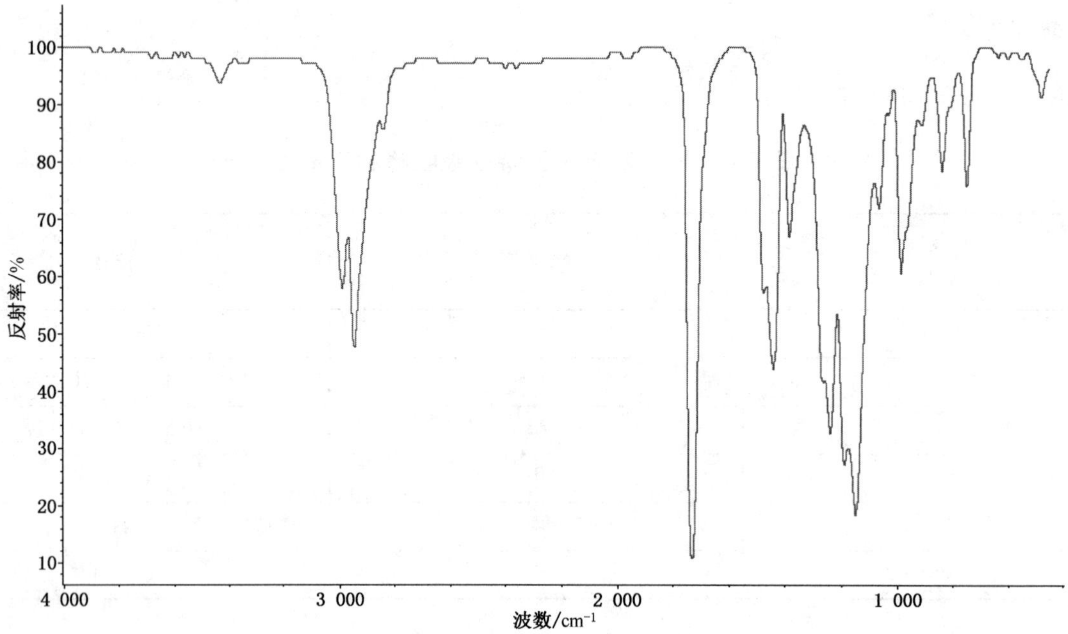

图 B.4 聚丙烯酸甲酯

B.2.3.2 聚丙烯酸乙酯见表 B.6 和图 B.5。

表 B.6 聚丙烯酸乙酯主要特征吸收峰和官能团

波数 cm^{-1}	峰强度	官能团
1 730	最强	C═O
1 254、1 170、1 163	中	C—O
830	弱	$—CH_3$

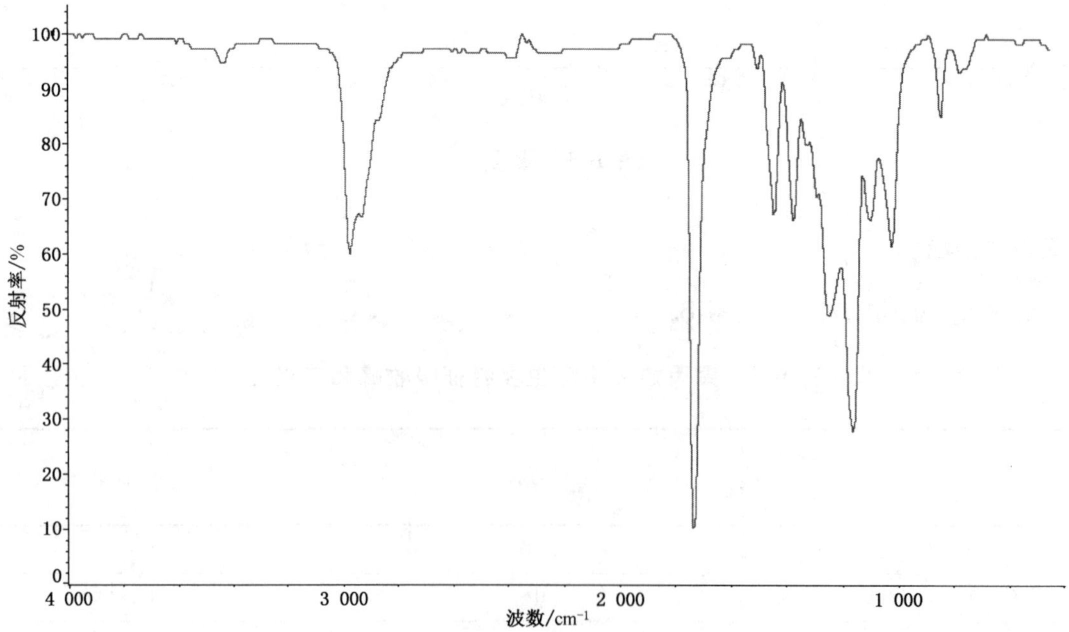

图 B.5 聚丙烯酸乙酯

B.2.3.3 聚丙烯酸丁酯见表 B.7 和图 B.6。

表 B.7 聚丙烯酸丁酯主要特征吸收峰和官能团

波数 cm^{-1}	峰强度	官能团
1 730	最强	C═O
1 250、1 200	中	C—O
830、735	弱	$—CH_3$

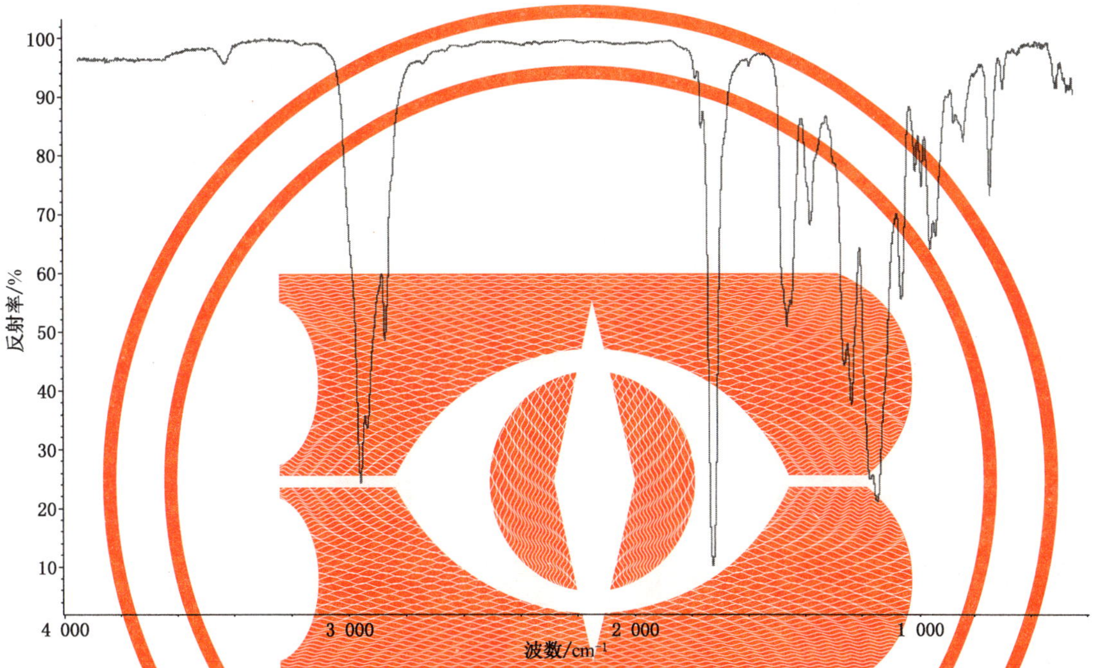

图 B.6 聚丙烯酸丁酯

ICS 59.080.50
W 58

中华人民共和国国家标准

GB/T 30667—2014

聚酯与聚烯烃双纤维绳索

Fibre ropes of polyester and polyolefin dual fibres

(ISO 10556:2009,Fibre ropes of polyester—Polyolefin dual fibres,NEQ)

2014-12-31 发布　　2015-04-01 实施

中华人民共和国国家质量监督检验检疫总局
中国国家标准化管理委员会　发布

前　言

本标准按照 GB/T 1.1—2009 给出的规则起草。

本标准使用重新起草法参考 ISO 10556:2009《聚酯与聚烯烃双纤维绳索》编制，与 ISO 10556:2009 的一致性程度为非等效。

本标准由中国纺织工业联合会提出。

本标准由全国家用纺织品标准化技术委员会线带分技术委员会(SAC/TC 302/SC 2)归口。

本标准起草单位：农业部绳索网具产品质量监督检验测试中心、江苏神韵绳缆有限公司、巨力索具股份有限公司、山东鲁普科技有限公司、上海旗鱼绳网有限公司、浙江海轮绳网有限公司、湖南鑫海网业有限公司、上海市纺织工业技术监督所、浙江炬力绳业有限公司、宝应香川绳缆科技有限公司。

本标准主要起草人：马海有、吴翔、李彦英、沈明、刁金龙、葛师善、刘放军、贺美娣、王志焕、陶香川、石建高。

聚酯与聚烯烃双纤维绳索

1 范围

本标准规定了聚酯与聚烯烃双纤维绳索的术语和定义、标识、材料、通用技术要求、物理性能、标记等。

本标准适用于鉴定聚酯与聚烯烃双纤维为原料、线密度 15.7 ktex～14 900 ktex、绳索代号为 6～160 的 3 股拧绞绳和 8 股、12 股编绳的品质。

2 规范性引用文件

下列文件对于本文件的应用是必不可少的。凡是注日期的引用文件，仅注日期的版本适用于本文件。凡是不注日期的引用文件，其最新版本(包括所有的修改单)适用于本文件。

GB/T 8834 绳索 有关物理和机械性能的测定

GB/T 21328 纤维绳索 通用要求

ISO 1968 纤维绳索和绳索制品 词汇(Fibre ropes and cordage—Vocabulary)

3 术语和定义

ISO 1968 界定的术语和定义适用于本文件。

4 标识

纤维绳索标识由以下内容组成：

——纤维绳索；

——本标准编号；

——绳索结构(见第 6 章)；

——绳索代号；

——绳索材料；

——绳索等级(普通或高强度)。

示例 1：3 股拧绞绳代号为 20(A 型)，线密度近似 194 ktex 的聚酯与聚烯烃双纤维绳索可表示为：

纤维绳索 GB/T 30667—A—20—PET/PO

示例 2：12 股编绳代号为 20(T 型)，线密度近似 221 ktex 的高强度聚酯与聚烯烃双纤维绳索可表示为：

纤维绳索 GB/T 30667—T—20—PET/PO(高强)

5 材料

5.1 纤维材料

5.1.1 绳索中的聚酯部分应为长丝，为耐热、耐光的高强度工业用纤维。

5.1.2 绳索中的聚烯烃部分应为适宜强度的纤维，应达到品质保证书所示技术要求。

注：聚烯烃指聚丙烯纤维或为聚丙烯加上质量比 15%～50%的聚乙烯的双组分纤维。

5.2 绳纱

5.2.1 纤维绳索每一绳股外层的绳纱应为聚酯纤维包覆,绳芯为聚烯烃,聚酯纱占绳索总质量的比例应不低于40%。

注:使用的绳芯可为100%的聚烯烃纤维。

5.2.2 在高强度纤维绳索中,内、外部分绳纱均应使用聚酯纤维包覆。

6 通用技术要求

6.1 聚酯聚烯烃双纤维绳索应为下列三种类型:

——A型3股拧绞绳(见图1)。

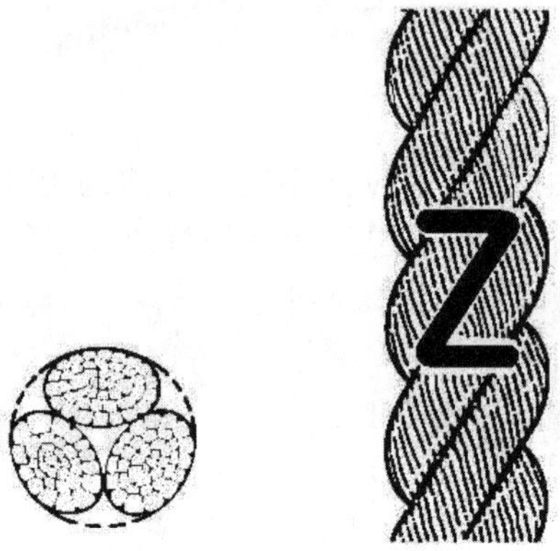

图1 3股拧绞绳

——L型8股编绳(见图2)。

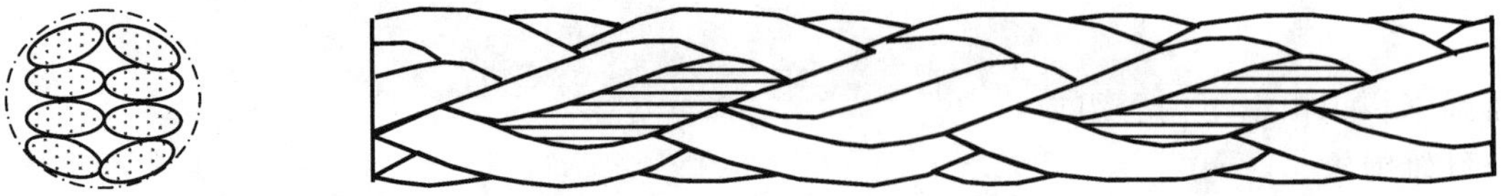

图2 8股编绳

——T型12股编绳(见图3)。

图3 12股编绳

6.2 结构、制造、标签、包装、计量和交货长度应符合GB/T 21328的规定。

7 物理性能

线密度和最低断裂强力应符合表1、表2规定。

表 1　3 股(A 型)、8 股(L 型)、12 股(T 型)聚酯与聚烯烃双纤维绳的线密度和最低断裂强力

绳索代号[a]	线密度[b,c]		最低断裂强力[d,e](尾段插接眼环绳) kN	
	指标值 ktex	允许偏差率 %	高强级	普通级
6	17.5	±10	6.10	5.50
8	31.0		10.7	9.60
10	48.5	±8	16.4	14.8
12	69.9		23.1	20.8
14	95.1	±5	31.2	28.1
16	124		40.3	36.3
18	157		50.5	45.5
20	194		61.8	55.6
22	235		73.9	66.5
24	279		86.7	78.0
26	328		102	91.8
28	380		117	105
30	437		133	120
32	497		150	135
36	629		189	170
40	776		231	208
44	939		277	249
48	1 110		328	295
52	1 320		382	344
56	1 520		440	396
60	1 750		502	452
64	1 990		568	511
68	2 250		636	572
72	2 520		710	639
80	3 110		867	780
88	3 750		1 040	936
96	4 470		1 230	1 110
104	5 260		1 430	1 290
112	6 050		1 660	1 490
120	6 980		1 890	1 700
128	7 950		2 130	1 920
136	8 950		2 390	2 150

表 1 (续)

绳索代号[a]	线密度[b,c]		最低断裂强力[d,e](尾段插接眼环绳) kN	
	指标值 ktex	允许偏差率 %	高强级	普通级
144	10 100	±5	2 670	2 400
152	11 300		2 960	2 660
160	12 500		3 270	2 940

[a] 绳索代号相当于其以毫米计的近似直径。

[b] 线密度(以千特克斯计)相当于绳索单位长度的净质量,用克每米或千克每千米表示。

[c] 线密度在加以 GB/T 8834 述及的预加张力时测量。

[d] 断裂强力与新制绳索的干态或湿态有关。

[e] 该最低强力值是依据 GB/T 8834 指定的试验方法和试验条件下测得的,不代表在其他环境条件和使用场合下的实际断裂强度值。值得关注的是,绳索尾段插接的方式和质量、加载速率、预处理和施加于绳索的预加张力等都将影响断裂强力。绳索卷绕于桩柱、绞盘、滑轮或滑车上,可能在低于此强力值时断裂。打结或扭曲的绳索将大为降低其断裂强力;尾段未插接绳索会比尾段插接眼环绳索的断裂强力高 10%,供设计使用时参考。

表 2 高强度 3 股(A 型)、8 股(L 型)、12 股(T 型)聚酯与聚烯烃双纤维绳的线密度和最低断裂强力

绳索代号[a]	线密度[b,c]		最低断裂强力[d,e](尾段插接眼环绳) kN	
	指标值 ktex	允许偏差率 %	高强级	普通级
6	19.9	±10	6.80	6.10
8	35.4		11.9	10.7
10	55.3	±8	18.2	16.4
12	79.6		25.7	23.1
14	108	±5	34.7	31.2
16	142		44.8	40.3
18	179		56.1	50.5
20	221		68.7	61.8
22	268		82.1	73.9
24	319		96.0	86.4
26	374		113	102
28	434		130	117
30	498		148	133
32	566		167	150
36	717		210	189
40	885		257	231

表 2（续）

绳索代号[a]	线密度[b,c]		最低断裂强力[d,e]（尾段插接眼环绳）kN	
	指标值 ktex	允许偏差率 %	高强级	普通级
44	1 070	±5	308	277
48	1 270		364	328
52	1 500		424	382
56	1 730		489	440
60	1 990		558	502
64	2 270		631	568
68	2 560		707	636
72	2 870		789	710
80	3 540		963	867
88	4 280		1 160	1 040
96	5 100		1 370	1 230
104	6 000		1 590	1 430
112	6 900		1 840	1 660
120	7 960		2 100	1 890
128	9 060		2 370	2 130
136	10 200		2 660	2 390
144	11 500		2 970	2 670
152	12 800		3 290	2 960
160	14 200		3 630	3 270

[a] 绳索代号相当于其以毫米计的近似直径。

[b] 线密度（以千特克斯计）相当于绳索单位长度的净质量，用克每米或千克每千米表示。

[c] 线密度在加以 GB/T 8834 述及的预加张力时测量。

[d] 断裂强力与新制绳索的干态或湿态有关。

[e] 该最低强力值是依据 GB/T 8834 指定的试验方法和试验条件下测得的，不代表在其他环境条件和使用场合下的实际断裂强度值。值得关注的是，绳索尾段插接的方式和质量、加载速率、预处理和施加于绳索的预加张力等都将影响断裂强力。绳索卷绕于桩柱、绞盘、滑轮或滑车上，可能在低于此强力值时断裂。打结或扭曲的绳索将大为降低其断裂强力；尾段未插接绳索会比尾段插接眼环绳索的断裂强力高 10%，供设计使用时参考。

8 标记

采用的标记应符合 GB/T 21328 的规定。

ICS 59.080.50
W 58

中华人民共和国国家标准

GB/T 30668—2014

超高分子量聚乙烯纤维8股、12股编绳和复编绳索

Ultra high molecular weight polyethylene fibre 8-strand braided ropes, 12-strand braided ropes and covered ropes

(ISO 10325:2009,Fibre ropes—High modulus polyethylene—8-strand braided ropes,12-strand braided ropes and covered ropes,NEQ)

2014-12-31 发布　　2015-04-01 实施

中华人民共和国国家质量监督检验检疫总局
中国国家标准化管理委员会　发布

前　言

本标准按照 GB/T 1.1—2009 给出的规则起草。

本标准使用重新起草法参考 ISO 10325:2009《纤维绳索　高模量聚乙烯纤维　8 股、12 股编绳和复编绳索》编制，与 ISO 10325:2009 的一致性程度为非等效。

本标准由中国纺织工业联合会提出。

本标准由全国家用纺织品标准化技术委员会线带分技术委员会(SAC/TC 302/SC 2)归口。

本标准起草单位:农业部绳索网具产品质量监督检验测试中心、上海市纺织工业技术监督所、巨力索具股份有限公司、湖南中泰特种装备有限公司、山东鲁普科技有限公司、江苏神韵绳缆有限公司、中国石化仪征化纤股份有限公司、上海旗鱼绳网有限公司、浙江海轮绳网有限公司、上海斯瑞科技有限公司、浙江炬力绳业有限公司、北京同益中特种纤维技术开发有限公司。

本标准主要起草人:马海有、贺美娣、乐伟章、李彦英、高波、沈明、吴声龙、陈建军、刁金龙、葛师善、许海霞、王志焕、黄兴良、闽明华。

超高分子量聚乙烯纤维8股、12股编绳和复编绳索

1 范围

本标准规定了以超高分子量聚乙烯纤维为原料制成的8股、12股编绳和复编绳索的术语和定义、标识、材料、通用技术要求、物理性能等。

本标准适用于鉴定线密度20.7 ktex～5 560 ktex，绳索代号为6～96的超高分子量聚乙烯纤维绳索品质。

2 规范性引用文件

下列文件对于本文件的应用是必不可少的。凡是注日期的引用文件，仅注日期的版本适用于本文件。凡是不注日期的引用文件，其最新版本(包括所有的修改单)适用于本文件。

GB/T 8834 绳索 有关物理和机械性能的测定

GB/T 21328 纤维绳索 通用要求

ISO 1968 纤维绳索和绳索制品 词汇(Fibre ropes and cordage—Vocabulary)

3 术语和定义

ISO 1968界定的及以下术语和定义适用于本文件。

3.1

复编(护套式) cover jacket

除绳索绳芯以外编织的复编层或其他保护层。

注：复编层对绳索强力无显著贡献。

4 标识

纤维绳索标识应包含以下内容：

——纤维绳索；

——本标准编号；

——绳索结构；

——绳索代号；

——绳索材料。

示例：12股编绳代号为20(T型)，线密度近似232 ktex的超高分子量聚乙烯纤维绳索可表示为：

纤维绳索 GB/T 30668—T—20—UHMWPE

5 材料

5.1 纤维绳索应由超高分子量聚乙烯长丝组成。

注：不同等级超高分子量聚乙烯长丝应注意有不同的蠕变性能。

5.2 制造商为提高绳索性能可以给绳索增加涂层。

5.3 关于复编层外套，可用各种材料组成，如聚酯、聚烯烃或超高分子量聚乙烯。

5.4 超高分子量聚乙烯纤维特性应符合 GB/T 21328 的规定。

注：100%超高分子量聚乙烯纤维绳索是浮性的，复编结构外层材料密度较高且比例较大时绳索会不浮于水。超高分子量聚乙烯纤维具抗轴向压力，有很好的抗弯曲疲劳强度。需要时，纤维制造商应提供蠕变性能的信息。超高分子量聚乙烯纤维具有低摩擦系数和耐磨性能好的特性。但给绳索增加涂层后摩擦系数可能会改变。

6 通用技术要求

6.1 类型

超高分子量聚乙烯纤维绳索应分为下列三种类型：

——L 型 8 股编绳，见图 1。

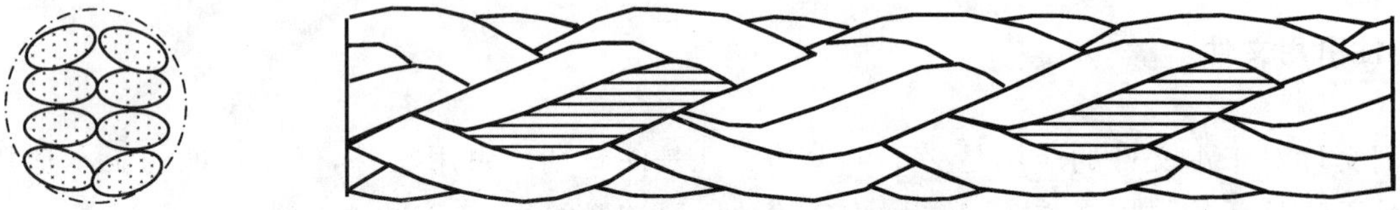

图 1 8 股编绳(L 型)

——T 型 12 股编绳，见图 2。

图 2 12 股编绳(T 型)

——C 型 复编绳，见图 3。

a) 单芯编绳复编绳(C 型)

b) 多芯三股复编绳(C 型)

图 3 复编绳

6.2 结构、制造

6.2.1 8 股和 12 股编绳的结构和制造应符合 GB/T 21328 的规定。

6.2.2 复编绳结构：绳芯部分是由非承载复编护层来保护。各种不同类型绳芯的结构和制造也应符合 GB/T 21328 的规定。

注：绳芯部分可用各种结构绳索。

6.2.3 复编层的绳股相互交叉，用单双股连续与另一单双股沿相同途径进行交叉编织。

6.3 标签、包装、计量和交货长度

应符合 GB/T 21328 的规定。

7 物理性能

线密度和断裂强力应符合表 1 和表 2。

表 1 8 股(L 型)和 12 股(T 型)超高分子量聚乙烯纤维编绳的线密度和最低断裂强力

绳索代号[a]	线密度[b,c]		最低断裂强力[d,e](尾段插接眼环绳) kN	
	指标值 ktex	允许偏差率 %	超高强级	高强级
6	23.0	±10	33.0	29.7
8	40.0		58.7	52.8
10	61.0	±8	92.0	82.8
12	87.0		132	119
14	117		180	162
16	151	±5	235	212
18	190		283	255
20	232		340	306
22	281		400	360
24	331		470	423
26	384		540	486
28	445		610	549
30	506		690	621
32	575		780	702
34	648		860	774
36	720		940	846
38	798		1 040	936
40	881		1 130	1 020
44	1 060		1 310	1 180

表 1（续）

绳索代号[a]	线密度[b,c]		最低断裂强力[d,e]（尾段插接眼环绳）kN	
	指标值 ktex	允许偏差率 %	超高强级	高强级
48	1 250	±5	1 530	1 380
52	1 460		1 770	1 590
56	1 690		2 030	1 830
60	1 930		2 280	2 050
64	2 200		2 560	2 300
68	2 480		2 850	2 560
72	2 780		3 170	2 850
76	3 090		3 500	3 150
80	3 430		3 870	3 480
88	4 170		4 680	4 210
96	4 970		5 560	5 000

[a] 绳索代号相当于其以毫米计的近似直径。

[b] 线密度（以千特克斯计）相当于绳索单位长度的净质量，用克每米或千克每千米表示。

[c] 线密度在加以 GB/T 8834 述及的预加张力时测量。

[d] 断裂强力与新制绳索的干态或湿态有关。

[e] 该最低强力值是依据 GB/T 8834 指定的试验方法和试验条件下测得的，不代表在其他环境条件和使用场合下的实际断裂强度值。值得关注的是，绳索尾段插接的方式和质量、加载速率、预处理和施加于绳索的预加张力等都将影响断裂强力。绳索卷绕于桩柱、绞盘、滑轮或滑车上，可能在低于此强力值时断裂。打结或扭曲的绳索将大为降低其断裂强力；尾段未插接绳索会比尾段插接眼环绳索的断裂强力高 10%，供设计使用时参考。

表 2　超高分子量聚乙烯纤维复编绳（C 型）的线密度和最低断裂强力

绳索代号[a]	线密度[b,c]		最低断裂强力[d,e]（尾段插接眼环绳）kN	
	指标值 ktex	允许偏差率 %	超高强级	高强级
20	240	±5	244	220
22	290		307	276
24	340		362	326
26	400		424	382
28	460		494	445
30	530		573	516
32	600		662	596
34	680		742	668

表 2（续）

绳索代号[a]	线密度[b,c]		最低断裂强力[d,e]（尾段插接眼环绳）kN	
	指标值 ktex	允许偏差率 %	超高强级	高强级
36	770	±5	821	739
38	850		909	818
40	940		1 030	927
44	1 150		1 240	1 120
48	1 360		1 450	1 310
52	1 600		1 730	1 560
56	1 850		1 970	1 770
60	2 120		2 270	2 040
64	2 400		2 590	2 330
68	2 720		2 930	2 640
72	3 070		3 270	2 940
76	3 400		3 620	3 260
80	3 750		4 060	3 650
88	4 500		4 820	4 340
96	5 300		5 650	5 080

[a] 绳索代号相当于其以毫米计的近似直径。

[b] 线密度(以千特克斯计)相当于绳索单位长度的净质量，用克每米或千克每千米表示。

[c] 线密度在加以 GB/T 8834 述及的预加张力时测量。

[d] 断裂强力与新制绳索的干态或湿态有关。

[e] 该最低强力值是依据 GB/T 8834 指定的试验方法和试验条件下测得的，不代表在其他环境条件和使用场合下的实际断裂强度值。值得关注的是，绳索尾段插接的方式和质量、加载速率、预处理和施加于绳索的预加张力等都将影响断裂强力。绳索卷绕于桩柱、绞盘、滑轮或滑车上，可能在低于此强力值时断裂。打结或扭曲的绳索将大为降低其断裂强力；尾段未插接绳索会比尾段插接眼环绳索的断裂强力高 10%，供设计使用时参考。

8 标记

8.1 制造商可采用彩色合成纤维绳纱用于识别绳索。

8.2 制造商可采用彩色涂层用于识别绳索。

8.3 绳索内采用印字标记带时应符合 GB/T 21328 的规定。

ICS 59.080.01
W 04

中华人民共和国国家标准

GB/T 30669—2014

纺织品 色牢度试验 耐光黄变色牢度

Textiles—Tests colour fastness—Colour fastness to light yellowing

2014-12-31 发布 2015-06-01 实施

中华人民共和国国家质量监督检验检疫总局
中国国家标准化管理委员会 发布

前　言

本标准按照 GB/T 1.1—2009 给出的规则起草。

本标准由中国纺织工业联合会提出。

本标准由全国纺织品标准化技术委员会基础标准分技术委员会(SAC/TC 209/SC 1)归口。

本标准起草单位:福建省纤维检验局、中纺标(北京)检验认证中心有限公司、九牧王股份有限公司、劲霸男装(上海)有限公司。

本标准主要起草人:虞学锋、章辉、林荣宗、徐京云。

纺织品　色牢度试验　耐光黄变色牢度

1　范围

本标准规定了暴露于紫外光线照射下的纺织材料耐光黄变色牢度的试验方法。

本标准适用于各类白色纺织材料，其他浅色纺织材料可参照采用。

2　规范性引用文件

下列文件对于本文件的应用是必不可少的。凡是注日期的引用文件，仅注日期的版本适用于本文件。凡是不注日期的引用文件，其最新版本（包括所有的修改单）适用于本文件。

GB/T 250　纺织品　色牢度试验　评定变色用灰色样卡

3　术语和定义

下列术语和定义适用于本文件。

3.1

光黄变　light yellowing

由紫外光照射而引起的白色纺织材料表面颜色变黄的现象。

4　原理

试样在紫外光下照射一定时间后，与未经照射的样品进行对比，用评定变色用灰色样卡评定变色程度，从而判定纺织材料在紫外光线照射下耐光黄变的能力。

5　设备和材料

5.1　设备

5.1.1　试验箱。内表面由不反光的惰性材料构成，装有计时装置，光源为 UV-A340 灯或 UV-A340 组合灯，灯管波长 320 nm～400 nm，且保证试样架上的试样能均匀接受辐照，距光源最远位置的辐照度不低于在辐照中心强度的 90%。

5.1.2　辐照度可调节，或单独配备测量范围 300 nm～400 nm、辐照度 0.5 W/(m^2·nm)～1.0 W/(m^2·nm) 的辐射计。

5.2　评定变色用灰色样卡

符合 GB/T 250 要求。

6　试样制备

6.1　每个样品制备 3 块试样。

6.2 对于纱线或散纤维样品，取一定量的纱线或散纤维，手工梳压成尺寸约为 60 mm×20 mm 的薄片。

6.3 对于织物样品，试样尺寸约为 60 mm×20 mm。

7 操作程序

7.1 将试样放置在试样架(5.1.1)上，测试面朝向光源，当设备具备辐照度调节功能时，设定试验箱的辐照度，使试样表面接受的辐照度在波长 340 nm 为(0.77±0.1)W/(m^2 · nm)；当设备不具备辐照度调节功能时，将辐射计(5.1.2)置于试样表面相同高度，调节试样架高度，测量试样表面接受的辐照度，使试样表面接受的辐照度在 340nm 时为(0.77±0.1)W/(m^2 · nm)。

7.2 关闭试验箱门，开启设备，保持试样在紫外线灯光下不间断地进行照射，根据双方协议规定选用辐照时间，如 3 h、6 h、12 h、18 h、24 h。如未指定，推荐辐照时间为 6 h。

注：如果使用平板式设备，试样的长度方向应与灯管的长度方向垂直，并对样品的位置进行周期性的变换，以保证每一样品都能获得等量的辐照。

7.3 规定时间到达后，取出试样，在 30 min 内进行评级。

8 评级

在 D65 标准光源下对比试样与原样，用灰色样卡(5.2)评定试样的变色级数，按 3 块试样中最低级数报出。

9 试验报告

试验报告应包括下列内容：

a) 本标准的编号；
b) 使用评定变色用灰色样卡评定的试样黄变级数；
c) 试样接受辐照的时间；
d) 试验日期、试验者及其他；
e) 样品描述；
f) 任何偏离本标准的细节及试验中的异常现象。

ICS 59.080.30
W 43

中华人民共和国国家标准

GB/T 30670—2014

云锦妆花缎

Satin of brocade—Zhuang hua

2014-12-31 发布 2015-08-01 实施

中华人民共和国国家质量监督检验检疫总局
中国国家标准化管理委员会 发布

前　言

本标准按照 GB/T 1.1—2009 给出的规则起草。

本标准由中国纺织工业联合会提出。

本标准由全国云锦产品标准化技术委员会(SAC/TC 303)归口。

本标准起草单位:南京云锦研究所股份有限公司、南京工艺美术总公司、南京市产品质量监督检测院。

本标准主要起草人:张洪宝、王继胜、陆晔、赵敏华、杨鹓。

云 锦 妆 花 缎

1 范围

本标准规定了云锦妆花缎的术语和定义、要求、试验方法、检验规则及标志、包装、运输、贮存。

本标准适用于云锦妆花缎生产、科研、贸易、检测、管理及其相关的领域。

2 规范性引用文件

下列文件对于本文件的应用是必不可少的。凡是注日期的引用文件，仅注日期的版本适用于本文件，凡是不注日期的引用文件，其最新版本（包括所有的修改单）适用于本文件。

GB/T 191 包装储运图示标志

GB/T 2910（所有部分） 纺织品 定量化学分析

GB/T 3920 纺织品 色牢度试验 耐摩擦色牢度

GB/T 3923.1 纺织品 织物拉伸性能 第1部分：断裂强力和断裂伸长率的测定（条样法）

GB/T 4666 纺织品 织物长度和幅宽的测定

GB/T 4668 机织物密度的测定

GB 5296.4 消费品使用说明 第4部分：纺织品和服装

GB/T 5711 纺织品 色牢度试验 耐干洗色牢度

GB/T 8427—2008 纺织品 色牢度试验 耐人造光色牢度：氙弧

GB/T 8685 纺织品 维护标签规范 符号法

GB 18401 国家纺织产品基本安全技术规范

GB/T 21930 地理标志产品 云锦

GB/T 29862 纺织品 纤维含量的标识

FZ/T 01057（所有部分） 纺织纤维鉴别试验方法

3 术语和定义

GB/T 21930 界定的以及下列术语和定义适用于本文件。

3.1

云锦妆花缎 satin of brocade—zhuang hua

以生丝、金银线为主要原材料，采用独特的传统工艺技术，地部采用缎纹组织，使用大花楼提花机等传统设备，用手工制作的多重纬色织提花丝织物。

3.2

撬亮 qiao liang

将染好色的绞装丝套在木架上，下端套入竹或木棒沿顺时针方向绞紧。使染好的绞装丝充分拉伸，以增强其光亮度。

4 要求

4.1 原辅材料

4.1.1 色丝

由生丝经精练、染色而成,质量应符合相关的标准要求。

4.1.2 扁金(银)线

又称纸扁金(银),系采用金(银)箔或仿金(银)箔胶合在纸面上,然后切成 0.05 cm～0.1 cm 宽、85 cm长的条状。

4.1.3 圆金(银)线

系采用扁金(银)线依附在芯线上搓捻而成。

4.1.4 孔雀羽绒线

系采用孔雀羽绒依附在芯线上手工搓捻制成。

4.1.5 色绒线

系采用多根生丝无捻并合,经脱胶、染色、撬亮而成。

4.2 生产工艺

4.2.1 基本要求

4.2.1.1 应采用传统的制作方法,用大花楼提花木织机织造,纹样经纬比例恰当,图案清晰、饱满、精美,金(银)线包边,线条流畅,色彩丰富。

4.2.1.2 织机的纤数不低于 1 800 根。

4.2.1.3 每幅产品图案的纬花颜色在 8 种以上。

4.2.2 工艺流程、主要工艺、设备及工器具

见附录 A。

4.3 基本安全性能要求

应符合 GB 18401 的规定。

4.4 等级

云锦妆花缎产品根据其内在规格要求、内在质量和外观疵点依次分为优等品、一等品、二等品。并以最低指标项目评定等级。详见表 1～表 4。

4.5 规格要求

规格要求应符合表 1 的指标规定。

表 1 规格要求

项目		指标		
		优等品	一等品	二等品
密度偏差/%	五枚缎经密:120 根/cm	±2	±2.5	±3
	五枚缎纬密:54 根/cm	±1	±1.5	±2
	七枚缎经密:142 根/cm	±2	±2.5	±3
	七枚缎纬密:48 根/cm	±1	±1.5	±2
	八枚缎经密:144 根/cm	±2	±2.5	±3
	八枚缎纬密:42 根/cm	±1	±1.5	±2
幅宽偏差/%		±1	±1.5	±2
注:特殊规格的妆花缎品种规格可按客户合同或协议执行,指标水平不变。				

4.6 内在质量要求

内在质量要求应符合表 2 的指标规定。

表 2 内在质量指标

项目		指标		
		优等品	一等品	二等品
色牢度/级 ≥	耐干摩擦	4	3	3
	耐光	3	3	3
	耐干洗	3	3	3
纤维含量偏差/%		按 GB/T 29862 要求执行。		
断裂强力/N ≥		300	250	200

4.7 外观疵点的评等

4.7.1 外观疵点评等规定分匹料和块料两种类型,匹料的外观疵点评等规定见表 3,块料的外观疵点评等规定见表 4。

表 3 匹料外观疵点评等规定

优等品	一等品	二等品
(1) 经向疵点每处 10 mm 以内 (2) 纬向疵点每处 15 mm 以内 (3) 无错脚、污渍、破损 (4) 无整修不净。 (5) 边疵每处 5 mm 以内	(1) 经向疵点每处 10 mm 以上 15 mm 以内 (2) 纬向疵点每处 15 mm 以上 20 mm 以内 (3) 无错脚、污渍、破损 (4) 无整修不净 (5) 边疵每处 5 mm 以上 10 mm 以内 (6) 允许在同一个单位长度范围内有二个经、纬向疵点同时存在。疵点长度应该在该等级的允许范围内	(1) 经向疵点每处 15 mm 以上 20 mm 以内 (2) 纬向疵点每处 20 mm 以上 25 mm 以内 (3) 无错脚、污渍、破损 (4) 无整修不净 (5) 边疵每处 10 mm 以上 15 mm 以内 (6) 允许在同一个单位长度范围内有三个经、纬向疵点同时存在。在一匹中可以累计折算。疵点长度应该在该等级的允许范围内

表 4　块料外观疵点评等规定

优等品	一等品	二等品
（1）经向无明显疵点。 （2）纬向无明显疵点。 （3）无整修不净。	（1）经向疵点 10 mm 以内。 （2）纬向疵点 15 mm 以内。 （3）无整修不净。	（1）经向疵点 10 mm 以上 20 mm 以内。 （2）纬向疵点 15 mm 以上 25 mm 以内。 （3）无整修不净。

4.7.2　匹料外观疵点评等应遵循下列原则进行：

a）云锦的匹长通常为 7 m。外观品质的评定按每米每处计评，每匹外观品质的评定则按实际匹长进行折算。

b）疵点的长度以经向或纬向最大方向量计。

c）在进行外观疵点检验点评等时，其中有一项不符合标准即降为下一等级。

d）在单位长度内，每处同一疵点的范围不得超过该评等规定的二倍，如超过该评定等级规定的二倍及以上，则降为下一等级。

4.7.3　块料外观疵点评等应遵循下列原则进行：

a）疵点的长度以经向或纬向最大方向量计。

b）外观疵点评等项目中，其中有一项不达标即降为下一等级。

c）如块料的经向或纬向的尺寸长度超过 1 m 及以上时，则按匹料外观疵点评等规定进行评等。

4.7.4　外观疵点归类参见附录 B。

5　试验方法

5.1　内在质量试验方法

5.1.1　耐摩擦色牢度的测定按 GB/T 3920 执行。

5.1.2　耐光色牢度的测定按 GB/T 8427—2008 中方法 3 执行。

5.1.3　耐干洗色牢度的测定按 GB/T 5711 执行。

5.1.4　纤维含量（蚕丝、聚酯金、银线）的测定按 GB/T 2910、FZ/T 01057 执行。其中真扁金（银）线、真圆金（银）线的金（银）层含金（银）量的测定按附录 C 中规定的方法执行。

5.1.5　断裂强力的测定按 GB/T 3923.1 执行。

5.2　规格要求的检验

5.2.1　幅宽的测定按 GB/T 4666 执行。

5.2.2　密度的测定按 GB/T 4668 执行。

5.3　外观疵点的检验

5.3.1　检验光源采用荧光灯，检验台面平均照度 600 lx～700 lx，环境光源控制在 150 lx 以下。也可在自然北光或 40 W 日光灯加罩照明下进行。

5.3.2　台面避免与白色光反射。

5.3.3　检验样品平摊在台面上，检验员位于检验台正面，其眼睛距样品面 60 cm 左右。

5.3.4　外观疵点以样品平摊正面为准。

5.3.5　所有需检验、检测的云锦织成品匹料，必须于下机后在自然状态下放置 24 h 以后方可进行。

6 检验规则

6.1 出厂检验

6.1.1 每件产品均应经生产单位按本标准规定进行检验，并签发合格证方可出厂。

6.1.2 检验项目为产品规格要求和外观疵点。

6.2 型式检验

6.2.1 有下列情况之一时，应进行型式检验：

a) 产品停产半年以上，恢复生产时；

b) 正常生产时，每年进行一次；

c) 质量监督机构按规定提出要求时。

6.2.2 型式检验项目为本标准规定的所有项目。

6.2.3 抽样方法

检验样本应从同品种、同等级样品中随机抽取，外观质量抽样每 10 匹中不少于一匹（长度不得少于2 m）进行检验。内在质量测试样本抽取应满足试验方法规定要求。

6.3 检验结果判定规则

6.3.1 产品等级根据所检测项目的最低指标确定。

6.3.2 内在质量、规格要求中若有一项指标不合格，或外观疵点经综合评判不合格的，可复检，复检后仍不合格的，则判该次出厂检验或型式检验不合格。对检验结果有争议时，应针对争议项目对留存样本进行复检，以复检结果为准。

7 标志、包装、运输、贮存

7.1 标志

7.1.1 产品所附标签中使用说明应符合 GB 5296.4 的规定。注明制造者的名称和地址、产品名称和规格、采用原料的成分和含量、洗涤方法、使用和贮藏条件的注意事项、产品使用期限、产品标准号、产品质量等级、产品质量合格证明、安全类别等。使用说明的图形符号应符合 GB/T 8685 的规定。

7.2 包装

7.2.1 匹料产品内包装按匹逐个包装。包装材料可采用牛皮纸。块料产品包装按块逐个包装，包装材料可采用纸盒或锦盒。

7.2.2 外包装采用纸箱。

7.2.3 产品外包装箱上应注明产品名称、品种、规格、数量、重量、产品标准号、生产企业名称、地址等，包装运输图示标志应符合 GB/T 191 的规定。

7.3 运输

产品可采用一般运输工具运输，运输过程中应防潮、防火、防污染。

7.4 贮存

产品应贮存在清洁、通风、干燥、避光的专用仓库内，有防霉、防蛀措施。产品不得与化学品混储。

附 录 A
（资料性附录）
云锦妆花缎工艺流程与生产工艺

A.1 工艺流程

云锦妆花缎生产工艺应符合传统工艺流程，见图 A.1。

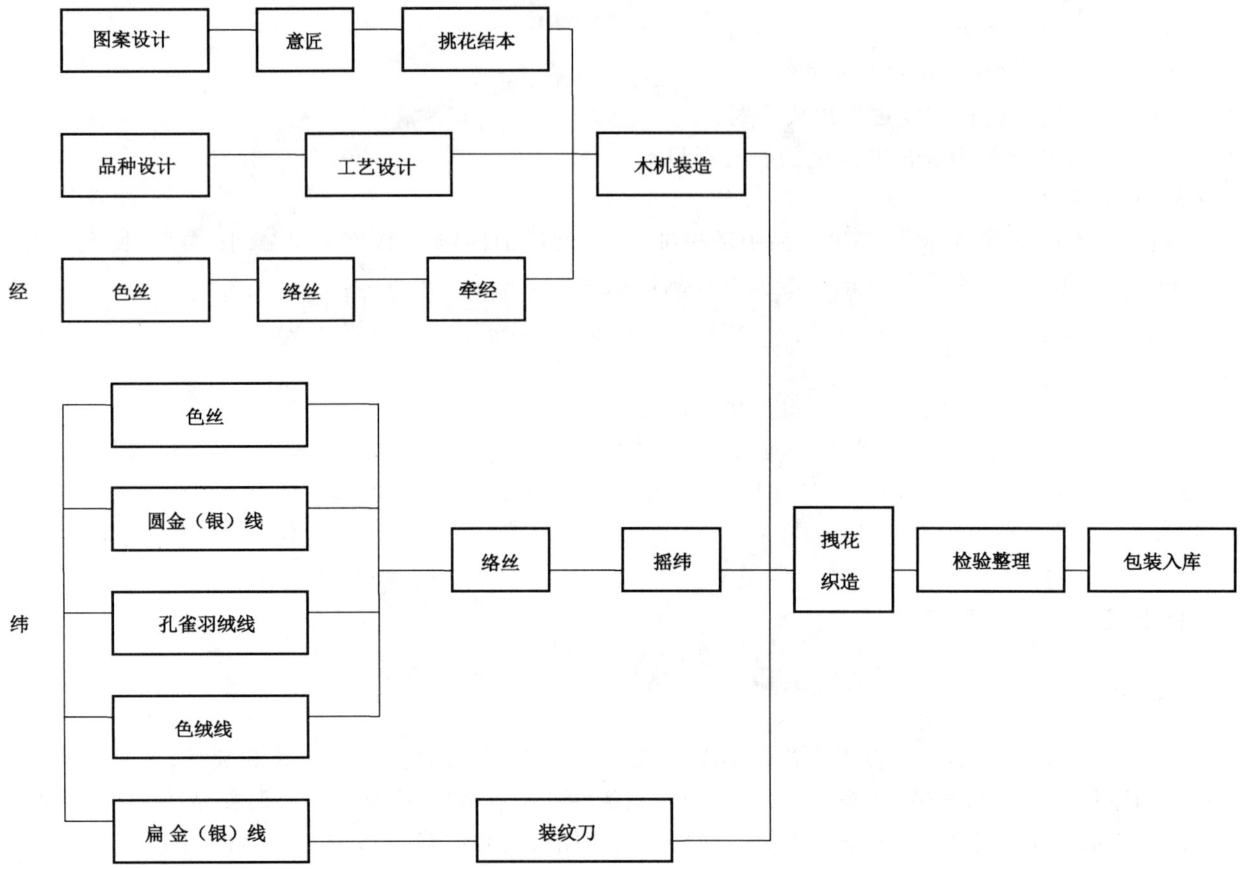

图 A.1 云锦妆花缎传统生产工艺流程图

A.2 主要工艺

A.2.1 图案设计

云锦妆花缎图案格局严谨，设计中应遵循云锦的传统表现手法，允许有所发展和创新。

A.2.2 品种设计

根据织物用途和客户需求设计出云锦织物各项参数，如：图案、色彩、门幅、经纬密、织物组织、原材料规格等。

A.2.3 工艺设计

根据云锦妆花缎提花织造原理设计出各项装机参数，如：范、幛、经、纤等各项数据。

A.2.4 意匠

意匠是根据织物品种经纬密比例对设计纹样的再创作过程，即将设计纹样用手工放大到专用的意匠纸上，画成意匠图。意匠图是挑花结本的样稿。在绘制意匠图时应遵守传统意匠的制作方法，心思巧用，以求达到“为画工传神”的织造效果。

A.2.5 织造

云锦妆花缎织造工艺极为复杂讲究。织造工织造时应手足并用，并与拽花工密切配合进行。织造工既要完成投梭、铲纹、挖花妆彩、打纬等动作，同时还要完成踏竹竿、带动范、幛升降和制动筘框等作业，操作协同连贯，遵循基本程序、规律；而且还要随纹样的变化，用荤素相间的方法不断地调整配色以及密度和计算袍料对花、对色等。

A.3 设备及工器具

A.3.1 云锦织机

云锦妆花缎织机为大花楼提花木织机，机长 5.4 m 以上，机高 3.4 m 以上，机宽 1.3 m 以上。

A.3.2 挑花架

专门用作挑花（即编结花本）的长方形木制框架。架上拴有花本经线和纬线，挑花工按意匠图在挑花架上编结花本。

A.3.3 挑花钩

用竹篾制成的挑花工具。一般长约 1 m，宽约 1 cm，厚约 3 mm。一端制成尖头钩形以穿引花本纬线。

A.3.4 倒花架

挑花结本中专门用作拼花和复制花本的木制框架。高约 2.2 m，宽约 4 m。

A.3.5 牵经架

专门用作以传统方法进行牵经（即整经）的木制框架。高约 2 m，宽约 4.5 m。

A.3.6 柳梳

用竹制的梳形方框，与牵经架配套，用来控制牵经的门幅，使经线排列均匀并打绞。

A.3.7 摇纬车

卷绕纬线的机具。

A.3.8 络丝车

络丝机具。通过络丝将绞装丝线转换成便于牵经和摇纬的卷装形式。

A.3.9 纹刀

织造工具。用长约 120 cm，宽约 3 cm，厚约 0.8 cm 的硬木制成。在织造过程中，当纹刀铲入梭口后，即将纹刀宽部竖起，以撑大梭口便于过管(即引入纬线)；同时，纹刀内侧开有肚槽，内藏扁金线，将其抽出便可把扁金线织入梭口内。

A.3.10 其他工器具

其他工器具还有梭子、绒管和纬管等。

附　录　B
（资料性附录）
云锦妆花缎外观疵点归类

表 B.1　外观疵点归类表

序　号	疵　点　类　别	疵　点　名　称
1	经向疵点	宽急经柳、筘柳、色柳、筘路、缺经、错经、碎糙、倒断头、错花、宽急经、欠幢、断纤、绞纤
2	纬向疵点	纬档、错花、漏花、跳梭、急纬、带纬、坍纬、糙纬、错场次、麻花、断纬、断色、拱纤、毛绒、花绒、织玛瑙、错脚、翻扁金
3	纬斜、幅不齐	纬斜、幅不齐
4	破损、污渍	蛛网、空隙、破洞、杂物织入、擦伤、污渍
5	边疵	宽边、急边、木耳边、粗细边、卷边、边糙、吐边、边开河、边少起、破边
6	整修不净	整修不净

附 录 C
(规范性附录)
云锦妆花缎中真扁金(银)线、真圆金(银)线的金(银)层含金(银)量的测定方法

C.1 适用范围

适用于云锦妆花缎中真扁金(银)线、真圆金(银)线的金(银)层含金(银)量的检测。

C.2 仪器及设备

C.2.1 天平:感量 0.1 mg。

C.2.2 电感耦合等离子体发射光谱仪:分辨率 0.02 nm,波长范围 165 nm～900 nm。

C.3 测试方法

C.3.1 试剂材料

C.3.1.1 纯金,纯度不低于 99.99%。

C.3.1.2 纯银,纯度不低于 99.99%。

C.3.1.3 纯铜,纯度不低于 99.99%。

C.3.1.4 纯铁,纯度不低于 99.99%。

C.3.1.5 盐酸,质量分数为 36%～38%,ρ=1.18 g/mL。

C.3.1.6 硝酸,质量分数为 65%～68%,ρ=1.4 g/mL。

C.3.1.7 盐酸,1+1。

C.3.1.8 硝酸,1+1。

C.3.1.9 盐酸,1+9。

C.3.1.10 金标准贮备液,1 000 μg/mL。

称取纯金(C.3.1.1)0.5 g,精确到 0.1 mg,置于 50 mL 烧杯中,加入盐酸(C.3.1.7)15 mL 和硝酸(C.3.1.8)5 mL 小火加热溶解。冷却后,移入 500 mL 容量瓶中,用盐酸(C.3.1.9)稀释至刻度,摇匀。

C.3.1.11 银标准贮备液,100 μg/mL。

称取纯银(C.3.1.2)0.1 g ,精确到 0.1 mg,置于 50 mL 烧杯中,加入硝酸(C.3.1.8)10 mL,加热溶解后,移入预先盛有盐酸(C.3.1.5) 200 mL 的 1 000 mL 容量瓶中,用少量水洗涤烧杯,洗液并入容量瓶,摇晃容量瓶至沉淀溶解。冷却后,用盐酸(C.3.1.7)稀释至刻度,摇匀。

C.3.1.12 铜标准贮备液,100 μg/mL。

称取纯铜(C.3.1.3)0.1 g ,精确到 0.1 mg,置于 50 mL 烧杯中,加入硝酸(C.3.1.8)10 mL,加热溶解,冷却后,移入工 1 000 mL 容量瓶,用盐酸(C.3.1.9)稀释至刻度,摇匀。

C.3.1.13 铁标准贮备液,100 μg/mL。

称取纯铁(C.3.1.4)0.1 g ,精确到 0.1 mg,置于 50 mL 烧杯中,加入硝酸(C.3.1.8)10 mL,加热溶解,冷却后,移入 1 000 mL 容量瓶,用盐酸(C.3.1.9)稀释至刻度,摇匀。

C.3.1.14 除非另有说明,在分析中仅使用确认为分析纯的试剂和蒸馏水或去离子水或相当纯度的水。

C.3.2 分析步骤

C.3.2.1 试料

在云锦妆花缎产品的背面剪取残留的金线(或银线)数百根。用四分法等分分样,取对角部分组成两份试料,两份试料样品进行平行测试。

C.3.2.2 试液制备

C.3.2.2.1 试液A制备

金线:将试料剪成屑状,置于100 mL瓷坩埚中,盖上瓷盖,在500 ℃高温炉中碳化约30 min,稍稍打开瓷盖,炉温升至750 ℃使其灰化(约1.5 h),取出冷却。将灰粉扫入50 mL烧杯中,加入盐酸(C.3.1.7)15 mL和硝酸(C.3.1.8)5 mL,盖上表皿,小火微火2 min,用少量(以不穿滤为准)处理过的玻璃棉过滤,滤液收集于预先加有盐酸(C.3.1.7)2 mL的100 mL容量瓶中,用盐酸(C.3.1.9)洗涤5～6次,洗涤液并入容量瓶,再用盐酸(C.3.1.9)稀释至容量瓶刻度,摇匀。

银线:将试料剪成屑状,置于100 mL瓷坩埚中,盖上瓷盖,在500 ℃高温炉中碳化约30 min,稍稍打开瓷盖,炉温升至750 ℃使其灰化(约1.5 h),取出冷却。将灰粉扫入50 mL烧杯中,加入硝酸(C.3.1.8)15 mL,盖上表皿,小火微火2 min,用少量(以不穿滤为准)处理过的玻璃棉过滤,滤液收集于预先加有硝酸(C.3.1.8)5 mL的100 mL容量瓶中,用蒸馏水洗涤5～6次,洗涤液并入容量瓶,再用蒸馏水稀释至容量瓶刻度,摇匀。

C.3.2.2.2 试液B制备

金线:准确移取试液A 5 mL于预先装有盐酸(C.3.1.7)1 mL的50 mL容量瓶中,用盐酸(C.3.1.9)稀释至刻度,摇匀。此溶液用于金、银、铜的测试。

银线:准确移取试液A 5 mL于预先装有硝酸(C.3.1.8)1 mL的50 mL容量瓶中,用蒸馏水稀释至刻度,摇匀。此溶液用于银、铜、铁的测试。

C.3.2.3 标准溶液的制备

金线:按表C.1准确移取金、银、铜标准储备液(C.3.1.10～C.3.1.12)于预先盛有盐酸(C.3.1.7)1 mL的50 mL容量瓶中,用盐酸(C.3.1.9)稀释至刻度,摇匀。

银线:按表C.2准确移取银、铜、铁标准储备液(C.3.1.11～C.3.1.13)于预先盛有硝酸(C.3.1.8)1 mL的50 mL容量瓶中,用蒸馏水稀释至刻度,摇匀。

表C.1 标准溶液测试元素的浓度

金含量测试范围 %	测试元素浓度 μm/mL		
	Au	Ag	Cu
＞99	100	2	2
97～99	100	4	4

表 C.2 标准溶液测试元素的浓度

含银量测试范围 %	测试元素浓度 μm/mL		
	Ag	Cu	Fe
>99	100	2	2
97～99	100	4	4

C.3.2.4 推荐的仪器测试分析线

推荐的仪器测试分析线见表 C.3

表 C.3 推荐的仪器测试分析线

测试元素	Au	Ag	Cu	Fe
分析线	197.819	328.068	324.754	259.940

C.3.2.5 测定

将试液 B(C.3.2.2.2)与标准溶液(C.3.2.3)分别在电感耦合等离子体发射光谱仪上进行测试。

C.4 结果的表示

C.4.1 真扁金线、真圆金线的金层含金量

金层含金量的百分数 Au(%)按公式(C.1)计算,平行测试结果的算术平均值为测定结果,计算结果精确到小数点后一位。

$$Au(\%)=\frac{c_1}{c_1+c_2+c_3} \qquad \cdots\cdots(C.1)$$

式中:

Au——金线的金层含金量(%);

c_1 ——试液 B 中金的浓度,单位为微克每毫升(μg/mL);

c_2 ——试液 B 中银的浓度,单位为微克每毫升(μg/mL);

c_3 ——试液 B 中铜的浓度,单位为微克每毫升(μg/mL)。

C.4.2 真扁银线、真圆银线的银层含银量

银层含银量的百分数 Ag(%)按公式(C.2)计算,平行测试结果的算术平均值为测定结果,计算结果精确到小数点后一位。

$$Ag(\%)=\frac{c_2}{c_2+c_3+c_4} \qquad \cdots\cdots(C.2)$$

式中:

Ag——银线的银层含银量(%);

c_2 ——试液 B 中银的浓度,单位为微克每毫升(μg/mL);

c_3 ——试液 B 中铜的浓度，单位为微克每毫升(μg/mL)；

c_4 ——试液 B 中铁的浓度，单位为微克每毫升(μg/mL)。

ICS 37.100.01
A 17

中华人民共和国国家标准

GB/T 30671—2014

纸质印刷品紫外线固化光油上光过程控制要求及检验方法

Ultraviolet curable varnishing process control requirements and testing methods for paper prints

2014-12-31 发布　　2015-07-01 实施

中华人民共和国国家质量监督检验检疫总局
中国国家标准化管理委员会　发布

前 言

本标准按照 GB/T 1.1—2009 给出的规则起草。

本标准由国家新闻出版广电总局提出。

本标准由全国印刷标准化技术委员会(SAC/TC 170)归口。

本标准主要起草单位:洋紫荆油墨(浙江)有限公司、鹤山雅图仕印刷有限公司、安徽安泰新型包装材料有限公司、上海天岑机械制造有限公司、深圳劲嘉彩印集团股份有限公司、深圳市力群印务股份有限公司、中荣印刷集团有限公司、汉高股份有限公司、星光印刷(深圳)有限公司、中华商务联合(广东)印刷有限公司、国际纸业舒尔物德包装(广州)有限公司。

本标准主要起草人:杨爱军、李永超、邓国康、孙小玉、戴祖玺、谭荣洪、吴湛锡、周国煜、祝斌伟、王徽、廖文。

引　言

紫外线固化光油上光(简称UV上光)是指在印刷品表面经过UV光油涂布固化的一种加工工艺。UV上光具有固化速度快、膜层光泽度高、耐磨性强,可使UV上光图文产生强烈的立体感、主体感、色彩更加鲜艳的特点,在印刷行业已广泛使用。

纸质印刷品上光质量与UV光油质量、工作环境、纸张特性、油墨特性、加工工艺等诸多因素有关,特别是当前国内外对重金属、挥发性有机化合物(VOCs)、邻苯二甲酸酯类等有害物质的含量均有明确要求,因此,制定纸质印刷品UV上光过程控制要求及检测方法标准是非常必要的。

纸质印刷品紫外线固化光油上光过程控制要求及检验方法

1 范围

本标准规定了纸质印刷品紫外线固化光油上光的术语和定义、原材料要求、工艺要求、设备要求、成品质量要求、检测方法及成品储存、运输要求。

本标准适用于纸质印刷品的紫外线固化光油上光过程控制要求及检验方法。

2 规范性引用文件

下列文件对于本文件的应用是必不可少的。凡是注日期的引用文件，仅注日期的版本适用于本文件。凡是不注日期的引用文件，其最新版本(包括所有的修改单)适用于本文件。

GB/T 1723 涂料粘度测定法

GB/T 7706 凸版装潢印刷品

GB/T 9278 涂料试样状态调节和试验的温湿度

GB/T 9754 色漆和清漆 不含金属颜料的色漆漆膜的 20°、60°和 80°镜面光泽的测定

GB/T 14216 塑料 膜和片润湿张力的测定

GB/T 18722 印刷技术 反射密度测量和色度测量在印刷过程控制中的应用

GB/T 23986 色漆和清漆 挥发性有机化合物(VOC)含量的测定 气相色谱法

GB 24613 玩具用涂料中有害物质限量

CY/T 3 色评价照明和观察条件

ASTM D5264 用苏瑟兰德摩擦试验机对印刷品抗磨性的试验方法(Standard practice for abrasion resistance of printed materials by the sutherland rub tester)

3 术语和定义

下列术语和定义适合用于本文件。

3.1

紫外线固化光油 ultraviolet curable varnish

利用紫外线能量进行固化的涂饰剂，亦称 UV 光油。

3.2

固化能量 curing energy

使 UV 光油从液态瞬间聚合转化为固态所需的紫外线能量。

3.3

结合牢度 bonding strength

UV 光油与印刷品的连结强度。

3.4

耐磨性 rub resistance

材料抵抗机械磨损的能力。

3.5

爆线　cracking;fracture

压、折痕处出现破损的现象。

[CY/T 59—2009,定义 3.1]

3.6

底油　primer varnish

加强 UV 光油与纸张之间结合牢度、提升印刷品视觉效果的一种涂饰剂。

4　原材料要求

4.1　UV 光油

4.1.1　相同型号黏度允差为±10%。

4.1.2　最低固化能量应不大于 80 mJ/cm^2。

4.1.3　UV 光油固化所需的波长宜为 280 nm～420 nm。

4.1.4　挥发性有机化合物(VOCs)限量不大于 20 g/kg。

4.1.5　苯类溶剂限量应符合表 1 的要求。

表 1　苯类溶剂限量

种类	A 类	B 类
苯	≤1 mg/kg	≤100 mg/kg
甲苯、乙苯和二甲苯总和	≤100 mg/kg	≤2 000 mg/kg
注：A 类适用于烟包等要求严格产品,B 类适用于一般产品。		

4.1.6　重金属、邻苯二甲酸酯类物质限量应符合 GB 24613 的要求。

4.2　底油

4.2.1　相同型号黏度允差为±10%。

4.2.2　对印刷品具有良好的涂布适性,能在印刷品表面形成一层均匀、连续的底油层。

4.2.3　对纸张表面和 UV 光油均具有良好的结合牢度。

4.2.4　挥发性有机化合物(VOCs)限量不大于 50 g/kg。

4.2.5　重金属、邻苯二甲酸酯类物质限量应符合 GB 24613 的要求。

4.3　纸质印刷品

4.3.1　表面应平整、清洁。

4.3.2　油墨应充分干燥。

4.3.3　表面张力应不小于 38 mN/m。

5　设备要求

5.1　紫外灯线功率应不小于 80 W/cm;在正常工作速度下,紫外灯发射的能量应不小于 80 mJ/cm^2。紫外灯发射的主波长应在 280 nm～420 nm 之间。

5.2　紫外灯箱应具有冷却等辅助功能,保证灯管正常工作。

5.3 对印刷品应具有冷却功能，保证印刷品上光后温度在 60 ℃以下。
5.4 UV 光油油槽应加盖，宜具有搅拌、加热、过滤功能。

6 工艺要求

6.1 上光环境

6.1.1 上光车间的温度应控制在(23±7)℃。
6.1.2 上光车间的相对湿度应控制在(60±20)%。
6.1.3 上光环境应洁净、避阳光、通风。

6.2 上光准备

底油、UV 光油与纸质印刷品在上光环境中至少放置 4 h，使之与上光环境温湿度适应后再上光。

6.3 固化能量

印刷品表面吸收紫外线能量不小于 80 mJ/cm^2。

6.4 UV 光油涂布量

6.4.1 根据纸质印刷品材质设定 UV 光油涂布量，应控制在 3 g/m^2～6 g/m^2 之间，通常，纸质越疏松，涂布量应越大。
6.4.2 同批次产品涂布量应均匀一致。

6.5 操作要求

6.5.1 纸质印刷品上光前应除粉、压平。
6.5.2 输纸正确，避免歪斜。
6.5.3 UV 光油应避光，温度保持在 25 ℃～50 ℃之间。

7 成品质量要求

7.1 外观

成品表面应干净、平整、光滑，无明显的外观缺陷。

7.2 光泽度

同一批次印品相同部位的光泽度差别应不大于 10 GU。

注：一般光泽度 75 GU 以上为高光，光泽度 30 GU 以下为亚光，光泽度在 30 GU～75 GU 之间为半亚光。

7.3 UV 光油与印刷品的结合牢度

结合牢度不小于 90%。

7.4 耐磨性

符合下列情形之一，耐磨性即为合格。

a) 摩擦 50 次以上，无明显划痕；
b) 摩擦 200 次，无油墨转移。

7.5 爆线

7.5.1 不应有宽度大于 0.2 mm，长度大于 1 mm 的裂痕。

7.5.2 每 10 cm 长度内，宽度大于 0.2 mm，长度不大于 1 mm 的裂痕不应超过 6 个。

7.6 色差

UV 上光后，四色实地油墨及纸张空白位的 CIELAB ΔE_{ab}^* 色差值应符合表 2 的要求。

表 2 UV 上光后四色实地油墨及纸张空白位的 CIELAB ΔE_{ab}^* 色差值

黄	品红	青	黑	空白位
≤3.5	≤3.5	≤3.0	≤3.0	≤2.0

8 检验方法

8.1 试样状态调节和试验的标准环境

按 GB/T 9278 规定的标准环境和允许偏差范围进行，温度为(23±2)℃，相对湿度为(50±10)%，状态调节时间不少于 4 h，并在此条件试验。

8.2 原材料的检测

8.2.1 UV 光油的黏度

使用涂-4 杯并按 GB/T 1723 中黏度杯法的要求检测。

8.2.2 UV 光油最低固化能量

调整固化设备输出能量为 80 mJ/cm^2 后，再对 UV 光油的最低固化能量进行检测。

8.2.3 UV 光油挥发性有机化合物(VOCs)限量

按照 GB/T 23986 的规定检测。

8.2.4 苯类溶剂限量

按照 GB 24613 的规定检测。

8.2.5 重金属、邻苯二甲酸酯类物质限量

按照 GB 24613 的规定检测。

8.2.6 底油

底油黏度使用涂-4 杯及按 GB/T 1723 中黏度杯法的要求检测。

8.2.7 纸质印刷品

纸质印刷品油墨层的表面张力检测按照 GB/T 14216 的要求检测。

8.3 环境温湿度

使用检定的温湿度计检测。

8.4 UV 光油涂布量

用定量的 UV 光油重量除以 UV 上光的总面积得出涂布量，单位为克每平方米(g/m^2)。

8.5 设备

8.5.1 使用检定的 UV 能量计测量紫外灯管发射的能量。

8.5.2 使用检定的红外测温计测量印刷品的温度。

8.6 成品

8.6.1 外观

在符合 CY/T 3 的条件下，目测。

8.6.2 光泽度

按照 GB/T 9754 规定的入射角为 60°的方法检测。

8.6.3 结合牢度

按照 GB/T 7706 中规定墨层结合牢度的检测方法检测。

8.6.4 耐磨性

按照 ASTM D5264 规定检测，摩擦纸为 80 g/m^2 胶版纸，摩擦体荷重 17.8N。

8.6.5 爆线

压线痕后正折 180°一次，使用精度为 0.02 mm 的刻度放大镜进行检测。

8.6.6 色差

UV 光油上光前后纸质印刷品的色差按照 GB/T 18722 中的要求和方法进行检测。

9 成品储存、运输要求

9.1 储存环境应洁净。

9.2 储存环境温度 5 ℃～40 ℃。

9.3 应避免阳光直射，与热源保持 2 m 以上间隔，防止潮湿。

9.4 运输时应防止碰撞或接触锐利的物体，轻装轻卸，避免日晒雨淋。

参 考 文 献

[1] CY/T 59 纸质印刷品模切过程控制及检测方法

ICS 55.180.20
A 85

中华人民共和国国家标准

GB/T 30672—2014

模压平托盘　植物纤维类

Moulded flat pallets from plants fiber

2014-12-31 发布　　2015-07-01 实施

中华人民共和国国家质量监督检验检疫总局
中国国家标准化管理委员会　发布

前　言

本标准按照 GB/T 1.1—2009 给出的规则起草。

本标准由全国物流标准化技术委员会(SAC/TC 269)提出并归口。

本标准负责起草单位:福建福大环保科技有限公司。

本标准参加起草单位:深圳市深中原科技有限公司、福建农林大学、深圳市一通检测技术有限公司、河南众和秸秆科技发展有限公司、湛江碧丽华模压木制品有限公司、中国物流与采购联合会托盘专业委员会。

本标准主要起草人:陈学兴、饶久平、杨橙双、林宗忠、彭卫、张国安、张永强、王兴全、孙熙军。

模压平托盘　植物纤维类

1　范围

本标准规定了模压平托盘的产品分类、要求、试验方法、检验规则、标志、包装、运输和贮存。

本标准适用于植物纤维类模压平托盘，其他材料模压平托盘可参照执行。

2　规范性引用文件

下列文件对于本文件的应用是必不可少的。凡是注日期的引用文件，仅注日期的版本适用于本文件。凡是不注日期的引用文件，其最新版本(包括所有的修改单)适用于本文件。

GB/T 2934—2007　联运通用平托盘　主要尺寸及公差

GB/T 4996—2014　联运通用平托盘　试验方法

GB/T 15105.1—2006　模压刨花制品　第1部分：室内用

GB/T 17657—2013　人造板及饰面人造板理化性能试验方法

3　术语和定义

下列术语和定义适用于本文件。

3.1

模压平托盘　moulded flat pallets

采用模具压制成型工艺制造的没有上部构件的托盘。

3.2

植物纤维类模压平托盘　moulded flat pallets from plants fiber

以植物纤维材料为主要原料，加入少量胶黏剂，并通过金属模具高温压制成型工艺制造的没有上部构件的托盘。

4　产品分类

4.1　按使用的原料分

按使用的原料可分为：

a）植物纤维类模压平托盘；

b）其他材料模压平托盘。

4.2　按使用性能分

按使用性能可分为：

a）一次性使用模压平托盘；

b）可复用模压平托盘。

5 要求

5.1 外观及规格尺寸

5.1.1 外观

托盘铺面应平整，无断痕，无透裂，边角无残损，无单个面积大于40 mm^2 的胶斑、石蜡斑、油污斑等污染。

5.1.2 尺寸公差

应符合GB/T 2934—2007中的第4章和第5章中规定要求。

5.2 性能要求

模压平托盘物理力学性能应符合表1规定的要求。

表1 植物纤维类模压平托盘的性能

<table>
<tr><th colspan="2" rowspan="2">项 目</th><th colspan="2">要 求</th></tr>
<tr><th>一次性使用模压平托盘</th><th>可复用模压平托盘</th></tr>
<tr><td colspan="2">含水率/%</td><td colspan="2">6～13</td></tr>
<tr><td colspan="2">密度/(g/cm^3)</td><td colspan="2">0.6～0.85</td></tr>
<tr><td colspan="2">吸水厚度膨胀率(24 h)/%</td><td>≤10</td><td>≤8</td></tr>
<tr><td rowspan="2">叉举试验</td><td>抗弯极限载荷/kg</td><td>≥2 000</td><td>≥3 000</td></tr>
<tr><td>抗弯刚度</td><td>1 000 kg时最大变形量≤20 mm；
卸载后残留变形量≤7 mm</td><td>1 500 kg时最大变形量≤20 mm；
卸载后残留变形量≤7 mm</td></tr>
<tr><td rowspan="2">堆码试验</td><td>堆码极限载荷/kg</td><td>≥4 000</td><td>≥6 000</td></tr>
<tr><td>堆码刚度</td><td>2 000 kg时最大变形量≤L_1(L_2)的2.5%；
卸载后残留变形量≤L_1(L_2)的0.7%</td><td>3 000 kg时最大变形量≤L_1(L_2)的2.5%；
卸载后残留变形量≤L_1(L_2)的0.7%</td></tr>
<tr><td>角跌落试验</td><td>抗跌落冲击能力</td><td>跌落高度 H=0.35 m下的对角线变化率≤2%；铺板角部无裂纹或危及托盘功能及性能的破损</td><td>跌落高度 H=0.5 m下的对角线变化率≤2%；铺板角部无裂纹或危及托盘功能及性能的破损</td></tr>
</table>

6 试验方法

6.1 外观检测

按GB/T 15105.1—2006中6.1的规定进行。

6.2 尺寸公差

按GB/T 15105.1—2006中6.2的规定进行。

6.3 性能要求

6.3.1 含水率

按 GB/T 17657—2013 中 4.3 的规定进行。

6.3.2 密度

按 GB/T 17657—2013 中 4.2 的规定进行。

6.3.3 吸水厚度膨胀率

按 GB/T 17657—2013 中 4.4 的规定进行。

6.3.4 叉举试验

按 GB/T 4996—2014 中 8.2 的规定进行。

6.3.5 堆码试验

按 GB/T 4996—2014 中 8.4 的规定进行。

6.3.6 角跌落试验

按 GB/T 4996—2014 中 8.9 的规定进行。

7 检验规则

7.1 检验分类

7.1.1 出厂检验

出厂检验包括 5.1 的项目。

7.1.2 型式检验

型式检验包括第 5 章的全部项目。当原料、配方、工艺条件改变时，需进行型式试验。型式检验周期最长不得超过 6 个月。

7.2 组批

同一原料、同一配方、同一工艺条件、同一规格的托盘为一批，每批的最大数量不得超过 10 000 个。

7.3 抽样

每项试验不得少于 4 个托盘。

7.4 判定规则

外观、物理机械性能任何一项不合格时，需重新 2 倍数量取样，对不合格项目复验，经复验合格，该批为合格批；如仍不合格，该批为不合格批。

8 标志、包装、运输和贮存

8.1 标志

每个托盘应标明生产厂名称、产品类型、规格、标准号和载荷量。

8.2 包装

外包装上应有收、发货单位、制品名称等标志。

8.3 运输和贮存

运输和贮存时应防潮、防雨，防火。

ICS 53.080
J 83

中华人民共和国国家标准

GB/T 30673—2014

自动化立体仓库的安装与维护规范

Installation and maintenance specification of automatic storage and retrieval system

2014-12-31 发布　　2015-07-01 实施

中华人民共和国国家质量监督检验检疫总局
中国国家标准化管理委员会　发布

前　　言

本标准按照 GB/T 1.1—2009 给出的规则起草。

本标准由全国物流标准化技术委员会(SAC/TC 269)提出。

本标准由全国物流标准化技术委员会(SAC/TC 269)、全国物流仓储设备标准化技术委员会(SAC/TC 499)归口。

本标准起草单位:江苏六维物流设备实业有限公司、南京音飞储存设备股份有限公司、国网浙江省电力公司嘉兴供电公司、深圳市凯东源物流有限公司、湖北物资流通技术研究所、广东海力物流系统设备有限公司、广东顺力工业设备有限公司、南京万事达仓储自动化设备有限公司、南京华德仓储设备制造有限公司、南京市产品质量监督检验院、东南大学、南京航空航天大学。

本标准主要起草人:徐正林、韩绍军、阚冬青、康馨、金跃跃、李付林、王天根、王锋、杜力、张亮、徐开兵、王士祥、胡启龙、屠晓栋、杜斌、周韬、肖骏、周义术、杨德维、尹凌峰、唐敢、赵德平、朱龙华、何云彬、毛建云、丁德贵。

自动化立体仓库的安装与维护规范

1 范围

本标准规定了自动化立体仓库(以下简称立体仓库)的安装与维护要求。

本标准适用于采用巷道堆垛机,对货物单元进行自动存储作业的立体仓库的安装与维护。

本标准不适用于低温、防爆等特殊要求的立体仓库。

2 规范性引用文件

下列文件对于本文件的应用是必不可少的。凡是注日期的引用文件,仅注日期的版本适用于本文件。凡是不注日期的引用文件,其最新版本(包括所有的修改单)适用于本文件。

GB/T 18354—2006 物流术语

GB 50168 电气装置安装工程电缆线路施工及验收规范

GB 50169 电气装置安装工程接地装置施工及验收规范

GB 50171 电气装置安装工程盘、柜及二次回路结线施工及验收规范

GB 50254 电气装置安装工程低压电器施工及验收规范

GB 50312 综合布线系统工程验收规范

JB/T 5323—1991 立体仓库焊接式钢结构货架 技术条件

JB/T 7016—1993 有轨巷道堆垛起重机 技术条件

JB/T 9018—2011 自动化立体仓库 设计规范

JB/T 10823 自动化立体仓库 术语

JB/T 11270—2011 立体仓库组合式钢结构货架 技术条件

3 术语和定义

GB/T 18354—2006、JB/T 10823、JB/T 9018—2011 界定的以及下列术语与定义适用于本文件。

3.1

自动化立体仓库 automatic storage and retrieval system;AS/RS

由高层货架、巷道堆垛起重机(有轨堆垛机)、入出库输送机系统、自动化控制系统、计算机仓库管理系统及其周边设备组成,可对集装单元物品实现机械化自动存取和控制作业的仓库。

[GB/T 18354—2006,定义 4.29]

3.2

仓库控制系统 warehouse control system;WCS

实现仓库自动化控制的计算机软件系统。

4 安装

4.1 安装流程

立体仓库的安装流程见图 1。

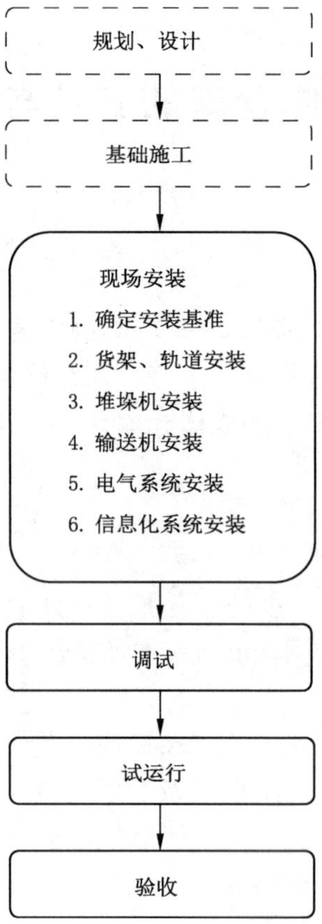

图 1 立体仓库的安装流程图

4.2 安装的基本要求

4.2.1 安装条件

安装前应满足下列要求：

a) 场地的承载基础、构架、预埋件、预留孔按安装设计要求施工完毕；

b) 消防通道及消防安全设施、搬运及起重设备进出通道、作业及理货区、建筑结构作业起吊点、安装现场的环境温湿度、水、电、气及照明应按设计要求施工完毕；

c) 场地平整度应符合 JB/T 9018—2011 中 7.1 的规定。

4.2.2 安装前的准备

4.2.2.1 技术准备

安装前的技术准备工作包括：

a) 编制完善的施工方案；

b) 编制施工图及施工方案、验收规范(包括安装工程技术要求、施工程序、所需机具以及调试方法和步骤)；

c) 施工安装过程中突发事件的应急预案；

d) 对上述计划、规范及方案的确认；

e) 根据施工要求组建符合施工规范的安装队伍；

f) 对相关人员进行与本次安装有关的针对性技术培训，培训应包含：安装所需的各类图纸、立体仓库的安装使用说明书、结构特点、主要技术参数、性能和关键点；

g) 其他准备工作。

4.2.2.2 开箱检查

立体仓库安装前应进行开箱检查。检查的内容如下：

a) 箱号、箱数及外包装情况，发现问题做好记录；

b) 按照装箱单清点核对设备型号、规格以及安装使用说明书等是否齐全，有无缺损；

c) 备品、备件。

4.2.2.3 安装机具准备

根据安装要求配备相应的安装机具与检测器具。

4.2.3 安全措施

4.2.3.1 应制定符合国家相关施工标准、规范的安全措施。

4.2.3.2 现场施工人员应经过安全技术培训。

4.2.3.3 特殊作业人员应有相应的岗位作业上岗证。

4.2.3.4 应有完善的高空、电焊、电气等作业场所的安全防护设施。

4.3 现场安装

4.3.1 确定安装基准

按照设计要求确定立体仓库的安装基准，同时对安装区域的基础状况、预埋件或预钻孔进行检查，检查合格后方可进行安装。

4.3.2 货架、轨道安装

按 JB/T 5323—1991 中 3.3 和 JB/T 11270—2011 中 4.4 规定的货架整体安装要求进行。

4.3.3 堆垛机安装

按 JB/T 7016—1993 中 3.2 规定的制造安装要求进行。

4.3.4 输送设备安装

4.3.4.1 设备安装精度或偏差，应符合相关技术要求。

4.3.4.2 各零部件的装配过程应符合相关技术要求，主要包括连接螺栓、键、轴、轴承、传动皮带、链条和齿轮、密封件、气动件、液压件的装配要求等。

4.3.4.3 设备润滑应符合相关规定。

4.3.5 电气系统安装

4.3.5.1 电气设备及电器元件的铭牌应完好，型号、规格应符合设计要求。

4.3.5.2 安全滑触线的绝缘护套应完好，不应有裂纹及破损。接触面应平整、无锈蚀，导电良好。

4.3.5.3 低压电器的安装应符合 GB 50254 的相关规定。

4.3.5.4 电器的金属外壳、框架的接零或接地应符合 GB 50169 的相关规定。

4.3.5.5 配电屏、柜的安装应符合 GB 50171 的相关规定。

4.3.5.6 电缆施工应符合 GB 50168 的相关规定。

4.3.6 信息化系统安装

4.3.6.1 综合布线系统安装应符合 GB 50312 的规定。

4.3.6.2 软件系统的安装及测试应按以下要求进行：

a) 安装操作系统及数据库软件并对其初始化；

b) 安装仓库管理系统(WMS)与仓库控制系统(WCS)软件、进行参数配置及连接测试；

c) 进行仓库控制系统(WCS)与电气系统及其他外设的连接测试；

d) 进行仓库管理系统(WMS)与企业资源计划(ERP)的连接测试(必要时)。

4.4 调试

4.4.1 调试前的准备工作

4.4.1.1 所有设备、电气安装完成，施工记录及资料齐全。

4.4.1.2 加注润滑油、各运动部件运动灵活。

4.4.1.3 按规定清洁设备、清除设备上的多余物，清理立体库工作面、清扫现场。

4.4.1.4 需要的能源、设施、器具、设备及环境等满足运行要求。

4.4.2 调试步骤

4.4.2.1 单机调试

步骤如下：

a) 接地、绝缘、电源电压及保护装置等的检查；

b) 确认符合设计要求后，进行单机手动调试；

c) 手动调试结束后，进行单机自动调试。

4.4.2.2 联机调试

4.4.2.2.1 子系统调试

以每台堆垛机及功能密切相关的输送机(如有)等作为子系统，通过输入作业指令，测试各个子系统的运行情况，并调整各设备对接处的定位精度，使货物输送平稳，无振动及卡阻现象。

4.4.2.2.2 全系统联机调试

在仓库管理系统(WMS)和仓库控制系统(WCS)控制下进行全系统联机调试。由计算机下达作业指令，控制设备运行，测试系统的调度情况及作业效率是否满足设计要求。

4.5 试运行

4.5.1 复查货架、堆垛机、输送机等设备的几何精度；复紧各联接件；复查活动部件的灵活性，联锁传动装置动作的正确性。

4.5.2 在仓库管理系统(WMS)和仓库控制系统(WCS)的管理及调度下，按流程要求对自动化立体仓库(AS/RS)中的信息采集、传输、处理、执行、显示等功能进行大批量、多种作业方式的联合试运行，发现问题应及时处理。

4.5.3 调整机械设备，完善电气控制系统、仓库管理系统(WMS)和仓库控制系统(WCS)软件，完善用户文档及安装使用说明书。

4.5.4 试运行的操作应由经培训合格的人员进行。

4.6 验收

试运行完成后，应按相关标准和合同进行验收。工程验收完毕，立体仓库方可投入使用。工程验收时，施工单位应提交下列资料：

a） 设备出厂合格证、测试记录、安装使用说明书与维护手册；
b） 竣工图；
c） 有关设计修改的文件；
d） 安装过程中的各种重要记录；
e） 备品备件清单；
f） 其他有关资料。

4.7 记录

4.7.1 安装记录

安装记录应包含：

a） 轨道、导轨安装记录；
b） 货架安装记录；
c） 堆垛机安装记录；
d） 输送机安装记录。

4.7.2 调试记录

调试记录应包含：

a） 设备几何精度、定位精度、性能及功能的调试记录；
b） 故障及排除情况记录。

4.7.3 试运行记录

试运行记录应包含：

a） 系统作业效率；
b） 故障记录；
c） 故障原因及排除方法；
d） 试运行评定结论。

4.7.4 验收记录

验收可由甲乙双方共同进行，也可委托第三方执行。验收记录应包含：

a） 双方约定的验收项目；
b） 验收项目及结果；
c） 验收时间；
d） 参加单位；
e） 验收结论。

5 维护

5.1 维护的操作规程

用户方应参照维护手册制定检查和维护操作规程，内容应包括：

a） 作业内容、作业方法、使用的工具及材料，达到的标准及注意事项；
b） 日常检查维护及计划维护的部位、方法和要求；
c） 检查和评定操作人员维护设备程度的内容和方法。

5.2 计划性维护

5.2.1 维护保养的基本要求

维护保养的基本要求应包括：

a） 清洁：设备内外整洁，作业场地清扫干净；
b） 整齐：工具、附件等要放置整齐；
c） 润滑良好：按时加油或换油；
d） 安全：遵守安全操作规程，设备的安全防护装置齐全可靠，及时消除不安全因素。

5.2.2 堆垛机与输送设备维护

堆垛机与输送设备维护应包括：

a） 巷道内有无障碍物。
b） 设备运行区域有无漏油、漏雨现象。
c） 机体螺栓、螺母有无松动。
d） 机体有无破损及附着异物。
e） 限速器是否完好。
f） 限速防坠装置是否动作可靠。
g） 行走轮及导向轮的磨损情况。
h） 钢丝绳磨损情况：
   1） 按相关技术规范检查是否需要更换；
   2） 是否润滑良好；
   3） 有无异常声音。
i） 链条磨损情况：
   1） 延伸量是否达到更换条件（任意 30 节，伸长率 2%以下）；
   2） 注油情况，是否润滑良好；
   3） 有无异常声音、振动；
   4） 链条销轴有无伤损。
j） 结构部分：
   1） 框架是否变形；
   2） 有无材料裂纹及破损；
   3） 材料焊接处有无异常；
   4） 轴是否扭曲；
   5） 连接处的螺栓、螺母有无松动。
k） 轨道部分：
   1） 有无障碍物；
   2） 导轨两端限位装置有无异常；
   3） 清轨器及安全夹钩是否完好；
   4） 导轨的磨损，裂纹及因挤压凸起等现象；
   5） 导轨的固定螺母有无松动；

6） 底板垫板有无异常。

l） 电机，减速机部分：

1） 工作时有无异常声音、振动；

2） 温升情况；

3） 注油情况；

4） 有无漏油。

m）链轮及齿轮部分：

1） 安装部分有无松动；

2） 齿面磨损状态，是否有龟裂；

3） 回转时有无异常声音、振动；

4） 注油情况。

n） 轮、轴与轴承部分：

1） 外观有无弯曲和扭曲；

2） 轴承环有无破损、龟裂；

3） 键或键槽有无变形；

4） 回转时有无异常声音、振动；

5） 注油情况；

6） 温升情况。

o） 拉力弹簧外观有无断裂，扭曲。

p） 扭力限制器是否可靠。

q） 安全爬梯及安全绳是否有异常。

5.2.3 电气系统维护

电气系统维护应包括：

a） 配电箱、控制箱的清洁。

b） 接地装置定期检查。

c） 电气元件的完好情况。

d） 电气装置接触部位有无过热现象及放电痕迹。

e） 电线、电缆的损伤及更换。

f） 滑触线，集电器触头的磨损、接触是否可靠。

g） 电动机接线及过热现象。

h） 传感器接收及发射端的清洁。

i） 下列各安全保护及联锁装置的工作情况：

1） 各机构终端限位保护；

2） 堆垛机行走终端限速保护；

3） 堆垛机升降超速保护；

4） 堆垛机载货台松绳保护；

5） 堆垛机货物虚实探测；

6） 堆垛机货物位置和外形检测；

7） 堆垛机紧急停车装置；

8） 堆垛机声光报警装置；

9） 堆垛机微升降的行程保护；

10） 堆垛机货叉与行走、升降机构的联锁等。

5.2.4 信息化系统维护

5.2.4.1 信息化系统硬件维护应包括：

a) 网络与服务器的正常运作；

b) 网络与服务器内部资料的维护、数据库的数据备份和冗余数据的定期清理等；

c) 网络安全和网络通畅。

5.2.4.2 WMS、WCS 软件维护应包括：

a) 完善 WMS、WCS 软件；

b) 为适应软件运行环境的变化而做的修改(必要时)；

c) 为扩充功能和改善性能而进行修改和扩充。

5.3 维护/使用手册

立体仓库交付用户时，供应商应向用户提供维护/使用手册，维护/使用手册应至少包含如下内容：

a) 立体仓库的主要结构、功能、主要技术参数；

b) 立体仓库的使用方法介绍；

c) 立体仓库的维护要求(包括维护部位、周期、方法)；

d) 常见故障排除；

e) 关键零部件清单及相应的免费保修时间；

f) 包含免费保修时间的服务承诺；

g) 制造方名称、地址、执行标准；

h) 制造方售后服务联系方式。

ICS 53.080;55.220
A 85

中华人民共和国国家标准

GB/T 30675—2014

阁楼式货架

Mezzanine

2014-12-31 发布　　　　2015-07-01 实施

中华人民共和国国家质量监督检验检疫总局
中国国家标准化管理委员会　发布

前　言

本标准按照 GB/T 1.1—2009 给出的规则起草。

本标准由全国物流标准化技术委员会(SAC/TC 269)提出。

本标准由全国物流标准化技术委员会(SAC/TC 269)、全国物流仓储设备标准化技术委员会(SAC/TC 499)归口。

本标准起草单位:江苏六维物流设备实业有限公司、南京音飞储存设备股份有限公司、湖北物资流通技术研究所、广东海力物流系统设备有限公司、深圳市凯东源物流有限公司、广东顺力工业设备有限公司、南京万事达仓储自动化设备有限公司、南京华德仓储设备制造有限公司、江苏诺德物流设备制造有限公司、南京市产品质量监督检验院、东南大学、南京航空航天大学。

本标准主要起草人:徐正林、苏坤学、康馨、金跃跃、王锋、杜力、王士祥、肖振东、胡启龙、杜斌、周韬、肖骏、周义术、包铭、杨德维、尹凌峰、樊锐、唐敢、钱玉梅、赵德平、朱龙华、何云彬、毛建云、丁德贵。

阁 楼 式 货 架

1 范围

本标准规定了阁楼式货架的术语和定义、分类与标记、材料、要求、试验方法、检验规则和标志、包装、运输、贮存。

本标准适用于用型钢制成的，由立柱、支撑梁、楼面板、楼梯、护栏、货架等组成的，楼层不低于二层（含二层）的阁楼式货架（以下简称货架）。

2 规范性引用文件

下列文件对于本文件的应用是必不可少的。凡是注日期的引用文件，仅注日期的版本适用于本文件。凡是不注日期的引用文件，其最新版本（包括所有的修改单）适用于本文件。

GB/T 191 包装储运图示标志

GB/T 700—2006 碳素结构钢

GB/T 1591—2008 低合金高强度结构钢

GB/T 2518—2008 连续热镀锌钢板及钢带

GB/T 5213—2008 冷轧低碳钢板及钢带

GB/T 6725 冷弯型钢

GB/T 6739—2006 色漆和清漆 铅笔法测定漆膜硬度

GB/T 9286—1998 色漆和清漆 漆膜的划格试验

GB/T 13384 机电产品包装通用技术条件

GB/T 15675—2008 连续电镀锌、锌镍合金镀层钢板及钢带

GB 17888.3—2008 机械安全 进入机械的固定设施 第3部分：楼梯、阶梯和护栏

GB/T 18354 物流术语

GB/T 27924—2011 工业货架规格尺寸与额定荷载

GB 50011 建筑抗震设计规范

WB/T 1042—2012 货架术语

3 术语和定义

GB/T 18354、WB/T 1042—2012 界定的以及下列术语和定义适用于本文件。

3.1

通廊阁楼式货架 corridor type mezzanine

在货架巷道内设置一层（或多层）楼面板结构的货架（见图1）。

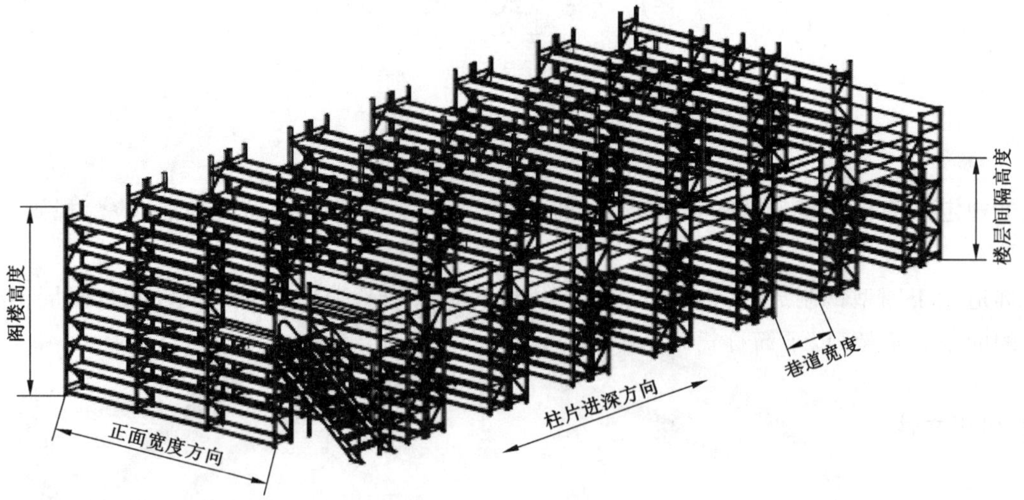

图 1　通廊阁楼式货架

3.2

平台阁楼式货架　plane type mezzanine

以货架主体(柱片)支撑一层(或多层)楼面板(平台)结构的货架[见图 2a)]或以单立柱支撑一层(或多层)楼面板(平台)结构的货架[见图 2b)]。

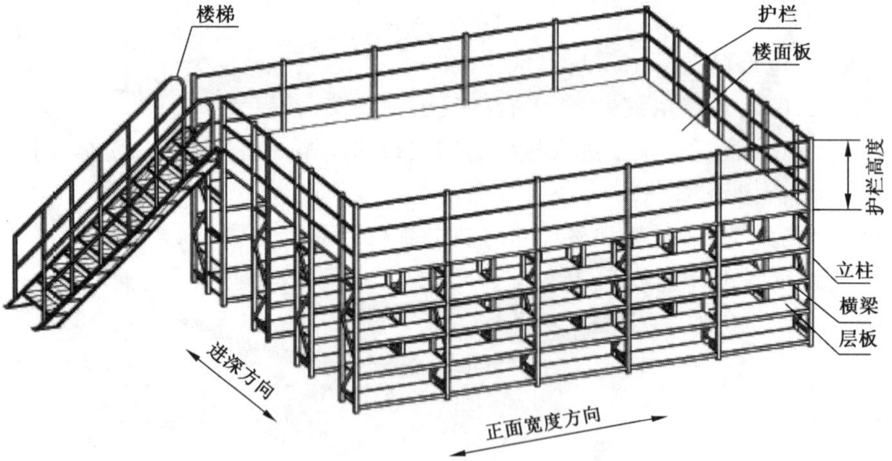

a)

图 2　平台阁楼式货架

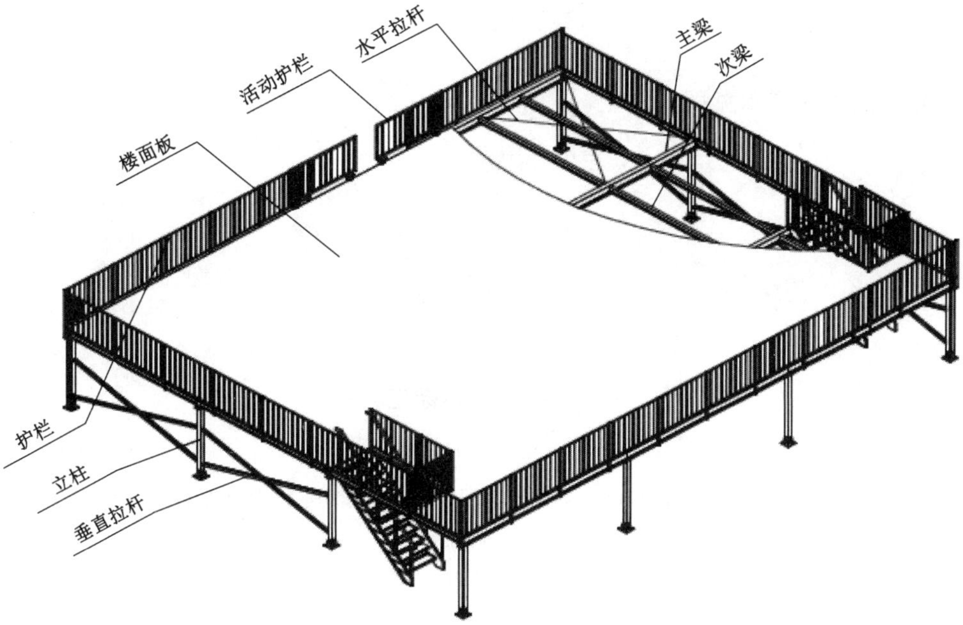

b)

图 2（续）

3.3

楼层净空高度　floor headroom/storey net height

楼层地面至上一层楼面支撑件(包含主次梁)的下表面高度。

3.4

楼层间隔高度　storey interval height

楼层地面至上一层楼面的高度。

4　分类与标记

4.1　分类

4.1.1　货架按结构形式可分为：

a)　通廊阁楼式货架(用“ A ”表示)；

b)　采用货架主体(柱片)支撑平台的平台阁楼式货架(用“ B ”表示)；

c)　采用单立柱支撑平台的平台阁楼式货架(用“ C ”表示)。

4.1.2　货架按其楼层数可分为:2 层、3 层、4 层……(用其数值表示)。

4.1.3　货架按额定荷载级别可分为：

a)　结构型式为“A”、“B”的轻型货架(用“ L ”表示)；

b)　结构型式为“A”、“B”的中型货架(用“ M ”表示)；

c)　结构型式为“A”、“B”的重型货架(用“ H ”表示)；

d)　结构型式为“C”的货架(用“ P”表示)。

注：WB/T 1043—2012 中 3.4 的规定是划分结构型式为“A”、“B”的单元每层额定荷载级别的荷载量的依据。

4.1.4　货架按荷载质量可分为：

a)　结构型式为“A”、“B”的货架用每层额定荷载质量(kg/层)的数值表示；

b)　结构型式为“C”的货架按楼面每平方米额定荷载质量(kg/m^2)的数值表示。

4.2 标记

货架的型号标记方式表示见图 3：

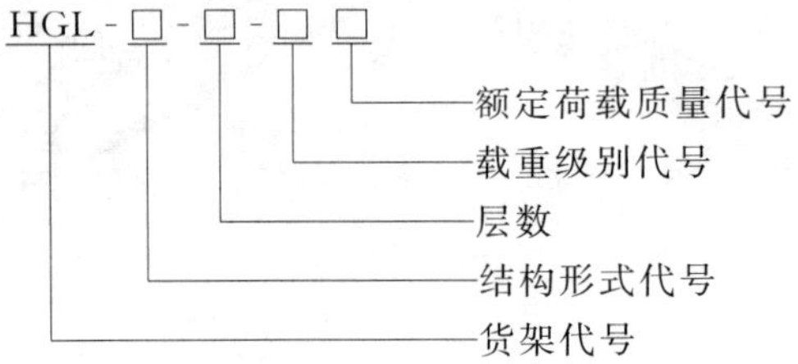

图 3 货架型号标记方式

示例 1：

额定荷载质量为 200 kg/层、载重级别为中型、层数为 3 层、结构形式为通廊式的货架标记为：HGL-A-3-M200。

示例 2：

楼面额定荷载为 500 kg/m²、结构形式为平台式(C)、层数为 3 层的货架标记为：HGL-C-3- P500。

5 材料

5.1 货架的主要承载结构件应采用 GB/T 700—2006 中规定的 Q235 或不低于同等性能的钢材。用于环境温度等于或低于－20 ℃的货架结构应采用其力学性能不低于 GB/T 1591—2008 中的 16Mn 钢或 GB/T 700—2006 中的 Q235-D 级钢，16Mn 钢应具有－40 ℃夏比冲击试验的合格证明。

5.2 货架钢制层板应采用 GB/T 5213—2008 中规定的 DC01 或不低于同等性能的钢板。

5.3 冷弯成型的构件应符合 GB/T 6725 的规定。

6 要求

6.1 外观

6.1.1 货架的表面应光滑平整，无划伤；表面涂层应色泽均匀一致，无明显流挂、露底、剥落、夹杂等缺陷；货架中与人接触的部分，不得有尖角和毛刺。

6.1.2 焊接件的焊缝表面均匀，无裂纹、未熔合、气孔、夹渣、焊瘤等缺陷。

6.1.3 货架的所有金属零部件均应进行防腐处理。

6.1.4 货架主要构件涂层喷塑或喷漆的厚度不应小于 40 μm；电镀锌层厚度应符合 GB/T 15675—2008 中 7.5 的要求；热镀锌层厚度应符合 GB/T 2518—2008 中 7.7 的要求。

6.1.5 涂层附着力不应低于 GB/T 9286—1998 中 2 级要求。

6.1.6 喷塑涂膜硬度不应低于 GB/T 6739—2006 中 H 级要求。

6.2 结构

6.2.1 各构件的连接应牢固可靠。

6.2.2 A、B 类货架中的立柱与横梁采用插接方式连接时应有防脱插销或其他防脱落措施；安装在横梁或托梁上的层板应有防脱落措施。

6.2.3 楼梯应采用斜梯，并符合 GB 17888.3—2008 中第 5 章、第 6 章、第 7 章的规定。楼梯底部与地面连接应牢固；二层及以上的楼梯底部，不应直接固定在楼面板上，确需直接固定在楼面板上，楼面板下对应部位应加设次梁或立柱；楼梯踏板应采取防滑措施。

6.2.4 护栏立柱应固定在立柱、楼面梁或经加固的楼面板上，并符合 GB 17888.3—2008 中第 7 章的有关规定。

6.2.5 地面有叉车作业的货架、上货平台应设有安全防护装置。

6.2.6 货架应设有垂直拉杆；C 类货架还应设置水平拉杆。

6.3 尺寸与允许偏差

货架的尺寸及允许偏差应符合表 1 的规定。

表 1 尺寸允许偏差

单位为毫米

项目		允许偏差
A、B 类单列货架外形尺寸(宽度、进深、高度)	≤2 500	±3
	>2 500	小于或等于对应尺寸的 1.5‰且不大于 50
C 类货架的外形尺寸(宽度、进深、高度)		小于或等于对应尺寸的 1.5‰且不大于 50
货架的垂直度		小于或等于货架高度的 3‰且不大于 30
楼层净空高度[a]≥2 000		±5
巷道宽度		±5
货格尺寸	A、B 类中型及轻型货架	根据存放货物的尺寸与用户确定
	A、B 类重型货架	应符合 GB/T 27924—2011 中 4.1 的规定
[a] 楼层净空高度不应小于 2 000 mm，巷道宽度不应小于 800 mm。		

6.4 性能

6.4.1 垂直荷载下的强度、刚度(变形量)

6.4.1.1 货架各主要部位在垂直荷载下强度、刚度(变形量)应符合表 2 的规定。

表 2 货架各部位在垂直额定荷载下的强度、刚度(变形量)

单位为毫米

项目	要求
A、B 类货架巷道中楼面梁的变形量	$\leqslant L/250$；且在 1.25 倍额定荷载作用下，不得发生永久变形
C 类货架主梁的变形量	$\leqslant L/400$；且在 1.5 倍额定荷载作用下，不得发生永久变形
次梁(包括楼梯梁)、楼面板的变形量	$\leqslant L/250$；且在 1.25 倍额定荷载作用下，不得发生永久变形
A、B 类货架横梁、托梁的变形量	$\leqslant L/200$；且在额定荷载作用下，不得发生永久变形
A、B 类货架钢制层板的变形量	$\leqslant L/300$；且在 1.5 倍的额定荷载作用下，不得发生永久变形
注 1：各部件的挠度(变形量)表示垂直荷载下的强度、刚度。 注 2：表中 L 为有效长度。	

6.4.1.2 楼梯及踏板的强度、刚度应符合 GB 17888.3—2008 中 4.7 的规定。

6.4.1.3 护栏强度应符合 GB 17888.3—2008 中 7.3 的规定。

6.4.2 稳定性

货架的稳定性应符合表 3 的规定。

表 3 稳定性

单位为毫米

项　目			各楼层间隔结点的水平位移要求
A、B类货架	宽度方向(货格宽度方向)	≤	$H_n/100$
	进深方向(柱片进深方向)	≤	$H_n/150$
C类货架	主梁方向	≤	$H_n/250$
	次梁方向	≤	$H_n/250$
注1：稳定性用各楼层间隔结点的水平位移量表示(水平抗震负荷作用下的位移)。 注2：H_n 为楼层间隔高度。			

7 试验方法

7.1 外观

涂层喷塑或喷漆的厚度用膜厚仪测量;涂层附着力按 GB/T 9286—1998 中的漆膜划格法进行检验;涂膜硬度按 GB/T 6739—2006 规定的方法进行检验;其他用目视的方法进行检验。

7.2 结构

货架结构用目视的方法进行检验。

7.3 尺寸与允许偏差

用计量合格且在有效期内的常规量具进行检查,常规量具的精度应符合表 4 的规定。

表 4 常规量具精度

单位为毫米

名称	钢直尺	钢卷尺	游标卡尺	百分表(挠度计)
精度	0.5	1.0	0.02	0.01

7.4 性能

7.4.1 垂直荷载下的强度、刚度(变形量)

7.4.1.1 垂直荷载下的试验见图 4。量具精度见表 4。加载前,读取百分表的初始数值并将表针调至零位;施加均布荷载至额定值,经 24 h 后读取百分表的变化数值,并按式(1)进行计算。

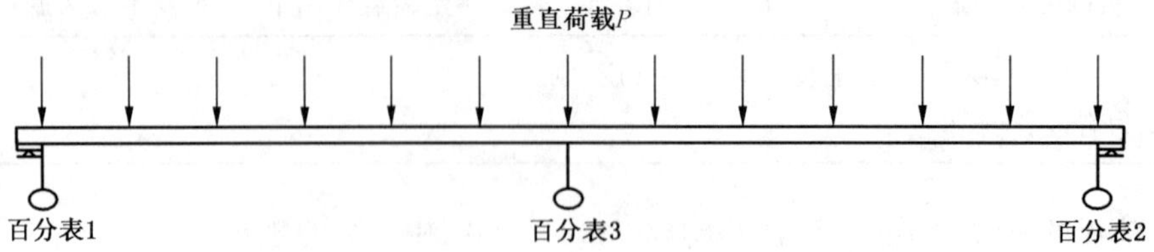

图 4 垂直荷载下的变形量检测示意图

$$A = A_3 - (A_1 + A_2)/2 \quad \cdots\cdots (1)$$

式中：

A ——变形量，单位为毫米(mm)；

A_1——百分表1的变化数值，单位为毫米(mm)；

A_2——百分表2的变化数值，单位为毫米(mm)；

A_3——百分表3的变化数值，单位为毫米(mm)。

7.4.1.2 试验结束并卸载2 h后，按式(1)计算构件的永久变形(残余变形量)。

7.4.1.3 楼梯构架及踏板的强度、刚度按GB 17888.3—2008的方法进行加载，再按式(1)的方法计算。

7.4.1.4 护栏强度按GB 17888.3—2008的方法进行检验。

7.4.2 稳定性

7.4.2.1 稳定性试验的载荷加载及测点见图5～图7。

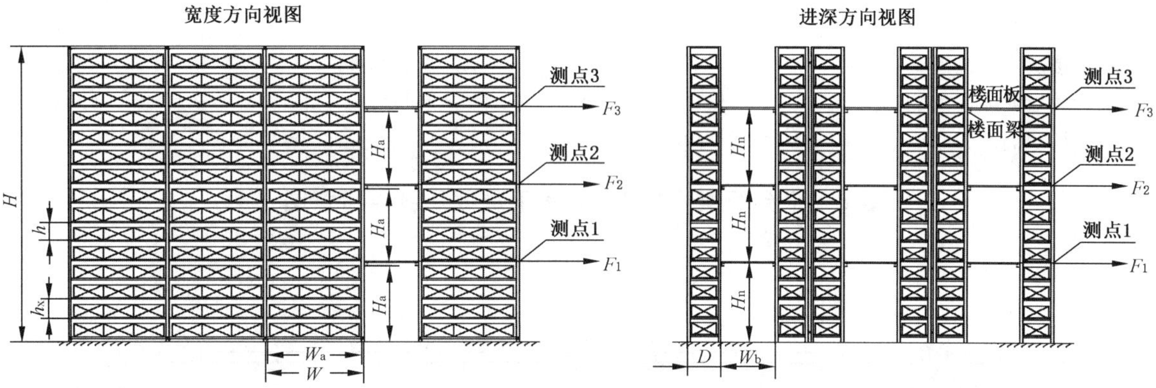

说明：

F_1 ——第2层水平位移载荷(水平抗震负荷，下同)；

F_2 ——第3层水平位移载荷；

F_3 ——第4层水平位移载荷；

H ——阁楼高度；

H_a——楼层净空高度；

H_n——楼层间隔高度；

W ——货格宽度(中心距)；

W_a——货格宽度(柱片内侧宽度)；

W_b——巷道宽度；

D ——柱片进深；

h ——货格高度；

h_x ——层间距。

图5 通廊阁楼式货架(A)水平加载及测点示意图

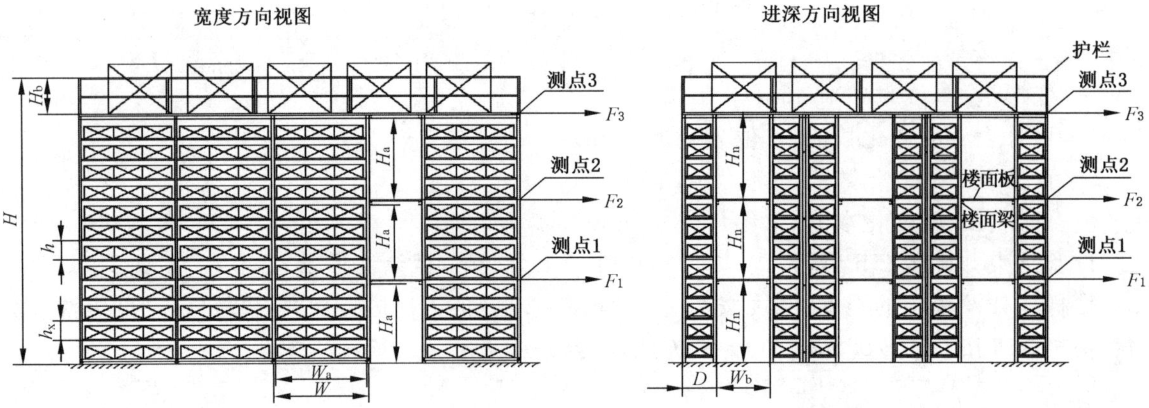

说明：

F_1——第 2 层水平位移载荷；

F_2——第 3 层水平位移载荷；

F_3——第 4 层水平位移载荷；

H——阁楼高度；

H_a——楼层净空高度；

H_n——楼层间隔高度；

H_b——护栏高度；

W——货格宽度(中心距)；

W_a——货格宽度(柱片内侧宽度)；

W_b——巷道宽度；

D——柱片进深；

h——货格高度；

h_x——层间距。

图 6　平台阁楼式货架(B)水平加载及测点示意图

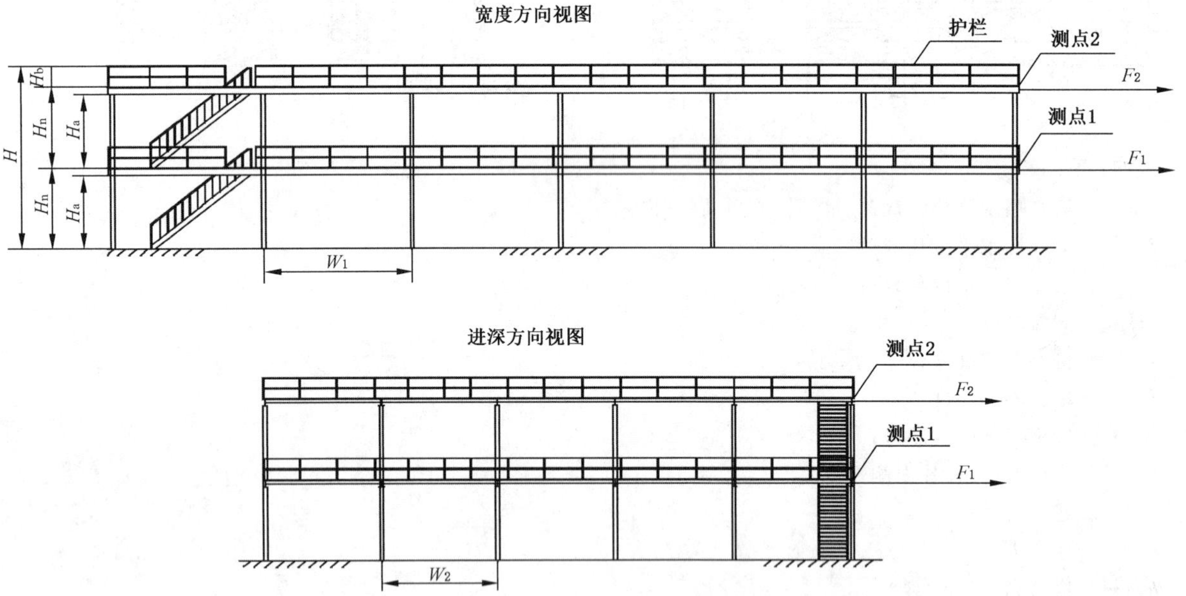

说明：

F_1——第 2 层水平位移载荷；

F_2——第 3 层水平位移载荷；

H——阁楼高度；

H_a——楼层净空高度；

H_n——楼层间隔高度；

H_b——护栏高度；

W_1——主梁跨度；

W_2——次梁跨度。

图 7　平台阁楼式货架(C)水平加载及测点示意图

7.4.2.2 水平地震作用计算

7.4.2.2.1 阁楼各层的水平地震作用计算按式(2)进行：

$$F = R \times a_1 \quad \cdots\cdots(2)$$

式中：

F ——楼层水平位移载荷(水平抗震负荷)，单位为千克(kg)；

R ——重力代表值，单位为千克(kg)；

a_1——水平地震影响系数($a_1 \geqslant 0.1$)，应根据货架安装地区抗震设防烈度确定，取值应符合 GB 50011 的规定。

7.4.2.2.2 货架各楼层的重力代表值按式(3)进行计算：

$$R = M_n \times Y_{RE} + W_n \quad \cdots\cdots(3)$$

式中：

R ——重力代表值，单位为千克(kg)；

M_n——楼层的额定荷载，单位为千克(kg)；

Y_{RE}——承载力调整系数，通常取 0.8(货架装载量的 80%)；

W_n——该楼层自重，单位为千克(kg)。

7.4.2.3 A、B 类货架宽度方向水平位移(见图 8)、进深方向水平位移(见图 9)测试的样品可选取 1 个主架及副架。

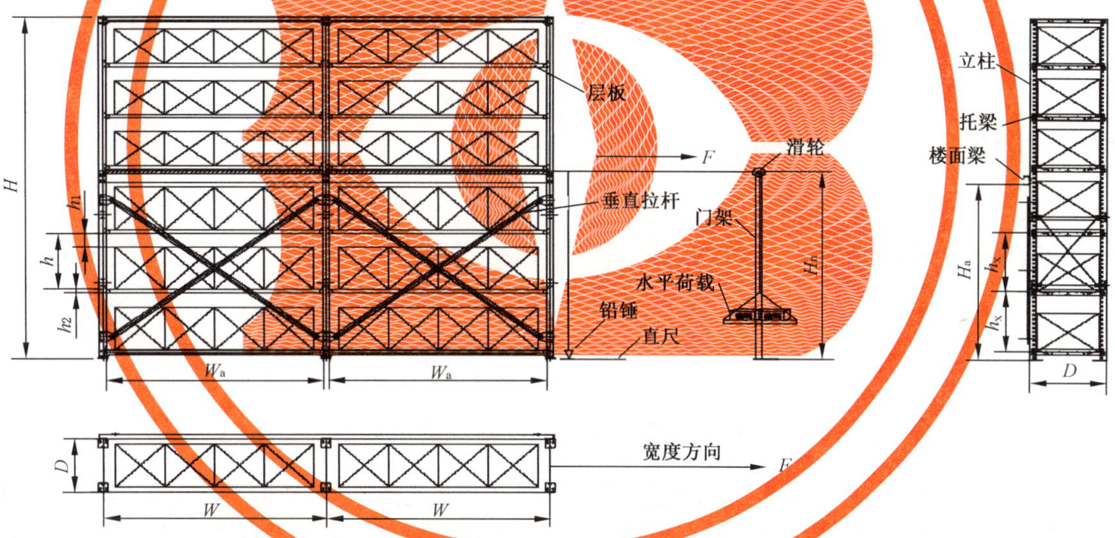

说明：

H ——阁楼高度；

H_a——楼层净空高度；

H_n——楼层间隔高度；

W ——货格宽度(中心距)；

W_a——货格宽度(柱片内侧宽度)；

D ——柱片进深；

h ——货格高度；

h_1 ——货物上缘净空高度；

h_2 ——层板高度；

h_x ——层间距。

图 8 宽度方向水平位移测试示意图

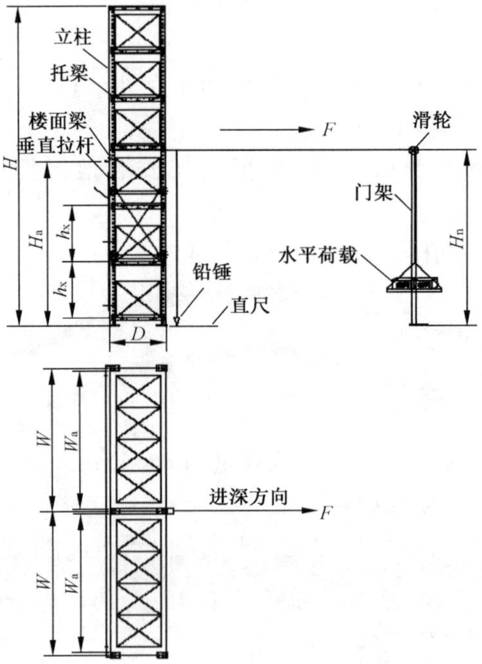

说明：

H ——阁楼高度；

H_a——楼层净空高度；

H_n——楼层间隔高度；

W ——货格宽度(中心距)；

W_a——货格宽度(柱片内侧宽度)；

D ——柱片进深；

h_x ——层间距。

图 9 进深方向水平位移测试示意图

7.4.2.4 试验时，货架的相应测试单元的层板应均匀地加上楼层额定载荷的 80% 的荷载；同时在加载楼层水平位移载荷前，记录测点(图 7、图 8 中铅锤的位置)在水平位置方向的起始位置；逐渐加载到规定的水平位移载荷 F，静置 24 h 后再记录测点的位置；两次数据的差值即为水平位移。

7.4.2.5 货架的稳定性(水平荷载下的位移)也可用有限元计算的方法代替实物进行试验。

8 检验规则

8.1 检验分类

货架的检验分为出厂检验和型式检验。

8.2 出厂检验

8.2.1 每个货架应经生产厂质量检验部门检验合格，并附检验合格证后方可出厂。

8.2.2 出厂检验项目见表 5。

表 5 检验项目

项目名称		要求	试验方法	出厂检验	型式检验
外观		6.1	7.1	√	√
结构		6.2	7.2	√	√
尺寸及允许偏差		6.3	7.3	√	√
性能	垂直荷载下的强度、刚度(变形量)	6.4.1	7.4.1	—	√
	稳定性	6.4.2	7.4.2	—	√

8.3 型式检验

8.3.1 有下列情况之一时，应进行型式检验：

a) 新货架定型时；

b) 当货架的结构、材料、工艺有较大改变，可能影响货架质量时；

c) 正常生产每 3 年或长期停产恢复生产时。

8.3.2 型式检验的样本应从出厂检验合格的产品中随机抽取。

8.3.3 型式检验项目见表 5。

8.3.4 型式检验中 6.4 不得复检，其他若有任一不合格项，可加倍抽样；对不合格项进行复检，复检结果若仍不合格，则判该批产品或该次型式检验不合格。

9 标志、包装、运输与贮存

9.1 标志

9.1.1 货架标志

应在货架的醒目位置标注以下内容：

a) 货架名称、型号；

b) 额定承载质量；

c) 制造厂名称；

d) 执行标准编号；

e) 生产日期。

9.1.2 包装标志

货架的包装上应有以下内容：

a) 货架名称、型号；

b) 数量；

c) 厂名、厂址；

d) 包装储运图示标志，应符合 GB/T 191 的规定。

9.2 包装

9.2.1 货架中的所有零部件、组合件均应分类包装，包装应符合 GB/T 13384 的要求。

9.2.2 货架出厂时应附有合格证、装箱清单。

9.3 运输

货架可用一般交通工具运输，运输过程中，应避免日晒雨淋、剧烈碰撞，并远离腐蚀性物质。

9.4 贮存

货架所有零部件应贮存在干燥、通风的室内，堆放时应防止压损，避免与腐蚀性物质混贮。

参 考 文 献

[1] GB 50017—2003 钢结构设计规范
[2] GB 50018—2002 冷弯薄壁型钢结构技术规范
[3] CES 23:90 钢货架结构设计规范
[4] JIS Z0620:1998 工业用货架
[5] WB/T 1043—2012 货架分类及代号
[6] 罗邦富,等.钢结构设计手册[M].北京:中国建筑工业出版社,2000.

ICS 55.020
A 80

中华人民共和国国家标准

GB/T 30676—2014

应急物资投送包装及标识

Packaging and identifying specifications for emergency materials delivery

2014-12-31 发布

2015-07-01 实施

中华人民共和国国家质量监督检验检疫总局
中国国家标准化管理委员会 发布

前　言

本标准按照 GB/T 1.1—2009 给出的规则起草。

本标准由全国物流标准化技术委员会(SAC/TC 269)提出并归口。

本标准起草单位:中国物流与采购联合会应急物流专业委员会、中国人民解放军装甲兵工程学院、普天物流技术有限公司、重庆秀山(武陵)现代物流园区、中国人民解放军后勤学院、北京中怡通应急物流发展中心。

本标准主要起草人:谢凤宽、纪红任、徐东、孟令东、彭榜盈、单朝兰、赵汝雄、杨小民、刘炼、胡琼芳、黄定政、黄剑炜、李文丽、郭雷潮、闫涛、李新。

应急物资投送包装及标识

1　范围

本标准规定了应急物资投送包装及包装标识的要求。

本标准适用于储存到应急物资储备仓库中的或由各级应急物资保障机构筹措的应急物资投送前的包装及标识。应急采购物资或社会捐赠物资投送前的包装及标识可参照执行。

2　规范性引用文件

下列文件对于本文件的应用是必不可少的。凡是注日期的引用文件，仅注日期的版本适用于本文件。凡是不注日期的引用文件，其最新版本(包括所有的修改单)适用于本文件。

GB/T 4879　防锈包装

GB/T 5048　防潮包装

GB/T 8166　缓冲包装设计

GB/T 15233　包装　单元货物尺寸

GB/T 16265　包装材料试验方法　相容性

GB/T 16470　托盘单元货载

GB/T 16471　运输包装件尺寸与质量界限

GB/T 18127　商品条码　物流单元编码与条码表示

GB/T 18284　快速响应矩阵码

GB/T 18354—2006　物流术语

3　术语和定义

GB/T 18354—2006 界定的以及下列术语和定义适用于本文件。

3.1

应急物资　emergency materials

为应对自然灾害、事故灾难、公共卫生事件及社会安全事件等突发事件所必需的保障性物资。

3.2

应急储备物资　emergency reserve materials

为应对突发事件，在各级应急储备仓库储存的物资。

3.3

应急采购物资　emergency purchase materials

突发事件发生后，根据需要采购的物资。

3.4

应急物资投送　emergency materials delivery

突发事件发生后，将应急物资投送至突发事件发生地的过程。

3.5

投送包装　delivery packaging

投送前对应急物资进行集装、加固、防水、防潮、防震与缓冲等再次包装的过程。

注：投送包装通常不破坏原有包装。

3.6

投送标识　delivery identifying

在应急物资投送包装后,粘贴(喷涂)特有的图示、文字与二维条码等标识。

注:投送标识通常不破坏、不遮挡原有标识。

4　应急物资投送包装要求

4.1　基本要求

4.1.1　投送包装应以安全可靠、便于装(拆)卸、运输、发放、经济实用、科学环保等为原则。

4.1.2　应急物资的内包装宜采用原厂包装,可针对投送方式不同进行二次包装。

4.1.3　除满足本标准要求外,应急物资投送包装还应与铁路、水路、公路、航空等运输方式有关包装要求一致。

4.1.4　应急物资投送前应确认包装无损坏。对大宗物资采取抽检方式,对精密贵重物资如通迅设施设备等,应逐件逐项检查,确保其包装质量合格。

4.1.5　裸装物资关键部位应进行必要的防护。

4.1.6　投送包装应规范化,同一种物资应采用相同的包装方法、规格尺寸、包装材料、包装容器等,包装材料与包装容器应符合国家或行业有关标准。

4.1.7　成套物资包装时应确保套性完整。

4.2　具体要求

4.2.1　包装材料

包装材料应符合下列要求:

a)　不同包装材料的材质、规格、性能应根据货物属性、投送方式确定;

b)　各种包装材料与投送物资的相容性应符合 GB/T 16265 的有关规定。

4.2.2　包装件尺寸与质量

包装件尺寸与质量应符合下列要求:

a)　便于装卸、转运、存放与分发;

b)　运输包装件尺寸与质量应符合 GB/T 16471、GB/T 16470 以及国家或行业集装箱标准的有关规定;

c)　单元货物尺寸应符合 GB/T 15233 的有关规定;

d)　单元货物质量宜不大于 23 kg。

4.2.3　集合包装

集合包装应符合下列要求:

a)　应急物资宜采用托盘、集装箱、集装袋、集装网等集装方式;

b)　集装方式应方便拆卸、物资装取与机械作业;

c)　集装器具基本尺寸和额定载重应符合国家及行业相关标准要求。

4.2.4　防护包装

4.2.4.1　防潮防湿包装

防潮防湿包装应符合下列要求:

a） 应急投送物资根据投送地域条件进行防潮防湿等防护包装；
b） 防潮包装的详细要求按 GB/T 5048 的规定执行。

4.2.4.2 防锈包装

防锈包装应符合下列要求：
a） 易锈蚀金属材质物资宜进行防锈包装；
b） 防锈包装的详细要求按 GB/T 4879 的规定执行。

4.2.4.3 防震包装

防震包装应符合下列要求：
a） 对在运输及分发过程中因振动影响安全性或可靠性的物资，均应采取防震措施；
b） 防震包装经振动、自由跌落后，支撑、衬垫、缓冲件结构上应无功能性破坏，内装物资应无变形、损伤；
c） 缓冲包装详细设计要求按 GB/T 8166 执行。

4.2.4.4 防静电包装

凡在投送过程中因静电可能引起燃烧、爆炸或失效的物资，应采取导电薄膜隔离或容器表面涂导电涂层等措施。

4.2.4.5 保温包装

有保温要求的物资宜进行必要的保温包装，保温时间不应低于 72h。

4.2.5 装箱

应急物资投送前装箱应符合下列要求：
a） 根据物资理化属性、运输、装卸和贮存条件，选择合适包装箱；
b） 对成套物资装箱，应按照配套原则装箱，确保套性完整；
c） 装箱时，按运输方式和投送地域特点对内装物进行摆放、固定、缓冲、支撑和防水等处理，固定方式宜采用弹性固定；
d） 装箱清单应完整，封装后应放置在包装箱易获得处；
e） 危险物资及其他特殊物品应按有关规定装箱。

4.3 特殊要求

4.3.1 空运物资应根据民航运输与空军运输对物资包装要求进行投送包装。
4.3.2 空投物资除应满足空运包装要求外，应根据投送机型、投送高度、投送地域条件确定包装件质量与尺寸规格，并进行缓冲加固，防水与防潮等保护。水灾地域空投时还应加挂漂浮物。

5 应急物资投送标识要求

5.1 标识分类与基本要求

5.1.1 物资投送包装后应有醒目的图示与文字标识，条件允许时可辅以二维条码标识。
5.1.2 应急投送标识不应遮挡、破坏原包装件标识。
5.1.3 夜间投送物资时应使用荧光带（条）捆扎或加挂荧光板，便于物资集散。

5.2 图示标识

5.2.1 应急物资外包装上分别以红色、橙色、黄色、绿色和蓝色斜条图案(底色为白色)并辅助文字标明应急物资类别,粘贴或缠绕于应急物资包装件醒目处。红色代表医疗类应急物资,橙色代表设备类应急物资,黄色代表饮食类应急物资,绿色代表御寒类应急物资,蓝色代表其他类应急物资。医疗急救类应急物资投送图示标识示例见图1。

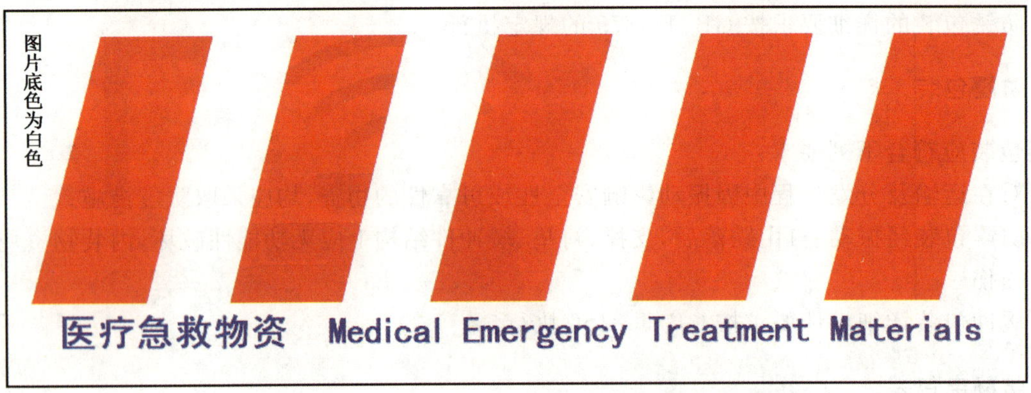

图1 医疗急救类应急物资投送图示标识示例

5.2.2 图示标识的材质可为不干胶、布质带(条)等,图示大小可根据包装件大小而定。

5.3 文字标识

5.3.1 文字标识内容应包括:物资名称、物资类别、计量单位、数量、规格型号、存储要求、发运方地址邮编及联系人、联系电话、接收方地址邮编及联系人、联系电话等,文字标识宜预留二维条码位置,示例见图2。

<table>
<tr><td>物资名称</td><td colspan="5">帐篷</td></tr>
<tr><td>物资类别</td><td>御寒类物资</td><td>计量单位</td><td>套</td><td>数量</td><td>100</td></tr>
<tr><td>规格型号</td><td>单人</td><td colspan="2">存储要求</td><td colspan="2">干燥</td></tr>
<tr><td>发运方地址邮编
联系人及电话</td><td colspan="5">××省××市××区(县)××路××号 邮编:××××××
张三 手机:1368××××598</td></tr>
<tr><td>接收方地址邮编
联系人及电话</td><td colspan="5">××省××市××区(县)××路××号 邮编:××××××
李四 手机:1891××××918</td></tr>
<tr><td colspan="6">(预留二维条码位置)</td></tr>
</table>

图2 应急物资投送文字标识示例

5.3.2 文字标识宜用醒目颜色油漆喷(涂)或打印在外包装箱正面适当位置上或打印在不干胶纸上然后粘贴于外包装箱正面适当位置上。

5.3.3 字体宜用宋体,数码用阿拉伯数字,其尺寸规格、文字间隔应与包装件大小相适应,其格式见图2。

5.4 二维条码标识

5.4.1 应急物资投送包装自动识别宜采用二维条码标识，二维条码采用 QR 码码制，详细要求按 GB/T 18284 有关规定执行。

——分辨率：>203 dpi(8 点/mm)；

——标签宽度：25.4 mm～104 mm；

——纠错级别：可纠错 15%的数据码字(QR 码 M 级)。

5.4.2 标签材料可根据需要选择铜版纸或合成纸，底纸应较厚且平整。有防水、防刮蹭、耐高温及耐酸碱要求的可选择 PET 纸。

5.4.3 二维条码中所含信息宜详细，可支持电子化建账。信息宜包括：物资名称、物资类别、计量单位、数量、规格型号、存储要求、发运方地址邮编及联系人、联系电话、接收方地址邮编及联系人、联系电话、物资代码(商品码)、物流单元代码、捐赠者、生产商、供应商、单价、质量、分箱号、堆码极限、包装尺寸、生产日期、保质日期、注等。

5.4.4 二维条码标识应便于扫描和识读。

5.4.5 二维条码标识不应放置在有穿孔、冲切口、开口、装订钉、拉丝、拉条、接缝、折叠、折边、交叠、波纹、隆起、褶皱、其他图文和纹理粗糙的地方和包装的折边或悬垂物下边。

5.4.6 二维条码数据项设置见附录 A。

附 录 A
（规范性附录）
二维条码数据项设置

二维条码数据项设置见表A.1。

表A.1 二维条码数据项设置

序号	内容	说　明	格式	使用方法
1	标签版本号	用于说明该标签数据的适用系统和版本	2位数字	V1.0用于程序识别
2	物资名称	用于描述包装内的物资名称	54位字符	不可空，可能名称相同
3	物资类别	5.2.1中规定的物资分类	54位字符	
4	计量单位	用于描述包装内的物资计量单位。如“件”“米”等	6位字符	计量单位
5	数量	数值型	8.2格式	
6	规格型号	用于描述物资的型号、规格等详细信息	54位字符	与物资名称配合使用
7	存储要求	是物资对存放环境的要求，目的：指导应急物资接收管理部门如何采取存放策略，减少对存放管理环境的要求，可选择“可浸水、可淋雨、室内、控温(×℃～×℃)”	10位字符	用户从已有的项目中选择，如果是控温，则还需要填写温度范围，从低温至高温
8	发运方地址邮编联系人及电话	填写发运方的邮政编码(用于自动识别)；省市县货站、车站、码头、机场等；发运人联系方式，也可简单标写城市	108位字符	区分的三类要素用管道符间隔；邮政编码需要软件中事先录入，并可以在设置中进行维护，程序自动标打，并记入条码中
9	接收方地址邮编联系人及电话	填写接收方的邮政编码(用于自动识别)加上省市县货站、车站、码头、机场等，接收人电话等，也可简单标写城市	108位字符	
10	物资代码(商品码)	说明应急物资原商品唯一编号	13位数字	13位数字(引自商品条码)可以作为数据管理的主键，但可以空
11	物流单元代码	同种类不同包装标签的唯一标识，用于进行应急物资全寿命跟踪。要求全国范围内所有的代码唯一	15位数字	见GB/T 18127
12	捐赠者	填写捐赠运出地区的邮政编码(用于自动识别)；省市县货站、车站、码头、机场等；捐赠人单位联系方式。也可简单标写城市	108位字符	
13	生产商	用于描述包装内物资生产单位		
14	供应商	用于描述包装内物资供货单位		
15	单价	每件应急物资的购买价格或物资的估计价值(单位为元)	10位7.2格式	
16	质量	用于描述集合包装含包装物的总质量，单位为kg，支持最大99 t	8位5.2格式	

表 A.1（续）

序号	内容	说　明	格式	使用方法
17	分箱号	用于描述多个包装箱组套包装情况。前 2 位数字为分箱序号，后 2 位数字为总分箱数，最多支持 99 个分箱的组套。例如 0199 表示组套为 99 个分箱中的第 1 箱	4 位数字	用“3/8”表示，分子是第几箱，分母是共几箱
18	堆码极限	同各类物资堆高的限制数，单位：层	1 位数字	
19	生产日期	用于描述包装内应急物资的生产日期。即年（2 位）＋月（2 位）＋日（2 位），例如 090301 表示生产日期为 2009 年 3 月 1 日	6 位数字	生产日期
20	保质日期	用于描述包装内应急物资的保持期限，格式同上	6 位数字	保质期限
21	包装物长	××××（单位 mm）	4 位数字	
22	包装物宽	××××（单位 mm）	4 位数字	
23	包装物高	××××（单位 mm）	4 位数字	
24	备注	根据发运时的情况可以填写任意文字	最多 40 位	

ICS 43.040.40
T 24

中华人民共和国国家标准

GB/T 30677—2014

轻型汽车电子稳定性控制系统性能要求及试验方法

Performance requirements and testing methods for electronic stability control system(ESC) for light vehicles

2014-12-31 发布　　2015-07-01 实施

中华人民共和国国家质量监督检验检疫总局
中国国家标准化管理委员会　发布

前　言

本标准按照 GB/T 1.1—2009 给出的规则起草。

本标准正文部分修改采用 GTR 8《电子稳定性控制系统》。

本标准由中华人民共和国工业和信息化部提出。

本标准由全国汽车标准化技术委员会(SAC/TC 114)归口。

本标准起草单位:中国汽车技术研究中心、泛亚汽车技术中心有限公司、博世汽车部件(苏州)有限公司、芜湖伯特利电子控制系统有限公司、襄阳达安汽车检测中心、中汽中心盐城汽车试验场有限公司。

本标准起草人:王兆、金约夫、刘地、郭魁元、高明秋、许志光、赵向东、袁旭亮、田丰、钱海兵、水浩俊、王乐、黄小枚、熊龚祥、欧阳涛、易明。

轻型汽车电子稳定性控制系统性能要求及试验方法

1 范围

本标准规定了轻型汽车电子稳定性控制系统的性能要求和试验方法。

本标准适用于最大设计总质量不大于3 500 kg的M类和N类车辆的电子稳定性控制系统。最大设计总质量在3 500 kg以上但不大于5 000 kg的M类和N类车辆可参照执行。

2 规范性引用文件

下列文件对于本文件的应用是必不可少的。凡是注日期的引用文件,仅注日期的版本适用于本文件。凡是不注日期的引用文件,其最新版本(包括所有的修改单)适用于本文件。

GB/T 12549 汽车操纵稳定性术语及其定义

GB 21670—2008 乘用车制动系统技术要求及试验方法

GB/T 26987—2011 道路车辆 路面摩擦特性测定(ISO 8349:2002,IDT)

3 术语和定义

GB/T 12549界定的以及下列术语和定义适用于本文件。

3.1

阿克曼角 Ackerman steer angle

δ_A

轴距与低速回转半径之比的反正切。

[GB/T 12549—2013,定义3.1.1]

3.2

电子稳定性控制系统 electronic stability control system;ESC

实时监控车辆运行状态,根据需要调节制动力和发动机扭矩以改变车辆横摆力矩,使车辆按驾驶员意图行驶的主动安全系统。该系统基本特征如下:

a) 至少能够在对车辆实际状态和驾驶员希望实现的车辆状态进行对比评价的基础上,自动对各车轴或各车桥组的某个车轴左右两侧车轮[1)]的制动力矩进行单独控制,使车辆产生横摆力矩以改善车辆的方向稳定性;

b) 在对车辆实际状态与驾驶员希望实现的车辆状态进行对比评估的基础上,通过计算机闭环控制来限制车辆过度转向和不足转向;

c) 能够直接测定车辆横摆角速度,并估算侧偏角或侧偏角随时间的变化率;

d) 能够监控驾驶员的转向输入;

e) 其算法应能够判断是否需要并能在必要时调整车辆的驱动力矩,辅助驾驶员保持对车辆的控制。

1) 并装轮应视为单个车轮。

3.3

侧偏角 side slip angle

车辆质心处的横向速度与纵向速度之比的反正切。

3.4

横摆角速度 yaw rate

车辆方向角的变化率,即单位时间绕车辆质心且垂直于地面的轴转动的角度。

3.5

侧向加速度 lateral acceleration

在垂直于车辆 X 轴(纵轴)且与路面平行的平面内的车辆加速度矢量分量。

[GB/T 12549—2013,定义 6.4.16]

3.6

过度转向 oversteer

车辆在某车速下的实际横摆角速度大于由阿克曼角产生的横摆角速度。

[GB/T 12549—2013,定义 7.3.3]

3.7

不足转向 understeer

车辆在某车速下的实际横摆角速度小于由阿克曼角产生的横摆角速度。

[GB/T 12549—2013,定义 7.3.2]

3.8

峰值制动力系数 peak braking coefficient;PBC

峰值摩擦系数 peak friciton coefficient;PFC

轮胎滚动状态下,轮胎与路面能够产生最大减速度的摩擦系数测量值。

3.9

共用区 common space

具有不止一个但不同时显示的报警信号、指示器、识别符或其他信息的区域。

3.10

静态稳定性系数 static stability factor;SSF

表征车辆静态稳定特性的几何参数。

$$\mathrm{SSF}=T/2H$$

式中:

SSF ——静态稳定性系数;

T ——轮距[2],单位为米(m);

H ——车辆质心高度,单位为米(m)。

4 一般要求

ESC 应具有以下功能:

a) 能够按照某种控制逻辑来对所有四个车轮[1]单独施加制动力矩;

b) 除以下情形外,在加速、滑行以及减速(包括制动)等整个行驶的各个阶段都能正常工作:

1) 驾驶员关闭 ESC;

2) 车速低于 20 km/h;

2) 对各车轴轮距不同的车辆,应采用其平均值;对采用并装轮的车轴,应根据外侧车轮计算。

3） 系统自检已经完成并且车辆处于7.9.2规定的驱动状态下不大于2 min；

4） 车辆处于倒车状态；

c） 即使在防抱制动系统(ABS)或牵引控制系统(TCS)作用期间也不应影响ESC的正常工作。

5 性能要求

5.1 方向稳定性和响应特性

5.1.1 在ESC工作状态下，按第6章规定的试验条件和7.7.3～7.7.7规定的试验规程进行试验，车辆应满足5.1.2和5.1.3规定的方向稳定性要求；并且，在每次试验中，当输入转向盘转角达到5 A(A为基准转向盘转角，由7.6试验确定)及以上但不大于7.7.6规定的限值时，还应满足5.1.4的响应特性要求。

5.1.2 正弦停滞转向输入完成后1 s(图1中 T_0+1)测得的横摆角速度不应超过转向盘转角方向改变后(在第1个峰值和第2个峰值之间)记录的第一个横摆角速度峰值(图1中的 $\dot{\psi}_{Peak}$)的35%。

5.1.3 正弦停滞转向输入完成后1.75 s测得的横摆角速度不应超过本次试验中转向盘转角方向改变后(在第1个峰值和第2个峰值之间)记录的第一个峰值(图1中的 $\dot{\psi}_{Peak}$)的20%。

5.1.4 在转向起点(BOS)后1.07 s时，最大设计总质量不大于3 500 kg的车辆质心相对于其初始直线行驶轨迹的横向位移不小于1.83 m，最大设计总质量大于3 500 kg的车辆质心相对其初始直线行驶轨迹的横向位移不小于1.52 m。转向起点(BOS)的确定方法见7.10.7。

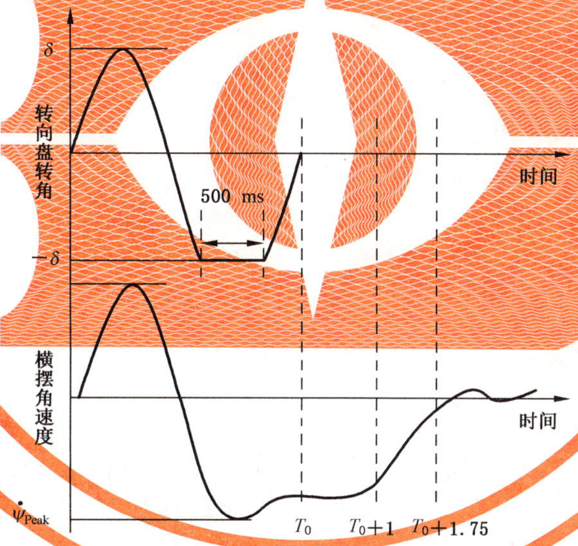

图1 用于评价横向稳定性的转向盘位置和横摆角速度信息

5.1.5 横向位移(D_L)按下式进行计算。

$$D_L = \iint a_{yCG} \, dt$$

式中：

a_{yCG}——车辆质心处测得的侧向加速度。

作为替代方案，也可采用GPS测定。

5.1.6 积分起点为转向开始的瞬间，即以转向起点(BOS)为积分起点。转向起点(BOS)的确定方法见7.10.7。

5.2 ESC故障监测

5.2.1 车辆应安装ESC信号装置，并在系统发生任何影响到ESC控制或响应信号产生或传输的故障时向驾驶员报警。

5.2.2 ESC故障信号装置应满足下列要求：

a) 处于驾驶员前方视野范围内，便于驾驶员在驾驶位置检查信号装置的状态是否正常；

b) 在车辆行驶过程中观察时应处于正立状态，其方位如图2所示；

c) 应采用图2所示的表示“ESC故障信号”标识符号或“ESC”字样进行指示；

d) 应为黄色或琥珀色；

e) 信号装置点亮后应足够明亮、醒目，使驾驶员在适应环境道路照明条件后，无论白天或者夜晚驾驶都能清晰识别；

图2 “ESC故障信号”标识符号

f) 除了5.2.2g)的要求外，如果有故障存在，ESC故障信号装置就应点亮；并且，只要点火系统开关处于“ON”(“RUN”)位置，ESC故障信号装置就应在5.2.2规定的条件下保持常亮，直至故障消除；

g) 除5.2.3规定的情况以外，当点火锁止系统置于“ON”(“RUN”)位置但发动机未运行时或者当点火锁止系统处于“ON”(“RUN”)和“Start”之间、制造商指定的检查位置时，应点亮ESC故障信号装置对其进行功能检查；

h) 在按照7.9.4的规定消除故障后，车辆点火系统再次启动时，信号装置应熄灭；

i) 也可用于指示与ESC相关系统/功能的故障，包括牵引力控制系统、挂车稳定性辅助系统、弯道制动控制系统、其他利用节气门和/或对各车轮扭矩进行独立控制并与ESC共用部件的类似功能。

5.2.3 当启动系统处于互锁状态时，ESC故障信号装置不必启动。

5.2.4 5.2.2g)的要求不适用于在共用区显示的信号装置。

5.2.5 制造商也可采用故障信号装置的闪烁模式提示ESC处于工作状态。

5.3 ESC关闭控制装置和其他系统控制装置

5.3.1 制造商可设置ESC关闭控制装置。该装置在车辆前照灯启动时应点亮，且能够调整ESC模式，使其不再满足5.1.1、5.1.2、5.1.3和5.1.4的性能要求。制造商也可通过其他系统辅助控制ESC的工作状态。只要系统能够满足5.3.2～5.3.4的要求，就允许安装任何使ESC不再满足5.1.2、5.1.3和5.1.4要求的控制装置。

5.3.2 无论驾驶员此前选择了哪种模式，在车辆点火系统重新启动时，车辆ESC都应恢复至满足第4章和第5章要求的制造商初始默认模式。但在下列条件下，车辆ESC不必在点火系统每次重新启动时恢复至满足5.1.1～5.1.4要求的模式：

a) 对四轮驱动的车辆，驾驶员选择采用低速、越野行驶模式。该驱动模式能够同时锁止前轴和后轴的驱动机构，使发动机转速和车轮轮速之间的减速比至少增加1.6。

b) 对四轮驱动的车辆，驾驶员选择在雪地、沙地或灰尘堆积的路面以较高车速行驶的模式。该模式能够同时锁止前轴和后轴的驱动机构，且在第6章规定的试验条件下能够满足5.1.2、5.1.3规定的稳定性要求。但如果驾驶员在此前行驶中选择的驱动模式下，ESC具有不止一个能够满足5.1.2、5.1.3要求的控制模式，则在点火系统重新启动后，ESC应恢复至制造商为该驱动模式设定的初始默认模式。

5.3.3 如ESC控制装置的作用只是将ESC设置为不再满足5.1.1、5.1.2、5.1.3和5.1.4要求的控制模式，应通过图3所示的标识符号或“ESC OFF”字样指示。

图3 ESC关闭控制装置标识符号

5.3.4 如ESC控制装置可将ESC设置为不同的控制模式，且其中至少一种模式不再满足5.1.1、5.1.2、5.1.3和5.1.4的性能要求，应通过图2所示的标识符号指示并在靠近此控制模式的位置标注“OFF”字样。

对ESC控制模式由一个多功能控制装置控制的车辆，当控制装置处于该模式时，应通过驾驶员信息显示系统用5.3.3规定的标识符号或“ESC OFF”字样清晰的显示控制装置处于该模式。

5.3.5 如其他系统的控制装置也可将ESC置于不再满足5.1.1、5.1.2、5.1.3和5.1.4性能要求的模式，则不必采用5.3.3的方式对其进行指示。

5.4 ESC关闭信号装置

5.4.1 如果制造商按照5.3安装了一个控制装置关闭或降低ESC的性能，则应满足5.4.2～5.4.5的信号装置要求，以便在ESC功能处于降低的状态时向驾驶员报警。该要求不适用于5.3.2.b)所述的由驾驶员的选择模式。

5.4.2 如果汽车制造商设置了使ESC不满足5.1.1、5.1.2、5.1.3和5.1.4要求的控制模式，应设置一个报警装置，以便在ESC处于该控制模式时予以指示。

5.4.3 信号装置应满足下列要求：

a) 处于驾驶员前方视野范围内，便于驾驶员在驾驶位置检查信号装置的状态是否正常；

b) 在车辆行驶过程中观察时应处于正立状态，其方位如图3所示；

c) 采用5.3.3规定的ESC关闭标识符号或“ESC OFF”字样指示；也可通过在5.3.3或5.3.5所述的控制装置、点亮的故障信号装置或其附近标注英文“OFF”指示；

d) 应为黄色或琥珀色；

e) 信号装置点亮后应足够明亮、醒目，使驾驶员在适应环境道路照明条件后，无论白天或者夜晚驾驶条件下都能清晰识别；

f) 只要ESC处于不能满足5.1.1、5.1.2、5.1.3和5.1.4要求的模式，信号装置信号就应保持常亮；

g) 除5.4.4和5.4.5规定的情形外，每当点火锁止系统置于“ON”(“RUN”)位置但发动机未运行或者当点火锁止系统处于“ON”(“RUN”)和“Start”之间、制造商指定的检查位置时，点亮ESC关闭信号装置对其进行功能检查；

h) ESC恢复至制造商初始默认模式时，信号装置应熄灭。

5.4.4 当启动系统处于锁定状态时，ESC关闭信号装置不必启动。

5.4.5 5.4.3g)的要求不适用于在共用区显示的信号装置。

5.4.6 制造商也可用“ESC关闭”报警等指示除制造商初始默认模式以外的其他功能状态；尽管在此状态下，仍能满足5.1.1、5.1.2、5.1.3和5.1.4的要求。

6 试验条件

6.1 环境条件

6.1.1 环境温度为0 ℃～45 ℃。

6.1.2 对静态稳定系数大于1.25的车辆，最大风速不大于10 m/s；对静态稳定系数不大于1.25的车辆，最大风速不大于5 m/s。

6.2 试验路面

6.2.1 试验应在干燥、均匀、坚实的路面上进行。路面起伏、不平整(例如有下沉现象或有较大裂纹的)，不适合进行试验。

6.2.2 除特殊说明外，试验路面峰值制动力系数(PBC)应按GB/T 26987—2011第6章的规定在干路面上测定，其数值应不小于0.9；作为替代，也可按GB 21670—2008中5.6.4的方法测定。

6.2.3 试验路面应为单一坡度且坡度不大于1%。

6.3 车辆状态

6.3.1 所有试验都应在ESC正常工作状态下进行。

6.3.2 车辆处于整车整备质量状态，且内部装载总质量为168 kg，包括试验驾驶员、测试设备和必要的配重沙袋。配重沙袋根据试验驾驶员、测试设备的质量与规定的内部装载总质量(168 kg)之差确定，通常应放置在前排乘员座椅后部的地板上；必要时，也可放置在前排乘员的脚部区域。所有的配重沙袋都应可靠放置，避免在试验过程中发生移动。

6.3.3 轮胎气压应为车辆制造商推荐的冷胎充气压力(参见车辆标牌或轮胎充气压力标识)。必要时，可安装内胎以防轮胎脱圈。

6.3.4 为保证试验安全，可安装防翻架。防翻架应符合下列要求：

a) 整备质量小于1 513 kg的车辆装备质量不大于27 kg、转动惯量不大于27 kg·m^2的轻型防翻架。

b) 整备质量处于1 513 kg～2 647 kg的车辆装备质量不大于32 kg、转动惯量不大于35.9 kg·m^2的标准型防翻架。

c) 整备质量大于2 647 kg的车辆装备质量不大于39 kg、转动惯量不大于40.7 kg·m^2的重型防翻架。

6.3.5 进行7.5.3、7.5.4、7.6.1和7.7.3规定的转向操作时，应采用自动转向装置。在转向盘转速不大于1 200°/s时，自动转向装置应能提供40 N·m～60 N·m的转向力矩。

6.3.6 试验车辆应按GB 21670—2008第7章的规定对制动器进行磨合。

7 试验方法

7.1 轮胎气压检查

确认轮胎气压为车辆制造商推荐的冷胎充气压力。

7.2 信号装置检查

在车辆静止、点火系统开关位于“LOCK”或“OFF”时，将点火系统开关置于“ON”(“RUN”)或进行信号装置检查的其他合适位置。信号装置检查时，ESC故障信号装置应按5.2.2g)启动；如装有ESC关闭装置，在信号装置检查时，ESC关闭信号装置也应按5.4.3g)启动。如果报警信号在5.2.4和5.4.5规定的共用区显示，则不要求进行信号装置检查。

7.3 ESC关闭控制检查

对装备ESC关闭控制装置的车辆，首先使车辆静止、点火系统开关置于“LOCK”或“OFF”，然后将点火系统开关置于“ON”(“RUN”)；开启ESC关闭控制装置，确认ESC关闭信号装置按5.4.3的规定点亮;将点火系统置于"LOCK"或"OFF";再次将点火系统置于"ON"("RUN"),确认ESC关闭信号装置熄灭,以证实ESC按5.3.2的规定重新开启。

7.4 制动器预处理

7.4.1 在56 km/h的初速度下,以0.5 g的平均减速度将车辆制动至停车,共进行10次。

7.4.2 在完成初速度为56 km/h的系列制动后,立即在72 km/h的初速度下全力制动使车辆停车,共进行3次。

7.4.3 在进行7.4.2规定的制动时,应在制动踏板上施加足够的制动力,使车辆的ABS在每次制动过程中的主要阶段都处于工作状态。

7.4.4 在完成7.4.2的最后一次制动后,以72 km/h的车速行驶5 min对制动器进行冷却。

7.5 轮胎磨合

7.5.1 按7.5.2~7.5.4对轮胎进行磨合,使表面粗化并达到规定的工作温度,然后进行7.6、7.7规定的试验项目。

7.5.2 驾驶试验车辆沿直径为30 m的圆环顺时针方向行驶3圈,然后按逆时针方向行驶3圈;行驶速度应使车辆产生约0.5g~0.6g的侧向加速度。

7.5.3 采用频率为1 Hz的正弦转向输入,以56 km/h的车速进行试验,转向盘转角峰值时应使车辆产生0.5g~0.6g的侧向加速度。共进行4次试验,每次试验由10个正弦循环组成。

7.5.4 在进行最后一次试验的最后一个正弦循环时,其转向盘转角幅值是其他循环的两倍。所有的试验之间允许的最长时间间隔为5 min。

7.6 慢增量转向试验

7.6.1 试验车辆应沿逆时针方向和顺时针方向分别进行一组慢增量转向试验;每组试验由3次重复试验组成,各次试验之间允许的最长间隔时间为5 min。试验应在80 km/h±2 km/h的恒定车速下进行,以13.5(°)/s的角速度逐渐增加转向盘转角,直至侧向加速度达到大约0.5g。

7.6.2 将试验中车辆产生3.0 m/s^{2}的侧向加速度时的转向盘转角作为基准转向盘转角,记作"A"(按7.10.4规定方法修正后的值)。采用线性回归法计算每次慢增量转向试验的A值,并圆整至0.1°,取6次慢增量转向试验A值绝对值的平均值并圆整至0.1°,用于正弦停滞转向试验。

7.7 正弦停滞转向试验

7.7.1 在7.6.1规定的慢增量转向试验完成后2 h内确定"A"值,并开始第1组正弦停滞转向试验。试验前,不应更换轮胎;但应按7.5再次对轮胎进行磨合并立即进行正弦停滞转向试验。

7.7.2 检查ESC故障信号装置和ESC关闭信号装置(如果装备)没有点亮,以确认ESC工作正常。

7.7.3 按图4所示进行两组正弦停滞转向输入试验:正弦转向输入的频率为0.7 Hz,在第2个峰值处有500 ms延迟。其中,一组试验的上半周期按逆时针方向进行,另一组试验的上半周期按顺时针方向进行。在各次试验之间,允许车辆停车冷却1.5 min~5 min。

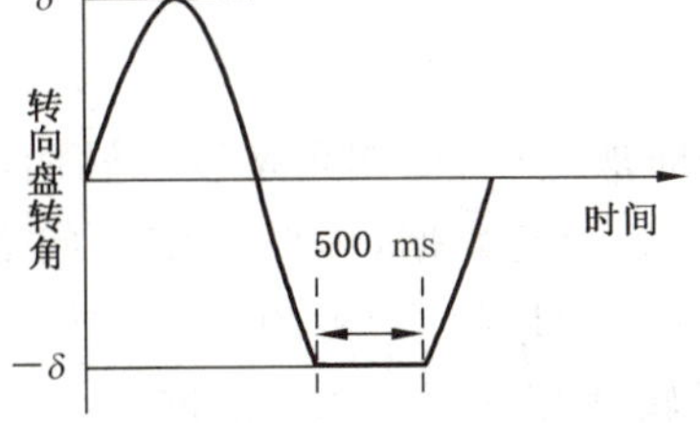

图4 正弦停滞示意图

7.7.4 应在 80 km/h±2 km/h 车速下，以高挡位滑行状态下开始转向操作。

7.7.5 每组试验应从转向盘转角幅值为 1.5 A 开始，以 0.5 A 的幅度逐次增加转向盘转角幅值，直至达到 7.7.6 规定的最后一次试验的转向盘转角幅值。

7.7.6 如计算得出的 6.5 A 小于或等于 300°，则每组试验的最后一次试验的转向盘转角幅值为 6.5 A 或 270°的较大值；如果其中任何一次试验的转向盘转角幅值（最大为 6.5 A）大于 300°，则每组试验的最后一次试验的转向盘转角幅值为 300°。

7.7.7 两组试验完成后，按 7.10 对横摆角速度和侧向加速度数据进行后期处理。

7.8 冰雪道路试验

冰雪道路试验条件及方法参见附录 A。

7.9 ESC 故障检测

7.9.1 在车辆动力系统关闭状态下，通过切断任意一个 ESC 部件的电源或断开任意 ESC 部件间的电路连接，模拟一个或多个 ESC 故障。但在模拟任何 ESC 故障时，都不应断开信号装置和/或 ESC 控制装置的电路连接。

7.9.2 在车辆静止、点火系统开关位于“LOCK”或“OFF”时，将点火系统开关置于“Start”位置，起动发动机。最迟在发动机起动后 30 s 驾驶车辆前行，在其行驶速度达到 48 km/h±8 km/h 后 2 min 内，进行至少一次左转向、一次右转向操作和一次制动操作；转向操作应平顺，不应导致车辆丧失稳定性。在完成上述操作后，按 5.2 确认 ESC 故障信号装置点亮。

7.9.3 停车并将点火系统开关置于“OFF”或“LOCK”位置。5 min 后，将点火系统开关置于“Start”位置，起动发动机。确认 ESC 故障信号装置再次点亮、提示故障存在并在发动机停止运转或故障消除前始终保持点亮。

7.9.4 将点火系统开关置于“OFF”或“LOCK”位置。恢复 ESC 至正常状态，将点火系统开关置于“Start”位置，起动发动机，再次进行 7.9.2 规定的操作，确认信号装置在相同或相近的时间内熄灭。

7.10 数据处理

7.10.1 横摆角速度和横向位移的测量和计算应采用 7.10.2～7.10.9 规定的方法处理。

7.10.2 转向盘转角原始数据应采用 12 极无阶巴特沃斯滤波器过滤，截止频率为 10 Hz。滤波数据置零，利用静态预试验数据去除传感器偏移量。

7.10.3 横摆角速度原始数据应采用 12 极无阶巴特沃斯滤波器过滤，截止频率为 6 Hz。滤波数据置零，利用静态预试验数据去除传感器偏移量。

7.10.4 侧向加速度原始数据应采用 12 极无阶巴特沃斯滤波器过滤，截止频率为 6 Hz。滤波数据置零，利用静态预试验数据去除传感器偏移量。消除车身侧倾和传感器安装位置偏差的影响后，确定车辆质心处的侧向加速度数据。采集侧向加速度的数据时，传感器应尽可能靠近车辆的纵向和横向质心位置。

7.10.5 用滤波后的转向盘转角数据求导数确定转向盘转速。然后，用 0.1 s 的移动平均法对转向盘转速数据进行滤波。

7.10.6 通过定义“零点范围”确定侧向加速度、横摆角速度和转向盘转角数据通道的零点。

采用 7.10.5 规定的方法计算转向盘转速数据，以此确定转向盘转速首次超过 75(°)/s 的时刻。从这一时刻起，使转向盘转速保持在 75(°)/s 以上至少 200 ms。如果转向盘转速不能在 75(°)/s 以上保持至少 200 ms，则应重新确定转向盘转速超过 75(°)/s 的时刻，并且检查其持续时间是否达到 200 ms 直至到两个条件都满足。

“零点范围”定义为转向盘转速超过 75(°)/s 的时刻前 1 s。其中，转向盘转速超过 75(°)/s 的时刻为“零点范围”的结束点。

7.10.7 将滤波并归零后的转向盘转角数据在“零点范围”结束后首次达到−5°(转向盘转角输入为逆时针)或5°(转向盘转角为顺时针)的时刻定义为转向起点(BOS)。转向起点(BOS)的时间值是以内插值法确定的。

7.10.8 将正弦停滞转向操作结束后,转向盘转角回到零点的时刻定义为转向终点(COS)。转向盘转角回到零点的时间值是以内插值法确定的。

7.10.9 将由转向盘反向旋转产生的第1个横摆角速度区间峰值定义为横摆角速度的第2个峰值。在转向终点(COS)后1.000 s、1.750 s的横摆角速度值是以内插值法确定的。

7.10.10 通过对修正、滤波并归零的侧向加速度数据积分确定横向速度值。将转向起点(BOS)的横向速度归零。通过对归零的横向速度积分确定横向位移。将转向起点(BOS)的横向位移归零。以内插值法确定转向起点(BOS)后1.07 s的横向位移。

8 ESC系统技术文件

8.1 为确保车辆装备了符合第3章定义的ESC,车辆制造商应在检测机构要求时提供8.2~8.5规定的文件。

8.2 标明ESC所有硬件的系统框图:应注明产生各车轮制动力矩、确定车辆的横摆角速度、估算车辆侧偏角以及驾驶员的转向输入的部件。

8.3 能够描述ESC基本运行特性的简要书面说明:应简要说明系统如何在各车轮施加制动力矩、如何在ESC工作状态下调节驱动力矩以及车辆的横摆角速度是否直接测定;此外,还应明确ESC能够工作的车速范围和驾驶工况(加速、减速、匀速、ABS或TCS处于工作状态)。

8.4 逻辑框图:用于辅助说明8.3的书面说明。

8.5 不足转向信息:简要说明控制ESC硬件的相关计算机输入以及如何限制车辆不足转向。

附　录　A
（资料性附录）
冰雪道路试验

A.1　概述

本附录规定了在冰雪道路进行的轻型汽车电子稳定性控制系统试验项目和方法。

A.2　双移线试验

A.2.1　试验场地和道路要求

A.2.1.1　双移线试验应在均匀、平坦的压实雪路或具有类似峰值制动力系数(PBC)的路面上进行；试验前后的路面峰值制动力系数(PBC)不应有明显变化。试验场地应足够宽阔，能够确保试验安全。

A.2.1.2　试验通道应采用颜色醒目的标志桩布置而成。其中，试验通道形状及各路段的尺寸应符合图 A.1 和表 A.1 的规定；标志桩应按图 A.2 所示根据路段长度，以不大于 5 m 的间隔均匀布置。

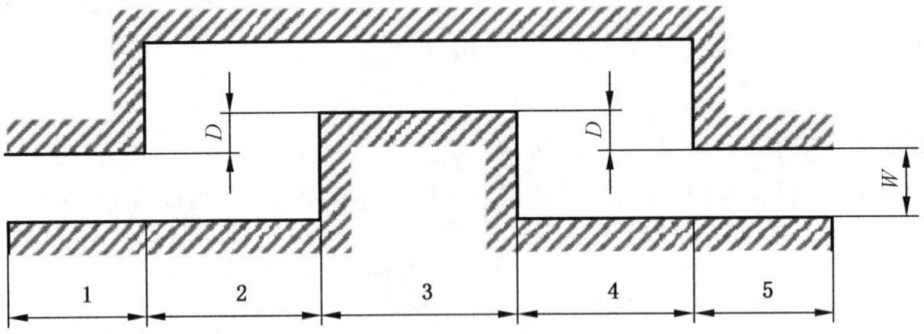

注：图中数字为路段编号，W 为路段宽度，D 为偏移量。

图 A.1　试验通道示意图

表 A.1　试验通道尺寸要求

路段	长度 L m	偏移量 D m	宽度 W m
1	15	—	$1.1W+1.25$
2	30	—	—
3	25	1	$1.2W+1.25$
4	25	—	—
5	15	—	$1.3W+1.25$
注：W 为车辆宽度，单位为米(m)。			

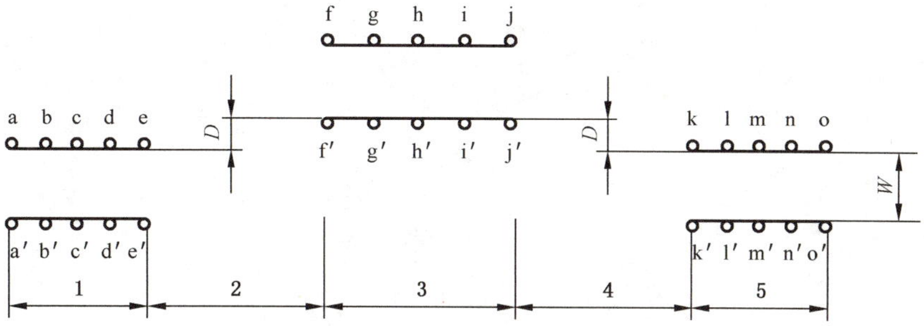

注：图中数字为路段编号，字母为标志桩编号，W 为路段宽度，D 为偏移量。

图 A.2　试验通道标志桩布置要求

A.2.2　试验设备

试验设备应能测量并记录车速，同时具有触发装置以记录某一瞬间的试验车速。

车速测量误差不应超过±0.5 km/h。

A.2.3　车辆准备

A.2.3.1　车辆质量状态应符合 6.3.2 的规定。

A.2.3.2　车辆轮胎应为制造商推荐的四季胎或雪地胎，且应符合 6.3.3 的规定。

A.2.4　试验规程

A.2.4.1　试验应在 ESC 开启、关闭状态下分别进行。

A.2.4.2　为保证试验安全，应从 30 km/h 的起始车速开始，以不大于 5 km/h 的幅度逐渐增加试验车速。

A.2.4.3　每次试验时，应将车辆加速至规定试验车速并保持车速稳定，调整车辆状态，使车辆沿试验通道入口中心线驶入试验通道；在车辆进入图 A.1、图 A.2 所示路段 1 并经过路桩 a、a′的时刻，触发记录该瞬间的车速，即入口车速。

A.2.4.4　车辆进入试验通道后，驾驶员应尽可能调整车辆转向装置，使车辆通过试验通道，但不应对车辆进行任何加速、减速操作。

A.2.4.5　如车辆在通过试验通道的过程中，未接触任何标志桩，也未偏离试验通道，则认为试验有效；否则，认为试验失败，应重新进行一次试验。

A.2.4.6　如车辆在某一车速下，连续 5 次试验失败，则终止试验，取上次有效试验入口速度作为试验结果。

A.2.4.7　在 ESC 开启、关闭状态下的试验完成后，对比分析两种状态下的最高入口车速。ESC 开启状态下的最高入口车速应明显高于 ESC 关闭状态。

A.3　稳态回转试验(定转弯半径法)

A.3.1　试验场地和道路要求

A.3.1.1　汽车稳态回转试验应在均匀、平坦、坚实的冰面或具有类似峰值制动力系数(PBC)的路面上进行；试验前后的路面峰值制动力系数(PBC)不应有明显变化。试验场地应足够宽阔，能够确保试验安全。

A.3.1.2　试验通道应采用颜色醒目的标志桩布置而成。其中，试验通道宽度和半径应符合图 A.3 的规定；标志桩应沿圆周方向，以 15°的间隔均匀布置。

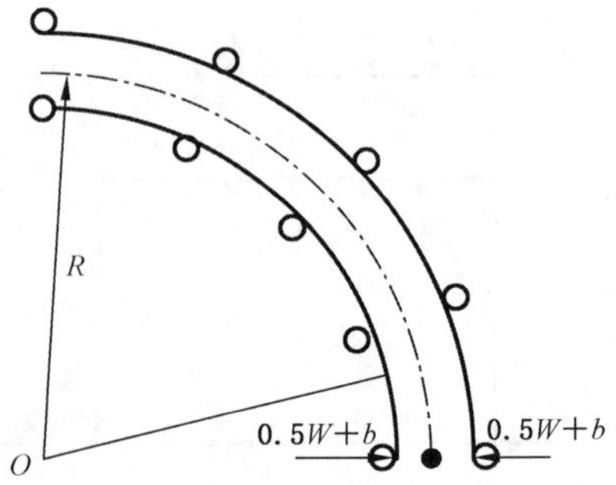

注：R 为圆周半径，不小于 100 m；W 为试验车辆宽度；b 等于 1.5 m。

图 A.3　试验通道示意图

A.3.2　试验设备

试验设备应能连续测定和记录车辆行驶车速、纵向加速度和侧向加速度，且测量误差不应超过如下要求：

a)　车辆前进速度：±0.50 km/h；

b)　车辆纵向加速度：±0.15 m/s^2；

c)　车辆侧向加速度：±0.15 m/s^2。

试验设备应能采集制动踏板力或位移、加速踏板位移及发动机转速。

A.3.3　车辆准备

A.3.3.1　车辆质量状态应符合 6.3.2 的规定。

A.3.3.2　车辆轮胎应为制造商推荐的四季胎或雪地胎。

A.3.4　试验规程

A.3.4.1　试验应在 ESC 开启、关闭状态下分别沿顺时针、逆时针方向各进行 3 次。

A.3.4.2　试验过程中，驾驶员应调整转向盘转角，使车辆以尽可能高的速度沿圆周试验通道稳定行驶至少两周。

A.3.4.3　在 ESC 关闭状态下，应以最低稳定车速开始(也可从零开始)沿试验通道行驶，缓慢连续且均匀地加速(纵向加速度不大于 0.25 m/s^2)，直至车辆由于出现不稳定状态而冲出试验通道。

A.3.4.4　在 ESC 开启状态下，应以最低稳定车速开始(也可从零开始)沿试验通道行驶，缓慢连续且均匀地加速(纵向加速度不大于 0.25 m/s^2)，直至加速踏板到达极限位置，待车速稳定后，记录最高稳定车速。

试验过程中，如出现车辆不稳定而冲出试验跑道的现象，则认为本次试验失败。

A.3.4.5　在 ESC 开启、关闭状态下的试验完成后，对比分析两种状态下的最高稳定车速。ESC 开启状态下的最高稳定车速应尽可能接近 ESC 关闭状态。

在 A.3.4.4 所述的 6 次试验中，如有两次试验失败，则认为稳态回转试验失败。

ICS 43.020
T 04

中华人民共和国国家标准

GB 30678—2014

客车用安全标志和信息符号

Safety signs and information symbols for the use of bus

2014-12-31 发布　　2015-07-01 实施

中华人民共和国国家质量监督检验检疫总局
中国国家标准化管理委员会 发布

前　言

本标准第4章、5.1、5.2、第7章、第8章为强制性，其余为推荐性。

本标准按照GB/T 1.1—2009给出的规则起草。

本标准参照ISO 3864-1:2011《图形符号　安全色和安全标志　第1部分：安全标志和安全标记的设计原则》(英文版)编制。

本标准由中华人民共和国工业与信息化部提出。

本标准由全国汽车标准化技术委员会(SAC/TC 114)归口。

本标准起草单位：丹东黄海汽车有限责任公司、中国汽车技术研究中心、安徽江淮客车有限公司、中国公路车辆机械有限公司、3M中国有限公司、厦门金龙联合汽车工业有限公司、郑州宇通客车股份有限公司、安徽安凯汽车股份有限公司、金华青年汽车制造有限公司、河南少林汽车股份有限公司、交通运输部公路科学研究院、国家机动车质量监督检验中心(重庆)、成都客车股份有限公司、厦门金龙旅行车有限公司、东风商用车技术中心、国家客车质量监督检验中心。

本标准主要起草人：李桂兰、王立军、李维菁、刘曙光、孙鹰、刁薇、王炜、钱永栋、周慧慈、周建胜、赵祖光、冯朝昀、刘建农、许向国、刘立宝、黎兴、叶磊、徐茂林。

客车用安全标志和信息符号

1 范围

本标准规定了客车用安全标志和信息符号的术语和定义、一般要求、几何图形、设置的位置、尺寸、材料及其固定方式。

本标准适用于 M_2、M_3 类客车。

2 规范性引用文件

下列文件对于本文件的应用是必不可少的。凡是注日期的引用文件，仅注日期的版本适用于本文件。凡是不注日期的引用文件，其最新版本（包括所有的修改单）适用于本文件。

GB/T 2893.4 图形符号 安全色和安全标志 第4部分：安全标志材料的色度属性和光度属性

GB 8410 汽车内饰材料的燃烧特性

GB 13094 客车结构安全要求

GB 18586 室内装饰装修材料 聚氯乙烯卷材地板中有害物质限量

3 术语和定义

GB 13094 界定的以及下列术语和定义适用于本文件。

3.1

图形符号 graphical symbol

具有特定含义，用来在无需文字的情况下传递信息的视觉感知图形。

[ISO 22727:2007，定义 3.1]

3.2

信息符号 information symbol

向不具有专业知识或未受过职业训练的乘客传递信息的图形符号。

[ISO 22727:2007，定义 3.2]

3.3

安全标志 safety sign

用以表达特定安全信息的标志，由图形符号、安全色、几何形状（边框）或文字构成。

[GB 2894—2008，定义 3.1]

3.4

安全色 safety colour

传递安全信息含义的颜色，包括红、蓝、黄、绿四种颜色。

[GB 2894—2008，定义 3.2]

3.5

对比色 contrast colour

使安全色更加醒目的反衬底色，包括黑、白两种颜色。

[GB 2893—2008，定义 3.2]

3.6

附加标志　supplementary sign

用于辅助安全标志，进一步解释信息的标志。

[ISO 3864-1:2011，定义 3.14]

3.7

多重标志　multiple sign

把两个或两个以上安全标志以及与其关联的附加标志显示在同一个长方形模板中的标志。

[ISO 3864-1:2011，定义 3.6]

3.8

禁止标志　prohibition sign

禁止人们不安全行为的安全标志。

注：改写 GB 2864—2008，定义 3.3。

3.9

指令标志　mandatory action sign

强制人们必须做出某种动作或采用防范措施的安全标志。

注：改写 GB 2864—2008，定义 3.5。

3.10

警告标志　warning sign

提醒人们对周围环境引起注意，以避免可能发生危险的安全标志。

注：改写 GB 2864—2008，定义 3.4。

3.11

安全提示标志　safe condition sign

指示疏散通道、安全设施的位置，或安全行为的安全标志。

[ISO 3864-1:2011，定义 3.8]

3.12

消防设施标志　fire equipment sign

指示消防设施的位置或辨认消防设施的安全标志。

[ISO 3864-1:2011，定义 3.3]

4　一般要求

4.1　安全标志的一般要求

4.1.1　安全标志的颜色和色度应符合 GB/T 2893.4 的规定。指令标志、警告标志、安全提示标志、消防设施标志的安全色至少占安全标志总面积的 50%。

4.1.2　安全标志应与附加标志组合使用，组合方式见附录 A。

4.1.3　安全标志可采用多重标志，多重标志的含义、范例见附录 B。

4.1.4　应急出口(5-2-6)、消防设施(5-3-7)的安全标志应采用荧光材料。

4.2　信息符号的一般要求

4.2.1　信息符号可做成任意颜色，但不能与安全标志混淆。信息符号中的图形符号和背景应形成鲜明对照，并且要有足够大小的边缘易于辨认。

4.2.2　信息符号可配上文字使用。

4.3 配备

4.3.1 客车应配备5.2所列安全标志，且应符合表2的规定；客车如果配备5.3所列安全标志，则应符合表3的规定。

4.3.2 客车如果配备第6章所列信息符号，则应符合表4的规定。

5 安全标志

5.1 安全标志的几何图形、含义、安全色、安全色的对比色、图形符号的颜色、应用范例见表1。

表1 安全标志的几何图形、含义、安全色、安全色的对比色、图形符号的颜色、应用范例

几何图形	含义	安全色	安全色的对比色	图形符号的颜色	应用范例
 带斜杠的圆边框	禁止	红色	白色	黑色	
 圆	指令	蓝色	白色	白色	
 三角形	警告	黄色	黑色	黑色	
 正方形	安全提示	绿色	白色	白色	
 正方形	消防设施	红色	白色	白色	

5.2 客车应配备的安全标志的名称及设置位置见表2。

表 2 客车应配备的安全标志的名称及设置位置

代号	安全标志	名称及含义	设置位置
5-2-1		禁止吸烟 No smoking 表示禁止吸烟 [ISO 7010:2011-P002]	车内醒目处
5-2-2		禁止倚靠 No leaning 表示禁止倚靠	设有站立乘客区的城市客车车门上
5-2-3		禁止携带易燃易爆物品 No carrying flammable and explosive materials 表示禁止携带易燃易爆物品 [GB 2894—2008-1-38]	车外乘客门上或乘客门附近醒目处

表 2（续）

代号	安全标志	名称及含义	设置位置
5-2-4		系好安全带 Wear safety belts 表示必须配带安全带 [ISO 7010:2011-M020]	车内醒目处
5-2-5		当心触电 Warning:Electricity 提醒此处有高压设备 [ISO 7010:2011-W012]	电动车高压元器件附近
5-2-6		应急出口 Emergency exit 指示逃到安全地方的通道 [ISO 7010:2011-E001]	应急出口处

表 2（续）

代号	安全标志	名称及含义	设置位置
5-2-7		乘客门应急控制 Door emergency switch 指示车门应急控制器的位置	车内外应急控制器附近

5.3 客车推荐的安全标志的名称及设置位置见表 3。

表 3 客车推荐的安全标志的名称及设置位置

代号	安全标志	名称及含义	设置位置
5-3-1		禁止与驾驶员谈话 Speaking to the driver prohibited 表示车辆行驶时，避免与驾驶员闲谈 [GB/T 5845.2—2008-51]	驾驶员附近醒目处

表 3（续）

代号	安全标志	名称及含义	设置位置
5-3-2		禁止头手伸出窗外 Head and hand out of the window prohibited 表示禁止头、手伸出窗外 [GB/T 5845.2—2008-57]	车内醒目处
5-3-3		禁止向窗外扔东西 Throwing anything out of the window prohibited 表示禁止向窗外扔东西 [GB/T 5845.2—2008-59]	车内醒目处
5-3-4		当心夹手 Warning;Crushing of hands 提醒车门关闭时小心夹手	车内车门上或车门附近

表 3（续）

代号	安全标志	名称及含义	设置位置
5-3-5		当心碰头 Warning; Overhead obstacle 提醒头顶上方有物体 [ISO 7010:2011-W020]	需要提示的地方
5-3-6		急救点 First aid 指示急救设施的位置 [ISO 7010:2011-E003]	急救设施附近
5-3-7		消防设施 Fire extinguisher 指示消防设施的位置 [ISO 7010:2011-F001]	消防设施附近

6 信息符号

客车推荐的信息符号的含义及设置位置见表 4。

表 4 客车推荐的信息符号的含义及设置位置

代号	信息符号	含义	设置位置
6-1		指示公共卫生间的位置 [ISO 7001:2007-PF 003]	卫生间门上
6-2		表示可以扔垃圾的容器 [ISO 7001:2007-PF027]	垃圾筒附近

表 4（续）

代号	信息符号	含义	设置位置
6-3		表示乘坐城市客车时，乘客提醒驾驶员到站下车的按钮 [GB/T 5845.2—2008-19]	下车门铃处
6-4		表示乘用城市客车时上车入口的位置 [GB/T 5845.2—2008-06]	上车门左(右)侧
6-5		表示乘用城市客车时下车出口的位置 [GB/T 5845.2—2008-07]	下车门左(右)侧

表 4（续）

代号	信息符号	含义	设置位置
6-6		表示在乘用城市客车时，使用投币机的付费方式 [GB/T 5845.2—2008-10]	投币机上
6-7		表示在乘用城市客车时，使用 IC 卡或磁卡的付费方式 [GB/T 5845.2—2008-11]	刷卡机上
6-8		表示该设施为冲水按钮 [GB/T 10001.1—2012-018]	卫生间

表 4（续）

代号	信息符号	含义	设置位置
6-9		表示该设施为感应出水 [GB/T 10001.1—2012-023]	卫生间
6-10		表示该设施为干手器 [GB/T 10001.1—2012-025]	卫生间

7 尺寸

7.1 安全标志的基本尺寸

7.1.1 禁止标志

禁止标志的尺寸应符合图 1 的规定。斜杠应通过安全标志的圆心并覆盖图形符号。

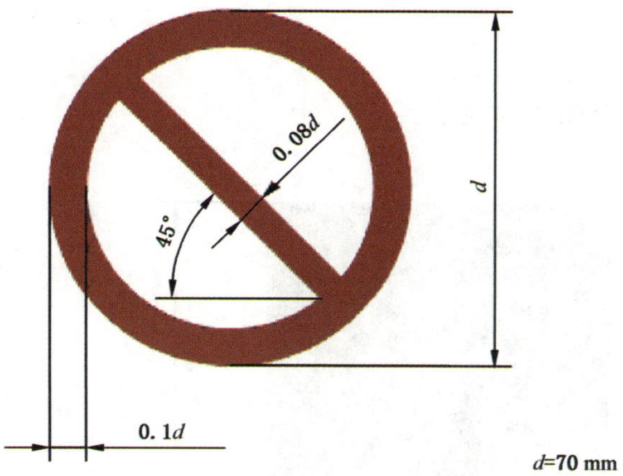

图 1　禁止标志的尺寸

7.1.2　指令标志

指令标志的尺寸应符合图 2 的规定。

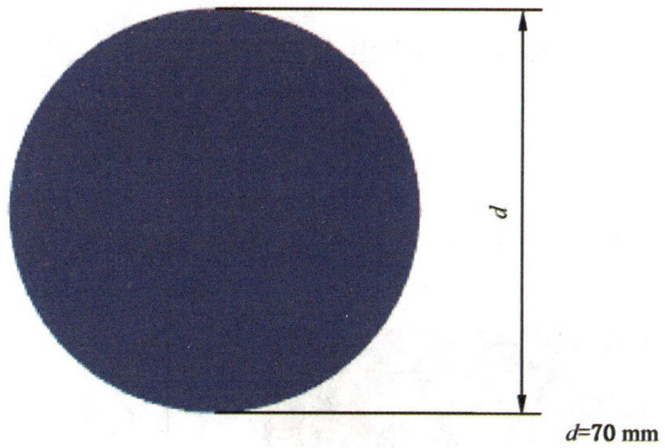

图 2　指令标志的尺寸

7.1.3　警告标志

警告标志的尺寸应符合图 3 的规定。

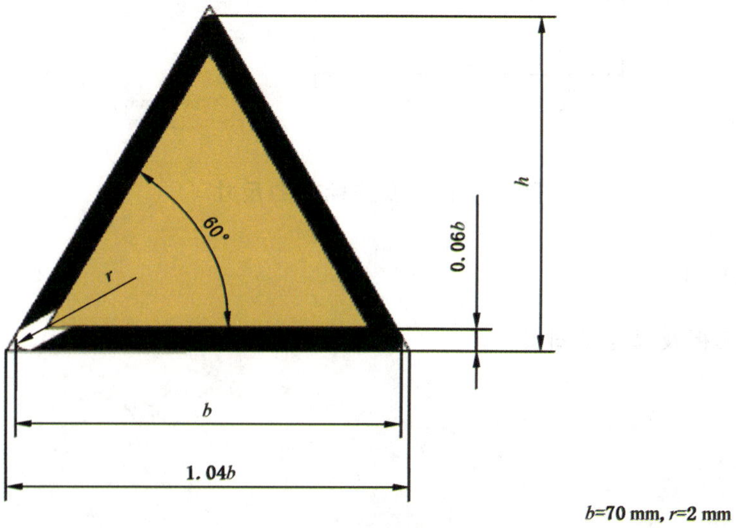

图 3　警告标志的尺寸

7.1.4 安全提示标志

安全提示标志的尺寸应符合图4的规定。

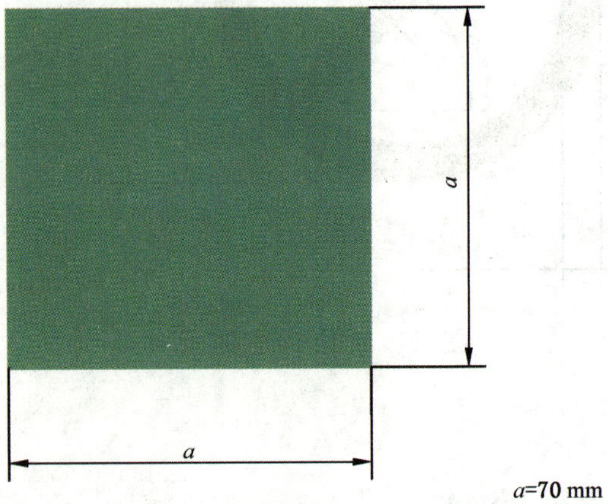

图4 安全提示标志的尺寸

7.1.5 消防设施标志

消防设施标志的尺寸应符合图5的规定。

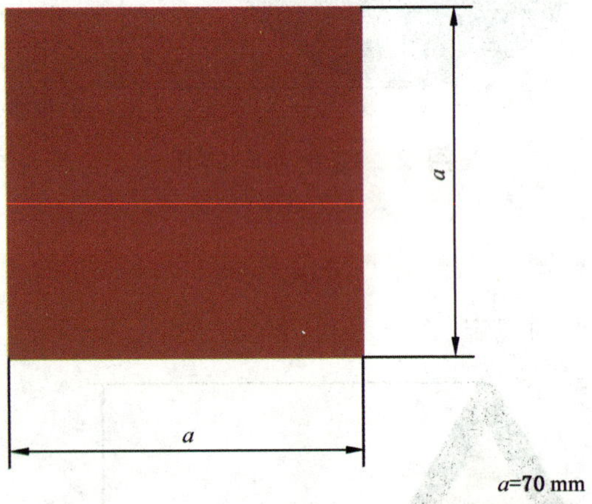

图5 消防设施标志的尺寸

7.2 信息符号的基本尺寸

信息符号的标准模板及尺寸见图6。

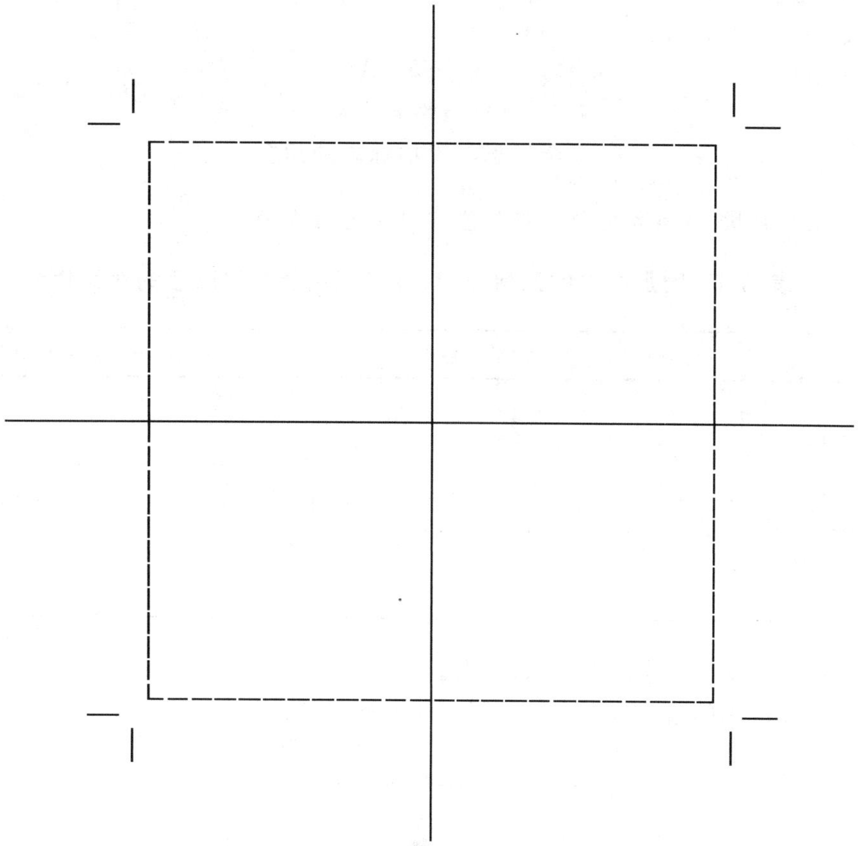

形状:正方形。

基本尺寸:四角表示的正方形边长 70 mm,虚线表示的正方形边长 66 mm。

边缘:2 mm。

图 6　信息符号的标准模板及尺寸

7.3　其他

安全标志和信息符号的尺寸可以根据车辆的实际情况,另外选择 60 mm 和 80 mm 两种规格。

8　材料及固定

8.1　安全标志和信息符号应永久固定在车辆相关位置上。

8.2　材料中氯乙烯单体、可溶性铅、可溶性镉和其他挥发物的限量应符合 GB 18586 的要求。

8.3　材料的燃烧性能应符合 GB 8410 的规定,燃烧速度应小于或等于 70 mm/min。

9　标准实施的过渡期要求

已获得许可或通过认证的产品自本标准实施之日起第 13 个月开始执行。

附 录 A
（规范性附录）
安全标志与附加标志的组合

A.1 附加标志的几何形状、背景颜色及背景颜色的对比色见表 A.1。

表 A.1 附加标志的几何形状、背景颜色及背景颜色的对比色

几何形状	背景颜色	背景颜色的对比色	附加安全信息颜色
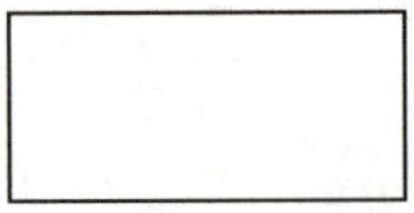 长方形	白色	黑色	任意颜色
	安全标志的安全色	黑色或白色	

A.2 附加标志可以置于安全标志的上、下、左、右。

A.3 安全标志与附加标志的组合应用举例见图 A.1 和图 A.2。

图 A.1 附加标志在安全标志下方

图 A.2 附加标志在安全标志右侧

附 录 B
（规范性附录）
多 重 标 志

B.1 多重标志是一种传递多种信息的方式。在图 B.1 和图 B.2 中举例说明了传达警告信息、指令信息和禁止信息的多重信息的格式。

图 B.1 垂直放置的多重标志

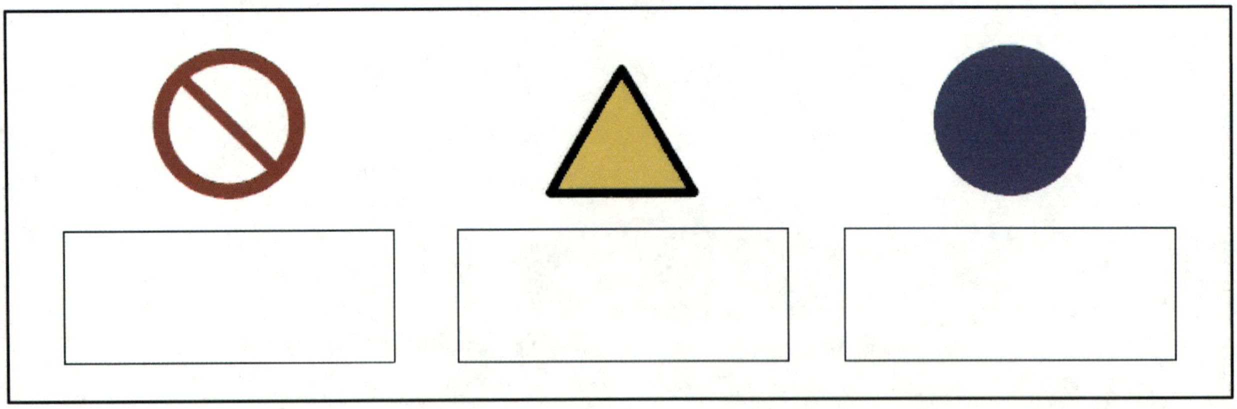

图 B.2 水平放置的多重标志

B.2 安全信息（及任何相对应的附加信息）的顺序应该按所表达的安全信息的重要性的顺序排列。

参 考 文 献

[1] GB 2894—2008 安全标志及其使用导则

[2] GB/T 5845.2—2008 城市公共交通标志 第2部分:一般图形符号和安全标志

[3] GB/T 10001.1—2012 公共信息图形符号 第1部分:通用符号

[4] GB/T 10001.3—2011 标志用公共信息图形符号 第3部分:客运与货运符号

[5] GB/T 10001.10—2014 标志用公共信息图形符号 第10部分:通用符号要素

[6] ISO 3864-1:2011 Graphical symbols—Safety colours and safety signs—Part 1: Design principles for safety signs and safety markings

[7] ISO 7001:2007 Graphical symbols—Public information symbols

[8] ISO 22727:2007 Graphical symbols—Creation and design of public information symbols—Requirements

[9] ISO 7010:2011 Graphical symbols—Safety colours and safety signs—Registered safety signs

ICS 03.220.20
R 80

中华人民共和国国家标准

GB/T 30679—2014

高速公路交通数据报表格式

Formulation of the traffic data forms for expressway

2014-12-31 发布　　2015-07-01 实施

中华人民共和国国家质量监督检验检疫总局
中国国家标准化管理委员会　发布

前　言

本标准按照 GB/T 1.1—2009 给出的规则起草。

本标准由全国交通工程设施(公路)标准化技术委员会(SAC/TC 223)提出并归口。

本标准起草单位:交通运输部公路科学研究院、新疆交通建设集团有限责任公司、交通运输部路网监测与应急处置中心、广东新粤交通投资有限公司、北京中交华安科技有限公司。

本标准主要起草人:龚柏岩、陆宇红、王琰、张高强、黄勇、马莲霞、何京一、任娟、李博、李菡茹、孙岳。

高速公路交通数据报表格式

1 范围

本标准规定了高速公路交通数据报表(以下简称"交通数据报表")的构成与要素、格式和编制要求。

本标准适用于高速公路下级管理部门向上级管理部门报送的交通数据报表。

2 规范性引用文件

下列文件对于本文件的应用是必不可少的。凡是注日期的引用文件,仅注日期的版本适用于本文件。凡是不注日期的引用文件,其最新版本(包括所有的修改单)适用于本文件。

JTG A03—2007 国家高速公路网命名和编号规则

高速公路监控技术要求(交通运输部2012年第3号公告)

3 术语和定义

下列术语和定义适用于本文件。

3.1

交通数据 traffic data

高速公路运行的交通事件信息、高速公路外场监控设备数据及监控系统运行状态信息等的总称。

3.2

交通事件 traffic incident

影响高速公路通行能力和行车安全的事件总称。

3.3

上行 up direction

高速公路里程桩号递减的方向。

3.4

下行 down direction

高速公路里程桩号递增的方向。

4 构成与要素

4.1 构成

高速公路交通数据报表由数据类型和统计时段组合后构成,数据类型和统计时段分别为:

a) 交通数据报表格式的数据类型分为:

——交通事件报表;

——外场监控设备数据报表;

——设备状态报表。

注:外场监控设备数据报表包括但不限于交通量报表、气象检测器数据报表、可变信息标志数据报表、可变限速标志数据报表、隧道CO/VI检测器数据报表、隧道照度检测器数据报表、隧道火灾检测器数据报表等。

b） 交通数据报表的统计时段分为日报表、月报表和年报表。

4.2 要素

交通数据报表由以下部分构成：

a） 报表名称；

b） 表头区；

c） 数据表格区：

——表格标题；

——报表数据；

d） 表尾注释区。

5 格式

各类交通数据报表采用统一格式，格式如下：

a） 报表名称：位于报表上部，宋体，小三号，居中；

b） 表头区：位于报表名称与数据表格区之间，宋体，五号；

c） 数据表格区：位于表头区与表尾注释区之间，宋体，五号；表格标题与报表数据在格中居中；

d） 表尾注释区：位于报表最下部，数据表格区外，宋体，五号；

e） 报表网格线条粗细均匀一致。

交通数据报表格式见附录A。

6 编制要求

6.1 报表名称

交通数据报表名称采用五段位的命名形式，即“高速公路简称”＋“高速公路所在地区”＋“报表数据类型”＋“报表统计时段类型”＋报表，其结构如图1所示。

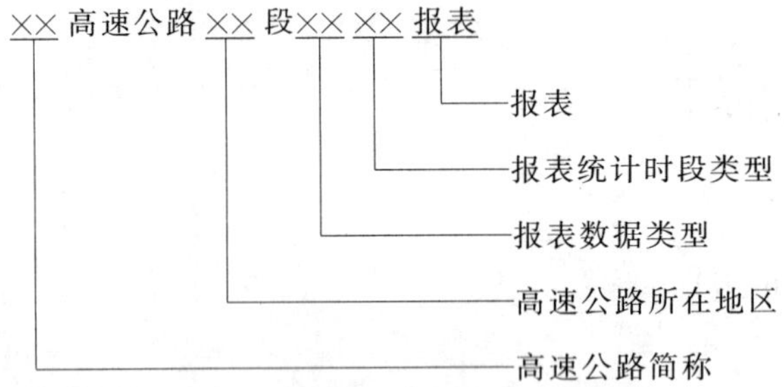

图1 高速公路交通数据报表名称示意图

高速公路简称按照JTG A03—2007的规定执行。

示例：

京哈高速公路北京段交通事件月报表。

6.2 表头区

表头区的信息包含但不限于页码、数据表格区内数据的单位等信息。具体格式为：

a） 页码位于表头区首行，靠右对齐，以“第×页，共×页”的形式表示；

b） 数据单位位于表头区第二行，靠右对齐，以“单位为××”的形式表示；

6.3 数据表格区

6.3.1 交通事件报表

交通事件报表行标题表示事件的位置，采用“路段＋上行（下行）＋桩号”的形式；列标题表示事件类型，事件类型包含但不限于交通事故、交通阻塞、非法停车、物品散落、道路施工、气象异常、逆行、行人等。交通事件报表数据表格区格式参见表 B.1。

6.3.2 外场监控设备数据报表

外场监控设备数据报表数据表格区的信息应包含设备编号、设备位置等信息，用以描述设备属性。数据的类型依据设备类型编制。各类型外场监控设备数据报表格式参见表 B.2～表 B.8。

6.3.3 设备状态报表

设备状态报表行标题用以描述设备，其信息可包括但不限于设备编码、设备类型、设备位置、设备状态、采集时间等。设备状态报表数据表格区示例参见表 B.9。设备状态报表行标题具体要求如下：

a) 设备编码：符合《高速公路监控技术要求》附录 F.7 监控外场设备编码的要求；
b) 设备类型：符合《高速公路监控技术要求》附录 F.7 监控外场设备类型的要求；
c) 设备位置：采用“路段＋上行（下行）＋具体桩号”的形式；
d) 设备状态：设备状态为“正常”“故障”；
e) 采集时间：依据数据类型采用具体时间或时间段的形式。

6.4 表尾注释区

表尾注释区信息可包含但不限于报表统计时段、报表操作员、填报时间及附加说明等信息。具体要求如下：

a) 报表统计时段位于表尾注释区首行，靠左对齐。以“统计时间：××××年××月××日××时—××××年××月××日××时”形式表示。

示例：

——日报表：2005 年 10 月 20 日 8 时—2005 年 10 月 21 日 8 时；

——月报表：2005 年 10 月 20 日 8 时—2005 年 11 月 20 日 8 时；

——年报表：2005 年 10 月 20 日 8 时—2006 年 10 月 20 日 8 时。

b) 操作员信息位于表尾注释区第二行，靠左对齐，采用“操作员：×××”的形式。
c) 填报时间位于表尾注释区第二行，靠右对齐，采用“填报时间：××××年××月××日”的形式。
d) 附加说明信息位于表尾注释区第三行，靠左对齐。附加说明信息用于对数据表格区内容的补充说明。

附 录 A
（规范性附录）
高速公路交通数据报表格式

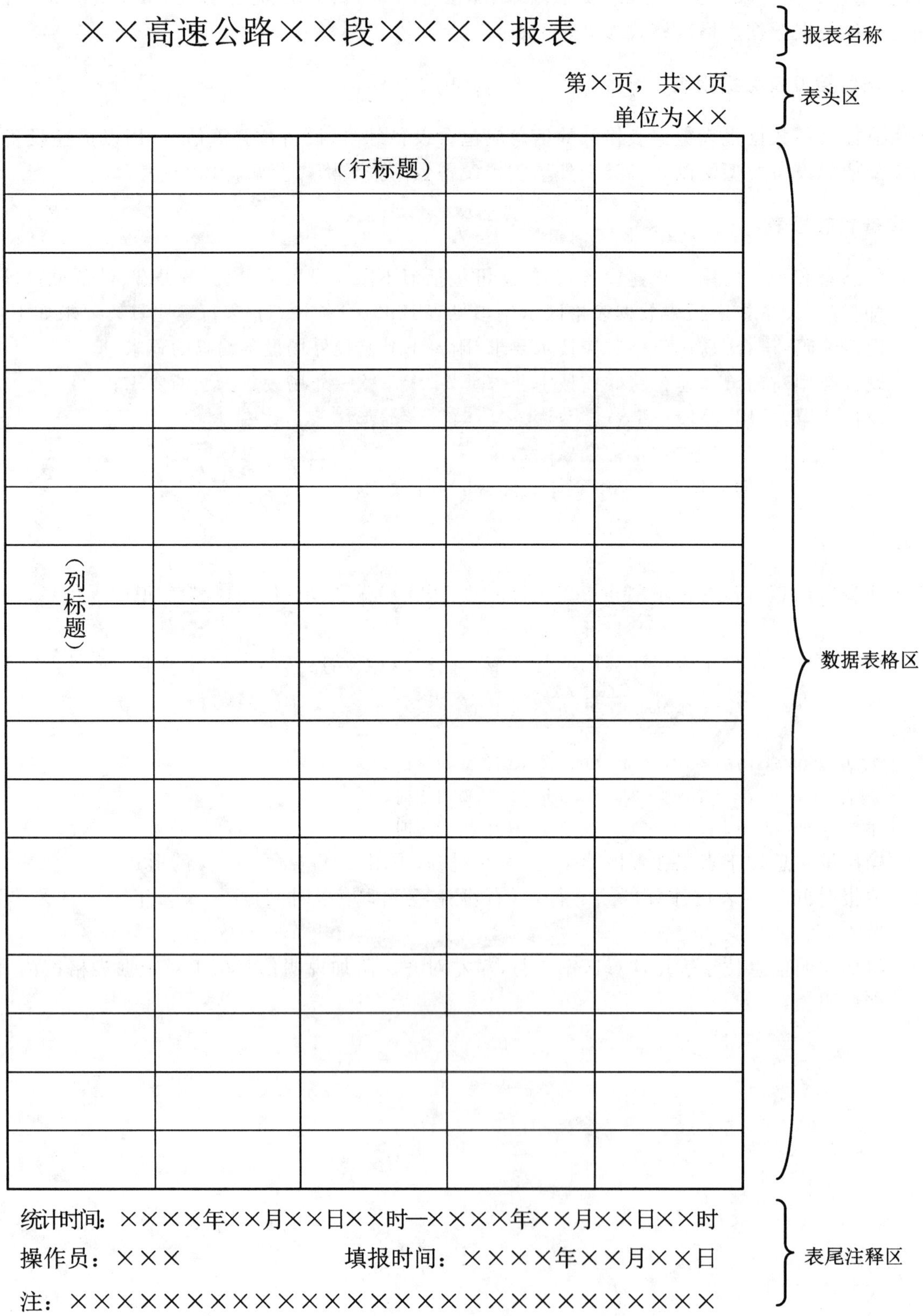

附 录 B
（资料性附录）
交通数据报表数据表格区示例

交通数据报表数据表格区示例见表 B.1～表 B.9。

表 B.1 交通事件日报表示例

×××× 高速公路 ×× 段交通事件日报表

第×页，共×页

单位为次

事件类型	路段					
	××至××		××至××		××至××	
	上行	下行	上行	下行	上行	下行
火灾						
交通事故						
车辆故障						
⋮						
其他						
合计						

统计时间：××××年××月××日××时—××××年××月××日××时

操作员：××× 填报时间：××××年××月××日

注：××××××××××××××××××××××××××××××××××××××

表 B.2 交通量日报表示例

×××× 高速公路 ×× 段交通量日报表

第×页，共×页

单位为辆

时间/时	路段					
	××		××		××	
	上行	下行	上行	下行	上行	下行
1						
2						
⋮						
24						

统计时间：××××年××月××日××时—××××年××月××日××时

操作员：××× 填报时间：××××年××月××日

注：××××××××××××××××××××××××××××××××××××××

表 B.3 可变信息标志/限速标志日报表示例

××××高速公路××段可变信息标志/限速标志日报表

设备名称：　　　　　　　　　　　　　　　　　　　　　　　　　　　第×页，共×页

设备编号	设备位置	信息类型	信息内容	字体颜色	发送用户	发送时间

统计时间：××××年××月××日××时—××××年××月××日××时

操作员：×××　　　　　　　　　　　　　　　填报时间：××××年××月××日

注：××

表 B.4 风速风向检测器日报表示例

××××高速公路××段风速风向检测器日报表

设备名称：　　　　　　　　　　　　　　　　　　　　　　　　　　　第×页，共×页

设备编号	所在位置	最大风速 m/s	平均风速 m/s	最小风速 m/s	采集时间段

统计时间：××××年××月××日××时—××××年××月××日××时

操作员：×××　　　　　　　　　　　　　　　填报时间：××××年××月××日

注：××

表 B.5 隧道光强检测器日报表示例

××××高速公路××段隧道光强检测器日报表

设备名称：　　　　　　　　　　　　　　　　　　　　　　　　　　　第×页，共×页

设备编号	所在位置	所属隧道	照度 lx	辉度 cd/m^2	采集时间

统计时间：××××年××月××日××时—××××年××月××日××时

操作员：×××　　　　　　　　　　　　　　　填报时间：××××年××月××日

注：××

表 B.6 隧道一氧化碳/能见度检测器日报表示例

××××高速公路××段隧道CO/VI检测器日报表

设备名称： 第×页，共×页

设备编号	所在位置	所属隧道	CO值 $\times 10^{-6}$			VI值 m^{-1}			采集时间段
			最大	最小	平均	最大	最小	平均	

统计时间：××××年××月××日××时—××××年××月××日××时

操作员：××× 填报时间：××××年××月××日

注：××××××××××××××××××××××××××××××××××××××

表 B.7 气象/能见度检测器日报表示例

××××高速公路××段气象/能见度检测器日报表

设备名称： 第×页，共×页

设备编号	能见度 m	大气温度 ℃	湿度 %	风向 °	风速 m/s	路面温度 ℃	路面状况	气压 Pa	雨量 mm	采集时间

统计时间：××××年××月××日××时—××××年××月××日××时

操作员：××× 填报时间：××××年××月××日

注：××××××××××××××××××××××××××××××××××××××

表 B.8 隧道火灾检测器/隧道手动报警按钮日报表示例

××××高速公路××段隧道火灾检测器/隧道手动报警按钮日报表

设备名称： 第×页，共×页

设备编号	设备位置	报警时间

统计时间：××××年××月××日××时—××××年××月××日××时

操作员：××× 填报时间：××××年××月××日

注：××××××××××××××××××××××××××××××××××××××

表 B.9 设备状态日报表示例

××××高速公路××段设备状态日报表

设备名称：　　　　　　　　　　　　　　　　　　　　　　　　　第×页,共×页

设备编号	设备类型	设备位置	设备状态	采集时间

统计时间：××××年××月××日××时—××××年××月××日××时

操作员：×××　　　　　　　　　　　　填报时间：××××年××月××日

注：××

ICS 83.140.99
G 47

中华人民共和国国家标准

GB/T 30680—2014

氟橡胶板通用技术条件

Fluorine rubber sheet general technical conditions

2014-12-31 发布　　2015-07-01 实施

中华人民共和国国家质量监督检验检疫总局
中国国家标准化管理委员会　发布

前　言

本标准按照 GB/T 1.1—2009 给出的规则起草。

本标准由中国石油和化学工业联合会提出。

本标准由全国橡胶与橡胶制品标准化技术委员会橡胶杂品分技术委员会(SAC/TC 35/SC 7)归口。

本标准起草单位:南京固柏橡塑制品有限公司、南京中远橡塑制品有限公司。

本标准主要起草人:张收才、张忠华。

氟橡胶板通用技术条件

1 范围

本标准规定了氟橡胶板的分类与产品标记、要求、试验方法、检验规则以及标志、包装、运输与贮存。

本标准适用于以氟橡胶为主体材料制成的氟橡胶板。

2 规范性引用文件

下列文件对于本文件的应用是必不可少的。凡是注日期的引用文件,仅注日期的版本适用于本文件。凡是不注日期的引用文件,其最新版本(包括所有的修改单)适用于本文件。

GB/T 528 硫化橡胶或热塑性橡胶 拉伸应力应变性能的测定

GB/T 531.1 硫化橡胶或热塑性橡胶 压入硬度试验方法 第1部分:邵氏硬度计法(邵尔硬度)

GB/T 1690 硫化橡胶或热塑性橡胶 耐液体试验方法

GB/T 3512 硫化橡胶或热塑性橡胶 热空气加速老化和耐热试验

3 分类与产品标记

3.1 分类

氟橡胶板按使用温度等级分为Ⅰ型和Ⅱ型:

——Ⅰ型:$t \leqslant 200$ ℃;

——Ⅱ型:200 ℃ $< t \leqslant 250$ ℃。

3.2 产品标记

3.2.1 标记方法

产品按下列顺序标记:

3.2.2 标记示例

示例:使用温度小于或等于 200 ℃,硬度为 80 邵尔 A,厚度为 3 mm,宽度为 1 000 mm 的氟橡胶板标记为:

氟橡胶板 80A 3 mm×1 000 mm Ⅰ GB/T 30680—2014

4 要求

4.1 规格尺寸

4.1.1 氟橡胶板的规格尺寸及偏差应符合表1的规定。

表1 规格尺寸及偏差

单位为毫米

厚度		宽度		长度
公称尺寸	允许偏差	公称尺寸	允许偏差	允许偏差
1～3	±0.2	500～2 000	±10	不允许出现负值
4～6	±0.3			
7～10	±0.5			
11～20	±0.8			
注：其他规格尺寸由供需双方协商确定。				

4.1.2 在任意5 m长度范围内，氟橡胶板的直线度偏差不应大于10 mm。

4.2 表面质量

4.2.1 氟橡胶板表面不允许有裂纹、杂质、穿孔等缺陷。

4.2.2 每平方米氟橡胶板允许有不影响使用性能的气泡、凹痕、明疤等缺陷，缺陷深度不得超过产品厚度的1/10、面积不超过100 mm^2，缺陷总数不得超过3处。

4.3 氟橡胶板物理性能

氟橡胶板的物理性能要求和相应的试验方法应符合表2的规定。

表2 氟橡胶板的物理性能

项目				指标				适用试验条目
				Ⅰ型		Ⅱ型		
硬度(邵尔A)/度				70(±5)	80(±5)	70(±5)	80(±5)	5.3.1
拉伸强度/MPa			≥	7.0	8.0	8.0	9.0	5.3.2
拉断伸长率/%			≥	250	220	220	200	
耐老化性能	200 ℃×72 h	硬度变化(邵尔A)/度	≤	+8	+6	—	—	5.3.3
		拉伸强度变化率/%	≥	−25	−20	—	—	
		拉断伸长率变化率/%	≥	−35	−30	—	—	
	250 ℃×72 h	硬度变化(邵尔A)/度	≤	—	—	+8	+6	
		拉伸强度变化率/%	≥	—	—	−30	−25	
		拉断伸长率变化率/%	≥	—	—	−40	−35	
耐油性能	3#标准油 150 ℃×72 h	体积变化率/%	≤	+8	+6	+6	+4	5.3.4
注：特殊要求由供需双方协商确定。								

5 试验方法

5.1 规格尺寸

5.1.1 厚度:用精度为 0.02 mm 的量具,沿胶板宽度方向均布取 5 点进行测量,结果取 5 点厚度测量值的算术平均值。

5.1.2 宽度:用卷尺测量(读数精确到 1 mm),由端部起随机取 3 点,各点间距离不小于 1 m,测量结果取算术平均值。

5.1.3 长度:用卷尺进行测量(读数精确到 1 mm)。

5.1.4 直线度:直角尺和试样置于磨光的平板玻璃或不锈钢板上,将试样的一边轻轻地靠近直角尺的一边上,试样的另一边与直角尺的另一直角边的最大缝隙用塞尺测量(如图 1),试样的各边均进行测量,结果取最大值。

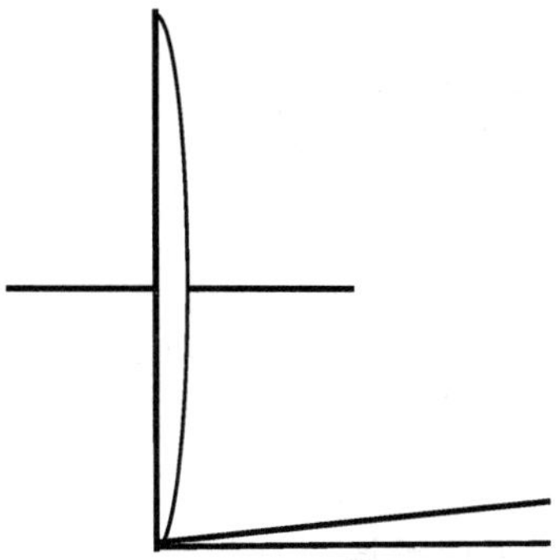

图 1 直线度测量示意图

5.2 表面质量

用目测及相应的量具进行检验。

5.3 物理性能

5.3.1 硬度

硬度的测定按 GB/T 531.1 的规定进行。

5.3.2 拉伸强度、拉断伸长率

拉伸强度、拉断伸长率的测定按 GB/T 528 的规定进行,用 1 型试样。

5.3.3 耐老化性能

耐老化性能的测定按 GB/T 3512 的规定进行。

5.3.4 耐油性能

耐油性能的测定按 GB/T 1690 的规定进行。

6 检验规则

6.1 组批与抽样

以相同配方、相同工艺生产的 1 000 kg 氟橡胶板为一批(不足 1 000 kg 按一批计),从外观质量和

规格尺寸检验合格的产品中随机抽取足够的试样进行物理性能检验。

6.2 检验分类

6.2.1 出厂检验

规格尺寸、表面质量应逐件进行出厂检验；硬度、拉伸强度、拉断伸长率应逐批进行出厂检验。

6.2.2 型式检验

本标准所列全部技术要求为型式检验项目。通常在下列情况之一时应进行型式检验：

a) 新产品或老产品转产生产的试制定型鉴定；

b) 正式生产后，如结构、材料、工艺有较大改变，可能影响产品性能时；

c) 正常生产时，半年进行一次检验；

d) 产品停产超过半年后，恢复生产时；

e) 出厂检验结果与上次型式检验有较大差异时；

f) 国家质量监督机构提出进行型式检验要求时。

6.2.3 周期性检验

正常生产情况下，耐老化性能、耐油性能每 3 个月(或 20 000 kg)进行一次检验。

6.3 判定规则

6.3.1 规格尺寸、表面质量及物理性能各项指标全部符合技术要求，则为合格品。

6.3.2 规格尺寸、表面质量如有一项不合格，则该卷胶板为不合格品。

6.3.3 物理性能如有一项不合格，应另取双倍试样进行该项复试，如复试结果仍不合格，则该批产品为不合格品。

7 标志、包装、运输与贮存

7.1 氟橡胶板应用适宜材料进行包装，并有包装标识，包装标识的内容应包括：制造厂名称、商标、厂址和规格数量。每一包装内应有合格证，合格证的内容应包括：产品标记、生产日期、检验员代号等。

7.2 氟橡胶板在运输和贮存时，应注意勿使包装损坏；竖向放置于通风、干燥、温度在－15 ℃～35 ℃的室内，并避免阳光直射，每隔 15 天进行换位倒置存放；禁止与酸、碱、油类及有机溶剂等接触，并距热源 1 m 以外。

7.3 在符合 7.2 规定的条件下，自生产之日起(以产品质量合格证日期为准)，在不超过一年的贮存期内，产品性能应符合本标准的规定。

ICS 03.100.50
P 01

中华人民共和国国家标准

GB/T 30681—2014

洗车场所节水技术规范

Technical specification for water conservation of motor vehicle washing

2014-12-22 发布　　2015-07-01 实施

中华人民共和国国家质量监督检验检疫总局
中国国家标准化管理委员会　发布

前　言

本标准按照 GB/T 1.1—2009 给出的规则起草。

本标准由水利部和全国节约用水办公室提出。

本标准由全国工业节水标准化技术委员会(SAC/TC 442)归口。

本标准起草单位:水利部水资源管理中心、天津市节约用水事务管理中心、南开大学、中国标准化研究院、天津楚清源科技有限公司。

本标准主要起草人:刘永攀、焦慧琴、白雪、唐忠辉、周亚森、周建芝、魏云、唐宗、李克勋、李树存、朱春雁、孙征、杨静、焦娜、林玉慧、吴晓楷、李海红、张国玉、高磊、徐柱。

洗车场所节水技术规范

1 范围

本标准规定了洗车场所节水的相关术语和定义、一般要求、技术要求和管理要求。

本标准适用于针对 GB 15089 分类中包括驾驶员座位在内、座位数不超过 7 座的载客车辆 M1 类汽车的营业性洗车场所，企事业单位内部或其他类型的洗车场所可参照执行。

2 规范性引用文件

下列文件对于本文件的应用是必不可少的。凡是注日期的引用文件，仅注日期的版本适用于本文件。凡是不注日期的引用文件，其最新版本(包括所有的修改单)适用于本文件。

GB 13960.1 可移式电动工具的安全 第一部分：通用要求

GB/T 15089 机动车辆及挂车分类

GB/T 18870 节水型产品通用技术条件

GB/T 18920 城市污水再生利用 城市杂用水水质

GB/T 21534 工业用水节水 术语

GB 24789 用水单位水计量器具配备和管理通则

3 术语和定义

GB/T 15089 和 GB/T 21534 界定的以及下列术语和定义适用于本文件。

3.1

洗车用水 motor vehicle washing water

用于清洗车辆的水，包括清洗车辆外部和内部用水、洗涤剂等的稀释用水、洗车工具的清洁用水以及场地清洗用水。

3.2

洗车用水量 motor vehicle washing water consumption

洗车所消耗的新水量，不包括循环水等重复利用水量。

3.3

手动洗车装置 hand motor vehicle washing facilities

采用人工手动操作清洗车辆外部的装置，主要包括高压泵、喷枪、泡沫机及空压机。

3.4

自动洗车机 automatic washing machine

通过电脑设制相关程序来实现自动清洗、打蜡、风干车的外部以及清洗轮辋和底盘等工作的洗车装置。

4 一般要求

4.1 洗车场所应根据水源类型及水质、地理环境以及车辆本身特性等因素，选择用水效率高、性能安全的洗车设备和技术。

4.2 洗车用水应优先选用非常规水源。

4.3 洗车场所使用的设备和工具应符合 GB/T 18870 和 GB 13960.1 的要求。

5 节水技术要求

5.1 洗车场所应建立规范、科学的洗车流程并严格执行。

5.2 洗车场所应配套建设污水收集与处理装置,确保处理后的水质达到 GB/T 18920 的要求,实现水的循环利用。

5.3 洗车用水的重复利用率应大于 80%。

5.4 手动洗车装置应符合以下要求:

a) 符合相关设备标准要求;

b) 高压泵的额定压力不大于 18 MPa,额定流量不大于 38 L/min;

c) 喷枪出口压力可调,清洗车身的压力为 2 MPa~3 MPa,冲洗脚垫的压力为 4 MPa~7 MPa。

5.5 自动洗车机应配备水循环利用装置,并且补充水和循环水应单独计量。

6 节水管理要求

6.1 洗车取水量定额应不大于 40 L/(辆·次),洗车用水外的其他用水参照相关定额。

6.2 洗车场所用水计量器具配备和管理,应符合 GB 24789 的要求。

6.3 洗车场所应加强用水统计管理,建立规范、完善的用水统计台账,用水信息表参见附录 A。

6.4 洗车从业人员上岗前应进行节约用水培训。

6.5 洗车场所应建立健全操作规程并悬挂。

6.6 洗车场所应在显著位置设置节水提示标志。

附 录 A
（资料性附录）
洗车场所用水信息表

洗车场所用水信息表见表 A.1。

表 A.1 用水台账记录表

单位名称			日期	
用水分类	循环水水量/m^3	新取水量/m^3	水表级别	水源类型
洗车用水				
洗涤用水				
生活用水				
外供水				
其他用水				
合计				
记录		审核		

ICS 03.100.50
P 01

中华人民共和国国家标准

GB/T 30682—2014

洗浴场所节水技术规范

Technical specification for water conservation of bath enterprise

2014-12-22 发布 2015-07-01 实施

中华人民共和国国家质量监督检验检疫总局
中国国家标准化管理委员会 发布

前 言

本标准按照 GB/T 1.1—2009 给出的规则起草。

本标准由水利部和全国节约用水办公室提出。

本标准由全国工业节水标准化技术委员会(SAC/TC 442)归口。

本标准起草单位:水利部水资源管理中心、天津市节约用水事务管理中心、南开大学、中国标准化研究院、天津楚清源科技有限公司。

本标准主要起草人:刘永攀、焦慧琴、白雪、唐忠辉、周亚森、周建芝、王太忠、唐宗、李克勋、胡梦婷、王全忠、杨静、孙静、林玉慧、吴晓楷、李海红、张国玉、高磊。

洗浴场所节水技术规范

1 范围

本标准规定了洗浴场所节水的相关术语和定义、设计要求、技术要求和管理要求。

本标准适用于经营性的洗浴场所,直接采用自然涌出的温泉水作为水源的洗浴场所可参照执行。

2 规范性引用文件

下列文件对于本文件的应用是必不可少的。凡是注日期的引用文件,仅注日期的版本适用于本文件。凡是不注日期的引用文件,其最新版本(包括所有的修改单)适用于本文件。

GB/T 18870 节水型产品通用技术条件

GB 24789 用水单位水计量器具配备和管理通则

GB 28378 淋浴器用水效率限定值及其用水效率等级

CJ/T 164 节水型生活用水器具

SB/T 10565 沐浴业术语

3 术语和定义

SB/T 10565 界定的以及下列术语和定义适用于本文件。

3.1

洗浴场所 bath enterprise

为消费者提供淋浴、盆浴、池浴、药浴、桑拿、温泉、SPA 等服务的场所。其中为消费者提供淋浴和池浴基本洗浴服务的场所称为大众洗浴场所;以提供公众洗浴服务为主,融合健身、娱乐、餐饮住宿、休闲等功能于一体的场所称为综合洗浴场所。

3.2

洗浴用水 bath water usage

淋浴、池浴、温泉、桑拿、SPA 过程直接用水。

3.3

洗浴取水量 bath water consumption

洗浴所消耗的新水量,包括地表水、地下水、自来水以及从外部得到的热水、蒸汽等,但不包括循环水以及企业回收利用的再生水。

3.4

补水 rate of water supplement

单位时间内向池内补充水量的总和占原池水量的比例。

4 节水设计要求

4.1 新、改、扩建洗浴场所应编制节水方案,节水设施应与主体工程同时设计、同时施工、同时投入运行。

4.2 洗浴场所初步设计阶段节水方案应包含以下主要内容:

a） 主要用水水源、水量、供应渠道及主要用途；
b） 主要用水部位及用水过程分析；
c） 淋浴器的节水措施；
d） 池浴的节水措施；
e） 生活用水器具的选择及节水措施；
f） 排水方案及废水回用的技术方案；
g） 用水计量器具配备情况。

4.3 洗浴场所应根据实际情况，采用先进的节水技术和设备，配置节水型洗浴设施，用水器具应符合 GB/T 18870 和 CJ/T 164 的要求。

4.4 洗浴后的废水应优先考虑回收利用。

5 节水技术要求

5.1 淋浴

5.1.1 淋浴器应安置冷、热水混合装置。

5.1.2 淋浴器宜采用智能控制开关。

5.1.3 淋浴器应符合 GB 28378 节水评价值要求。

5.2 池浴

5.2.1 大众洗浴每天的补水率不得超过 100%。补水率具体按式(1)计算；具备条件的应设置池水循环过滤系统。

$$\eta = \frac{V_i}{V_o} \times 100\% \qquad \cdots\cdots(1)$$

式中：

η ——日补水率，%；

V_i ——一天内的补充水量总和，单位为立方米（m^3）；

V_o ——原池水量，单位为立方米（m^3）。

5.2.2 综合洗浴场所应采取换热方式保持池水温度并应设置循环过滤系统。不同使用功能的池浴应分别设置池水循环过滤系统。

5.2.3 池水的循环周期应符合表 1 的要求，且应在使用期间不间断循环。

表 1 池水的循环周期

类型	循环周期/h
造浪池	2
休闲池	2～4
水力按摩池（公用）	0.3～0.5
水力按摩池（专用）	0.5～1.0

5.2.4 池浴补充水应单独设立计量装置。

6 节水管理要求

6.1 洗浴场所应严格控制洗浴用水量，洗浴取水定额应按表 2 执行。

表 2　洗浴取水定额

场所	定额指标
大众洗浴	130 L/(人·次)
综合洗浴	160 L/(人·次)
注：取水定额指标为最高允许值，在实际运用中取水量应不大于定额指标值。	

6.2　洗浴用水外的其他用水参照相关定额。

6.3　洗浴场所用水计量器具配备和管理，应符合 GB 24789 的要求。

6.4　洗浴场所应加强用水统计管理，建立规范、完善的用水统计台账，用水信息表参见附录 A。

6.5　从业人员上岗前应进行节约用水培训。

6.6　洗浴场所应在显著位置设置节水提示标志。

6.7　洗浴场所应加强对用水设施的巡查、维护和管理，不应出现失修、失养或管理不善造成的浪费水现象。

附　录　A
（资料性附录）
洗浴业用水信息表

洗浴业用水信息表见表 A.1。

表 A.1　洗浴业取水情况统计表

单位名称（盖章）				星级		
单位地址						
填表部门			水量计算起止	年　月　至　　年　月		
一、属性信息						
职工人数/人			实际接待人次/(人次/a)			
洗浴项目	□淋浴　□池浴　□盆浴　□桑拿　□SPA					
其他服务项目	□餐饮　□住宿　□健身　□保健　□游泳　□娱乐					
供暖方式	□市政集中　□自建锅炉　□水源热泵　□其他		供冷方式	□中央空调　□非中央空调		
二、设施信息						
	容积/m^3	循环周期/h	补水量/(m^3/d)	淋浴喷头数/个		
高温池				住宿房间数/间		
休闲池				住宿床位数/床		
游泳池				餐位数/个		
水疗池				桑拿房面积/m^2		
三、取水信息						
按水源取水量/m^3	自来水		自备井水			
	地热井水		外购水			
	总计					
按用途取水量/m^3	淋浴		桑拿		住宿	
	餐饮		池浴		游泳	
	中央空调		绿化		其他（请注明）	
外供水/m^3						
总计/m^3						
四、备注信息						

注 1：外购水指洗浴企业（场所）外购获得的蒸汽、热水等，不包含再生水、雨水等非常规水源。

注 2：无法分开的用水项目可以合并填写，并在表格底部的“备注”中注明合并的项目。

注 3：星级是指 SB/T 10532 规定的星级划分要求。

参 考 文 献

[1] SB/T 10532 沐浴业等级划分技术要求

ICS 03.100.50
P 01

中华人民共和国国家标准

GB/T 30683—2014

室外人工滑雪场节水技术规范

Technical specification for water-saving of outdoor artificial ski resort

2014-12-22 发布 2015-07-01 实施

中华人民共和国国家质量监督检验检疫总局
中国国家标准化管理委员会 发布

前　言

本标准按照 GB/T 1.1—2009 给出的规则起草。

本标准由水利部和全国节约用水办公室提出。

本标准由全国工业节水标准化技术委员会(SAC/TC 442)归口。

本标准起草单位:水利部水资源管理中心、北京市节约用水管理中心、中国标准化研究院、北京丰林源生态园林设计研究院有限公司。

本标准主要起草人:刘永攀、赵方莹、胡梦婷、唐忠辉、周亚森、车建明、陈征、焦慧琴、朱春雁、郝瑞瑞、刘伟、赵昕、史振华、刘飞、苏光瑞、吴晓楷、李海红、张国玉、高磊。

室外人工滑雪场节水技术规范

1 范围

本标准规定了室外人工滑雪场节水的相关术语和定义、水源、设计要求、技术要求和管理要求。

本标准适用于室外人工滑雪场的节水设计和节水管理。

2 规范性引用文件

下列文件对于本文件的应用是必不可少的。凡是注日期的引用文件，仅注日期的版本适用于本文件。凡是不注日期的引用文件，其最新版本(包括所有的修改单)适用于本文件。

GB/T 18870 节水型产品通用技术条件

GB 24789 用水单位水计量器具配备和管理通则

GB/T 25499 城市污水再生利用 绿地灌溉水质

GB/T 50085 喷灌工程技术规范

GB/T 50596 雨水集蓄利用工程技术规范

3 术语和定义

下列术语和定义适用于本文件。

3.1

室外人工滑雪场 outdoor artificial ski resort

利用人工造雪形成的室外滑雪场。

3.2

雨水及融雪水集蓄利用 rainwater and melt water harvesting and utilization

对天然降雨及雪道融雪水进行收集、存储、调节和利用。

4 水源

4.1 新改扩建滑雪场应优先选择集蓄的雨水和融雪水等非常规水资源作为滑雪和灌溉用水水源。

4.2 采用地下水作为主要水源的滑雪场，应逐步开发非常规水资源。

5 节水设计要求

5.1 新改扩建滑雪场应当编制节水方案，节水设施应与主体工程同时设计、同时施工、同时投入运行。

5.2 滑雪场初步设计阶段节水方案应包含以下主要内容：

a) 雨水和融雪水的集蓄利用方式和工程措施；

b) 人工造雪分析、造雪机造雪效率；

c) 植被采用节水灌溉方式；

d) 节水设施工程布置图；

e) 生活污水处理回用。

5.3 滑雪场应根据实际情况，采用先进的节水技术和设备，生活用水器具应符合 GB/T 18870 的规定。

5.4 滑雪场的经营单位应健全节水管理制度，落实内部节水责任制。

6 节水技术要求

6.1 人工造雪

6.1.1 滑雪道以外区域的人工造雪面积应不大于雪道总面积的 10%。

6.1.2 运营期间雪层压实厚度应充分考虑节水要求，避免造成水资源浪费。

6.2 雨水及融雪水集蓄利用

6.2.1 滑雪场雨雪水集蓄利用工程应符合 GB/T 50596 的规定。

6.2.2 雨雪水集蓄利用工程应包括：集流工程、蓄水工程、供水和灌溉设施。

6.2.3 滑雪道作为集流面时应设置截水沟，滑雪道侧面与底部设置汇水沟。

6.2.4 蓄水工程应符合以下要求：

a) 蓄水工程可根据实际地形条件进行塑形，应进行防渗处理；

b) 蓄水设施有效容积应根据水量平衡分析进行确定；

c) 蓄水池进水口应修建拦污、沉沙设施，设置溢流口；

d) 蓄水设施的布设应注重设施之间的水量调配。

6.3 滑雪道植被建设与灌溉

6.3.1 滑雪道植被建设

6.3.1.1 滑雪道地面在非运营期应进行绿化和养护。

6.3.1.2 滑雪道植被应按以下要求进行选择，植被种类可按表 1 执行。

a) 耐旱耐寒；

b) 固持土壤能力强；

c) 不影响滑雪运动。

表 1 滑雪道植被种类表

区域	东北地区	华北地区	西北地区	华中地区
植被种类	黑麦草、高羊茅、结缕草等	结缕草、高羊茅、碱茅、紫花苜蓿等	碱茅、芨芨草、冰草等	结缕草、高羊茅、狗牙根等

6.3.2 滑雪道植被灌溉

6.3.2.1 宜采用非充分灌溉。

6.3.2.2 灌溉方式应采用喷灌，喷灌工程应符合 GB/T 50085 的要求。

6.4 生活污水处理回用

6.4.1 未接入市政(集中)排水管网的滑雪场，应建设污水处理和再生利用设施。

6.4.2 用于灌溉的再生水水质应符合 GB/T 25499 的规定。

7 节水管理要求

7.1 滑雪场造雪取水定额按表2执行，定额计算公式参见附录A。

表2 滑雪场造雪取水定额 单位为立方米每平方米年

区域	东北地区	华北地区	西北地区	华中地区
取水定额值	0.40	0.45	0.50	0.55
注：取水定额指标为最高允许值，在实际运用中取水量应不大于定额指标值。				

7.2 滑雪场生活取水定额和绿化取水定额应符合地方相关标准的规定。

7.3 滑雪场用水计量应符合GB 24789的规定，对造雪、灌溉、生活用水分别安装计量设施。

7.4 经营单位应建立用水台账，定期向节水管理部门报告用水量。

7.5 经营单位应开展节约用水宣传，在重要场所和部位设置节水提示标志。

附 录 A
（资料性附录）
室外人工滑雪场造雪取水定额计算公式

单位雪道面积造雪取水量按式(A.1)计算：

$$V_{ui}=\frac{V_i}{N_s} \qquad \cdots\cdots(A.1)$$

式中：

V_{ui}——滑雪场单位雪道面积造雪取水量，单位为立方米每平方米年[$m^3/(m^2 \cdot a)$]；

V_i——滑雪场年造雪取水量，单位为立方米每年(m^3/a)；

N_s——滑雪场所雪道面积，单位为平方米(m^2)。

ICS 03.100.50
P 01

中华人民共和国国家标准

GB/T 30684—2014

高尔夫球场节水技术规范

Technical specification for water-saving of golf course

2014-12-22 发布　　2015-07-01 实施

中华人民共和国国家质量监督检验检疫总局
中国国家标准化管理委员会　发布

前　言

本标准按照 GB/T 1.1—2009 给出的规则起草。

本标准由水利部和全国节约用水办公室提出。

本标准由全国工业节水标准化技术委员会(SAC/TC 442)归口。

本标准起草单位：水利部水资源管理中心、北京市节约用水管理中心、中国农业大学、中国标准化研究院。

本标准主要起草人：刘永攀、胡林、朱春雁、唐忠辉、周亚森、车建明、焦慧琴、胡梦婷、郝瑞瑞、刘伟、王迪、马颖、崔建宇、郑鹏、吴晓楷、李海红、张国玉、高磊。

高尔夫球场节水技术规范

1 范围

本标准规定了高尔夫球场节水的相关术语和定义、水源、设计要求、灌溉技术要求和管理要求。

本标准适用于高尔夫球场及配套设施节水设计和节水管理。

2 规范性引用文件

下列文件对于本文件的应用是必不可少的。凡是注日期的引用文件，仅注日期的版本适用于本文件。凡是不注日期的引用文件，其最新版本(包括所有的修改单)适用于本文件。

GB 5084　农田灌溉水质标准

GB/T 17187　农业灌溉设备　滴头和滴灌管　技术规范和试验方法

GB/T 18870　节水型产品通用技术条件

GB/T 18920　城市污水再生利用　城市杂用水水质

GB/T 21534　工业用水节水　术语

GB 24789　用水单位水计量器具配备和管理通则

GB/T 25499　城市污水再生利用　绿地灌溉水质

GB/T 50085　喷灌工程技术规范

GB/T 50363　节水灌溉工程技术规范

GB/T 50485　微灌工程技术规范

SL 13　灌溉试验规范

SL 236　喷灌与微灌工程技术管理规程

SL 267　雨水集蓄利用工程技术规范

3 术语和定义

GB/T 21534、GB/T 50363 界定的以及下列术语和定义适用于本文件。

3.1

高尔夫球场　golf course

在需要进行灌溉、修剪等养护措施的草坪上从事高尔夫运动的场所，包括标准高尔夫球场、非标准高尔夫球场及练习场。

3.2

标准高尔夫球场　standard golf course

任何包括 9 洞或 18 洞拥有传统长度和杆数的球场。9 洞球场总长度至少为 2 600 码，标准杆数不低于 33 杆；18 洞球场的总长度至少为 5 200 码，标准杆数不低于 66 杆。

3.3

不同功能区　different functional areas

为满足高尔夫运动要求而设置的不同区域，包括发球台、球道、果岭、高草区及自然区等，其质量标准、养护需求和灌溉需求也不同。

3.4

自然区　natural area

高尔夫球场中自然生长着树木、灌丛和地被植物的区域，基本不需要或极少进行人为养护和灌溉。

3.5

潜在蒸散量　potential evapotranspiration（ET_0）

大片而均匀的平坦地面被低矮绿色草地完全覆盖，土壤充分湿润情况下的蒸散量。

3.6

作物系数　crop coefficient

某种草种在某个生育期实际蒸散耗水量与潜在蒸散量的比值。

3.7

节水灌溉　water-saving irrigation

根据高尔夫球场草坪及园林植物需水规律和当地水资源条件，综合各种节水措施、达到水资源高效利用的灌溉方式。

3.8

高尔夫球场有效降水量　effective precipitation in golf course

高尔夫球场内自然降水中可被草坪草及其他园林植物利用的水量。

3.9

高尔夫球场灌溉水利用系数　water efficiency of irrigation in golf course

灌入高尔夫球场地表可被草坪草及其他园林植物利用的水量与输入灌溉系统的总水量的比值。

3.10

非充分灌溉　deficient irrigation

在不影响高尔夫球场草坪质量的条件下，草坪根层含水量经常控制在不饱和状态、不完全满足草坪潜在蒸散量需求的灌溉方式。

4　水源

4.1　高尔夫球场应优先使用雨水、再生水等非常规水源。

4.2　高尔夫球场应收集利用降水，其内设置的湖泊、水塘应兼具贮蓄雨水的功能。以集蓄雨水作为灌溉水源时，雨水集蓄利用工程应符合 SL 267 的规定，水质应达到 GB 5084 要求。

4.3　以微咸水作为灌溉水源时，宜根据草坪对微咸水的耐受性，采用咸、淡水混灌或轮灌的方式。

4.4　高尔夫球场应收集其内的生活污水，建设污水处理回用设施。有条件的球场，应当使用市政再生水。用于灌溉的再生水水质应达到 GB/T 25499 要求，用于杂用水的水质应达到 GB/T 18920 的要求。

5　节水设计要求

5.1　新改扩建高尔夫球场在设计阶段应当编制节水方案，节水设施应与主体工程同时设计、同时施工、同时投入运行。

5.2　高尔夫球场设计阶段节水方案应包含以下主要内容：

a）　雨水集蓄及利用方式；

b）　生活污水处理回用措施；

c）　拟采用的生活节水器具；

d）　不同功能区拟选用的节水草种；

e）　拟采用的计量器具；

f) 拟采用的节水灌溉方式和设备；

g) 供水、灌溉、排水系统工程布置图；

h) 用水量评估；

i) 节水管理制度。

5.3 高尔夫球场采用的生活用水器具应符合 GB/T 18870 的规定。

6 节水灌溉技术要求

6.1 节水灌溉方式

6.1.1 应根据不同功能区园林植物种类和地形特点，采用喷灌、微灌、滴灌等适宜的节水灌溉方式。

6.1.2 喷灌工程设计、施工、安装应符合 GB/T 50085 的规定；滴灌应符合 GB/T 17187 的规定；微喷灌应符合 GB/T 50485 的规定。

6.1.3 灌溉系统应采用自动控制及变频技术。

6.2 节水灌溉制度

6.2.1 应根据草坪草种的耐旱性及根系生长状况确定草坪每次灌水量、灌水延续时间及灌水周期，并采用非充分灌溉方式。

6.2.2 设有自动气象站的高尔夫球场，应根据自动气象站的数据，计算每日蒸散量，核定每次灌溉水量。

6.2.3 设有土壤湿度传感器的高尔夫球场，应根据土壤水分状况的实测值，以及不同质地类型土壤容重与适宜土壤含水量上、下限的参考值，确定每次灌溉水量。

6.2.4 喷灌强度应小于土壤允许喷灌强度，灌溉操作不应产生地表径流。

6.2.5 按 GB/T 50363 和 SL 236 的要求，制定灌溉系统运行、维护、管理细则。

6.3 节水灌溉技术参数

6.3.1 采用喷灌和微喷灌草坪的喷灌均匀系数应不低于 0.80。

6.3.2 喷灌、微喷灌灌溉水利用系数应不低于 0.85。

6.3.3 滴灌灌溉水利用系数应不低于 0.90。

6.3.4 灌溉技术参数的试验测定方法按 SL 13 的规定执行。

7 节水管理要求

7.1 采用地下水、地表水及自来水作为水源的，水质应达到 GB 5084 要求，灌溉用水定额应按照表 1 执行，计算公式参见附录 A，全国不同生态区的范围参见附录 B。

表 1 全国不同生态区高尔夫球场灌溉用水定额 单位为立方米每平方米年

生态分区	不同功能区用水定额					综合定额
	果岭	发球台	球道	高草区	自然区	
东北区	0.51	0.50	0.49	0.43	0.15	0.36
内蒙及长城沿线区	0.64	0.63	0.62	0.54	0.19	0.50
黄淮海区	0.84	0.83	0.82	0.70	0.25	0.58

表 1（续）

单位为立方米每平方米年

生态分区	不同功能区用水定额					综合定额
	果岭	发球台	球道	高草区	自然区	
黄土高原区	0.75	0.73	0.71	0.62	0.22	0.56
长江中下游区	0.48	0.47	0.46	0.40	0.14	0.32
西南区	0.60	0.59	0.58	0.50	0.18	0.36
华南区	0.43	0.42	0.41	0.35	0.13	0.30
甘新区	0.93	0.91	0.89	0.78	0.27	0.73
青藏区	—					
注：用水定额指标为最高允许值，在实际运用中用水量应不大于定额指标值。						

7.2 高尔夫球场生活用水定额参照由当地节水管理部门发布的餐饮、酒店类行业用水定额执行。

7.3 高尔夫球场应对灌溉、生活用水分别安装计量器具，用水计量应符合 GB 24789 的规定。

7.4 高尔夫球场的经营单位应健全节水管理制度，落实内部节水责任制。

7.5 高尔夫球场经营单位应开展节约用水宣传，在重要场所和部位设置节水提示标志。

7.6 再生水、雨水灌溉给水设施及集蓄池应设置防止误饮用的标识。

7.7 高尔夫球场经营单位应建立用水台账，定期向节水管理部门报告用水信息，用水信息表参见附录 C。

附 录 A
（资料性附录）
高尔夫球场灌溉用水定额计算公式

A.1 高尔夫球场不同功能区年灌溉水量定额

高尔夫球场不同功能区年灌溉水量按式(A.1)计算：

$$I_i = \sum_{j=1}^{Gp} (ET_0 \times Kc_i - Pe) \times 10^{-3} / \eta \quad \cdots\cdots\cdots (A.1)$$

式中：

I_i ——不同功能区年灌溉用水量，单位为立方米每平方米年[$m^3/(m^2 \cdot a)$]；

ET_0——潜在蒸散量，单位为毫米每天(mm/d)；

Kc_i ——不同草坪草的作物系数；

Pe ——有效降水量，单位为毫米每天(mm/d)；

Gp ——生长期天数，单位为天(d)；

i ——高尔夫球场不同的功能区分区；

j ——生长期日序；

η ——灌溉水利用系数。

A.2 高尔夫球场单位灌溉面积综合用水量定额

高尔夫球场单位灌溉面积综合用水量按式(A.2)计算：

$$I = \frac{V}{A} \quad \cdots\cdots\cdots (A.2)$$

式中：

I ——高尔夫球场单位灌溉面积综合用水量，单位为立方米每平方米年[$m^3/(m^2 \cdot a)$]；

V ——高尔夫球场年灌溉用水总量，单位为立方米每年(m^3/a)；

A ——高尔夫球场各功能区灌溉区域总面积，单位为平方米(m^2)。

V 按式(A.3)计算：

$$V = \sum_{i=1}^{n} I_i \times A_i \quad \cdots\cdots\cdots (A.3)$$

式中：

V ——年灌溉用水总量，单位为立方米每年(m^3/a)；

I_i ——不同功能区年灌溉用水量，单位为立方米每平方米年[$m^3/(m^2 \cdot a)$]；

A_i ——高尔夫球场各功能区(果岭、发球台、球道、高草区、自然区等)的灌溉面积，单位为平方米(m^2)；

i ——高尔夫球场不同的功能区分区。

附 录 B
（资料性附录）
全国不同生态区范围

全国不同生态区范围见表B.1。

表B.1 全国不同生态区范围

序号	生态分区	范　　围
1	东北区	包括黑龙江、吉林、辽宁(除朝阳区外)三省及内蒙东北部大兴安岭地区
2	内蒙及长城沿线区	包括内蒙古自治区包头以东地区(除大兴安岭地区外)、辽宁朝阳地区、河北承德和张家口地区、北京市延庆县、山西晋北和晋西北地区、陕西榆林地区沿长城各县、宁夏盐池和同心县
3	黄淮海区	位于长城以南、淮河以北、太行山及豫西山地以东，包括北京市大部、天津市、河北省大部、河南省大部、山东省、安徽与江苏二省淮北地区
4	黄土高原区	位于太行山以西、青海日月山以东、伏牛山及秦岭以北、长城以南，包括河北西部少数县、山西大部、河南西部、陕西中北部、甘肃中东部、宁夏南部及青海东部
5	长江中下游区	位于淮河-伏牛山以南，福州-英德-梧州一线以北，鄂西山地-雪峰山一线以东，包括河南南部、江苏、安徽、湖北、湖南大部、上海市、浙江、江西西部、福建、广东、广西北部
6	西南区	位于秦岭以南，百色-新平-盈江一线以北，宜昌-溆浦一线以西，川西高原以东；包括陕西南部，甘肃东南角，四川、云南大部，贵州全部，湖北、湖南西部及广西北部
7	华南区	位于福州-大埔-英德-百色-新平-盈江一线以南，包括福建东南部、台湾、广东中部及南部、广西南部及云南南部
8	甘新区	位于包头-盐池-天祝一线以西，祁连山-阿尔金山以北，包括新疆全部、甘肃河西走廊、宁夏中北部及内蒙古西部地区
9	青藏区	包括西藏自治区、青海省大部、甘肃省甘南自治州及天祝、肃南县、四川省西部、云南西北角

注：全国不同生态范围依据全国农业区划委员会《中国农业资源与区划要览》(测绘出版社　工商出版社)中的成果划分。

附　录　C
（资料性附录）
高尔夫球场用水信息表

高尔夫球场用水信息表见表 C.1。

表 C.1________年______________高尔夫球场用水信息表（单位盖章）

<table>
<tr><td rowspan="9">企业基本信息</td><td colspan="3">企业名称</td><td colspan="10"></td></tr>
<tr><td colspan="3">项目名称</td><td colspan="10"></td></tr>
<tr><td colspan="3">地址</td><td colspan="10"></td></tr>
<tr><td colspan="3">球洞数</td><td colspan="10"></td></tr>
<tr><td colspan="3">占地面积/m²</td><td colspan="10"></td></tr>
<tr><td colspan="3">总灌溉面积/m²</td><td colspan="10"></td></tr>
<tr><td colspan="3">会所面积/m²</td><td colspan="10"></td></tr>
<tr><td colspan="3">客流量/(人/a)</td><td colspan="10"></td></tr>
<tr><td colspan="3">职工人数/人</td><td colspan="10"></td></tr>
<tr><td rowspan="6">用水基本信息</td><td colspan="3" rowspan="2">用水指标及实际用水量/(m³/a)</td><td colspan="5">年度用水指标</td><td colspan="5">年度实际用水量</td></tr>
<tr><td colspan="5"></td><td colspan="5"></td></tr>
<tr><td colspan="3" rowspan="2">灌溉水源及用水量/(m³/a)</td><td colspan="2">自来水</td><td colspan="2">地表水</td><td colspan="2">自备井</td><td colspan="2">再生水</td><td colspan="2">雨水</td></tr>
<tr><td colspan="2"></td><td colspan="2"></td><td colspan="2"></td><td colspan="2"></td><td colspan="2"></td></tr>
<tr><td colspan="3" rowspan="2">不同功能区灌溉面积/m²</td><td colspan="2">果岭</td><td colspan="2">发球台</td><td colspan="2">球道</td><td colspan="2">高草区</td><td colspan="2">自然区</td></tr>
<tr><td colspan="2"></td><td colspan="2"></td><td colspan="2"></td><td colspan="2"></td><td colspan="2"></td></tr>
<tr><td colspan="14">高尔夫球场各月灌溉用水量/m³</td></tr>
<tr><td>月份</td><td>1</td><td>2</td><td>3</td><td>4</td><td>5</td><td>6</td><td>7</td><td>8</td><td>9</td><td>10</td><td>11</td><td>12</td><td>合计</td></tr>
<tr><td>水量</td><td></td><td></td><td></td><td></td><td></td><td></td><td></td><td></td><td></td><td></td><td></td><td></td><td></td></tr>
<tr><td colspan="14">高尔夫球场各月生活用水量/m³</td></tr>
<tr><td>月份</td><td>1</td><td>2</td><td>3</td><td>4</td><td>5</td><td>6</td><td>7</td><td>8</td><td>9</td><td>10</td><td>11</td><td>12</td><td>合计</td></tr>
<tr><td>水量</td><td></td><td></td><td></td><td></td><td></td><td></td><td></td><td></td><td></td><td></td><td></td><td></td><td></td></tr>
</table>

单位负责人：　　　　　填表人：　　　　　电话：

报出日期：　　年　月　日

表 C.1 填表说明：

1. 企业名称：该高尔夫球场所属企业的工商注册名称；
2. 项目名称：该高尔夫球场所属项目批准立项的名称；
3. 球洞数：指 9 洞、18 洞、36 洞等；
4. 占地面积：高尔夫球场所占用的土地面积，包括会所、果岭、发球台、球道、高草区、水面、自然区等；
5. 总灌溉面积：高尔夫球场不同功能区灌溉面积的总和；
6. 会所面积：指高尔夫球场会所的建筑面积；

7. 客流量:高尔夫球场及会所年最大接待人数;

8. 职工人数:高尔夫球场及会所职工总人数;

9. 年度用水指标:包括高尔夫球场计划年灌溉用水量和年生活用水量;

10. 灌溉水源及用水量:指各类水源中的年灌溉用水量;

11. 不同功能区灌溉面积:包括果岭、发球台、球道的全部面积及高草区、自然区中实际灌溉的面积。其中,果岭面积包括正式果岭、练习果岭及在苗圃中为果岭而备用种植的草坪面积;球道面积包括每个球洞中球道的面积、练习场草坪面积和苗圃中除果岭备用草坪以外的草坪面积。